空间数据处理系统
理论与方法

武安状　黄现明　李芳芳　赵新华　编著

黄河水利出版社
·郑州·

内 容 提 要

本书是作者以 28 年的实际测绘工作经验和扎实稳固的理论知识为基础,加上丰富的实践经验和长期从事生产一线工作的特殊经历,以 VC ++ 编程工具为开发平台编写而成的。历经十余年时间,作者开发出的空间数据处理系统——多功能综合性测量数据处理系统,直接从系统底层开发,不依赖于其他任何操作平台,拥有完全自主的知识产权。

本书系统地介绍了测绘基础知识、编程基础知识、常用测量计算公式、常用数学模型、实用开发经验技术、各模块功能的核心技术及其他实用技术,开创性地提出了很多新的理论,如导线网自动组成验算路线技术、高速构网技术等。主要模块功能有数字绘图、地籍入库、面积汇总、工程计算、纵横断面、土方计算、平差计算、图根计算、水准测量、坐标转换、矿业权管理。

本书语言简洁,深入浅出,图文并茂,逻辑性强,本书可供从事测绘专业技术人员、软件开发人员以及大专院校相关专业师生阅读参考。

图书在版编目(CIP)数据

空间数据处理系统理论与方法/武安状等编著. —郑州:
黄河水利出版社,2012. 8
ISBN 978 - 7 - 5509 - 0318 - 0

Ⅰ.①空…　Ⅱ.①武…　Ⅲ.①空间测量 - 数据处理
Ⅳ.①P236

中国版本图书馆 CIP 数据核字(2012)第 183013 号

组稿编辑:王路平　电话:0371 - 66022212　E-mail:hhslwlp@ 126. com

出 版 社:黄河水利出版社
　　　　地址:河南省郑州市顺河路黄委会综合楼 14 层　邮政编码:450003
发行单位:黄河水利出版社
　　　　发行部电话:0371 - 66026940 、66020550 、66028024 、66022620(传真)
　　　　E-mail:hhslcbs@ 126. com
承印单位:河南地质彩色印刷厂
开本:787 mm × 1 092 mm　1/16
印张:27. 75
字数:640 千字　　　　　　　　　　　　印数:1—1 600
版次:2012 年 8 月第 1 版　　　　　　　　印次:2012 年 8 月第 1 次印刷
定价:98. 00 元

前　言

　　近年来,随着计算机的快速发展,信息化技术给各行业带来了突破性的革命,各行业不断地涌现出了各种软件开发人员。结合本专业的需要,各种软件层出不穷,都在为测绘行业做贡献,但是并不是每个软件功能都很强大实用。要想打造一个精品,需要软件开发人员具有扎实的理论基础、丰富的工作经验、熟练的编程开发技术、长期从事一线生产的丰富经验,再加上不断的努力工作,才能开发出最受欢迎的工具软件。

　　本书主编武安状,基础扎实,爱好钻研,逻辑性强,接受新知识较快,具有一定的工作能力,善于发现问题,理出头绪,并迅速找出规律,最终解决问题。只要提出问题,武安状就能很快理出思路,快速构建数学模型,编写代码,实现软件的功能。

　　武安状有丰富的工作经验,长期从事一线生产,参加过大亚湾核电站建设,修过四座立交桥,做过煤矿井下检测,负责全省矿业权核查工作,援建过汶川灾后重建项目,当过技术质量检查员,曾去过非洲检查指导工作,发表过多篇论文,曾获得过多种奖项。正是各种丰富的经历与阅历,奠定了开发软件的基础,开阔了他的视野,拓宽了编程的思路,为实现程序自动化处理创造了条件。

　　该软件用 VC++ 开发,从 2001 年 6 月开始设计,历经十余年时间,不断升级完善,功能已十分强大。该软件操作简单,实用方便,自动化程度较高,容错力强,包括了测绘行业所需要的各种常用功能,拥有相当庞大的用户群体,几乎涵盖了国内各个测绘行业。该软件直接面向作业组长、项目经理、检查人员开发,极大地提高了测绘行业的效率,减轻了作业组长的压力,为单位节约了项目成本。主要模块功能有数字绘图、地籍入库、面积汇总、工程计算、纵横断面、土方计算、平差计算、图根计算、水准测量、坐标转换、矿业权管理。

　　后来,根据工作的需要,不断地扩充功能模块,先后进行两次全面升级。第一次全面升级是引进 ADO 数据库管理技术,改造原来的数据结构,用数据库来管理,查询更方便,运行速度更快。第二次全面升级是为了满足矿业权核查的需要,增加了坐标转换功能和矿业权管理功能,所有主要模块功能源代码全部重写,所有示例均用手工计算来验证。

　　随着时间的推移,用户越来越多。各行业用户为了满足自己的需求,不断提出新的要求,因此增加了许多新的功能。以水准测量为例,先后开发出了 PDA 水准记录软件、安卓水准记录软件。目前,本系统可以识别天宝、徕卡、拓普康、中纬等电子水准仪原始记录,适用于大测区团体作战,数据格式得到统一,并能很方便地生成南方平差易格式平差文件、清华山维格式平差文件和武测科傻格式平差文件。

　　本书各章节内容按由浅入深的方式编排,由易到难,方便读者阅读与理解。首先是必备的测绘基础知识,其次是编程基础知识及开发经验技术,再次是各模块主要功能实现原理与方法,并附有大量的源代码供参考,最后是实用技术汇编。本书内容图文并茂,功能全面,语言简洁,适合各层次的用户阅读与参考。

　　参加本书编写的主要人员有河南省地质测绘总院的武安状、黄现明、李芳芳、赵新华、赵永兰、陈贵全。这些同志长期从事测绘行业或者与测绘相关行业的工作，都有丰富的管理工作经验、渊博的理论基础知识，而且经常参加各种学术会议，能够及时地进行沟通交流，掌握本行业最新的技术动态，针对本书各章节的内容提出了合理的安排意见，并参与本书的编写及审校工作。其中，武安状负责全书主编工作，黄现明负责提出最新理念及解决有关技术问题的数学模型与理论方法的工作，赵新华负责编程基础知识及部分功能的源代码编写工作，李芳芳负责矿业权管理及其他实用技术编写工作，赵永兰负责测绘基础知识编写及功能测试工作，陈贵全负责本书的绘图及校对工作。

　　经过两年多的努力，本书就要出版发行了。由于我们的水平有限，再加上很多内容正在加紧继续研究与开发中，肯定会有不足的地方，书中疏漏在所难免，欢迎各位专家、同行、用户和读者批评指正，以便在下次出版时进行修正，谢谢您的合作与宝贵意见。

编　者

2012 年 3 月

目　录

前　言
第1章　概　论 ……………………………………………………… (1)
　1.1　开发背景 …………………………………………………… (1)
　1.2　设计理念 …………………………………………………… (1)
　1.3　软件功能 …………………………………………………… (1)
　1.3　软件功能 …………………………………………………… (1)
　　1.3.1　数字制图 …………………………………………… (1)
　　1.3.2　地籍入库 …………………………………………… (2)
　　1.3.3　面积汇总 …………………………………………… (2)
　　1.3.4　工程计算 …………………………………………… (2)
　　1.3.5　纵横断面 …………………………………………… (2)
　　1.3.6　土方计算 …………………………………………… (2)
　　1.3.7　平差计算 …………………………………………… (3)
　　1.3.8　图根测量 …………………………………………… (3)
　　1.3.9　水准测量 …………………………………………… (3)
　　1.3.10　数据转换 ………………………………………… (3)
　　1.3.11　矿业权管理 ……………………………………… (3)
　　1.3.12　表格套印 ………………………………………… (4)
第2章　测绘基础知识 …………………………………………… (5)
　2.1　常用测量基准系统 ……………………………………… (5)
　　2.1.1　常用坐标系统 ……………………………………… (5)
　　2.1.2　常用高程系统 ……………………………………… (6)
　　2.1.3　椭球面上常用坐标系 ……………………………… (7)
　　2.1.4　常用测绘专业术语 ………………………………… (8)
　2.2　地图投影基础知识 ……………………………………… (13)
　　2.2.1　地图投影的概念 …………………………………… (13)
　　2.2.2　地图投影的变形 …………………………………… (14)
　　2.2.3　地图投影的分类 …………………………………… (15)
　　2.2.4　地图投影的选择 …………………………………… (17)
　　2.2.5　常用的一些地图投影 ……………………………… (18)
　2.3　地形图分幅与编号 ……………………………………… (18)
　　2.3.1　比例尺的定义 ……………………………………… (18)
　　2.3.2　地形图的比例尺 …………………………………… (19)

2.3.3　地形图的分幅 ……………………………………………（19）

2.3.4　地形图的编号 ……………………………………………（20）

2.3.5　1∶100 万地形图的编号 …………………………………（20）

2.3.6　1∶50 万、1∶20 万、1∶10 万地形图的编号 ……………（20）

2.3.7　1∶5万、1∶2.5 万、1∶1万地形图的编号 ………………（21）

2.3.8　新的国家基本比例尺地形图分幅与编号 ………………（22）

2.4　几种主要的椭球计算公式 ……………………………………（24）

2.4.1　常用量定义 ………………………………………………（24）

2.4.2　子午圈曲率半径计算公式 ………………………………（25）

2.4.3　卯酉圈曲率半径计算公式 ………………………………（25）

2.4.4　法截弧曲率半径计算公式 ………………………………（26）

2.4.5　平均曲率半径计算公式 …………………………………（26）

2.4.6　高斯投影正算公式 ………………………………………（26）

2.4.7　高斯投影反算公式 ………………………………………（26）

2.4.8　子午线弧长及底点纬度计算 ……………………………（27）

2.4.9　图幅理论面积计算公式 …………………………………（27）

2.4.10　椭球面任意梯形面积计算公式 ………………………（28）

2.4.11　墨卡托投影正解公式 …………………………………（28）

2.4.12　墨卡托投影反解公式 …………………………………（29）

2.5　常用测量计算公式 ……………………………………………（29）

2.5.1　常用三角函数公式 ………………………………………（29）

2.5.2　三角形面积计算公式 ……………………………………（32）

2.5.3　多边形面积计算公式 ……………………………………（33）

2.5.4　圆曲线要素计算公式 ……………………………………（33）

2.5.5　缓和曲线要素计算公式 …………………………………（33）

2.5.6　回头曲线要素计算公式 …………………………………（35）

2.5.7　竖曲线要素计算公式 ……………………………………（36）

2.5.8　前方交会坐标计算公式 …………………………………（36）

2.5.9　测边交会坐标计算公式 …………………………………（36）

2.5.10　后方交会坐标计算公式 ………………………………（37）

2.5.11　两差改正计算公式 ……………………………………（37）

2.5.12　三角高程单向观测时高差计算公式 …………………（37）

2.5.13　测距边投影改正计算 …………………………………（38）

2.6　常用坐标转换模型 ……………………………………………（39）

2.6.1　城市抵偿面坐标转换 ……………………………………（39）

2.6.2　平面四参数转换模型 ……………………………………（40）

2.6.3　布尔莎坐标转换模型 ……………………………………（40）

2.6.4　空间直角坐标与大地坐标转换 …………………………（41）

　　2.6.5　高斯投影与墨卡托投影转换 ……………………………………… (42)
　2.7　其他数学模型 ……………………………………………………………… (42)
　　2.7.1　间接平差法模型 …………………………………………………… (42)
　　2.7.2　秩亏自由网平差模型 ……………………………………………… (42)
　　2.7.3　快速构建三角网模型 ……………………………………………… (43)
　　2.7.4　多边形裁剪算法 …………………………………………………… (44)
　　2.7.5　多边形裁剪多边形方法 …………………………………………… (45)
　　2.7.6　图根测站数据检查程序 …………………………………………… (45)
　　2.7.7　导线网自动构成验算路线 ………………………………………… (47)
　　2.7.8　高程网自动构成验算路线 ………………………………………… (47)
　2.8　其他数学知识 ……………………………………………………………… (48)
　　2.8.1　Delaunay 三角网的定义 …………………………………………… (48)
　　2.8.2　Delaunay 所具备的优异特性 ……………………………………… (48)
第3章　编程基础知识 …………………………………………………………… (49)
　3.1　VC 编程工具介绍 ………………………………………………………… (49)
　　3.1.1　系统安装 …………………………………………………………… (49)
　　3.1.2　新建工程 …………………………………………………………… (54)
　　3.1.3　添加菜单功能 ……………………………………………………… (59)
　　3.1.4　添加对话框 ………………………………………………………… (59)
　　3.1.5　添加开机画面 ……………………………………………………… (61)
　　3.1.6　添加状态条 ………………………………………………………… (61)
　　3.1.7　添加进度条 ………………………………………………………… (62)
　　3.1.8　添加工具栏 ………………………………………………………… (63)
　　3.1.9　添加新类方法 ……………………………………………………… (63)
　3.2　ADO 数据库操作技术 …………………………………………………… (64)
　　3.2.1　ADO 数据库介绍 …………………………………………………… (64)
　　3.2.2　创建数据库 ………………………………………………………… (64)
　　3.2.3　打开数据库 ………………………………………………………… (65)
　　3.2.4　创建表 ……………………………………………………………… (66)
　　3.2.5　删除记录 …………………………………………………………… (67)
　　3.2.6　增加记录 …………………………………………………………… (69)
　　3.2.7　修改记录 …………………………………………………………… (70)
　　3.2.8　查询记录 …………………………………………………………… (72)
　　3.2.9　求某字段最大值 …………………………………………………… (74)
　　3.2.10　遍历数据库中的所有表名 ………………………………………… (75)
　　3.2.11　遍历表中的所有字段名 …………………………………………… (76)
　　3.2.12　关闭数据库 ………………………………………………………… (78)
　3.3　实用编程技巧 ……………………………………………………………… (78)

3.3.1　VC 创建动态数组 ……………………………………………（78）

3.3.2　VC 操作注册表 ………………………………………………（79）

3.3.3　VC 读写文本文件 ……………………………………………（82）

3.3.4　VC 生成电子表格技术 ………………………………………（83）

3.3.5　VC 操作 Word 2000 技术 ……………………………………（85）

3.3.6　VC 提取计算机硬件序列号 …………………………………（91）

3.3.7　VC 自动注册控件方法 ………………………………………（108）

3.3.8　VC 创建桌面快捷方式方法 …………………………………（108）

3.3.9　VC 保存位图技术 ……………………………………………（109）

3.3.10　VC 获得桌面目录 …………………………………………（111）

3.3.11　VC 系统自删除程序 ………………………………………（111）

3.3.12　VC 调用 DLL 文件方法 ……………………………………（112）

3.3.13　ANSI 与 UTF－8 文件转换方法 …………………………（114）

3.3.14　C#如何制作 PDA 安装程序 ………………………………（115）

3.3.15　CHM 帮助文件制作方法 …………………………………（115）

第 4 章　核心技术编程 ……………………………………………………（117）

4.1　常用功能编程 ……………………………………………………（117）

4.1.1　DMS→DEG ……………………………………………………（117）

4.1.2　DEG→DMS ……………………………………………………（117）

4.1.3　求坐标方位角 …………………………………………………（118）

4.1.4　清除名称前的空格 ……………………………………………（118）

4.1.5　清除名称后的空格、跳格、换行、回车等符号 ……………（118）

4.1.6　清除字符串中间的空格 ………………………………………（119）

4.1.7　清除字符串中的回车、换行、跳格 …………………………（119）

4.1.8　获取当前系统日期 ……………………………………………（119）

4.1.9　获取当前系统时间 ……………………………………………（120）

4.1.10　判断点是否在三角形内 ……………………………………（120）

4.1.11　判断点是否在四边形内 ……………………………………（120）

4.1.12　判断点是在边的左侧或右侧 ………………………………（121）

4.1.13　判断两线段是否相交并求交点坐标 ………………………（122）

4.1.14　计算支导线坐标 ……………………………………………（123）

4.1.15　距离交会求坐标 ……………………………………………（123）

4.1.16　后方交会求坐标 ……………………………………………（123）

4.1.17　余切公式求坐标 ……………………………………………（124）

4.1.18　求垂足点坐标 ………………………………………………（124）

4.1.19　求圆心坐标 …………………………………………………（124）

4.1.20　求平均曲率半径 ……………………………………………（125）

4.1.21　求法截线曲率半径 …………………………………………（125）

4.1.22 根据纵横坐标求纬度 ……………………………… (126)

4.1.23 计算三角形面积 ………………………………………… (127)

4.1.24 计算多边形面积 ………………………………………… (127)

4.1.25 十进制→十六进制 ……………………………………… (128)

4.1.26 十进制→十八进制 ……………………………………… (128)

4.1.27 十六进制→十进制 ……………………………………… (128)

4.1.28 十八进制→十进制 ……………………………………… (129)

4.1.29 在字符串中查找特定的字符串 ………………………… (130)

4.1.30 替换五笔字型中的逗号、分号、冒号和句号 ………… (130)

4.1.31 分解字符串与数字 ……………………………………… (131)

4.2 核心模块编程 ……………………………………………………… (132)

4.2.1 批量展点方法 …………………………………………… (132)

4.2.2 点位捕捉技术 …………………………………………… (136)

4.2.3 面域捕捉方法 …………………………………………… (137)

4.2.4 读入经纬度生成面文件 ………………………………… (138)

4.2.5 读入权属文件 …………………………………………… (148)

4.2.6 权属拓扑关系检查 ……………………………………… (155)

4.2.7 街坊面积不闭合检查 …………………………………… (167)

4.2.8 南方权属 QS 转成面积汇总文件方法 ………………… (176)

4.2.9 生成电子表格面积汇总文件 …………………………… (188)

4.2.10 高速构建三角网技术 ………………………………… (195)

4.2.11 导线网自动组成验算路线方法 ……………………… (216)

4.2.12 列误差方程方法 ……………………………………… (227)

4.2.13 解算法方程方法 ……………………………………… (229)

4.2.14 高程网自动组成验算路线方法 ……………………… (233)

4.2.15 生成清华山维平差文件 ……………………………… (241)

4.2.16 碎部点坐标计算 ……………………………………… (243)

4.2.17 串口数据通信技术 …………………………………… (248)

4.2.18 大地坐标正反算方法 ………………………………… (249)

4.2.19 抵偿坐标转换方法 …………………………………… (253)

4.2.20 平面相似变换方法 …………………………………… (254)

4.2.21 布尔莎模型坐标转换方法 …………………………… (259)

4.2.22 图幅理论面积计算 …………………………………… (286)

4.2.23 椭球面上任意梯形图块面积计算 …………………… (288)

4.2.24 凸多边形裁剪任意多边形 …………………………… (289)

4.2.25 任意多边形裁剪任意多边形 ………………………… (293)

第5章 文件结构 ……………………………………………………… (298)

5.1 图层管理 …………………………………………………………… (298)

　　5.2　色标库 ··· （298）

　　　5.2.1　标准色标库 ··· （298）

　　　5.2.2　自定义色标库 ··· （299）

　　5.3　文件结构 ·· （299）

　　　5.3.1　点要素表 ·· （300）

　　　5.3.2　线要素表 ·· （300）

　　　5.3.3　面要素表 ·· （301）

　　　5.3.4　注记要素表 ··· （301）

　　　5.3.5　坐标要素表 ··· （302）

　　5.4　绘图编码 ·· （303）

　　5.5　绘图命令 ·· （303）

第6章　绘图技术 ·· （308）

　　6.1　基本理论 ·· （308）

　　　6.1.1　数据快速检索方法 ··· （308）

　　　6.1.2　屏幕坐标和打印坐标计算方法 ······························· （308）

　　　6.1.3　双缓冲显示技术 ··· （309）

　　6.2　创建与编辑 ··· （309）

　　　6.2.1　文件操作 ·· （309）

　　　6.2.2　操作与回退 ··· （310）

　　　6.2.3　点线捕捉方法 ··· （310）

　　　6.2.4　面域捕捉方法 ··· （311）

　　6.3　常用工具 ·· （311）

　　　6.3.1　批量展点 ·· （311）

　　　6.3.2　批量画线 ·· （311）

　　　6.3.3　查找定位 ·· （312）

　　　6.3.4　标注坐标与距离 ··· （313）

　　6.4　图块操作 ·· （313）

　　　6.4.1　插入图块 ·· （313）

　　　6.4.2　制作、保存图块 ··· （314）

　　6.5　数据交换 ·· （314）

　　　6.5.1　导入数据 ·· （315）

　　　6.5.2　导出数据 ·· （318）

　　6.6　页面设置 ·· （321）

　　6.7　预览与打印 ··· （321）

第7章　地籍入库 ·· （323）

　　7.1　设置地籍面积参数 ·· （323）

　　7.2　创建地籍数据库 ·· （323）

7.3　导入南方权属文件 ………………………………………………（324）

7.4　界址点属性管理 …………………………………………………（325）

7.5　界址线属性管理 …………………………………………………（325）

7.6　宗地属性管理 ……………………………………………………（325）

7.7　输出宗地图方法 …………………………………………………（326）

7.8　输出宗地面积表格 ………………………………………………（327）

7.9　输出文本宗地面积表格 …………………………………………（327）

7.10　输出街坊界址点成果表 ………………………………………（327）

7.11　输出权属调查表 ………………………………………………（328）

7.12　输出界址调查表 ………………………………………………（328）

7.13　拓扑关系检查 …………………………………………………（329）

7.14　面积不闭合检查 ………………………………………………（330）

7.15　南方权属检查 …………………………………………………（331）

第8章　面积汇总 ……………………………………………………（335）

8.1　选择面积汇总类型 ………………………………………………（335）

8.2　设置地籍面积参数 ………………………………………………（335）

8.3　宗地面积计算方法 ………………………………………………（335）

8.4　自动生成宗地方法 ………………………………………………（337）

8.5　南方权属转换方法 ………………………………………………（338）

8.6　读入面积汇总文件 ………………………………………………（338）

8.7　按分类汇总面积 …………………………………………………（338）

8.8　按权属汇总面积 …………………………………………………（341）

8.9　生成电子表格文件 ………………………………………………（341）

第9章　工程计算 ……………………………………………………（342）

9.1　工程曲线测设方法 ………………………………………………（342）

9.2　计算组曲线 ………………………………………………………（342）

9.3　计算平面直线 ……………………………………………………（343）

9.4　计算平面圆曲线 …………………………………………………（344）

9.5　计算平面缓和曲线 ………………………………………………（345）

9.6　计算竖直线 ………………………………………………………（346）

9.7　计算竖曲线 ………………………………………………………（347）

9.8　输出计算结果 ……………………………………………………（348）

9.9　生成电子表格数据 ………………………………………………（348）

9.10　横坡计算 ………………………………………………………（349）

第10章　纵横断面 …………………………………………………（351）

10.1　绘制纵横断面原理 ……………………………………………（351）

10.2　设置纵横断面参数 ……………………………………………（351）

10.3　读入碎部点数据 ·· (352)

10.4　描绘地性线 ··· (352)

10.5　构建三角网技术 ·· (352)

10.6　图上选择路线 ··· (353)

10.7　读入路线坐标 ··· (354)

10.8　绘自由横断面 ··· (354)

10.9　建立纵横断面数据库 ··· (355)

10.10　输出纵断面 ·· (355)

10.11　输出横断面 ·· (356)

10.12　生成 CASS 交换文件 ··· (357)

10.13　生成文本数据文件 ··· (357)

第 11 章　土方量计算 ·· (359)

11.1　土方量计算方法 ·· (359)

11.2　设置边界及格网单位 ··· (359)

11.3　读入碎部点数据 ·· (359)

11.4　构建三角网技术 ·· (360)

11.5　计算格网标高 ··· (361)

11.6　计算填挖方量 ··· (361)

11.7　计算场地平整 ··· (361)

11.8　输出格网工程量 ·· (361)

第 12 章　测量平差 ··· (363)

12.1　平面控制网平差 ·· (363)

12.1.1　读入原始记录 ·· (363)

12.1.2　计算概略坐标方法 ··· (364)

12.1.3　自动组成验算路线 ··· (366)

12.1.4　手工选择验算路线 ··· (367)

12.1.5　列误差方程 ·· (368)

12.1.6　解算法方程 ·· (368)

12.1.7　精度评定 ··· (368)

12.1.8　输出平差结果 ·· (368)

12.1.9　生成网图 ··· (369)

12.1.10　平差算例 ·· (370)

12.2　高程控制网平差 ·· (374)

12.2.1　读入原始记录 ·· (375)

12.2.2　计算概略高程方法 ··· (375)

12.2.3　自动组成验算路线 ··· (375)

12.2.4　手工选择验算路线 ··· (376)

　　12.2.5　列误差方程 ……………………………………… (377)
　　12.2.6　解算法方程 ……………………………………… (377)
　　12.2.7　精度评定 ………………………………………… (378)
　　12.2.8　输出平差结果 …………………………………… (378)
　　12.2.9　水准网平差略图 ………………………………… (379)
第13章　图根计算 ……………………………………………… (380)
　13.1　野外采集数据方式 ………………………………… (380)
　13.2　设置测站限差 ……………………………………… (380)
　13.3　全站仪数据传输 …………………………………… (381)
　13.4　读入拓普康原始记录 ……………………………… (381)
　13.5　读入尼康原始记录 ………………………………… (382)
　13.6　读入徕卡原始记录 ………………………………… (382)
　13.7　读入索佳原始记录 ………………………………… (382)
　13.8　读入手工记录 ……………………………………… (383)
　13.9　测站数据检查 ……………………………………… (383)
　13.10　生成观测手簿 ……………………………………… (384)
　13.11　生成平差文件 ……………………………………… (385)
　13.12　读入碎部点数据 …………………………………… (386)
　13.13　碎部点坐标计算 …………………………………… (387)
　13.14　简码成图技术 ……………………………………… (387)
　　13.14.1　简码成图编码方法 …………………………… (387)
　　13.14.2　简码成图效果 ………………………………… (391)
第14章　水准测量 ……………………………………………… (392)
　14.1　串口数据通信技术 ………………………………… (392)
　14.2　读入 PC - E500 记录 ……………………………… (393)
　14.3　读入 PDA 水准记录 ……………………………… (393)
　14.4　读入安卓水准记录 ………………………………… (394)
　14.5　读入手工水准记录 ………………………………… (394)
　14.6　读入天宝/蔡司水准记录 ………………………… (394)
　14.7　读入徕卡水准记录 ………………………………… (395)
　14.8　读入拓普康水准记录 ……………………………… (395)
　14.9　读入中纬水准记录 ………………………………… (396)
　14.10　测站数据自动检查 ………………………………… (396)
　14.11　生成水准手簿 ……………………………………… (397)
　14.12　生成电子表格 ……………………………………… (398)
　14.13　生成平差文件 ……………………………………… (399)
第15章　数据转换 ……………………………………………… (401)
　15.1　大地坐标正反算及换带计算 ……………………… (401)

15.2　城市抵偿面坐标归算 ……………………………………（401）

15.3　马路红线坐标计算 ………………………………………（403）

15.4　平面相似变换 ……………………………………………（404）

15.5　布尔莎模型坐标转换 ……………………………………（405）

15.6　整图坐标换带计算 ………………………………………（405）

15.7　图幅理论面积与图幅号计算 ……………………………（406）

15.8　万能数据格式转换 ………………………………………（406）

第 16 章　矿业权管理 ……………………………………………（407）

16.1　创建矿业权数据库 ………………………………………（407）

16.2　读入探矿权经纬度 ………………………………………（407）

16.3　读入采矿权坐标 …………………………………………（408）

16.4　矿业权信息管理 …………………………………………（409）

16.5　矿业权重叠检查 …………………………………………（411）

16.6　矿业权问题检查 …………………………………………（412）

第 17 章　安装与部署 ……………………………………………（414）

17.1　系统安装 …………………………………………………（414）

17.2　程序主界面 ………………………………………………（414）

17.3　帮助文件 …………………………………………………（416）

17.4　系统卸载 …………………………………………………（416）

17.5　算　例 ……………………………………………………（417）

第 18 章　其他实用技术 …………………………………………（418）

18.1　数据加密与解密 …………………………………………（418）

18.1.1　MD5 加密 ………………………………………（418）

18.1.2　DES 加密与解密 …………………………………（419）

18.2　水准仪 i 角检查方法 ……………………………………（421）

18.2.1　方法一 ……………………………………………（421）

18.2.2　方法二 ……………………………………………（422）

18.3　水准标尺每米分划间隔真长的测定 ……………………（423）

18.3.1　准备工作 …………………………………………（423）

18.3.2　观测方法 …………………………………………（423）

18.3.3　计算方法 …………………………………………（423）

18.4　正常水准面不平行改正方法 ……………………………（425）

18.5　手持 GPS 参数设置方法 …………………………………（425）

18.5.1　求参数方法 ………………………………………（426）

18.5.2　GPS 参数设置 ……………………………………（426）

参考文献 ……………………………………………………………（427）

第 1 章　概　论

1.1　开发背景

　　随着社会的发展,传统的测量手段在不断更新,新技术越来越多地被引用。由于计算机的发展,人们从繁重的劳动中解放出来,在闲暇之余,更多的技术人员开始思考用编程来解决大量重复性的计算问题。同时,随着编程语言的不断发展,各行业技术人员都在加紧探索解决问题的方法,不同的编程语言有其各自的优越性,功能也不一样,开发平台也不尽相同,C ++ 就是其中的一种。C ++ 模块化的设计思想,使其便于维护与修改,再加上其功能强大,被广大开发人员认为是最优秀的编程语言。由于每个人所处的工作环境不尽相同,每个人的工作性质与编程经验也有所不同,处理问题的方法也不尽相同。目前,虽然很多技术人员编写的一些小程序能解决一些实际问题,但都有其局限性,并不能全部通用。因此,自己编程解决自己工作中的技术问题显得极其重要,起码可以做到随时升级与完善,再推广到其他部门与行业。鉴于此目的,本书作者从 2001 年开始设计,历经十余年终于完成了空间数据处理系统软件的开发工作。

1.2　设计理念

　　在开发前,首先要有一个总体的设计思想,基于什么平台,开发什么功能,解决什么问题,面向什么用户,使用什么语言,做到胸有成竹,然后动手设计开发。经过深思熟虑,初步确定的设计理念是,首先能满足基本功能需要,解决首要技术问题,然后逐步增加其他功能。为了能方便升级与完善,本系统采用模块化设计,并具有前瞻性,采用 Access 数据库作为后台支持,使用 VC ++ 6.0 语言,直接从系统底层开发,拥有自主的知识产权,把测量工作经验融入到程序中,最大程度地提高软件的使用效率,能够自动化处理数据,减轻作业人员的负担,功能全面,涵盖测量方面的所有内容。

1.3　软件功能

1.3.1　数字制图

　　可满足常规绘图要求,对所有图层分层管理,每个图层又细分为点、线、面、注记要素,所有数据以 Access 表的格式存放,明码文件,不同的要素严格分层,可显示或关闭某图层,图层颜色可自定义,绘图按内部编码绘出,向用户开放绘图命令,用户可自行修改绘图参数。本系统拥有自主灵活的编辑功能和作图工具,可以导入或导出数据,预览或打印输出,可自定义符号库,编码和符号可任意修改,以满足不同行业的需要。

1.3.2　地籍入库

读入南方 CASS 格式权属信息文件,后缀为".QS",自动计算宗地面积,可进行拓扑关系检查和街坊面积不闭合检查,并输出彩色宗地图,输入和修改界址点属性、界址线属性、宗地属性(可保存为模板文件)操作方便,简单实用,可自动生成宗地面积计算表、界址调查表、宗地属性表、街坊界址点成果表,可批量生成宗地图,所有修改结果直接自动更新数据库。读入 DXF 文件可对界址点是否重合进行检查,并汇总统计界址点界标类型、属性,界址线属性和宗地属性等。

1.3.3　面积汇总

根据面积汇总文件(.mdb 文件,可以自行编辑或由本系统自动生成或由南方 CASS 文件 QS 转换),按国家最新的三级地类进行面积汇总,自动生成二调 A4 或 A3 幅面的面积汇总表格(页面设置:纸型方向选择横向)。地籍测量按城镇、街道、街坊汇总面积;土地规划按市级、县级、乡镇汇总面积。自动区分国有或集体土地,并分别进行汇总统计。可根据需要自行调节表格高度和宽度及打印行数和列数,生成二调面积汇总表格和电子表格文件,面积单位默认为平面面积,可选择输出图斑椭球面积。

1.3.4　工程计算

根据曲线要素(两端点坐标、转点坐标、曲线半径及缓和曲线长度)、计算步长、左边宽度和右边宽度(如果左右宽度在不同桩号发生变化,可编辑成文本文件由系统读入)自动计算中桩和边桩路线坐标和标高等,也可单独计算直线、圆曲线、缓和曲线、竖直线、竖曲线及道路横坡。所有成果均自动保存成 Access 数据库,并建立图形数据库,可显示或打印网图。

1.3.5　纵横断面

根据野外测量的碎部点进行展点,高速构建三角网,在图上选择路线或读入路线坐标,自动描绘纵横断面图,可设置横断面步长、采样间隔、左右宽度和水平与标高比例尺等。输出图形均按 A4 幅面设计(纸型方向为横向),如果纵断面为多页,可自动分段输出,并可按坐标线进行拼贴。可保存中间数据,下一次使用时直接用打开文件形式读入中间数据,不用重新构建三角网,直接继续下一步操作。可保存成南方 CASS 交换文件和文本文件。

1.3.6　土方计算

根据挖(或填)前原地面标高和挖(或填)后地面(或设计)标高分别构成三角网,进行各单元格的挖前和挖后标高计算,并分别按单元格进行填挖土方量统计汇总,也可进行场地平整(包括斜坡,坡度值可设置)计算。其中,单元格可自行设置,最小网格单位为 1 m×1 m(实际计算按 0.1 m×0.1 m 统计)。计算结果可生成电子表格形式文件,可标注各网格填挖前后标高和各方格内填挖方量。场地平整时,绘出分界线和平衡点标高,输出工作量等。

1.3.7　平差计算

采用传统的间接平差(严密平差)法平差,可平差平面网和高程网。

1.3.7.1　平面网

可平差平面网包括可平差导线网(包括无定向导线网)、测边网(包括秩亏自由网)、测角网(包括无起算方向三角网)、混合网、秩亏自由网。其中,导线网可以全自动组成验算路线,自动寻找面积最小的闭合环(彩色显示)和附合路线,允许加测原始方位角,用于平差井下导线网,可在网图上注记方位角和坐标闭合差、相对闭合差。平差结果输出:已知数据、验算结果、平差坐标、误差椭圆及网图等。

1.3.7.2　高程网

可平差高程网包括可平差水准网、三角高程网和秩亏自由网。可自动组成验算路线,计算往返测(或直反觇)闭合差,可选择是否加尺长(或两差)改正,可手工选择验算路线。平差结果输出:已知数据、验算结果、平差高程、所有未知点的高程中误差及单位权中误差等。

1.3.8　图根测量

可读入拓普康、尼康、徕卡、索佳原始记录数据文件或者传统格式手工记录数据(支持多测回),自动进行超限检查,并自动生成观测手簿和清华山维格式、武测科傻格式、南方平差易格式平差文件。也可计算碎部点坐标,并生成南方 CASS 软件可识别的编码文件,可进行不同格式数据转换及自动连码成图等。

1.3.9　水准测量

可读入天宝、徕卡、拓普康、中纬电子水准仪原始记录或 PC – E500 水准记录(二三四等等外水准记录通用程序,由作者提供源程序)或 PDA 水准记录和安卓水准记录加密数据文件,自动生成电子表格形式水准记录观测手薄和清华山维格式、武测科傻格式、南方平差易格式平差数据文件。可选择输出电子表格、Word 和文本形式手簿。

1.3.10　数据转换

可对不同格式数据进行相互转换,包括本系统生成的绘图文件转换成南方 CASS 格式数据交换文件和 AutoCAD 2000 脚本文件,MAPGIS 格式,ARCGIS 格式,1954 系和 1980系及 2000 大地坐标系的大地坐标正反算和坐标换带计算(转换误差不超过 0.01 mm,可反算验证),抵偿坐标系统与国家坐标系统相互转换,计算马路红线坐标,相似变换,布尔莎模型坐标转换,万能数据格式转换等。

1.3.11　矿业权管理

可导入省厅矿业权数据库,自动转换成高斯平面坐标,生成矿业权信息分布图,方便市县国土部门管理,可进行矿业权信息查询及矿业权重叠检查,可对矿业权核查数据进行注记和属性是否一致性检查。

1.3.12 表格套印

可提取电子表格中的数据或图片,然后打印到指定位置,主要用于在已经铅印好的表格套印数据。也可以打印光盘标签,自动调整位置。

第 2 章　测绘基础知识

2.1　常用测量基准系统

2.1.1　常用坐标系统

2.1.1.1　1954 年北京坐标系

1954 年北京坐标系(Beijing Geodetic Coordinate System 1954)是我国目前广泛采用的大地测量坐标系,是一种参心坐标系统。该坐标系源自于苏联采用过的 1942 年普尔科沃坐标系。该坐标系采用的参考椭球是克拉索夫斯基椭球,该椭球的参数为:长轴 6 378 245 m,短轴 6 356 863 m,扁率 1/298.3;我国地形图上的平面坐标位置都是以这个数据为基准推算的。我国很多测绘成果都是基于 1954 年北京坐标系得来的。该坐标系从 1954 年开始启用,是国家统一的国家大地坐标系。鉴于当时的实际情况,将我国一等锁与苏联远东一等锁相连接,然后以连接处呼玛、吉拉宁、东宁基线网扩大边端点的苏联 1942 年普尔科沃坐标系的坐标为起算数据,平差我国东北及东部区一等锁,这样传算过来的坐标系就定名为 1954 年北京坐标系。

1954 年北京坐标系的主要缺点有:

(1)克拉索夫斯基椭球参数与现代精确测定的椭球参数之间的差异较大,不包含表示地球物理特性的参数。

(2)椭球定向不明确,参考椭球面与我国大地水准面呈西高东低的系统性倾斜,东部高程异常最大值达 67 m。

(3)该系统的大地点坐标是通过局部分区平差得到的,未进行全国统一平差,区与区之间同点位不同坐标,最大差值达到 1~2 m,一等锁坐标从东北传递,因此西北和西南精度较低,存在明显的坐标积累误差。

2.1.1.2　1980 西安坐标系

1980 西安坐标系(Xi'an Geodetic Coordinate System 1980)是由国家测绘局在1978~1982 年期间进行国家天文大地网整体平差时建立的,它采用国际大地测量学协会 IAG 于 1975 年推荐的新椭球参数。该椭球的参数为:长轴 6 378 140 m,短轴 6 356 755 m,扁率 1/298.257。1980 西安坐标系属参心坐标系,大地原点在陕西省径阳县永乐镇,在西安以北 60 km,简称西安原点。与 1954 年北京坐标系相比,1980 西安坐标系有以下 5 个优点:

(1)采用多点定位原理建立,理论严密,定义明确。大地原点位于我国中部。

(2)椭球参数为现代精确测定的地球总椭球参数,有利于实际应用和开展理论研究。

(3)椭球面与我国大地水准面吻合较好,全国范围内的平均差值为 10 m,大部分地区差值在 15 m 以内。

（4）椭球短半轴指向明确,为 1968.0 JYD 地极原点方向。

（5）全国天文大地网经过了整体平差,点位精度高,误差分布均匀。

2.1.1.3　2000 国家大地坐标系

2000 国家大地坐标系（China Geodetic Coordinate System 2000）属地心坐标系。其定义包括坐标系的原点、三个坐标轴的指向、尺度以及地球椭球的 4 个基本参数的定义。2000 国家大地坐标系的原点为包括海洋和大气的整个地球的质量中心;2000 国家大地坐标系的 Z 轴由原点指向历元 2000.0 的地球参考极的方向,该历元的指向由国际时间局给定的历元 1984.0 的初始指向推算,定向的时间演化保证相对于地壳不产生残余的全球旋转,X 轴由原点指向格林尼治参考子午线与地球赤道面（历元 2000.0）的交点,Y 轴与 Z 轴、X 轴构成右手正交坐标系;采用广义相对论意义下的尺度。2000 国家大地坐标系采用的地球椭球参数的数值为:长半轴 $a = 6\ 378\ 137$ m,扁率 $f = 1/298.257\ 222\ 101$,地心引力常数 $GM = 3.986\ 004\ 418 \times 10^{14}$ m^3/s^2,自转角速度 $\omega = 7.292\ 115 \times 10^{-5}$ rad/s。

2.1.1.4　WGS - 84 坐标系

WGS - 84 坐标系的全称是 World Geodical System - 84（世界大地坐标系 - 84）,它是一个地心地固坐标系。WGS - 84 坐标系由美国国防部制图局建立,于 1987 年取代了当时 GPS 所采用的坐标系——WGS - 72 坐标系而成为 GPS 所使用的坐标系统。坐标原点为地球质心,其地心空间直角坐标系的 Z 轴指向由国际时间局 BIH1984.0 定义的协议地极（CTP）方向,X 轴指向 BIH1984.0 的协议子午面和 CTP 赤道的交点,Y 轴与 Z 轴、X 轴垂直构成右手坐标系,称为 1984 年世界大地坐标系。这是一个国际协议地球参考系统（ITRS）,是目前国际上统一采用的大地坐标系。WGS - 84 坐标系,长轴 6 378 137.000 m,短轴 6 356 752.314 m,扁率 1/298.257 223 563。WGS - 84 椭球如图 2-1 所示。

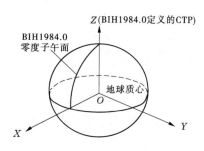

图 2-1　WGS - 84 椭球

2.1.2　常用高程系统

2.1.2.1　1956 年黄海高程系

1956 年黄海高程系是根据我国青岛验潮站 1950 ~ 1956 年的黄海验潮资料,求出该站验潮井里横按铜丝的高度为 3.61 m,所以就确定这个铜丝以下 3.61 m 处为黄海平均海水面。从这个平均海水面起,于 1956 年推算出青岛水准原点的高程为 72.289 m。我国其他地方测量的高程都是根据这一原点按水准方法推算的。

2.1.2.2　1985 国家高程基准

我国于 1956 年规定以黄海（青岛）的多年平均海水面作为统一基面,为中国第一个国家高程系统,从而结束了过去高程系统繁杂的局面。但由于计算这个基面所依据的青岛验潮站的资料系列（1950 ~ 1956 年）较短等原因,中国测绘主管部门决定重新计算黄海平均海水面,以青岛验潮站 1952 ~ 1979 年的潮汐观测资料为计算依据,并用精密水准测量方法测定位于青岛的中华人民共和国水准原点,得出 1985 国家高程基准和 1956 年黄海高程的关系:1985 国家高程基准 = 1956 年黄海高程 − 0. 029 m。1985 国家高程基准已于 1987 年 5 月开始启用,1956 年黄海高程系同时废止。

2.1.3　椭球面上常用坐标系

2.1.3.1　大地坐标系

　　大地坐标系是用大地经度 L、大地纬度 B 和大地高 H 表示地面点位的,如图 2-2 所示。过地面点 P 的子午面与起始子午面间的夹角叫 P 点的大地经度。由起始子午面起算,向东为正,叫东经(0°~180°),向西为负,叫西经(0°~ −180°)。过 P 点的椭球法线与赤道面的夹角叫 P 点的大地纬度。由赤道面起算,向北为正,叫北纬(0°~90°),向南为负,叫南纬(0°~ −90°)。从地面点 P 沿椭球法线到椭球面的距离叫大地高。在大地坐标系中,P 点的位置用 L,B 表示。如果点不在椭球面上,表示点的位置除 L,B 外,还要附加另一参数——大地高 H,它同正常高 $H_{正常}$ 及正高 $H_{正}$ 有如下关系:

$$H = H_{正常} + \zeta \quad (高程异常)$$
$$H = H_{正} + h_g \quad (大地水准面差距)$$

2.1.3.2　空间直角坐标系

　　空间直角坐标系以椭球体中心 O 为原点,起始子午面与赤道面交线为 X 轴,在赤道面上与 X 轴正交的方向为 Y 轴,椭球体的旋转轴为 Z 轴,构成右手坐标系 $O—XYZ$,在该坐标系中,P 点的位置用 X,Y,Z 表示,如图 2-3 所示。

　　地球空间直角坐标系的坐标原点位于地球质心(地心坐标系)或参考椭球中心(参心坐标系),Z 轴指向地球北极,X 轴指向起始子午面与地球赤道的交点,Y 轴垂直于 XOZ 面并构成右手坐标系。

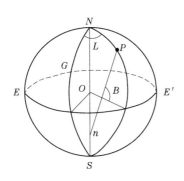

图 2-2　大地坐标系

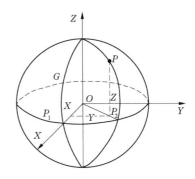

图 2-3　空间直角坐标系

2.1.3.3　子午面直角坐标系

　　设 P 点的大地经度为 L,在过 P 点的子午面上,以子午圈椭圆中心为原点,建立 $O—xy$ 平面直角坐标系。在该坐标系中,P 点的位置用 L,X,Y 表示,如图 2-4 所示。

2.1.3.4　大地极坐标系

　　M 为椭球体面上的任意一点,MN 为过 M 点的子午线,S 为连接 MP 的大地线长,A 为大地线在 M 点的方位角。以 M 为极点,MN 为极轴,S 为极半径,A 为极角,这样就构成了大地极坐标系,如图 2-5 所示。在该坐标系中,P 点的位置用 S,A 表示。

椭球面上任一点的极坐标(S, A)与大地坐标(L, B)可以互相换算,这种换算称为大地主题解算。

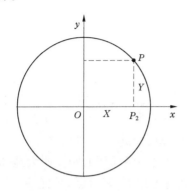

图2-4 过P点的子午面直角坐标系

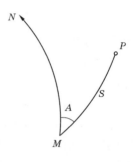

图2-5 大地极坐标系

2.1.4 常用测绘专业术语

2.1.4.1 地球形状

为了从数学上定义地球,必须建立一个地球表面的几何模型。这个模型是由地球的形状决定的。它是一个较为接近地球形状的几何模型,即椭球体,由一个椭圆绕着其短轴旋转而成。

地球自然表面是一个起伏不平、十分不规则的表面,有高山、丘陵和平原,又有江、河、湖、海。地球表面约有71%的面积为海洋所占用,29%的面积是大陆与岛屿。陆地上最高点与海洋中最深处相差近20 km。这个高低不平的表面无法用数学公式表达,也无法进行运算,所以在测量与制图时,必须找一个规则的曲面来代替地球的自然表面。当海洋静止时,它的自由水面必定与该面上各点的重力方向(铅垂线方向)成正交,我们把这个面叫做水准面。但水准面有无数多个,其中有一个与静止的平均海水面相重合。可以设想这个静止的平均海水面穿过大陆和岛屿形成一个闭合的曲面,这就是大地水准面(见图2-6)。

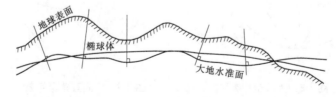

图2-6 大地水准面

大地水准面所包围的形体,叫大地球体。由于大地球体内部质量分布的不均匀引起的重力方向的变化,导致处处和重力方向成正交的大地水准面成为一个不规则的、不能用数学公式表达的曲面。大地水准面形状虽然十分复杂,但从整体来看,起伏是微小的。它是一个很接近于绕自转轴(短轴)旋转的椭球体,所以在测量和制图中就用旋转椭球体来代替大地球体,这个旋转椭球体通常称为地球椭球体,简称椭球体。

2.1.4.2　椭球体

地球椭球体表面是一个规则的数学表面。椭球体的大小通常由两个半径——长半径 a 和短半径 b，或由一个半径和扁率来决定。扁率 f 表示椭球的扁平程度。扁率的计算公式为：$f = (a - b)/a$。这些地球椭球体的基本元素 a、b、f 等，由于推求它们的年代、使用的方法以及测定的地区不同，其结果并不一致，故地球椭球体的参数值有很多种。中国在 1952 年以前采用海福特（Hayford）椭球体，1953～1980 年采用克拉索夫斯基椭球体。随着人造地球卫星的发射，有了更精密的测算地球形体的条件。1975 年，第 16 届国际大地测量及地球物理联合会上通过的国际大地测量协会第一号决议公布的地球椭球体，称为 GRS(1975)，中国自 1980 年开始采用 GRS(1975) 新参考椭球体系。由于地球椭球长半径与短半径的差值很小，所以当制作小比例尺地图时，往往把它当做球体看待，这个球体的半径为 6 371 km。

2.1.4.3　高程

地面点到大地水准面的高程，称为绝对高程。如图 2-7 所示，$P_0 P_0'$ 为大地水准面，地面点 A 和 B 到 $P_0 P_0'$ 的垂直距离 H_A 和 H_B 为 A、B 两点的绝对高程。地面点到任一水准面的高程，称为相对高程。在图 2-7 中，A、B 两点至任一水准面 $P_1 P_1'$ 的垂直距离 H_A' 和 H_B' 为 A、B 两点的相对高程。

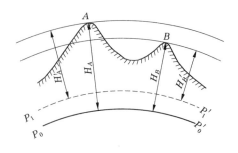

图 2-7　地面点的高程

2.1.4.4　正高

正高系统是以地球不规则的大地水准面为基准面的高程系统。某点的正高是从该点出发，沿该点与基准面间各个重力等位面的垂线所测量出的与大地水准面之间的距离。正高的测定用传统的水准方法实现。

2.1.4.5　正常高

某点相对于似大地水准面之间的距离称为正常高。

2.1.4.6　大地水准面

由静止海水面并向大陆延伸所形成的不规则的封闭曲面，称为大地水准面。它是重力等位面，即物体沿该面运动时，重力不做功（如水在这个面上是不会流动的）。大地水准面是指与全球平均海水面（或静止海水面）相重合的水准面。大地水准面是描述地球形状的一个重要物理参考面，也是海拔高程系统的起算面。大地水准面的确定是通过确定它与参考椭球面的间距——大地水准面差距（对于似大地水准面而言，则称为高程异常）来实现的。

2.1.4.7　大地高

大地高系统是以参考椭球面为基准面的高程系统。某点的大地高是该点沿通过该点的参考椭球面法线至参考椭球面的距离。大地高也叫椭球高。

2.1.4.8　大地水准面差距

大地水准面到参考椭球面的距离，称为大地水准面差距，记为 h_g。大地高与正高之间的关系可以表示为

$$H = H_g + h_g$$

2.1.4.9　高程异常

似大地水准面到参考椭球面的距离,称为高程异常,记为 ζ 。大地高与正常高之间的关系可以表示为

$$H = H_\gamma + \zeta$$

2.1.4.10　重力测量

重力测量是指根据不同的目的和要求,使用重力仪测量地面某点的重力加速度。在 20 世纪 50 年代中期,我国建立了由 27 个基本重力点和 80 个一等重力点构成的第一个重力控制网,该网是以苏联的阿拉木图、伊尔库茨克和赤塔为起始点的。1981 年,国家测绘总局在福州市溪口省测绘局外业大队北楼室内,埋设了重力基准点,根据中意科技文化合作协定,由国家测绘总局与意大利都灵计量研究所合作,用该所研制的可移动式绝对重力仪,测定了该点的绝对重力值,重力成果达到了微伽级的高精度。它是按照国务院 1978 年 84 号文件《关于重建我国高精度重力控制网的决定》而建立的"85 国家重力基本网"的 6 个基准点之一(另 5 个是北京、广州、南宁、昆明、青岛)。该网还包括 64 个基本重力点和 5 个引点,充分利用全球的重力测量成果,同国际重力测量委员会建立的"1971 年国际重力系统"进行了北京—日本、北京—巴黎的国际联测和北京—香港联测,联测精度为 15 ~ 20 微伽,平差后点重力值精度为 ±8 微伽,新网建立后,代替了原来采用的具有较大系统误差的波茨坦重力系统。

2.1.4.11　地理坐标

地球除绕太阳公转外,还绕着自己的轴线旋转,地球自转轴线与地球椭球体的短轴相重合,并与地面相交于两点,这两点就是地球的两极,即北极和南极。垂直于地轴,并通过地心的平面叫赤道平面,赤道平面与地球表面相交的大圆圈(交线)叫赤道。平行于赤道的各个圆圈叫纬圈(纬线)(Parallel),显然赤道是最大的一个纬圈。

通过地轴垂直于赤道面的平面叫做经面或子午圈(Meridian),所有的子午圈长度彼此都相等(见图 2-8)。

2.1.4.12　纬度(Latitude)

设椭球面上有一点 P(见图 2-9),通过 P 点作椭球面的垂线,称之为过 P 点的法线。法线与赤道面的交角,叫做 P 点的地理纬度(简称纬度),通常以字母 φ 表示。纬度从赤道起算,在赤道上纬度为 0°,纬线离赤道愈远,纬度愈大,至极点纬度为 90°。赤道以北叫北纬,以南叫南纬。

2.1.4.13　经度(Longitude)

过 P 点的子午面与通过英国格林尼治天文台的子午面所夹的二面角,叫做 P 点的地理经度(简称经度),通常用字母 λ 表示。国际规定通过英国格林尼治天文台的子午线为本初子午线(或叫首子午线),作为计算经度的起点,该线的经度为 0°,向东 0° ~ 180°叫东经,向西 0° ~ 180°叫西经。

2.1.4.14　大地线

椭球面上两点间的最短程曲线叫做大地线。在微分几何中,大地线(又称测地线)另有这样的定义:"大地线上每点的密切面(无限接近的三个点构成的平面)都包含该点的

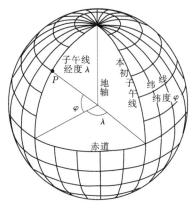

图 2-8 地球的经线和纬线

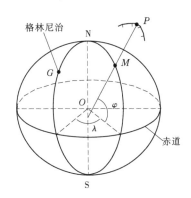

图 2-9 经度和纬度

曲面法线",亦即"大地线上各点的主法线与该点的曲面法线重合"。因曲面法线互不相交,故大地线是一条空间曲面曲线。

假如在椭球模型表面 A,B 两点之间,画出相对法截线 a,b,如图 2-10 所示,然后在 A,B 两点上各插定一个大头针,并紧贴着椭球面在大头针中间拉紧一条细橡皮筋,并设橡皮筋和椭球面之间没有摩擦力,则橡皮筋形成一条曲线,恰好位于相对法截线之间,这就是一条大地线。由于橡皮筋处于拉力之下,所以它实际上是两点间的最短线。

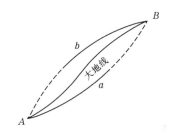

图 2-10 大地线

在椭球面上进行测量计算时,应当以两点间的大地线为依据。在地面上测得的方向、距离等,应当归算成相应大地线的方向、距离。

2.1.4.15 高斯 – 克吕格投影

由于这个投影是由德国数学家、物理学家、天文学家高斯于 19 世纪 20 年代拟定的,后经德国大地测量学家克吕格于 1912 年对投影公式加以补充,故称之为高斯 – 克吕格投影。

高斯 – 克吕格投影在英、美国家称为横轴墨卡托投影。美国编制世界各地军用地图和地球资源卫星像片所采用的全球横轴墨卡托投影(UTM)是横轴墨卡托投影的一种变形。高斯 – 克吕格投影的中央经线长度比等于 1,UTM 投影规定中央经线长度比为 0.999 6,在 6 度带范围内最大长度变形不超过 0.04%。

高斯 – 克吕格投影上的中央经线和赤道为互相垂直的直线,其他经线均为凹向并对称于中央经线的曲线,其他纬线均为以赤道为对称轴的向两极弯曲的曲线,经、纬线成直角相交。在这个投影上,没有角度变形。中央经线长度比等于 1,没有长度变形,其余经线长度比均大于 1,长度变形为正,距中央经线愈远,变形愈大,最大变形在边缘经线与赤道的交点上;面积变形也是距中央经线愈远,变形愈大。为了保证地图的精度,采用分带投影方法,即将投影范围的东、西界加以限制,使其变形不超过一定的限度,这样把许多带结合起来,可成为整个区域的投影(见图 2-11)。高斯 – 克吕格投影的变形特征是:在同一条经线上,长度变形随纬度的降低而增大,在赤道处为最大;在同一条纬线上,长度变形随经差的增加而增大,且增大速度较快。在 6 度带范围内,其长度最大变形不超过0.14%。

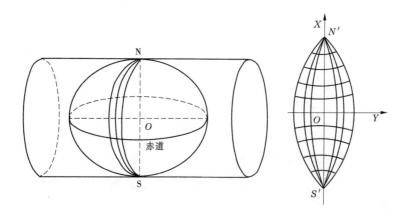

图 2-11 高斯－克吕格投影示意

我国规定 1∶1 万、1∶2.5 万、1∶5 万、1∶10 万、1∶25 万、1∶50 万比例尺地形图均采用高斯－克吕格投影。1∶2.5 万～1∶50 万比例尺地形图采用经差 6 度分带,1∶1 万比例尺地形图采用经差 3 度分带。

6 度带是从 0°子午线起,自西向东每隔经差 6°为一投影带,全球分为 60 带,各带的带号用自然序数 1,2,3,…,60 表示。即以东经 0°～6°为第 1 带,其中央经线为 3E,东经6°～12°为第 2 带,其中央经线为 9E,其余依次类推(见图 2-12)。

3 度带是从东经 1°30′的经线开始,每隔 3°为一带,全球划分为 120 个投影带。图 2-12 表示出 6 度带与 3 度带的中央经线与带号的关系。

在高斯－克吕格投影上,规定以中央经线为 X 轴,赤道为 Y 轴,两轴的交点为坐标原点。

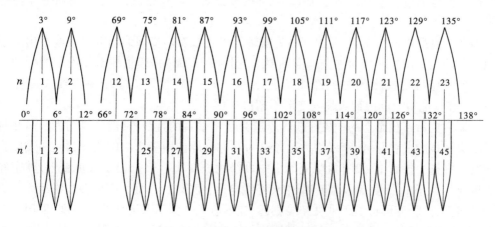

图 2-12 高斯－克吕格投影的分带

X 坐标值在赤道以北为正,以南为负;Y 坐标值在中央经线以东为正,以西为负。我国在北半球,X 坐标皆为正值。Y 坐标在中央经线以西为负值,运用起来很不方便。为了避免 Y 坐标出现负值,将各带的坐标纵轴西移 500 km,即将所有 Y 值都加 500 km。

由于采用了分带方法,各带的投影完全相同,某一坐标值(x,y)在每一投影带中均有一个,在全球则有 60 个同样的坐标值,不能确切表示该点的位置。因此,在 Y 值前,需冠以带号,这样的坐标称为通用坐标。

高斯－克吕格投影各带是按相同经差划分的,只要计算出一带各点的坐标,其余各带都是适用的。这个投影的坐标值由国家测绘部门根据地形图比例尺系列,事先计算制成坐标表,供作业单位使用。

2.1.4.16　墨卡托投影

墨卡托(Mercator)投影,又名等角正轴圆柱投影,由荷兰地图学家墨卡托(Mercator)在 1569 年拟定。设想一个与地轴方向一致的圆柱切于或割于地球,按等角条件将经纬网投影到圆柱面上,将圆柱展为平面后,得平面经纬线网。投影后,经线是一组竖直的等距离的平行直线,纬线是一组垂直于经线的平行直线,各相邻纬线间隔由赤道向两极增大,一点上任何方向的长度比均相等,即没有角度变形,而面积变形显著,随远离标准纬线而增大。因为它具有各个方向均等扩大的特性,保持了方向和相互位置关系的正确。该墨卡托投影在切圆柱投影与割圆柱投影中,是最早也是最常用的投影。在地图上能保持方向和角度的正确是墨卡托投影的优点,墨卡托投影地图常用做航海图和航空图。如果是循着墨卡托投影地图上两点间的直线航行,可以维持方向不变一直到达目的地,因此它对船舰在航行中的定位、确定航向都具有有利条件,给航海、航空都带来了很大的方便,所以这个投影广泛用于航海图和航空图。

2.1.4.17　UTM 投影

UTM(Universal Transverse Mercator)投影全称为通用横轴墨卡托投影,是一种等角横轴割圆柱投影。椭圆柱割地球于南纬 80°,北纬 84°两条等高圈。投影后,两条相割的经线上没有变形,而中央经线的长度比为 0.999 6。国际大地测量学会曾建议,中央子午线投影后,其投影长度适当缩短(即长度比例因子 K 为 0.999 6,中央经线比例因子取0.999 6 是为了保证离中央经线约 330 km 处有两条不失真的标准经线),以减少投影边缘地区的长度变形。这个建议就是统一横轴墨卡托投影,也称为通用横轴墨卡托投影,简称为 UTM 投影。

2.2　地图投影基础知识

2.2.1　地图投影的概念

在数学中,投影(Project)的含义是指建立两个点集间一一对应的映射关系。同样,在地图学中,地图投影就是指建立地球表面上的点与投影平面上的点之间一一对应关系。地图投影的基本问题就是利用一定的数学法把地球表面上的经纬线网表示到平面上。凡是地理信息系统就必然要考虑到地图投影,地图投影的使用保证了空间信息在地域上的联系性和完整性。在各类地理信息系统的建立过程中,选择适当的地图投影系统是首先要考虑的问题。由于地球椭球体表面是曲面,而地图通常是要绘制在平面图纸上的,因此制图时首先要把曲面展为平面,然而球面是个不可展的曲面,即把它直接展为平面时,不可能不发生破裂或褶皱。若用这种具有破裂或褶皱的平面绘制地图,显然是不实际的,所以必须采用特殊的方法将曲面展开,使其成为没有破裂或褶皱的平面。

2.2.2 地图投影的变形

2.2.2.1 变形的种类

地图投影的方法很多,用不同的投影方法得到的经纬线网格式不同。用地图投影的方法将球面展为平面,虽然可以保持图形的完整和连续,但它们与球面上的经纬线网形状并不完全相似。这表明投影之后,地图上的经纬线网发生了变形,因而根据地理坐标展绘在地图上的各种地面事物,也必然随之发生变形。这种变形使地面事物的几何特性(长度、方向、面积)受到破坏。把地图上的经纬线网与地球仪上的经纬线网进行比较,可以发现变形表现在长度、面积和角度三个方面,分别用长度比、面积比的变化显示投影中长度变形和面积变形。如果长度比或面积比为零,则没有长度变形或没有面积变形。角度变形即某一角度投影后的角值与它在地球表面上固有的角值之差。

1. 长度变形

地图上的经纬线长度与地球仪上的经纬线长度的特点并不完全相同,地图上的经纬线长度并非都是按照同一比例缩小的,这表明地图上具有长度变形。地球仪上的经纬线长度具有下列特点:第一,纬线长度不等,其中赤道最长,纬度越高,纬线越短,极地的纬线长度为零;第二,在同一条纬线上,经差相同的纬线弧长相等;第三,所有的经线长度都相等。长度变形的情况因投影而异。在同一投影上,长度变形不仅随地点而改变,在同一点上还因方向不同而改变。

2. 面积变形

由于地图上经纬线网格面积与地球仪上经纬线网格面积的特点不同,在地图上经纬线网格面积不是按照同一比例缩小的,这表明地图上具有面积变形。在地球仪上经纬线网格的面积具有下列特点:第一,在同一纬度带内,经差相同的网格面积相等;第二,在同一经度带内,纬度越高,网格面积越小。然而,地图上却并非完全如此。如图2-13(a)所示,同一纬度带内,纬差相等的网格面积相等,这些面积不是按照同一比例缩小的。纬度越高,面积比例越大。如图2-13(b)所示,同一纬度带内,经差相同的网格面积不等,这表明面积比随经度的变化而变化。面积变形的情况因投影而异。在同一投影上,面积变形因地点的不同而不同。

3. 角度变形

角度变形是指地图上两条经纬线所夹的角度不等于球面上相应的角度,如图2-13(b)和图2-13(c)所示,只有中央经线和各纬线相交成直角,其余的经线和纬线均不成直角相交,而在地球仪上经线和纬线处处都成直角相交,这表明地图上有了角度变形。角度变形的情况因投影而异。在同一投影图上,角度变形因地点而变。地图投影的变形随地点的改变而改变,因此在一幅地图上,就很难笼统地说它有什么变形,变形有多大。

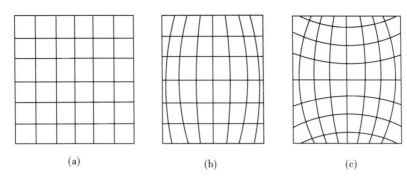

(a)　　　　　　　　　　(b)　　　　　　　　　　(c)

图 2-13　地图投影变形

2.2.2.2　变形椭圆

变形椭圆是显示变形的几何图形,从图 2-13 可以看到,实际中同样大小的经纬线在投影面上变成形状和大小都不相同的图形(比较图 2-13 中的三个网格)。实际中每种投影的变形各不相同,通过考察地球表面上一个微小的圆形(称为微分圆)在投影中的表象——变形椭圆的形状和大小,就可以反映出投影中变形的差异(见图 2-14)。

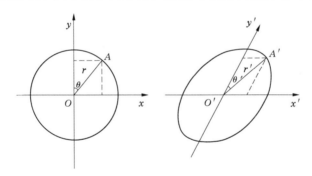

图 2-14　微分圆表示投影变形

2.2.3　地图投影的分类

地图投影的种类很多,为了学习和研究的方便,应对其进行分类。由于分类的标准不同,分类方法就不同。从使用地图的角度出发,需要了解下述几种分类。

2.2.3.1　按变形性质分类

按变形性质,地图投影可以分为三类:等角投影、等积投影和任意投影。

1. 等角投影

其定义为任何点上两微分线段组成的角度投影前后保持不变,亦即投影前后对应的微分面积保持图形相似,故可称为正形投影。投影面上某点的任意两方向线夹角与椭球面上相应两线段夹角相等,即角度变形为零。等角投影在一点上任意方向的长度比都相等,但在不同地点长度比是不同的,即不同地点上的变形椭圆大小不同。

2. 等积投影

其定义为某一微分面积投影前后保持相等,即其面积比为 1。也就是说,在投影平面上任意一块面积与椭球面上相应的面积相等,即面积变形等于零。

3. 任意投影

在任意投影上,长度、面积和角度都有变形,它既不等角又不等积。但是在任意投影中,有一种比较常见的等距投影,其定义为沿某一特定方向的距离,投影前后保持不变,即沿着该特定方向长度比为1。在这种投影图上并不是不存在长度变形,而只是在特定方向上没有长度变形。等距投影的面积变形小于等角投影的,角度变形小于等积投影的。任意投影多用于要求面积变形不大、角度变形也不大的地图,如一般参考用图和教学地图。经过投影后,地图上所产生的长度变形、面积变形和角度变形是相互联系、相互影响的。它们之间的关系是:在等积投影上不能保持等角特性,在等角投影上不能保持等积特性;在任意投影上不能保持等角和等积的特性;等积投影的形状变形比较大,等角投影的面积变形比较大。

2.2.3.2　按构成方法分类

地图投影最初建立在透视的几何原理上,它是把椭球面直接透视到平面上,或透视到可展开的曲面上,如圆柱面和圆锥面。圆柱面和圆锥面虽然不是平面,但可以展为平面。这样就得到具有几何意义的方位投影、圆柱投影和圆锥投影。随着科学的发展,为了使地图上变形尽量减小,或者使地图满足某些特定要求,地图投影就逐渐跳出了原来借助于几何面构成投影的局限,而产生了一系列按照数学条件构成的投影。因此,按照构成方法,可以把地图投影分为两大类:几何投影和非几何投影。

1. 几何投影

几何投影是把椭球面上的经纬线网投影到几何面上,然后将几何面展为平面而得到的。根据几何面的形状,几何投影可以进一步分为以下几类(见图2-15):

(1)方位投影。以平面作为投影面,使平面与球面相切或相割,将球面上的经纬线投影到平面上而成。

(2)圆柱投影。以圆柱面作为投影面,使圆柱面与球面相切或相割,将球面上的经纬线投影到圆柱面上,然后将圆柱面展为平面而成。

(3)圆锥投影。以圆锥面作为投影面,使圆锥面与球面相切或相割,将球面上的经纬线投影到圆锥面上,然后将圆锥面展为平面而成。

这里,我们可将方位投影看做圆锥投影的一种特殊情况,假设当圆锥顶角扩大到180°时,这个圆锥面就成为一个平面,再将地球椭球体上的经纬线投影到此平面上。圆柱投影,从几何定义上讲,是圆锥投影的一个特殊情况,设想圆锥顶点延伸到无穷远时,即成为一个圆柱。

2. 非几何投影

非几何投影是不借助几何面,根据某些条件用数学解析法确定球面与平面之间点与点的函数关系而得到的。在这类投影中,一般按经纬线形状又分为以下几类:

(1)伪方位投影。纬线为同心圆,中央经线为直线,其余的经线均为对称于中央经线的曲线,且相交于纬线的共同圆心。

(2)伪圆柱投影。纬线为平行直线,中央经线为直线,其余的经线均为对称于中央经线的曲线。

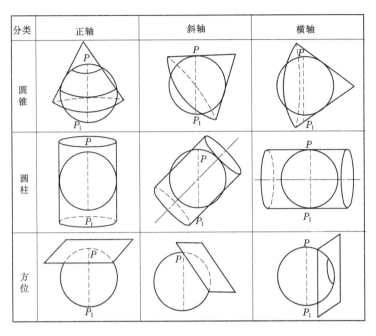

图 2-15　各种几何投影

(3)伪圆锥投影。纬线为同心圆弧,中央经线为直线,其余的经线均为对称于中央经线的曲线。

(4)多圆锥投影。纬线为同轴圆弧,其圆心均位于中央经线上,中央经线为直线,其余的经线均为对称于中央经线的曲线。

2.2.3.3　按投影面积与地球相割或相切分类

1. 割投影

割投影以平面、圆柱面或圆锥面作为投影面,使投影面与球面相割,将球面上的经纬线投影到平面上、圆柱面上或圆锥面上,然后将该投影面展为平面而成。

2. 切投影

切投影以平面、圆柱面或圆锥面作为投影面,使投影面与球面相切,将球面上的经纬线投影到平面上、圆柱面上或圆锥面上,然后将该投影面展为平面而成。

2.2.4　地图投影的选择

地图投影选择得是否恰当,直接影响着地图的精度和使用价值。这里所讲的地图投影的选择,主要指中、小比例尺地图,不包括国家基本比例尺地形图。因为国家基本比例尺地形图的投影、分幅等,是由国家测绘主管部门研究制定的,不容许任意改变,另外编制小区域大比例尺地图,无论采用什么投影,变形都是很小的。

选择制图投影时,主要考虑以下因素:制图区域的范围、形状和地理位置,地图的用途、出版方式及其他特殊要求等,其中制图区域的范围、形状和地理位置是主要因素。

对于世界地图,常用的主要是正圆柱投影、伪圆柱投影和多圆锥投影。在世界地图中,常用墨卡托投影绘制世界航线图、世界交通图与世界时区图。

中国出版的世界地图多采用等差分纬线多圆锥投影,选用这个投影对于表现中国形状以及与四邻的对比关系较好,但投影的边缘地区变形较大。

对于半球地图,东、西半球图常选用横轴方位投影;南、北半球图常选用正轴方位投影;水、陆半球图一般选用斜轴方位投影。

对于其他的中、小范围的投影选择,须考虑到它的轮廓形状和地理位置,最好是使等变形线与制图区域的轮廓形状基本一致,以便减小图上变形。因此,圆形地区一般采用方位投影,在两极附近则采用正轴方位投影,以赤道为中心的地区采用横轴方位投影,在中纬度地区采用斜轴方位投影。在东西延伸的中纬度地区,一般多采用正轴圆锥投影,如中国与美国。在赤道两侧东西延伸的地区,则宜采用正轴圆柱投影,如印度尼西亚。在南北方向延伸的地区,一般采用横轴圆柱投影和多圆锥投影,如智利与阿根廷。

2.2.5　常用的一些地图投影

2.2.5.1　世界地图的投影

世界地图的投影主要考虑要保证全球整体变形不大,根据不同的要求,需要具有等角或等积性质,主要包括等差分纬线多圆锥投影、正切差分纬线多圆锥投影(1976 年方案)、任意伪圆柱投影、正轴等角割圆柱投影。

2.2.5.2　半球地图的投影

东、西半球地图的投影有横轴等积方位投影、横轴等角方位投影;南、北半球地图的投影有正轴等积方位投影、正轴等角方位投影、正轴等距方位投影。

2.2.5.3　各大洲地图的投影

(1)亚洲地图的投影:斜轴等积方位投影、彭纳投影。

(2)欧洲地图的投影:斜轴等积方位投影、正轴等角圆锥投影。

(3)北美洲地图的投影:斜轴等积方位投影、彭纳投影。

(4)南美洲地图的投影:斜轴等积方位投影、桑逊投影。

(5)澳洲地图的投影:斜轴等积方位投影、正轴等角圆锥投影。

(6)拉丁美洲地图的投影:斜轴等积方位投影。

2.2.5.4　中国各种地图的投影

(1)中国全国地图的投影:斜轴等积方位投影、斜轴等角方位投影、彭纳投影、伪方位投影、正轴等积割圆锥投影、正轴等角割圆锥投影。

(2)中国分省(区)地图的投影:正轴等角割圆锥投影、正轴等积割圆锥投影、正轴等角圆柱投影、高斯－克吕格投影(宽带)。

(3)中国大比例尺地图的投影:多面体投影(北洋军阀时期)、等角割圆锥投影(兰勃特投影)(新中国成立前)、高斯－克吕格投影(新中国成立后)。

2.3　地形图分幅与编号

2.3.1　比例尺的定义

地图比例尺通常认为是地图上距离与地面上相应距离之比。地图比例尺可用下述方法表示。

2.3.1.1　**数字比例尺**

这是简单的分数或比例,可表示为 1:1 000 000 或 1/1 000 000,最好用前者。这意味着,地图上(沿特定线)长度 1 mm、1 cm 或 1 in(分子),代表地球表面上的 1 000 000 mm、1 000 000 cm 或 1 000 000 in(分母)。

2.3.1.2　**文字比例尺**

这是图上距离与实地距离之间关系的描述。例如,1:1 000 000 这一数字比例尺可描述为"图中 1 毫米等于实地 1 千米"。

2.3.1.3　**图解比例尺或直线比例尺**

这是在地图上绘出的直线段,常常绘于图例方框中或图廓下方,表示图上长度相当于实地距离的单位。

2.3.1.4　**面积比例尺**

这关系到图上面积与实地面积之比,表示图上单位面积(cm^2)与实地上同一种平方单位的特定数量之比。

2.3.2　地形图的比例尺

国家基本比例尺地形图有 1:1 万、1:2.5 万、1:5 万、1:10 万、1:20 万、1:50 万和 1:100 万七种。普通地图通常按比例尺分为大、中、小三种。一般以 1:5 万和更大比例尺的地图称为大比例尺地图;1:10 万至 1:50 万的地图称为中比例尺地图;小于 1:100 万的地图称为小比例尺地图。对于一个国家或世界范围来讲,测制成套的各种比例尺地形图时,分幅编号尤其必要。通常由国家主管部门制定统一的图幅分幅和编号系统。

2.3.3　地形图的分幅

目前,我国采用的地形图分幅方案是以 1:100 万地形图为基准,按照相同的经差和纬差定义更大比例尺地形图的分幅。1:100 万地形图在纬度 0°~60° 的图幅,图幅大小按经差 6°,纬差 4° 分幅;在 60°~76° 的图幅,其经差为 12°,纬差为 4°;在 76°~80° 图幅的经差为 24°,纬差为 4°,所以各幅 1:100 万地形图都是按经差 6°、纬差 4° 分幅的。

每幅 1:100 万地形图内各级较大比例尺地形图的划分,按规定的相应经纬差进行,其中,1:50 万、1:20 万、1:10 万三种比例尺地形图,以 1:100 万地形图为基础直接划分。一幅 1:100 万地形图划分 4 幅 1:50 万地形图,每幅为经差 3°,纬差 2°;一幅 1:100 万地形图划分为 36 幅 1:20 万地形图,每幅为经差 1°,纬差 40′;一幅 1:100 万地形图划分 144 幅 1:10 万地形图,每幅为经差 30′,纬差 20′。

每幅大于 1:10 万比例尺的地形图,则以 1:10 万地形图为基础进行逐级划分,一幅 1:10 万地形图划分 4 幅 1:5 万地形图;一幅 1:5 万地形图划分为 4 幅 1:2.5 万地形图。在 1:10 万地形图的基础上划分为 64 幅 1:1 万地形图;一幅 1:1 万地形图又划分为 4 幅 1:5 000 地形图。基本比例尺地形图的图幅大小及其图幅间的数量关系见表 2-1。

表 2-1　基本比例尺地形图的图幅大小及其图幅间的数量关系

比例尺	图幅大小		图幅间的数量关系					
	经度	纬度						
1∶100 万	6°	4°	1					
1∶50 万	3°	2°	4	1				
1∶20 万	1°	40′	36	9	1			
1∶10 万	30′	20′	144	36	4	1		
1∶5 万	15′	10′	576	144	16	4	1	
1∶2.5 万	7.5′	5′	2 304	576	64	16	4	1
1∶1 万	3′45″	2.5′	9 216	2 304	256	64	16	4

2.3.4　地形图的编号

地形图的编号是根据各种比例尺地形图的分幅,对每一幅地形图给予一个固定的号码,这种号码不能重复出现,并要保持一定的系统性。

地形图编号的最基本的方法是行列法,即把每幅图所在一定范围内的行数和列数组成一个号码。

2.3.5　1∶100 万地形图的编号

1∶100 万地形图的编号为全球统一分幅编号。

列数:由赤道起向南、北两极每隔纬差 4°为一列,直到南、北纬 88°(南、北纬 88°至南、北两极地区,采用极方位投影单独成图),将南、北半球各划分为 22 列,分别用拉丁字母 A,B,C,D,…,V 表示。

行数:从经度 180°起向东每隔 6°为一行,绕地球一周共有 60 行,分别以数字 1,2,3,4,…,60 表示。

由于南、北两半球的经度相同,规定在南半球的图号前加一个 S,北半球的图号前不加任何符号。一般来讲,把列数的字母写在前,行数的数字写在后,中间用一条短线连接。例如,北京所在的一幅 1∶100 万地形图的编号为 J−50,如图 2-16 所示。

由于地球的经线向两极收敛,随着纬度的增加,同是 6°的经差但其纬线弧长已逐渐缩小,因此规定在纬度 60°~76°的图幅采用双幅合并(经差为 12°,纬差为 4°);在纬度 76°~88°的图幅采用四幅合并(经差为 24°,纬差为 4°)。这些合并图幅的编号,列数不变,行数(无论包含两个或四个)并列写在其后。例如,北纬 80°~84°,西经 48°~72°的一幅 1∶100 万的地形图编号应为 U−19、U−20、U−21、U−22(见图 2-16)。

2.3.6　1∶50 万、1∶20 万、1∶10 万地形图的编号

一幅 1∶100 万地形图划分 4 幅 1∶50 万地形图,分别用甲、乙、丙、丁表示,其编号是在 1∶100 万地形图的编号后加上它本身的序号,如 J−50−乙。

一幅 1∶100 万地形图划为 36 幅 1∶20 万地形图,分别用带括号的数字(1)~(36)表示,其编号是在 1∶100 万地形图的编号后加上它本身的序号,如 J−50−(28)。

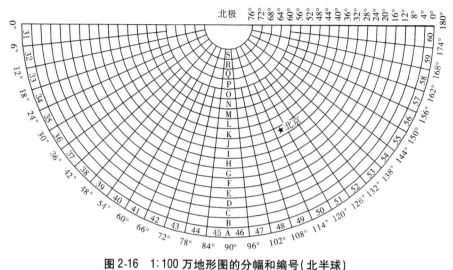

图 2-16　1:100 万地形图的分幅和编号(北半球)

一幅 1:100 万地形图划分 144 幅 1:10 万地形图,分别用数字 1～144 表示,其编号是在 1:100 万地形图的编号后加上它本身的序号,如 J－50－32(见图 2-17)。

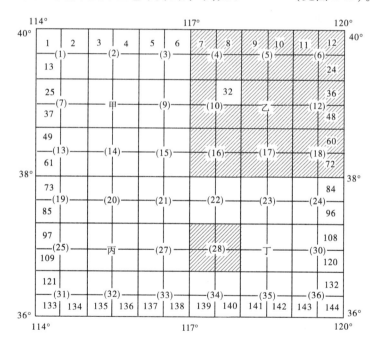

图 2-17　1:50 万、1:20 万、1:10 万地形图的分幅和编号

2.3.7　1:5 万、1:2.5 万、1:1 万地形图的编号

以 1:10 万地形图的编号为基础,将一幅 1:10 万地形图划分 4 幅 1:5万地形图,分别用甲、乙、丙、丁表示,其编号是在 1:10 万地形图的编号后加上它本身的序号,如 J－50－

32 - 甲。再将一幅 1∶5 万地形图划分 4 幅 1∶2.5 万地形图,分别用 1、2、3、4 表示,其编号是在 1∶5 万地形图的编号后加上它本身的序号,如 J - 50 - 32 - 甲 - 1。

1∶1 万地形图的编号,是将一幅 1∶10 万地形图划分为 64 幅 1∶1 万地形图,分别以带括号的(1) ~ (64) 表示,其编号是在 1∶10 万图号后加上 1∶1 万地图的序号,如 J - 50 - 32 - (10)。

1∶5 000 地形图的编号,是将一幅 1∶1 万地形图划分为 4 幅 1∶5 000 地形图,分别用小写拉丁字母 a、b、c、d 表示,其编号是在 1∶1 万图号后加上它本身的序号,如 J - 50 - 32 - (10) - a。

2.3.8　新的国家基本比例尺地形图分幅与编号

我国 1992 年 12 月发布了《国家基本比例尺地形图分幅和编号》(GB/T 13989—92），自 1993 年 3 月起实施。新测和更新的基本比例尺地形图,均须按照此标准进行分幅和编号。新的分幅、编号对照以前有以下特点:

(1)1∶5 000 地形图列入国家基本比例尺地形图系列,使基本比例尺地形图增至 8 种。

(2)分幅虽仍以 1∶100 万地形图为基础,经、纬差也没有改变,但划分的方法不同,即全部由 1∶100 万地形图逐次加密划分而成。此外,过去的列、行现在改称为行、列。

(3)编号仍以 1∶100 万地形图编号为基础,后接相应比例尺的行、列代码,并增加了比例尺代码。因此,所有 1∶5 000 ~ 1∶50 万地形图的图号均由五个元素 10 位代码组成。编码系列统一为一个根部,编码长度相同,计算机处理和识别时十分方便。

2.3.8.1　分幅

1∶100 万地形图的分幅按照国际 1∶100 万地形图分幅的标准进行。

每幅 1∶100 万地形图划分为 2 行 2 列,共 4 幅 1∶50 万地形图,每幅 1∶50 万地形图的分幅为经差 3°,纬差 2°。

每幅 1∶100 万地形图划分为 4 行 4 列,共 16 幅 1∶25 万地形图,每幅 1∶25 万地形图的分幅为经差 1°30′,纬差 1°。

每幅 1∶100 万地形图划分为 12 行 12 列,共 144 幅 1∶10 万地形图,每幅 1∶10 万地形图的分幅为经差 30′,纬差 20′。

每幅 1∶100 万地形图划分为 24 行 24 列,共 576 幅 1∶5 万地形图,每幅 1∶5 万地形图的分幅为经差 15′,纬差 10′。

每幅 1∶100 万地形图划分为 48 行 48 列,共 2 304 幅 1∶2.5 万地形图,每幅 1∶2.5 万地形图的分幅为经差 7′30″,纬差 5′。

每幅 1∶100 万地形图划分为 96 行 96 列,共 9 216 幅 1∶1 万地形图,每幅 1∶1 万地形图的分幅为经差 3′45″,纬差 2′30″。

每幅 1∶100 万地形图划分为 192 行 192 列,共 36 864 幅 1∶5 000 地形图,每幅 1∶5 000 地形图的分幅为经差 1′52.5″,纬差 1′15″。

不同比例尺地形图的经纬差、行列数和图幅数成简单的倍数关系,如图 2-18 所示。

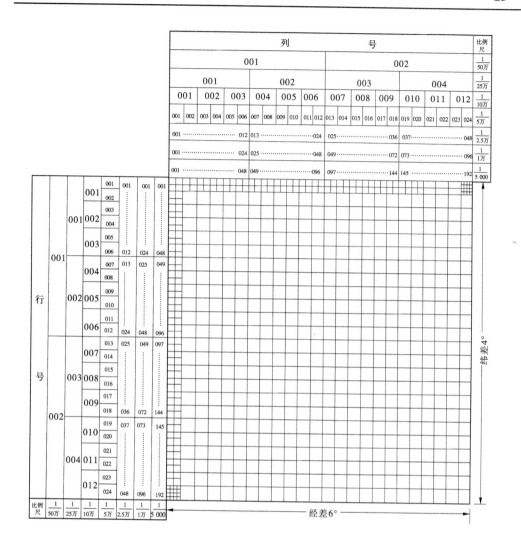

图 2-18　1∶50 万 ~1∶5 000 地形图的行、列编号

2.3.8.2　编号

1. 1∶100 万地形图的编号

与图 2-16 所示方法基本相同,只是行和列的称谓相反。1∶100 万地形图的编号是由该图所在的行号(字符码)与列号(数字码)组合而成,如北京所在的 1∶100 万地形图的编号为 J - 50。

2. 1∶50 万 ~1∶5 000 地形图的编号

1∶50 万 ~1∶5 000 地形图的编号均以 1∶100 万地形图编号为基础,采用行列式编号方法。将 1∶100 万地形图按所含各比例尺地形图的经差和纬差划分成若干行和列,行从上到下、列从左到右按顺序分别用阿拉伯数字(数字码)编号。图幅编号的行、列代码均采用三位十进制数表示,不足三位时补 0,取行号在前、列号在后的排列形式标记,加在 1∶100 万图幅的编号之后。

为了使各种比例尺不至于混淆,分别采用不同的英文字符作为各种比例尺的代码,见表 2-2。

表 2-2　我国基本比例尺的代码

比例尺	1:50 万	1:25 万	1:10 万	1:5 万	1:2.5 万	1:1 万	1:5 000
代码	B	C	D	E	F	G	H

1:50 万~1:5 000 比例尺地形图的编号均由五个元素 10 位代码构成,即 1:100 万地形图的行号(字符码)1 位,1:100 万地形图列号(数字码)2 位,比例尺代码(字符)1 位,该图幅的行号(数字码)3 位,该图幅的列号(数字码)3 位。

2.4　几种主要的椭球计算公式

过椭球面上任意一点可作一条垂直于椭球面的法线,包含这条法线的平面叫做法截面,法截面同椭球面交线叫法截线(或法截弧)。包含椭球面一点的法线,可作无数个法截面,相应有无数条法截线。椭球面上的法截线曲率半径不同于球面上的,后者的法截线曲率半径都等于圆球的半径,而前者在不同方向的法截线的曲率半径都不相同。

2.4.1　常用量定义

因为后文涉及公式较多,且式中各相应参数意义相同,现总结如下(后文中略):

a——椭球长半轴,1954 年北京坐标系为 6 378 245 m,1980 西安坐标系为 6 378 140 m;

b——椭球短半轴;

f——椭球扁率,1954 年北京坐标系为 1/298.3,1980 西安坐标系为 1/298.257,$f = \dfrac{a-b}{a}$,$b = a\sqrt{1-e^2}$;

e——第一偏心率,$e = \dfrac{\sqrt{a^2-b^2}}{a}$,$e^2 = 2f - f^2$;

e'——第二偏心率,$e' = \dfrac{\sqrt{a^2-b^2}}{b}$;

B——纬度,rad,

W——第一辅助函数,$W = \sqrt{1 - e^2\sin^2 B}$;

V——第二辅助函数,$V = \sqrt{1 + e'^2\cos^2 B}$;

M——子午圈曲率半径,$M = \dfrac{a(1-e^2)}{W^3} = \dfrac{c}{V^3}$,$c = \dfrac{a^2}{b}$;

N——卯酉圈曲率半径,$N = \dfrac{a}{W} = \dfrac{c}{V}$。

2.4.2　子午圈曲率半径计算公式

如图2-19所示,在子午椭圆的一部分上取一微分弧长 $DK = \mathrm{d}S$,相应地有坐标增量 $\mathrm{d}x$,点 n 是微分弧 $\mathrm{d}S$ 的曲率中心,于是线段 Dn 及 Kn 便是子午圈曲率半径 M。

任意平面曲线的曲率半径的定义公式为

$$M = \frac{\mathrm{d}S}{\mathrm{d}B}$$

子午圈曲率半径公式为

$$M = \frac{a(1 - e^2)}{W^3}$$

$$M = \frac{c}{V^3} \quad 或 \quad M = \frac{N}{V^2}$$

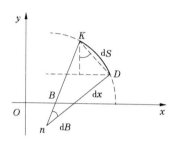

图2-19　子午圈曲率半径

曲率半径 M 与纬度 B 有关,它随 B 的增大而增大,变化关系如表2-3所示。

表2-3　曲率半径与纬度变化关系

B	M	说　明
$B = 0°$	$M_{0°} = a(1 - e^2) = \dfrac{c}{\sqrt{(1 + e'^2)^3}}$	在赤道上,M 小于赤道半径 a
$0° < B < 90°$	$a(1 - e^2) < M < c$	此间 M 随纬度的增大而增大
$B = 90°$	$M_{90°} = \dfrac{a}{\sqrt{1 - e^2}} = c$	在极点上,M 等于极点曲率半径 c

2.4.3　卯酉圈曲率半径计算公式

过椭球面上一点的法线,可作无限个法截面,其中一个与该点子午面相垂直的法截面同椭球面相截形成的闭合的圈称为卯酉圈。在图2-20中 PEE' 即为过 P 点的卯酉圈。卯酉圈的曲率半径用 N 表示。

为了推导 N 的表达计算式,过 P 点作以 O' 为中心的平行圈 PHK 的切线 PT,该切线位于垂直于子午面的平行圈平面内。因卯酉圈也垂直于子午面,故 PT 也是卯酉圈在

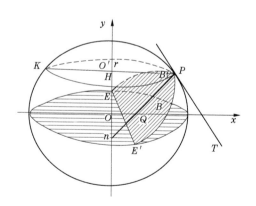

图2-20　卯酉圈曲率半径

P 点处的切线,即 PT 垂直于 Pn。所以,PT 是平行圈 PHK 及卯酉圈 PEE' 在 P 点处的公切线。

卯酉圈曲率半径可用下列两式表示:

$$N = \frac{a}{W}, \quad N = \frac{c}{V}$$

2.4.4 法截弧曲率半径计算公式

子午法截弧是南北方向,其方位角为0°或180°。卯酉法截弧是东西方向,其方位角为90°或270°。现在来讨论方位角为 A 的任意法截弧的曲率半径 R_A 的计算公式,如图2-21所示。

任意方向 A 的法截弧的曲率半径的计算公式如下:

$$R_A = \frac{N}{1 + \eta^2 \cos^2 A} = \frac{N}{1 + e'^2 \cos^2 B \cos^2 A}$$

式中, $\eta^2 = e'^2 \cos^2 B$。

2.4.5 平均曲率半径计算公式

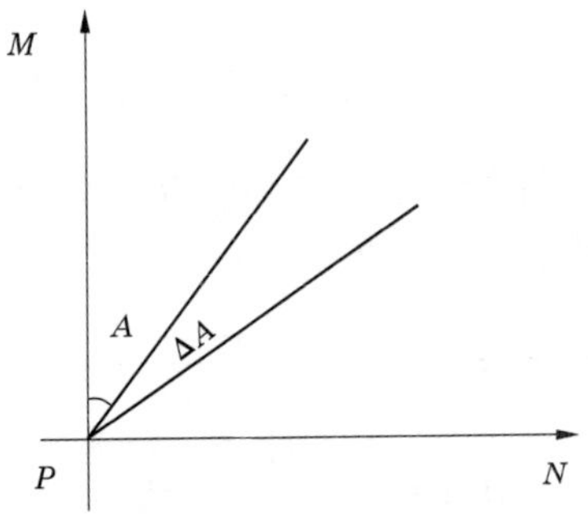

在实际的工程应用中,根据测量工作的精度要求,在一定范围内,可把椭球面当成具有适当半径的球面。取过地面某点的所有方向的 R_A 的平均值来作为这个球体的半径是合适的。这个球面的半径——平均曲率半径 R 为

$$R = \sqrt{MN}$$

或 $$R = \frac{b}{W^2} = \frac{c}{V^2} = \frac{N}{V} = \frac{a}{W^2}\sqrt{(1 - e^2)}$$

图2-21 法截弧曲率半径

因此,椭球面上任意一点的平均曲率半径 R 等于该点子午圈曲率半径 M 和卯酉圈曲率半径 N 的几何平均值。

2.4.6 高斯投影正算公式

高斯投影正算公式如下所示:

$$x = X + Nt\cos^2 B \frac{l^2}{\rho^2}\Big[0.5 + \frac{1}{24}(5 - t^2 + 9\eta^2 + 4\eta^4)\cos^2 B \frac{l^2}{\rho^2} + \frac{1}{720}(61 - 58t^2 + t^4)\cos^4 B \frac{l^4}{\rho^4}\Big]$$

$$y = N\cos B \frac{l}{\rho}\Big[1 + \frac{1}{6}(1 - t^2 + \eta^2)\cos^2 B \frac{l^2}{\rho^2} + \frac{1}{120}(5 - 18t^2 + t^4 + 14\eta^2 - 58\eta^2 t^2)N\cos^4 B \frac{l^4}{\rho^4}\Big]$$

式中, $t = \tan B$。

子午线弧长 X 计算见2.4.8.1。

2.4.7 高斯投影反算公式

高斯投影反算公式如下所示:

$$B = B_f - \frac{\rho t_f}{2M_f}y\Big(\frac{y}{N_f}\Big)\Big[1 - \frac{1}{12}(5 + 3t_f^2 + \eta_f^2 - 9\eta_f^2 t_f^2)\Big(\frac{y}{N_f}\Big)^2 + \frac{1}{360}(61 + $$

$$90t_f^2 + 45t_f^4\Big)\Big(\frac{y}{N_f}\Big)^4\Big]$$

$$l = \frac{\rho}{\cos B_f}\Big(\frac{y}{N_f}\Big)\Big[1 - \frac{1}{6}(1 + 2t_f^2 + \eta_f^2)\Big(\frac{y}{N_f}\Big)^2 + \frac{1}{120}(5 + 28t_f^2 + 24t_f^4 +$$

$$6\eta_f^2 + 8\eta_f^2 t_f^2)\Big(\frac{y}{N_f}\Big)^4\Big]$$

式中，η_f、t_f 分别为按 B_f 值计算的相应量，B_f 的计算见 2.4.8.2。

2.4.8　子午线弧长及底点纬度计算

2.4.8.1　子午线弧长 X

设有子午线上两点 p_1 和 p_2，p_1 在赤道上，p_2 的纬度为 B，则 p_1，p_2 间的子午线弧长 X 的计算公式为

$$X = a(1 - e^2)(A'\text{arc}B - B'\sin 2B + C'\sin 4B - D'\sin 6B +$$
$$E'\sin 8B - F'\sin 10B + G'\sin 12B)$$

式中

$$A' = 1 + \frac{3}{4}e^2 + \frac{45}{64}e^4 + \frac{175}{256}e^6 + \frac{11\,025}{16\,384}e^8 + \frac{43\,659}{65\,536}e^{10} + \frac{693\,693}{1\,048\,576}e^{12}$$

$$B' = \frac{3}{8}e^2 + \frac{15}{32}e^4 + \frac{525}{1\,024}e^6 + \frac{2\,205}{4\,096}e^8 + \frac{72\,765}{131\,072}e^{10} + \frac{297\,297}{524\,288}e^{12}$$

$$C' = \frac{15}{256}e^4 + \frac{105}{1\,024}e^6 + \frac{2\,205}{16\,384}e^8 + \frac{10\,395}{65\,536}e^{10} + \frac{1\,486\,485}{8\,388\,608}e^{12}$$

$$D' = \frac{35}{3\,072}e^6 + \frac{105}{4\,096}e^8 + \frac{10\,395}{262\,144}e^{10} + \frac{55\,055}{1\,048\,576}e^{12}$$

$$E' = \frac{315}{131\,072}e^8 + \frac{3\,465}{524\,288}e^{10} + \frac{99\,099}{8\,388\,608}e^{12}$$

$$F' = \frac{693}{1\,310\,720}e^{10} + \frac{9\,009}{5\,242\,880}e^{12}$$

$$G' = \frac{1\,001}{8\,388\,608}e^{12}$$

2.4.8.2　底点纬度 B_f 迭代公式

$$B_0 = \frac{X}{a(1 - e^2)A}, B_f^{i+1} = B_f^i + \frac{X - F(B_f^i)}{F'(B_f^i)}$$

直到 $B_f^{i-1} - B_f^i$ 小于某一个指定数值，即可停止迭代。
式中

$$F(B_f^i) = a(1 - e^2)\big[A'\text{arc}B - B'\sin 2B + C'\sin 4B - D'\sin 6B +$$
$$E'\sin 8B - F'\sin 10B + G'\sin 12B\big]$$

$$F'(B_f^i) = a(1 - e^2)\big[A' - 2B'\cos 2B + 4C'\cos 4B - 6D'\cos 6B +$$
$$8E'\cos 8B - 10F'\cos 10B + 12G'\cos 12B\big]$$

2.4.9　图幅理论面积计算公式

图幅理论面积计算公式如下：

$$P = \frac{4\pi b^2 \Delta L}{360 \times 60} \left[A\sin\frac{1}{2}(B_2 - B_1)\cos B_m - B\sin\frac{3}{2}(B_2 - B_1)\cos 3B_m + \right.$$

$$C\sin\frac{5}{2}(B_2 - B_1)\cos 5B_m - D\sin\frac{7}{2}(B_2 - B_1)\cos 7B_m +$$

$$\left. E\sin\frac{9}{2}(B_2 - B_1)\cos 9B_m \right]$$

$$e^2 = (a^2 - b^2)/a^2$$

$$A = 1 + (3/6)e^2 + (30/80)e^4 + (35/112)e^6 + (630/2\,304)e^8$$

$$B = (1/6)e^2 + (15/80)e^4 + (21/112)e^6 + (420/2\,304)e^8$$

$$C = (3/80)e^4 + (7/112)e^6 + (180/2\,304)e^8$$

$$D = (1/112)e^6 + (45/2\,304)e^8$$

$$E = (5/2\,304)e^8$$

式中　a——椭球长半轴,m;

　　　b——椭球短半轴,m;

　　　f——椭球扁率;

　　　ΔL——图幅东、西图廓的经差,rad;

　　　$B_2 - B_1$——图幅南、北图廓的纬差,rad,$B_m = (B_1 + B_2)/2$。

2.4.10　椭球面任意梯形面积计算公式

椭球面任意梯形面积计算公式如下:

$$S = 2b^2 \Delta L \left[A\sin\frac{1}{2}(B_2 - B_1)\cos B_m - B\sin\frac{3}{2}(B_2 - B_1)\cos 3B_m + \right.$$

$$C\sin\frac{5}{2}(B_2 - B_1)\cos 5B_m - D\sin\frac{7}{2}(B_2 - B_1)\cos 7B_m +$$

$$\left. E\sin\frac{9}{2}(B_2 - B_1)\cos 9B_m \right]$$

$$e^2 = (a^2 - b^2)/a^2$$

$$A = 1 + (3/6)e^2 + (30/80)e^4 + (35/112)e^6 + (630/2\,304)e^8$$

$$B = (1/6)e^2 + (15/80)e^4 + (21/112)e^6 + (420/2\,304)e^8$$

$$C = (3/80)e^4 + (7/112)e^6 + (180/2\,304)e^8$$

$$D = (1/112)e^6 + (45/2\,304)e^8$$

$$E = (5/2\,304)e^8$$

式中　a——椭球长半轴,m;

　　　b——椭球短半轴,m;

　　　ΔL——图块经差,rad;

　　　$B_2 - B_1$——图块纬差,rad,$B_m = (B_1 + B_2)/2$。

2.4.11　墨卡托投影正解公式

墨卡托投影正解公式:$(B,L) \rightarrow (X,Y)$,标准纬度 $B0$,原点纬度 0,原点经度 $L0$,则

$$X_N = K\ln\left[\tan\left(\frac{\pi}{4} + \frac{B}{2}\right)\left(\frac{1 - e\sin B}{1 + e\sin B}\right)^{\frac{e}{2}}\right]$$

$$Y_E = K(L - L0)$$

$$K = N_{B0}\cos B0 = \frac{a^2/b}{\sqrt{1 + e'^2\cos^2 B0}}\cos B0$$

式中　a——椭球体长半轴；

　　　b——椭球体短半轴；

　　　e——第一偏心率，$e = \sqrt{1 - (b/a)^2}$；

　　　e'——第二偏心率，$e' = \sqrt{(a/b)^2 - 1}$；

　　　N——卯酉圈曲率半径，$N = \dfrac{(a^2/b)}{\sqrt{1 + e'^2\cos^2 B_f}}$；

　　　R——子午圈曲率半径，$R = \dfrac{a(1 - e^2)}{(1 - e^2\sin^2 B)^{3/2}}$；

　　　K——中间变量；

　　　B——纬度，rad；

　　　L——经度，rad；

　　　X_N——纵直角坐标，m；

　　　Y_E——横直角坐标，m。

2.4.12　墨卡托投影反解公式

墨卡托投影反解公式：$(X, Y)\rightarrow(B, L)$，标准纬度 $B0$，原点纬度 0，原点经度 $L0$，则

$$B = \frac{\pi}{2} - 2\arctan\left[\exp\left(-\frac{X_N}{K}\right)\exp\left(\frac{e}{2}\ln\left(\frac{1 - e\sin B0}{1 + e\sin B0}\right)\right)\right]$$

$$L = \frac{Y_E}{K} + L0$$

公式中 exp 为自然对数底，纬度 B 通过迭代计算很快就收敛了，其他参数意义同前。

2.5　常用测量计算公式

2.5.1　常用三角函数公式

2.5.1.1　同角三角函数间的基本关系式

·平方关系：

$\sin^2 x + \cos^2 x = 1$

$1 + \tan^2 x = \sec^2 x$

$1 + \cot^2 x = \csc^2 x$

·积的关系：

$\sin\alpha = \tan\alpha \cdot \cos\alpha$

$\cos\alpha = \cot\alpha \cdot \sin\alpha$

$\tan\alpha = \sin\alpha \cdot \sec\alpha$

$\cot\alpha = \cos\alpha \cdot \csc\alpha$

$\sec\alpha = \tan\alpha \cdot \csc\alpha$

$\csc\alpha = \sec\alpha \cdot \cot\alpha$

· 倒数关系：

$\tan\alpha \cdot \cot\alpha = 1$

$\sin\alpha \cdot \csc\alpha = 1$

$\cos\alpha \cdot \sec\alpha = 1$

· 商的关系：

$\sin\alpha / \cos\alpha = \tan\alpha = \sec\alpha / \csc\alpha$

$\cos\alpha / \sin\alpha = \cot\alpha = \csc\alpha / \sec\alpha$

· 两角和与差的三角函数：

$\cos(\alpha + \beta) = \cos\alpha \cdot \cos\beta - \sin\alpha \cdot \sin\beta$

$\cos(\alpha - \beta) = \cos\alpha \cdot \cos\beta + \sin\alpha \cdot \sin\beta$

$\sin(\alpha + \beta) = \sin\alpha \cdot \cos\beta + \cos\alpha \cdot \sin\beta$

$\sin(\alpha - \beta) = \sin\alpha \cdot \cos\beta - \cos\alpha \cdot \sin\beta$

$\tan(\alpha + \beta) = (\tan\alpha + \tan\beta) / (1 - \tan\alpha \cdot \tan\beta)$

$\tan(\alpha - \beta) = (\tan\alpha - \tan\beta) / (1 + \tan\alpha \cdot \tan\beta)$

· 三角和的三角函数：

$\sin(\alpha + \beta + \gamma) = \sin\alpha \cdot \cos\beta \cdot \cos\gamma + \cos\alpha \cdot \sin\beta \cdot \cos\gamma + \cos\alpha \cdot \cos\beta \cdot \sin\gamma - \sin\alpha \cdot \sin\beta \cdot \sin\gamma$

$\cos(\alpha + \beta + \gamma) = \cos\alpha \cdot \cos\beta \cdot \cos\gamma - \cos\alpha \cdot \sin\beta \cdot \sin\gamma - \sin\alpha \cdot \cos\beta \cdot \sin\gamma - \sin\alpha \cdot \sin\beta \cdot \cos\gamma$

$\tan(\alpha + \beta + \gamma) = (\tan\alpha + \tan\beta + \tan\gamma - \tan\alpha \cdot \tan\beta \cdot \tan\gamma) / (1 - \tan\alpha \cdot \tan\beta - \tan\beta \cdot \tan\gamma - \tan\gamma \cdot \tan\alpha)$

· 倍角公式：

$\sin 2\alpha = 2\sin\alpha \cdot \cos\alpha$

$\cos 2\alpha = \cos^2\alpha - \sin^2\alpha$

$\tan 2\alpha = 2\tan\alpha / (1 - \tan^2\alpha)$

· 三倍角公式：

$\sin(3\alpha) = 3\sin\alpha - 4\sin^3\alpha = 4\sin\alpha \cdot \sin(60° + \alpha)\sin(60° - \alpha)$

$\cos(3\alpha) = 4\cos^3\alpha - 3\cos\alpha = 4\cos\alpha \cdot \cos(60° + \alpha)\cos(60° - \alpha)$

$\tan(3\alpha) = (3\tan\alpha - \tan^3\alpha) / (1 - 3\tan^3\alpha) = \tan\alpha\tan(\pi/3 + \alpha)\tan(\pi/3 - \alpha)$

· 半角公式：

$\sin(\alpha/2) = \pm \sqrt{(1 - \cos\alpha)/2}$

$\cos(\alpha/2) = \pm \sqrt{(1 + \cos\alpha)/2}$

$\tan(\alpha/2) = \pm \sqrt{(1-\cos\alpha)/(1+\cos\alpha)} = \sin\alpha/(1+\cos\alpha) = (1-\cos\alpha)/\sin\alpha$

·降幂公式

$\sin^2\alpha = (1-\cos2\alpha)/2$

$\cos^2\alpha = (1+\cos2\alpha)/2$

$\tan^2\alpha = (1-\cos2\alpha)/(1+\cos2\alpha)$

·积化和差公式：

$\sin\alpha \cdot \cos\beta = (1/2)\left[\sin(\alpha+\beta)+\sin(\alpha-\beta)\right]$

$\cos\alpha \cdot \sin\beta = (1/2)\left[\sin(\alpha+\beta)-\sin(\alpha-\beta)\right]$

$\cos\alpha \cdot \cos\beta = (1/2)\left[\cos(\alpha+\beta)+\cos(\alpha-\beta)\right]$

$\sin\alpha \cdot \sin\beta = -(1/2)\left[\cos(\alpha+\beta)-\cos(\alpha-\beta)\right]$

·和差化积公式：

$\sin\alpha + \sin\beta = 2\sin\left[(\alpha+\beta)/2\right]\cos\left[(\alpha-\beta)/2\right]$

$\sin\alpha - \sin\beta = 2\cos\left[(\alpha+\beta)/2\right]\sin\left[(\alpha-\beta)/2\right]$

$\cos\alpha + \cos\beta = 2\cos\left[(\alpha+\beta)/2\right]\cos\left[(\alpha-\beta)/2\right]$

$\cos\alpha - \cos\beta = -2\sin\left[(\alpha+\beta)/2\right]\sin\left[(\alpha-\beta)/2\right]$

2.5.1.2　三角函数的诱导公式

公式一：

设 α 为任意角，终边相同的角的同一三角函数的值相等：

$\sin(2k\pi+\alpha) = \sin\alpha$

$\cos(2k\pi+\alpha) = \cos\alpha$

$\tan(2k\pi+\alpha) = \tan\alpha$

$\cot(2k\pi+\alpha) = \cot\alpha$

公式二：

设 α 为任意角，$\pi+\alpha$ 的三角函数值与 α 的三角函数值之间的关系：

$\sin(\pi+\alpha) = -\sin\alpha$

$\cos(\pi+\alpha) = -\cos\alpha$

$\tan(\pi+\alpha) = \tan\alpha$

$\cot(\pi+\alpha) = \cot\alpha$

公式三：

任意角 α 与 $-\alpha$ 的三角函数值之间的关系：

$\sin(-\alpha) = -\sin\alpha$

$\cos(-\alpha) = \cos\alpha$

$\tan(-\alpha) = -\tan\alpha$

$\cot(-\alpha) = -\cot\alpha$

公式四：

利用公式二和公式三可以得到 $\pi-\alpha$ 与 α 的三角函数值之间的关系：

$\sin(\pi-\alpha) = \sin\alpha$

$\cos(\pi-\alpha) = -\cos\alpha$

$$\tan(\pi - \alpha) = -\tan\alpha$$

$$\cot(\pi - \alpha) = -\cot\alpha$$

公式五：

利用公式一和公式三可以得到 $2\pi - \alpha$ 与 α 的三角函数值之间的关系：

$$\sin(2\pi - \alpha) = -\sin\alpha$$

$$\cos(2\pi - \alpha) = \cos\alpha$$

$$\tan(2\pi - \alpha) = -\tan\alpha$$

$$\cot(2\pi - \alpha) = -\cot\alpha$$

公式六：

$\pi/2 \pm \alpha$ 及 $3\pi/2 \pm \alpha$ 与 α 的三角函数值之间的关系：

$$\sin(\pi/2 + \alpha) = \cos\alpha$$

$$\cos(\pi/2 + \alpha) = -\sin\alpha$$

$$\tan(\pi/2 + \alpha) = -\cot\alpha$$

$$\cot(\pi/2 + \alpha) = -\tan\alpha$$

$$\sin(\pi/2 - \alpha) = \cos\alpha$$

$$\cos(\pi/2 - \alpha) = \sin\alpha$$

$$\tan(\pi/2 - \alpha) = \cot\alpha$$

$$\cot(\pi/2 - \alpha) = \tan\alpha$$

$$\sin(3\pi/2 + \alpha) = -\cos\alpha$$

$$\cos(3\pi/2 + \alpha) = \sin\alpha$$

$$\tan(3\pi/2 + \alpha) = -\cot\alpha$$

$$\cot(3\pi/2 + \alpha) = -\tan\alpha$$

$$\sin(3\pi/2 - \alpha) = -\cos\alpha$$

$$\cos(3\pi/2 - \alpha) = -\sin\alpha$$

$$\tan(3\pi/2 - \alpha) = \cot\alpha$$

$$\cot(3\pi/2 - \alpha) = \tan\alpha$$

（以上 $k \in Z$）

2.5.2　三角形面积计算公式

(1) $S = ah/2$，其中 a 为底，h 为高。

(2) 已知三角形三边 a、b、c，则

$$S = \sqrt{p(p-a)(p-b)(p-c)}$$

其中，$p = (a+b+c)/2$，俗称海伦公式。

(3) 已知三角形两边分别为 a、b，这两边夹角为 C，则

$$S = (a \cdot b \cdot \sin C)/2$$

(4) 设三角形三边分别为 a、b、c，内切圆半径为 r，则

$$S = (a + b + c) \cdot r/2$$

(5) 设三角形三边分别为 a、b、c，外接圆半径为 R，则

$$S = a \cdot b \cdot c/(4R)$$

（6）根据三角函数求面积：

$$S = a \cdot b \cdot \sin C/2 = a/\sin A = b/\sin B = c/\sin C = 2R$$

式中，R 为外接圆半径。

2.5.3　多边形面积计算公式

多边形面积计算方法有多种，如果有各拐点坐标，则用解析法比较简单，计算公式如下：

$$P = \frac{1}{2}\sum_{i=1}^{n} X_i(Y_{i+1} - Y_{i-1}) \text{ 或 } P = \frac{1}{2}\sum_{i=1}^{n} Y_i(X_{i-1} - X_{i+1})$$

式中　P——多边形面积，取绝对值；

X_i, Y_i——拐点坐标，m；

n——拐点总数；

i——拐点序号，按顺时针或逆时针顺序编号。

2.5.4　圆曲线要素计算公式

圆曲线要素计算公式如下：

$$T = R \cdot \tan\frac{\alpha}{2}, L = \frac{\pi}{180°} \cdot \alpha \cdot R$$

$$E = R \cdot (\sec\frac{\alpha}{2} - 1), q = 2T - L$$

式中，R 为圆曲线半径，α 为偏角（即线路转向角），T 为切线长，L 为曲线长，E 为外矢距，q 为切曲差（又称校正数或超距）。

在编程计算时，先求出圆心坐标值，以圆心为端点，以直圆点或圆直点为定向方向，按一定步长为折角，圆半径为导线边长，按计算支导线方法直接计算所需要的点坐标值。道路两边桩计算方法相同，只是导线边长要加上或减去 1/2 路宽值。

2.5.5　缓和曲线要素计算公式

缓和曲线，又称为介曲线，是用于连接直线和圆曲线之间的过渡曲线。缓和曲线可用螺旋线、三次抛物线等空间曲线来设置。我国铁路上采用螺旋线作为缓和曲线。当在直线与圆曲线之间嵌入缓和曲线时，其曲率半径由无穷大（与直线连接处）逐渐变化到圆曲线的半径 R（与圆曲线连接处）。螺旋线具有的特性：曲线上任意一点的曲率半径 R' 与该点到起点的曲线长 l 成反比。即 $R' = \frac{c}{l}$，式中 c 为常数。

当圆曲线两端加入缓和曲线后，圆曲线应内移一段距离，方能使缓和曲线与直线衔接，而内移圆曲线可采用移动圆心或缩短半径的办法实现。我国在铁路、公路的曲线测设中，一般采用内移圆心的方法进行。

加入缓和曲线（见图 2-22(a)）后，圆曲线要素可由下列公式求得：

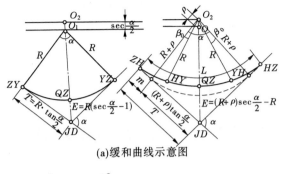

(a)缓和曲线示意图

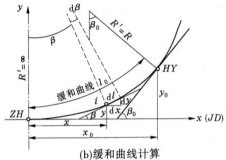

(b)缓和曲线计算

图 2-22　缓和曲线

$$T = m + (R + \rho) \cdot \tan\frac{\alpha}{2}$$

$$L = \frac{\pi R(\alpha - 2\beta_0)}{180°} + 2l_0$$

$$E = (R + \rho)\sec\frac{\alpha}{2} - R$$

$$q = 2T - L$$

式中　α——偏角(线路转向角);

　　　R——圆曲线半径;

　　　l_0——缓和曲线长度;

　　　m——加设缓和曲线后使用切线增长的距离,即由移动后的圆心 O_2 向切线上作垂
　　　　　线,其垂足与曲线起始点(ZH)或终点(HZ)的距离;

　　　ρ——因加设缓和曲线,圆曲线相对于切线的内移量;

　　　β_0——缓和曲线角度。

　　其中,m、ρ、β_0 为缓和曲线参数。可按下式计算:

$$\beta_0 = \frac{l_0}{2R} \cdot \rho$$

$$m = \frac{l_0}{2} - \frac{l_0^3}{240R^2}$$

$$\rho = \frac{l_0^2}{24R}$$

缓和曲线坐标计算公式如下：

建立以直缓点 *ZH* 为原点，过 *ZH* 的缓和曲线切线为 *x* 轴，*ZH* 点上缓和曲线的半径为 *y* 轴的直角坐标系，如图 2-22（b）所示。则以曲线长 *l* 为参数的缓和曲线方程：

$$x = l - \frac{l^5}{40R^2 l_0^2} + \frac{l^9}{3\,456R^4 l_0^4} - \cdots$$

$$y = \frac{l^3}{6Rl_0} - \frac{l^7}{336R^3 l_0^3} + \frac{l^{11}}{42\,240R^5 l_0^5} - \cdots$$

实际应用时，只取前一二项即可满足施工要求，即

$$x = l - \frac{l^5}{40R^2 l_0^2}, \quad y = \frac{l^3}{6Rl_0}$$

计算缓和曲线段路边桩方法：按缓和曲线计算公式计算控制线坐标，取两个很近的点，比如 5 mm，然后计算控制线上两中心点坐标，再依这两个点为支导线端点和定向点，方向值为 90°或 270°，边长以路宽的一半来计算，按照支导线方法就可精确地计算出边桩坐标值。

2.5.6　回头曲线要素计算公式

当曲线的总偏角接近或大于 180°时，称之为回头曲线，亦称套线或灯泡线，如图 2-23 所示。它是在展线时所采用的一种特殊的曲线，其半径都比较小，一般也是由缓和曲线与圆曲线组成的。其曲线要素计算公式如下：

$$\alpha = 360° - (\theta_1 + \theta_2)$$

$$T = (R + \rho)\tan\frac{\theta_1 + \theta_2}{2} - m$$

$$L = \frac{\pi R}{180°}(\alpha - 2\beta_0) + 2l_0$$

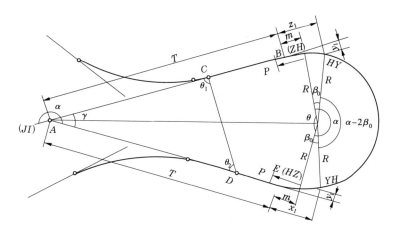

图 2-23　回头曲线

2.5.7　竖曲线要素计算公式

线路纵断面是由许多不同坡度的坡段连接而成的。连接不同坡段的曲线称为竖曲线。竖曲线有凸曲线与凹曲线两种。顶点在曲线之上者为凸形竖曲线;反之,称之为凹形竖曲线。连接两相邻坡度线的竖曲线,可以用圆曲线,也可以用抛物线。目前,我国铁路上多采用圆曲线连接。

竖曲线要素计算公式如下:

$$\alpha = \Delta i = i_1 - i_2$$

$$T = R\tan\frac{\alpha}{2}$$

$$L = 2T, E = \frac{T^2}{2R}$$

其中,α 为曲折角,i_1、i_2 为坡度,T 为切线长,L 为曲线长,E 为外矢距,R 为竖曲线半径。

根据我国《铁路工程技术规范》规定,竖曲线半径 R,在Ⅰ、Ⅱ级铁路上为 10 000 m,Ⅲ级铁路上为 5 000 m。

实际编程计算时,可把竖曲线看做是平面圆曲线来处理。桩号和标高可认为是纵、横坐标值,按平面圆曲线计算各桩号的标高值。

2.5.8　前方交会坐标计算公式

前方交会如图 2-24 所示。

$$X_P = \frac{X_A\cot\beta + X_B\cot\alpha - Y_A + Y_B}{\cot\alpha + \cot\beta}$$

$$Y_P = \frac{Y_A\cot\beta + Y_B\cot\alpha + X_A - X_B}{\cot\alpha + \cot\beta}$$

其中,X_P、Y_P 为待定点坐标,X_A、Y_A 为 A 端点坐标,X_B、Y_B 为 B 端点坐标,α 为 A 端点内角,β 为 B 端点内角。

2.5.9　测边交会坐标计算公式

测边交会如图 2-25 所示。

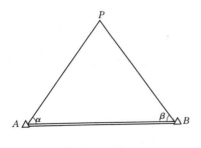

图 2-24　前方交会

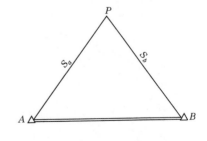

图 2-25　测边交会

如果有两端点坐标和两条边长,就可以推导出待定点坐标计算公式,计算方法如下:

首先判断两边长是否有交点,三角形定律中有一条:任意两边之和大于第三边,否则不构成三角形。如果 $S_a + S_b > S_c$,再接着计算。

$$M = \cot\{acos[(S_aS_a + S_cS_c - S_bS_b)/(2S_aS_c)]\}$$
$$N = \cot\{acos[(S_bS_b + S_cS_c - S_aS_a)/(2S_bS_c)]\}$$
$$X_P = (X_AN + X_BM - Y_A + Y_B)/(M + N)$$
$$Y_P = (Y_AN + Y_BM + X_A - X_B)/(M + N)$$

其中,X_P 和 Y_P 为待定点坐标,M 和 N 为中间变量。

2.5.10　后方交会坐标计算公式

如图 2-26 所示,后方交会就是在任意位置设站,观测三个已知点方向,测量相邻两已知方向的夹角,根据三个已知点坐标直接求出待定点坐标值的一种方法。如果 A、B、C、P 四点共圆的话,则无解。

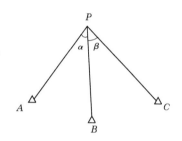

图 2-26　后方交会

$$I = (Y_B - Y_A)\cot\alpha - (Y_C - Y_B)\cot\beta - (X_C - X_A)$$
$$II = (X_B - X_A)\cot\alpha - (X_C - X_B)\cot\beta + (Y_C - Y_A)$$
$$\cot\theta = \frac{I}{II}$$
$$N = (Y_B - Y_A)(\cot\alpha - \cot\theta) - (X_B - X_A)(1 + \cot\alpha \cdot \cot\theta)$$
$$X_P = X_B + \frac{N}{1 + \cot^2\theta}$$
$$Y_P = Y_B + \frac{N}{1 + \cot^2\theta} \cdot \cot\theta$$

其中,X_P 和 Y_P 为待定点坐标,I、II、N 为中间变量。

2.5.11　两差改正计算公式

两差改正就是应用三角高程测量高差时,地球弯曲差和大气折光差改正,简称两差改正。计算公式如下:

$$r = \frac{S^2}{2R}(1 - k)$$

其中,S 为 A 到 B 的水平距离,R 为地球半径,k 为折光系数。k 的值随地区而改变,在地形测量中,取我国各地区测定的 k 值的平均值即 0.11,为了应用方便,有专用的两差改正表可供查询。

2.5.12　三角高程单向观测时高差计算公式

三角高程单向观测时高差计算公式如下:

$$h = S \cdot \sin\alpha + \frac{1}{2R}(S \cdot \cos\alpha)^2 + i - v$$

式中　S——经过各项(加常数、乘常数、气象改正)改正后的斜距,m;

　　　α——观测竖直角(°);

　　　R——地球平均曲率半径,采用 6 369 000 m;

　　　i——仪器竖盘中心至地面点的高度,m,简称仪器高;

　　　v——反射镜中心至地面点的高度,m,简称觇标高。

　　若为对向观测,可直接抵消两差改正值。

2.5.13　测距边投影改正计算

　　《城市测量规范》(GJJ 8—99)中规定:城市平面控制测量坐标系统的选择应满足投影长度变形值不大于 2.5 cm/km,并根据城市地理位置和平均高程而定。计算方法:先把地面边长投影到参考椭球面上,再把椭球面边长归算到高斯平面上,计算两项之和,就是长度变形值。

　　(1)地面边长归算到椭球面上的边长改正数计算公式:

$$\Delta h = -\frac{H_m + h_g}{R_n}D + \left(\frac{H_m + h_g}{R_n}\right)^2 D$$

式中　D——测距边水平距离;

　　　H_m——测距边高出大地水准面的平均高程;

　　　h_g——该地区大地水准面对于参考椭球面的高差,可由大地水准面高程图中查取;

　　　R_n——沿测距边方向参考椭球面法截弧的曲率半径,可在测量计算用表中查得,也可由法截弧曲率半径计算公式计算。

　　(2)地面边长归算到黄海平均海水面的边长改正数计算公式:

$$\Delta h = -\frac{\overline{H_m}}{R_n}D + \left(\frac{H_m}{R_n}\right)^2 D$$

　　(3)地面边长归算到城市平均高程面的边长改正数计算公式:

$$\Delta h = -\frac{H_u - H_m}{R_n}D$$

式中　H_u——城市平均高程面的高程。

　　(4)椭球面边长 S 归算到高斯平面上的边长距离改正数 ΔS 的计算公式:

$$\Delta S = \frac{Y_m^2}{2R_m^2}S$$

式中　Y_m——测距边两端点坐标中数,自然值,km;

　　　R_m——边长中点的平均曲率半径。

　　一般要求:当城市控制测量与国家网取得统一系统时,则基线丈量长度应归算到参考椭球面上,有三种归化方式。自由坐标系下的控制网,测距边可投影到城市平均高程面,不需再加其他改正,直接进行平差计算。

2.6　常用坐标转换模型

2.6.1　城市抵偿面坐标转换

《城市测量规范》(CJJ 8—99)中规定:城市平面控制测量坐标系统的选择应满足投影长度变形值不大于 2.5 cm/km,并根据城市地理位置和平均高程而定。当长度变形值大于 2.5 cm/km 时,可采用:

(1)投影于低偿高程面上的高斯正形投影 3 度带的平面直角坐标系统。

(2)高斯正形投影任意带的平面直角坐标系统,投影面可采用黄海平均海水面或城市平均高程面。

由于高程归化和选择投影坐标系统所引起的长度变形,在城市及工程建设地区一般规定每千米为 2.5 cm,相对误差为 1/40 000,相当于归化高程达到 160 m 或平均横坐标值达到 ±45 km 时的情况。在实际工作中,可以把两者结合起来考虑,利用高程归化的长度改正数恒负值,高斯投影的长度改恒为正值而得到部分低偿的特点。在下列情况下,两种长度变形正好相互抵消:

$$\frac{H_m + h_m}{R_m} = \frac{y_m^2}{2R_m^2}$$

如果按照规范要求,长度变形不超过 1/40 000,可以推导出测区平均归化高程 $H_m + h_m$ 与控制点离开中央子午线两侧距离关系,则

$$y_m = \sqrt{12\ 740(H_m + h_m)} \pm 2\ 029 \quad (km)$$

如果 $H_m + h_m = 100$ m,控制点离开中央子午线距离不超过 57 km,则长度变形不会超过 1/40 000。

如果变形值超过规划规定,就要进行抵偿坐标换算。

设 H_c 为城市地区相对于抵偿高程归化面的高程,H_o 为抵偿高程归化面相对于参考椭球面的高程,则

$$H_c = (H_m + h_m) - H_o$$

为了使高程归化和高斯投影的长度改化相抵消,令

$$\frac{H_c}{R_m} = \frac{y_m^2}{2R_m^2}$$

由此可得:

$$H_c = \frac{y_m^2}{2R_m}$$

$$H_o = (H_m + h_m) - \frac{y_m^2}{2R_m}$$

设 $q = H_o / R_m$,则国家统一坐标系统转换为抵偿坐标系统的坐标转换公式如下:

$$X_c = X + q(X - X_o)$$

$$Y_c = Y + q(Y - Y_o)$$

抵偿坐标系统转换为国家统一坐标系统的坐标转换公式如下：

$$X = X_c - q(X_c - X_o)$$

$$Y = Y_c - q(Y_c - Y_o)$$

式中　X、Y——国家统一坐标系统中控制点坐标；

$\quad\quad\quad X_c$、Y_c——低偿坐标系统中控制点坐标；

$\quad\quad\quad X_o$、Y_o——长度变形被抵消的控制点在国家统一坐标系统中的坐标，该点在抵偿坐标系统中具有同样的坐标值。它适宜于选在测区中心。这个点也可以不是控制点而是一个理论上的点，取整后的坐标值，便于记忆。

2.6.2　平面四参数转换模型

在实际工作中，经常会遇到两个不同坐标系之间的数据转换，以达到实现数据共享的目的。目前，坐标转换的方法有很多，用途也不一样，要求也不一样。一般转换一个测区的坐标，如果范围不是很大，用相似变换就能解决问题了。收集一定数量的重合点，至少两个以上，才能求出转换参数，超过两个点时，可计算转换误差，如果点数超过一定数量，比如 3 个，就要采用测量平差了，求出最合理转换参数，实现坐标转换。具体公式如下：

$$\begin{bmatrix} x_2 \\ y_2 \end{bmatrix} = \begin{bmatrix} x_0 \\ y_0 \end{bmatrix} + (1 + m)\begin{bmatrix} \cos\alpha & -\sin\alpha \\ \sin\alpha & \cos\alpha \end{bmatrix}\begin{bmatrix} x_1 \\ y_1 \end{bmatrix}$$

其中，x_0、y_0 为平移参数，α 为旋转参数，m 为尺度参数，x_2、y_2 为新坐标系统下的平面直角坐标，x_1、y_1 为原坐标系下的平面直角坐标，坐标单位为 m。

坐标轴平移与旋转如图 2-27 所示。

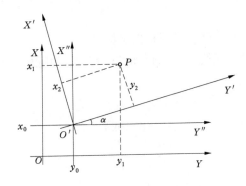

图 2-27　坐标轴平移与旋转

2.6.3　布尔莎坐标转换模型

如果测区面积比较大，为了能更准确地求出两个坐标系之间的转换关系，推荐使用布尔莎模型转换，即俗称的七参数转换。可以带高程一起转换，前提是两个坐标系之间定位基本相同，不能有太大的旋转角，就像地方坐标系和国家坐标系之间转换就不适用七参数转换,只能用相似变换来转换。布尔莎模型只适用于 1954 年北京坐标系,1980 西安坐标系,2000 国家大地坐标系,WGS – 84 坐标系之间的相互转换。具体原理如下:

当两个空间直角坐标系的坐标换算既有旋转又有平移时,则存在 3 个平移参数和 3 个旋转参数,再顾及两个坐标系尺度不尽一致,从而还有一个尺度参数,共计有 7 个参数。相应的坐标变换公式为

$$
\begin{bmatrix} X_2 \\ Y_2 \\ Z_2 \end{bmatrix} = (1 + m) \begin{bmatrix} X_1 \\ Y_1 \\ Z_1 \end{bmatrix} + \begin{bmatrix} 0 & \varepsilon_Z & -\varepsilon_Y \\ -\varepsilon_Z & 0 & \varepsilon_X \\ \varepsilon_Y & -\varepsilon_X & 0 \end{bmatrix} \begin{bmatrix} X_1 \\ Y_1 \\ Z_1 \end{bmatrix} + \begin{bmatrix} \Delta X_0 \\ \Delta Y_0 \\ \Delta Z_0 \end{bmatrix}
$$

上式为两个不同空间直角坐标之间的转换模型(布尔莎模型),其中含有 7 个转换参数,为了求得 7 个转换参数,至少需要 3 个公共点,当多于 3 个公共点时,可按最小二乘法求得 7 个参数的最或然值。

应该指出,当进行两种不同空间直角坐标系变换时,坐标变换的精度除取决于坐标变换的数学模型和求解变换参数的公共点坐标精度外,还和公共点的多少、几何形状结构有关。鉴于地面网可能存在一定的系统误差,且在不同区域并非完全一样,所以采用分区变换参数,分区进行坐标转换,可以提高坐标变换精度。无论是我国的多普勒网还是 GPS 网,利用布尔莎坐标变换公式求解和地面大地网间的变换参数,分区变换均较明显地提高了坐标变换的精度。

2.6.4　空间直角坐标与大地坐标转换

同一地面点在地球空间直角坐标系中的坐标和在大地坐标系中的坐标关系如图 2-28 所示,且可用如下两组公式转换:

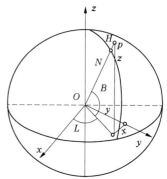

$$
\left.\begin{aligned}
x &= (N + H)\cos B\cos L \\
y &= (N + H)\cos B\sin L \\
z &= [N(1 - e^2) + H]\sin B
\end{aligned}\right\}
$$

$$
\left.\begin{aligned}
L &= \arctan \frac{y}{x} \\
B &= \arctan \frac{z + e'^2 b\sin^3\theta}{\sqrt{x^2 + y^2} - e^2 a\cos^3\theta} \\
H &= \frac{\sqrt{x^2 + y^2}}{\cos B} - N \\
e'^2 &= \frac{a^2 - b^2}{b^2} \\
\theta &= \arctan \frac{za}{\sqrt{x^2 + y^2}\, b}
\end{aligned}\right\}
$$

图 2-28　空间直角坐标与大地坐标关系

式中　e——子午椭圆第一偏心率,可由长短半径按式 $e^2 = (a^2 - b^2)/a^2$ 算得;

$\quad\quad N$——卯酉圈半径,可由式 $N = a/\sqrt{1 - e^2\sin^2 B}$ 算得。

2.6.5　高斯投影与墨卡托投影转换

陆地地形图采用高斯投影系统,而海图采用的是墨卡托投影系统,这使得两种地形图不能拼接。在此由高斯投影系统转换到墨卡托投影系统,给出转化的思路和过程。

首先利用布尔莎七参数变换公式,即

$$\begin{bmatrix} X \\ Y \\ Z \end{bmatrix} = \begin{bmatrix} 1 & \varepsilon_z & -\varepsilon_y \\ -\varepsilon_z & 1 & \varepsilon_x \\ \varepsilon_y & -\varepsilon_x & 1 \end{bmatrix} \begin{bmatrix} X' \\ Y' \\ Z' \end{bmatrix}$$

将一参考系内的高斯坐标转换为另一参考系内的高斯坐标;然后利用高斯反算公式,将转换后的高斯直角坐标换算为大地坐标;再在同一参考系内进行墨卡托投影,将大地坐标换算为该平面内的平面坐标。这里考虑的是,高斯坐标同墨卡托平面坐标不在同一参考椭球上,如果在同一参考椭球内,则第一步换算可以省略。

2.7　其他数学模型

2.7.1　间接平差法模型

间接平差模型:$\boldsymbol{V}^{\mathrm{T}}\boldsymbol{P}\boldsymbol{V} = \min$

(1)误差方程:

$$\underset{n\times1}{\boldsymbol{V}} = \underset{n\times t}{\boldsymbol{B}}\ \underset{t\times1}{\boldsymbol{X}} + \underset{n\times1}{\boldsymbol{l}}$$

(2)法方程:

$$\underset{t\times t}{\boldsymbol{N}}\ \underset{t\times1}{\boldsymbol{X}} + \underset{t\times1}{\boldsymbol{U}} = \underset{t\times1}{\boldsymbol{0}}$$

其中

$$\underset{t\times t}{\boldsymbol{N}} = \underset{t\times n}{\boldsymbol{B}^{\mathrm{T}}}\ \underset{n\times n}{\boldsymbol{P}}\ \underset{n\times t}{\boldsymbol{B}}$$

$$\underset{t\times1}{\boldsymbol{U}} = \underset{t\times n}{\boldsymbol{B}^{\mathrm{T}}}\ \underset{n\times n}{\boldsymbol{P}}\ \underset{n\times1}{\boldsymbol{l}}$$

(3)解算 $\boldsymbol{X}$:

$$\underset{t\times1}{\boldsymbol{X}} = -\underset{t\times t}{\boldsymbol{N}^{-1}}\ \underset{t\times1}{\boldsymbol{U}}$$

(4)精度评定

单位权中误差计算公式:$m_o = \pm\sqrt{\dfrac{[pvv]}{n-t}}$

未知数 X 的协因数据阵:$\underset{t\times t}{\boldsymbol{Q}xx} = \underset{t\times t}{\boldsymbol{N}^{-1}}$

未知数中误差:$m_{xi} = m_o\sqrt{\boldsymbol{Q}_{xixi}}$

其中,$\boldsymbol{V}$ 为改正数,$\boldsymbol{P}$ 为权阵,$\boldsymbol{B}$ 为误差方程系数,$\boldsymbol{X}$ 为未知数,$\boldsymbol{l}$ 为常数项。

2.7.2　秩亏自由网平差模型

自由网平差数学模型:

$$V^{\mathrm{T}}PV = \min$$
$$X^{\mathrm{T}}X = \min$$

平差参数的估计公式:

$$NX = A^{\mathrm{T}}Pl$$
$$X = N_m^- A^{\mathrm{T}}Pl = N(NN)^- A^{\mathrm{T}}Pl$$
$$X = N^+ A^{\mathrm{T}}Pl = N(NN)^- N(NN)^- NA^{\mathrm{T}}Pl$$

此法是由 Mittermayer 提出的。

解算方法:

(1)误差方程:

$$V = AX - l$$

(2)法方程:

$$NX = A^{\mathrm{T}}l$$
$$N = A^{\mathrm{T}}A$$

(3)计算 $(NN)^-$ 和 $N_m^- = N(NN)^-$。

(4)计算 X:

$$X = N_m^- A^{\mathrm{T}}l$$
$$V = AX - l$$

(5)精度评定:

$$Q_{xx} = N(NN)^- N(NN)N = N_m^- N_m^- N$$
$$X = Q_{xx}A^{\mathrm{T}}Pl$$

2.7.3　快速构建三角网模型

构建三角网方法有很多种,合理的构网方法会非常高效,不合理的构网方法会延长构网时间,甚至导致死机,本系统构网原理如下:

(1)先将地形点所有区域划分成一个个正方形网格,然后将所有地形数据点根据其平面坐标分别放置到相应的网格存储起来。用以下两个数组来存储和管理地形数据点:

①一维动态数组,即

Struct Pt – Type

{

　　Double x,y,z; // 数据点的坐标和高程

　　int cur; // 静态指针,将一网格内的点串起来

} * parray;

　　其作用:存储离散点坐标。

②二维动态数组,即

int * * iarray;

　　其作用:对离散的地形点分网格进行管理,当没有地形点落在网格内时,该网格为空;否则,指向落在其中的坐标点。根据离散点 k 的 X、Y 的大地坐标(或平面坐标),由判断

公式：

$$i = \text{int} \frac{X[k] - X_{\min}}{G} + 1$$

$$j = \text{int} \frac{Y[k] - Y_{\min}}{G} + 1$$

判断出 k 点所在的网格,式中 G 为网格的宽度。

(2)找到第一条边作为基线边,然后以本边中心点坐标为圆心,依次对本格内的所有地形点进行计算,看其是否符合空外接圆原则要求,如果符合要求,则本点与第一条边构成第一个三角形,新生成的两条边加入基线边,再依次向外扩张,直到所有点构成完毕。如果不符合要求,则继续寻找满足要求的其他控制点,如果本格内没有符合要求的控制点,则跳转到下一格内继续寻找,如果本范围圆内所有格网寻找完毕,仍然没有符合要求的点,则扩大搜索半径,继续向外扩张,照此方法,一直寻找下去,直到所有点查完为止。

(3)在构网过程中,一是要判断当前扩展边有无必要继续扩展;二是要判断新形成的三角形是否有效。三角形的任意一边最多只能被两个三角形所利用,而且这两个三角形不在这条边的同一侧。

(4)如果本网内总点数不满足三个,则无法构网,提示出错信息。

(5)构网完毕,处理地性线之类,选择与三角网边长相交的地性线,两个三角形合并,删除其共用边,重新调整两个三角形结构,就构成新的三角形,当然也不会与地性线相交线。如果地性线非常长,则依次添加完所有三角形,照此方法删除所有共用边,重新生成新的三角形即可。

2.7.4　多边形裁剪算法

多边形裁剪是用矩形窗口对不规则的任意图形进行裁剪,然后把剩下的图形按一定的规则重新组合生成一个新的多边形,并计算新的多边形面积。简单的实现方法是,采用单边裁剪算法,依次用上、下、左、右四条边分别去裁剪多边形,裁剪结束就是最终的多边形。

多边形裁剪算法的步骤如下：

(1)把待裁剪多边形的各个顶点按照一定的方向有次序地组成"顶点序列"。如图 2-29 中的 $P_1, P_2, \cdots, P_9$,相继连接相邻两顶点 $P_1 P_2, P_2 P_3, \cdots, P_8 P_9, P_9 P_1$ 即组成了多边形的 9 条边。这个顶点序列就是待处理的输入量。

(2)对输入的顶点序列进行处理,处理的结果将产生一组新的顶点序列,然后输出该组新的顶点序列,例如 $Q_1, Q_2, \cdots, Q_m$。可以认为,这个新的顶点序列就表示了由 m 条边组成的新的多边形,虽然实际上可能包括了由退化边连接成的若干个多边形。图 2-30 中所示的情况,即为图 2-29 中的多边形经过窗口右边框直线裁剪后产生的结果。其中 $Q_2 Q_3$ 即为上面所说的退化边。

(3)把输出的顶点序列作为新的输入量,再次输入到算法中的第 2 步。如此重复3 次。

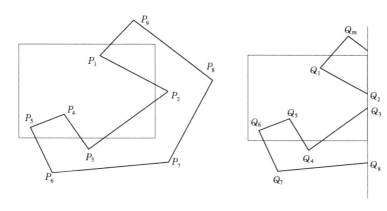

图 2-29　多边形裁剪一　　　　　图 2-30　多边形裁剪二

在算法的第 2 步处理顶点序列时，算法以裁剪边依次检验顶点序列中的每个顶点 P_i（$i=1,2,\cdots,n$）。处于裁剪边可见侧的顶点被保留下来，并列入新产生的顶点序列中，以便用于最后的输出。而处于裁剪边不可见侧的顶点则被删除掉。除检验每个顶点位于裁剪边的哪一侧外，还要检验 P_i 点和它的前一个顶点 P_{i-1} 点是否处于裁剪边的同侧（对于 P_1 点则作为例外）。如果不是处在同一侧，那么就必须求出裁剪边的直线段 $P_i P_{i-1}$ 的交点，并且把该点也作为新的多边形顶点列入到新产生的顶点序列中。

当最后一个顶点 P_n 被检验完后，再检验点 P_n 和第一点 P_1 是否分别处于裁剪边的两侧。如果是，则同样要求出交点，并且把该交点作为新的多边形顶点列入到新产生的顶点序列中。

2.7.5　多边形裁剪多边形方法

多边形裁剪多边形比较麻烦，没有更好的处理方法，如果能寻找到一种行之有效的方法，也可达到解决问题的目的。本系统解决此问题的思路如下：首先把裁剪多边形变成方框裁剪一般多边形，按常规方法进行第一次裁剪，最后把所有裁剪结果合并起来，就是最终裁剪结果。

2.7.6　图根测站数据检查程序

在读入测站原始记录后，需要对测站数据进行检查，看其是否满足规范要求，然后才能打印电子手簿，以及生成平差文件。实现检查方法：

(1)读入测站数据，不同全站仪有不同的数据格式；

(2)统计测站方向数，查找本测站方向数是否大于 3；

(3)如果本方向观测两次，则只保留最后一次方向值，要考虑归零方向；

(4)统计盘左方向数；

(5)检查测站点是否和照准点同名；

(6)统计盘右方向数；

(7)每站归零方向均标注@号，以便计算归零；

(8)统计每站方向数和零方向序号，以盘左方向数为准；

(9)对每测回分别排序;

(10)检查测站是否只有一个观测方向;

(11)查找最接近零的方向值作为零方向;

(12)每测站只排第一测回,其余按第一测回方向强制转换,以便比较方向值是否超限;

(13)记录第一测回零方向名称;

(14)如果零方向不是第一个,则交换位置;

(15)方向数超过 2 个时排序,以便各测回统一;

(16)归零方向值加上 360°,以便进行排序;

(17)记录第一测回各方向名称顺序号;

(18)备份数据,排序用;

(19)其余测回均按第一测回顺序排序;

(20)按照盘左方向名称挑选盘右;

(21)检查方向是否只有盘左;

(22)去掉盘左、盘右@标记;

(23)检查盘右方向,对没有对应的盘左数据的方向显示只有盘右;

(24)如果方向总数超过 3 个,则检查是否有归零方向;

(25)检查是否缺少归零方向;

(26)检查归零方向差是否超限;

(27)检查是否重复设站;

(28)检查完毕,开始进行归零计算和 2C 互差比较,高差计算等;

(29)计算每站每方向的水平角值和垂直角值;

(30)归零,计算零方向值;

(31)计算每方向 2C 值、水平角、平均方向值、每方向指标差,计算垂直角;

(32)比较 2C 互差和指标差互差是否超限;

(33)比较同一方向各测回方向值是否超限;

(34)计算各边各测回平均方向值;

(35)比较同一方向各测回垂直角互差是否超限;

(36)计算各边各测回平均垂直角;

(37)处理各边加常数;

(38)计算各方向平距边长;

(39)计算各测回往测边长中数;

(40)如果往返均存在,则比较边长是否超限;

(41)计算本方向高差值;

(42)计算各边各测回往测高差中数;

(43)计算往返平均高差值;

(44)比较直反觇闭合差是否超限;

(45)检查完毕,输出检查结果。

2.7.7　导线网自动构成验算路线

（1）读入原始数据：在测量平差前，首先要输入原始数据，如测站名称、观测方向名称、水平角、观测边长。所有的测站数据不需要编号，直接进入平差系统，由系统对导线网进行自动编号。

（2）统计结点：首先对所有输入数据进行检查，不能出现重复测站，同一个测站不能分两次输入，然后统计所有测站，凡是方向总数超过 3 个的均认为是结点，只有一个方向或没有设站的，如果不是已知点，则标注本点为支点。

（3）组成基本路线：首先从已知点出发按首尾相连的原则查找本条路线所经过的点，直至到达另一已知点或结点时结束，然后从结点出发按首尾相连的原则查找本条路线所经过的点，直至到达另一结点时结束，如果一直没有找到结点，当循环次数超过设定值时（一般设为 200 次），则认为本条路线是支线。

（4）删除伪路线：对于任意路线来说，两端点必须是已知点或结点，否则则认为本条路线是支线，不能参与组成验算路线。假设某一测站有 n 个方向，如果有 $n-1$ 个方向均为支线，则应标注本结点为伪结点，与本伪结点相连的路线均要标注为支线，按此方法查找所有伪路线直到查完。

（5）重新组成有效路线：在删除伪路线后，其余路线均为有效路线，全部参与组成闭合差验算，首先先标注所有路线为"0"，表示尚未使用过。

（6）组成单一验算路线：首先检索所有两端均为已知点的路线，为单一路线，如果两端均有定向方向则为双定向导线，如果一端有定向方向则为单定向导线，如果两端均无定向方向则为无定向导线，并标注此线路为已用过。

（7）组成闭合环验算路线：从尚未组成验算路线的剩余路线中按顺序取第一条为起始路线，寻找与此首尾相连的下一条路线为推算路线，直到封闭。

（8）遇到结点时处理原则：在推算路线过程中，如果本结点有超过 2 个以上方向，则按照连续向左转或连续向右转的原则选取下一条路线，以达到迅速封闭闭合环的目的。

（9）只有一个结点时处理原则：当导线网有三个已知点和一个结点时，不能按上述方法执行，只能选择左转法或右转法来构成验算路线。

（10）闭合导线的处理原则：当导线网为闭合导线时，只有一条路线，两端已知点重合，直接组成验算路线即可。

（11）两结点之间路线数超过一条时的处理原则：原则上两个结点之间只允许有一条路线，如果多于一条路线，则会增添许多麻烦，有时会导致系统死循环，因此首先对本结点之间的任意两条路线按面积最小的原则依次组成闭合环，并标注已使用过，直到组成完毕。

2.7.8　高程网自动构成验算路线

（1）首先对所有高差进行排序，统计结点数，如果某点只有两个联测方向，则不算为结点，超过三个以上联测方向时，则算为结点。

（2）从已知点开始，首先检索路线最短的结点边，如果本结点边已经使用过，则选择尚未使用的结点边,如果全部使用过,则选择最短边重复使用,找到下一个结点,以此为基点,再次寻找下一个结点边,直到闭合或者到达已知点,本条路线结束。

(3)如果网内只有一个结点或一条路线的,则无法自动构成验算路线,要手工干预才能实现。比如说,像一个带柄的苹果,就是这种形式。

2.8　其他数学知识

2.8.1　Delaunay 三角网的定义

Delaunay 三角网是 Voronoi 图的对偶图,因此研究 Delaunay 三角网必须从 Voronoi 图开始。

Voronoi 图的定义:假设 $V = \{v_1, v_2, \cdots, v_N\}$($N \geqslant 3$)是欧几里德平面上的一个点集,并且这些点不共线,任意四点不共圆。用 $d(v_i, v_j)$ 表示点 v_i, v_j 间的欧几里德距离,设 P 为平面上的点,则区域 $V(i) = \{P \in E^2 | d(P, v_i) \leqslant d(P, v_j), j = 1, 2, \cdots, N, j \neq i\}$ 称为 Voronoi 多边形(V - 多边形)。各点的 Voronoi 多边形共同组成 Voronoi 图(V - 图)。

Delaunay 三角网的定义:有公共边的 V - 多边形称为相邻的 V - 多边形,连接所有相邻的 V - 多边形的生长中心所形成的三角网,又称为 D - 三角网。

D - 三角网的外边界是一个凸多边形,它由连接 V 中的凸集形成,通常称为凸包。D - 三角网具有两个非常重要的性质:

(1)空外接圆性质:在由点集 V 所形成的 D - 三角网中,每个三角形的外接圆均不包括点集 V 中的其他任意点。

(2)最大的最小角性质:在由点集 V 所能形成的三角网中,D - 三角形中三角形的最小角度是最大的。

这两个性质决定了 D - 三角网具有极大的应用价值。同时,它也是二维网平面三角网中唯一的、最好的三角网。

2.8.2　Delaunay 所具备的优异特性

(1)最接近:以最邻近的三点形成三角形,且各线段(三角形的边)皆不相交。

(2)唯一性:不论从区域何处开始构建,最终都将得到一致的结果。

(3)最优性:任意两个相邻三角形形成的凸四边形的对角线如果可以互换,那么两个三角形六个内角中最小的角度不会变大。

(4)最规则:如果将三角网中的每个三角形的最小角进行升序排列,则 Delaunay 三角网的排列得到的数值最大。

(5)区域性:新增、删除、移动某一个顶点时,只会影响邻近的三角形。

(6)具有凸多边形的外壳:三角网最外层的边界形成一个凸多边形的外壳。

第 3 章　编程基础知识

3.1　VC 编程工具介绍

Visual C ++ 6.0 是由微软开发的编程工具,功能强大,使用方便,兼容性好,不会出现莫名其妙的错误,深受广大编程爱好者的欢迎。经过编译后的可执行文件,安全性好,保密性强,不容易被破解,执行效率高。VC ++ 的集成开发环境由窗口、工具栏、菜单、工具条、路径和其他一些有用的部分构成。VC ++6.0 编程界面如图 3-1 所示。

图 3-1　VC ++6.0 编程界面

3.1.1　系统安装

从网上下载或购买微软公司的 Visual Stdio 6.0 企业版软件,如果有英文版更好,汉化版也可以,复制到您的硬盘中,然后双击"SETUP. EXE",出现如下界面(以英文版为例),如图 3-2 所示。

点击"Next",会出现第 2 个画面,最终用户许可协议,如图 3-3 所示。选择"我接收协议(I accept the agreement)",点击"Next",出现第 3 个画面,如果是英文版不需要输入注册号,如果是汉化版则要求输入产品号和用户 ID 号,输入 111 和 1111111,输入姓名和公司名称,如图 3-4 所示。点击"Next",出现第 4 个画面,企业版安装选项如图 3-5 所示:自定义、产品、服务器应用程序。选择"默认选项(Install Visual C ++ 6.0 Enterprise Edition)",点击"Next",出现第 5 个画面,选择公用安装文件夹,如图 3-6 所示,默认为:

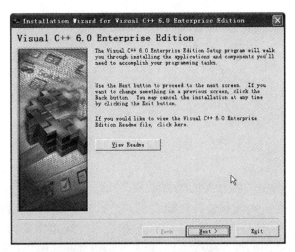

图 3-2　　VC++6.0 安装步骤 1

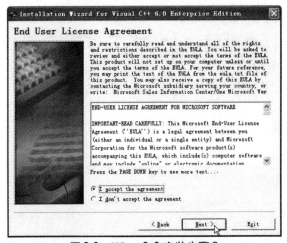

图 3-3　　VC++6.0 安装步骤 2

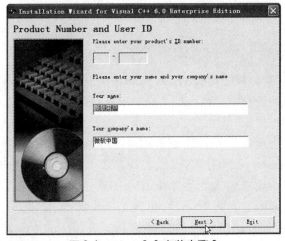

图 3-4　　VC++6.0 安装步骤 3

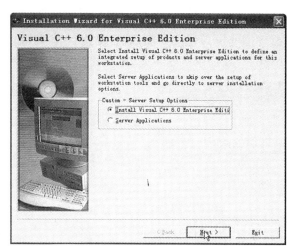

图 3-5　VC ++ 6.0 安装步骤 4

C：\Program Files\Microsoft Visual Studio\Common。如果想更改路径,则点击下边的"浏览(Browse...)"按钮,选择新的保存位置,点击"下一步(Next ＞)",出现开始检测以前安装的版本,出现如图 3-7 所示的画面:直接点击"是(Y)"就可以替换原有版本。接着出

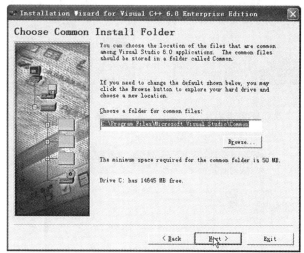

图 3-6　VC ++ 6.0 安装步骤 5

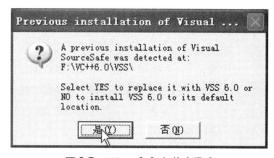

图 3-7　VC ++ 6.0 安装步骤 6

现如图 3-8 所示的对话框,请用户选择是典型安装或是客户安装,直接选择"典型安装(Typical)",会出现安装环境变量,如图 3-9 所示,直接按"OK"即可。系统开始正式安装,显示安装进度如图 3-10、图 3-11 所示。安装完毕,显示如图 3-12 所示的安装成功的提示。

图 3-8　VC ++ 6.0 安装步骤 7 　　　　　图 3-9　VC ++ 6.0 安装步骤 8

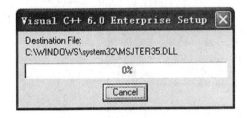

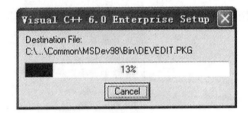

图 3-10　VC ++ 6.0 安装步骤 9 　　　　　图 3-11　VC ++ 6.0 安装步骤 10

图 3-12　VC ++ 6.0 安装步骤 11

接着向导会继续安装 MSDN(帮助文档)。如果有 MSDN 光盘,则可选择继续安装,否则去掉"安装 MSDN 选项(Install MSDN)"前的"√",如图 3-13 所示。点击"下一步(Next >)",显示安装其他客户工具,如图 3-14、图 3-15 所示。可直接通过点击"下一步(Next >)",显示注册对话框,如图 3-16 所示。直接按"完成(Finish)"按钮,系统自动联网注册,到此为止,安装完成。

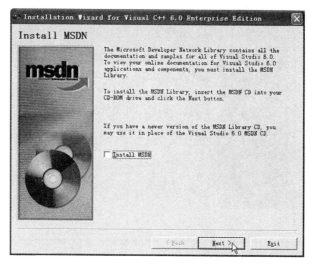

图 3-13　VC ++ 6.0 安装步骤 12

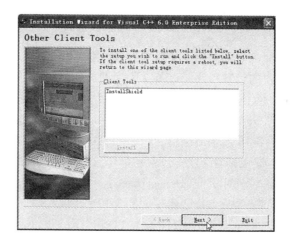

图 3-14　VC ++ 6.0 安装步骤 13

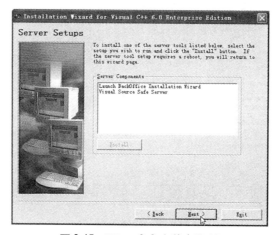

图 3-15　VC ++ 6.0 安装步骤 14

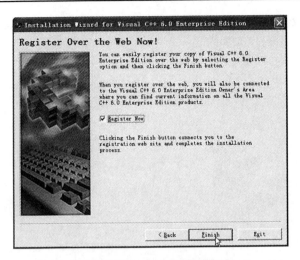

图 3-16　VC ++ 6.0 安装步骤 15

3.1.2　新建工程

VC 提供了非常方便高效的制作新文件向导,使用户很快就能入门,进入 C ++ 编程的天堂,开发出适用于工作的管理程序。以英文版为例,创建新工程的步骤如下:

打开 VC 编程工具,点击左上角"文件 – >新建",如图 3-17 所示。首先选择应用程序类型,比如 MFC AppWizard[exe],输入工程名称(如 MyTest),选择存储文件路径,选择"确定(OK)",出现如图 3-18 所示对话框。

由图可知您需要生成的应用程序类型:S 单个文档(Single document)、M 多个文档(Multiple documents)、D 基本对话框(Dialog based)。选择您想生成的界面类型,比如单个文档,然后点击"下一步(Next >)",出现如图 3-19 所示对话框。含义为是否要包含数据库支持,可选择默认,"不包含数据库(None)",点击"下一步(Next >)",出现如图 3-20

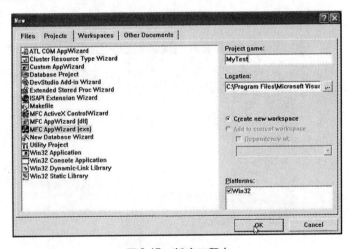

图 3-17　新建工程 1

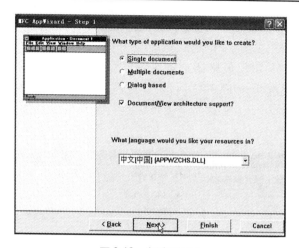

图 3-18　新建工程 2

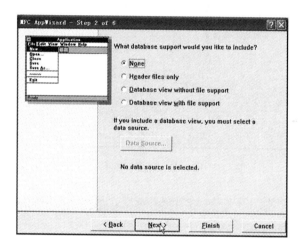

图 3-19　新建工程 3

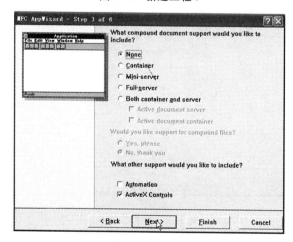

图 3-20　新建工程 4

所示对话框。显示您喜欢使用什么复合文档支持,选择默认,点击"下一步(Next >)",显示什么样的工具栏风格,如图 3-21 所示,选择"下一步(Next >)",出现如图 3-22 所示对话框。含义为您想选择 MFC 风格还是资源管理器风格等,按默认选项,点击"下一步(Next >)",显示基类选项,如图 3-23 所示,选择你想在哪个类继承,并生成您需要的子类,不同的类有不同的功能。在您的子类可以自行添加成员函数,实现您设计的特殊功能。

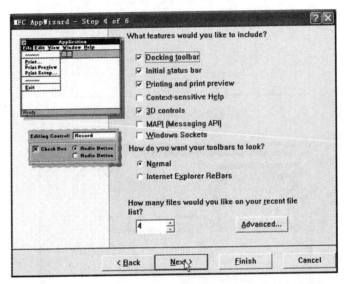

图 3-21　新建工程 5

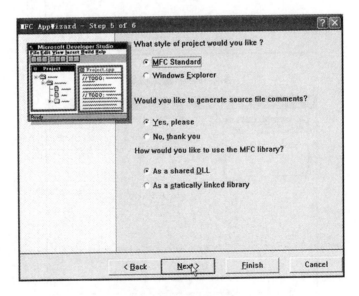

图 3-22　新建工程 6

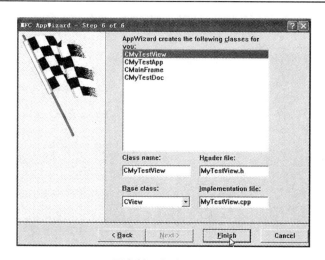

图 3-23　新建工程 7

　　如果想要实现在窗口内放置控件,可更改基类为 CFormView 类,要实现文档编辑功能,可更改基类为 CEditView 类。最后点击完成,就显示新建工程信息,完成创建工程,如图 3-24 所示。至此,您可以看到 VC ++ 编程工具界面如图 3-25 所示。

　　选择编译菜单下的重建全部,系统开始编译,如果没有意外情况发生,在窗口的底部出现编译信息,并显示编译成功,按 Ctrl + F5 键或上边工具条上的感叹号,显示界面见图 3-26。如果没有其他意外问题,稍等片刻,会出现编译成功的信息,并显示应用程序界面如图 3-27 所示。

　　到此为止,创建新工程完毕,根据需要用户可以添加自己的代码,实现设计的特有功能。

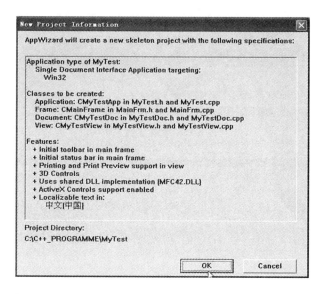

图 3-24　新建工程 8

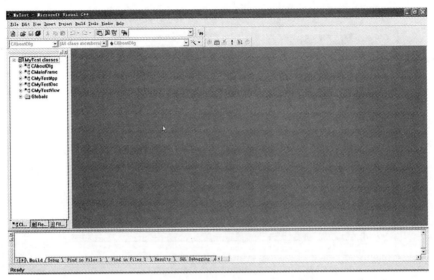

图 3-25　新建工程 9

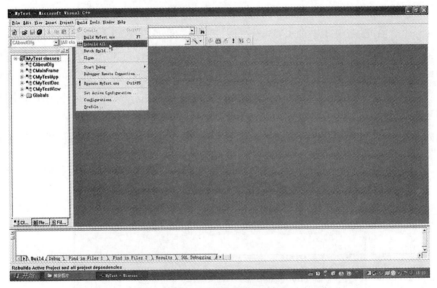

图 3-26　新建工程 10

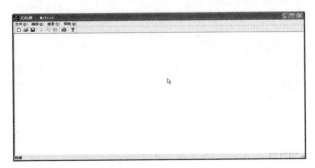

图 3-27　新建工程 11

3.1.3　添加菜单功能

菜单功能是实现用户设计功能最常见的操作方式,简单明了,已经为用户所接受。添加菜单的方法非常简单,方法如下:

(1)打开工程文件,点击最左边的 ResourceView 分页,找到 Menu 文件夹,双击打开,显示 IDR_MAINFRAME,同时系统默认的菜单栏出现在屏幕上面,最右边一个虚线框内就是预留的用户自定义菜单位置,选中虚线框内空白处,点击鼠标右键,找到最下面的属性(Properties)功能,点击后,出现一个菜单项目属性对话框(Menu Item Properties)。

(2)去掉 Pop – up 前面的打钩选项,上面的 ID 窗口自动打开,输入实现此项功能的 ID 号(相当于身份证号,程序内不得重复),在右边框(Caption)内输入菜单名称,最下面框(Prompt)内输入提示语言,中间用反斜框隔开,如"测站数据检查\n 测站数据检查"。

(3)选中刚创建好的菜单,点击右键,找到下面的类向导(ClassWizard...),显示类向导对话框,如图 3-28 所示。

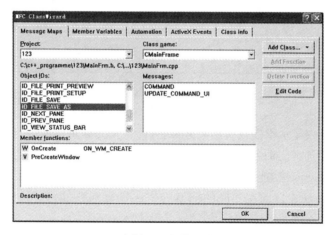

图 3-28　添加菜单功能

在左边框内选择你添加的目标 ID 号,右上面框内选择要在哪个类框架下实现功能,默认为 CMainFrame 类,也可以选择 CMyTestView 类。注意,画图命令都在 CMyTestView 类下才能实现。然后选中中间方框内的 COMMAND 命令,Add Function 按钮自动打开,变为有效,点击,出现增加成员函数名称对话框(Add Member Function),选择确定后,类向导就自动在相应的框架内添加成员函数,再点击右边的 Edit Code 功能,自动生成成员函数框架,由用户自行添加实现代码。

3.1.4　添加对话框

对话框也是软件开发中常见的形式,用于与用户进行交互式操作,选择功能或者输入参数使用。实现方法如下:

(1)打开工程文件,选择插入菜单,选择新建窗体(New Form)。在最上面框内输入窗体名称,习惯上最前面加上字符 C,以示区别,如"CMyEdit",基类名称选择默认基类

（CDialog），点击右边的确定按钮，出现一个新的对话框。

（2）在右边默认的控件栏内选择您想要添加的控制图标，点击一下，然后在窗体上设计位置点击，即自动添加成功，比如编辑框控件。

（3）根据您的需要拖动编辑框范围黑点，到达理想位置和大小规格时松开即可。

（4）在刚添加的控件内点击鼠标右键，打开类向导（MFC ClassWizard），出现一个对话框，如图 3-29 所示。

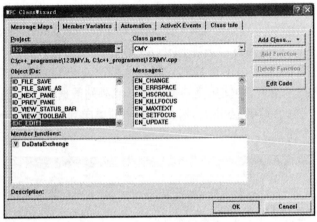

图 3-29　添加对话框

在中间右边框内显示很多成员函数分类名称，含义为编辑框默认的成员函数，用户可选择其中一些来添加，比如说，EN_CHANGE 为编辑框内容变化时引发的消息机制，选中它，右边的 Add Function 功能自动打开，点击，输入成员函数名称，按确定，再点击右下边的 Edit Code 按钮，系统自动在相应的框架内生成成员函数，用户可自行添加实现功能代码。

（5）成员变量，如图 3-29 所示，选择 Member Variables 分页，点击右边的 Add Varialbe... 按钮，出现如图 3-30 所示的对话框。输入控件成员变量名称，每个变量对应不同的操作范围，编辑框有 Value 和 Control 两种类型变量，分别输入不同的名称，就可实现不同的效果。

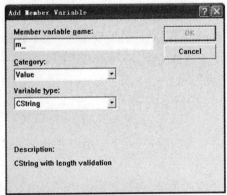

图 3-30　添加成员变量

3.1.5　添加开机画面

　　每个应用程序打开时,都会有一个画面,显示应用程序名称、版本号、作者姓名、联系方式等内容,实现方法如下:打开工程文件,点击工程菜单,找到添加到工程菜单,选择最下面的组件和控制(Components and Controls...)按钮,选择 Visual C ++ Components 文件夹,双击显示很多可用的组件名称,找到其中的 Splash Screen 组件,然后双击,显示对话框,询问是否插入此控件,点击确定,显示修改类名称对话框,可不更改,直接点击 OK,关闭对话框,再次启动应用程序就出现如图 3-31 所示的默认的画面。

图 3-31　添加开机画面

　　如果想更改画面内容,可打开文件 Splash16. bmp,进行编辑,也可以选一幅事先制作好的图画代替此画面即可。如果想要修改画面显示时间,双击 Splash. cpp 文件,找到其中的 SetTimer(1, 750, NULL);语句,修改显示时间。默认为 750 ms。用户可自行修改此值。

　　注意:如果用户界面是对话框形式,则无法插入,显示操作失败。

3.1.6　添加状态条

3.1.6.1　实现方法

　　为了向程序中加入状态栏,要定义 CStatusBar 类对象作为主窗口类的成员,定义存放状态栏指示符的识别符的阵列。然后在主窗口类的 OnCreate 成员函数中调用两个 CStatusBar 成员函数 Create( )和 SetIndicators( )。具体方法如下:

　　首先打开 MainFrm. h 文件,并在 CMainFrame 类定义开头定义 CStatusBar 对象如下:

CToolBar m_ToolBar;

CStatusBar m_StatusBar;

　　接着,打开 MainFrm. cpp 文件,定义 IndicatorIDs 如下:

static UINT indicators[ ] =

{

ID_SEPARATOR, // status line indicator

ID_INDICATOR_PROGRESS,

ID_INDICATOR_CAPS,

ID_INDICATOR_NUM,

ID_INDICATOR_SCRL,

};

　　最后,在 MainFrm. cpp 文件中的 OnCreate(　)函数中加入载入状态栏的代码;

if(! m_ StatusBar. Create(this) //

! m_ StatusBar. SetIndicators(indicators,

sizeof(indicators)/sizeof(UINT)))

{

TRACE0("Failed to create status bar\n");

return −1; // fail to create

}

3.1.6.2　在 MyTestView. cpp 中调用方法

　　默认情况下,不同类的私有数据和成员函数是严格封装的,不能相互调用,若要实现在屏幕下方的状态条内显示鼠标指针位置的坐标值,也很方便,只要定义一个指针即可,但必须在头文件中包含。实现代码如下:

　　在 MyTestView. cpp 文件头位置包含如下头文件。

#include " MainFrm. h"

// 鼠标移动

void CMyView::OnMouseMove(UINT nFlags, CPoint point)

{

CMainFrame * pFrame = (CMainFrame *) AfxGetApp( ) − > m_pMainWnd;

// m_wndStatusBar 必须为 PUBLIC 变量而不是 PROTECT 变量;

CStatusBar * pStatus = &pFrame − > m_wndStatusBar;

if(pStatus)

{

str. Format("[坐标] X = %01. 03f Y = %01. 03f", pointy, pointx);

pStatus − >SetPaneText(0, str);

}

}

3.1.7　添加进度条

　　进度条使用的地方非常广泛,特别是在处理较大数据量时,用户可直观地掌握进度情况,而同时进行其他工作,使用方法简单。

　　(1)打开 MainFrm. h 文件,并在 CMainFrame 类定义开头定义 CProgressCtrl 对象如下:

CProgressCtrlm_ProgressBar;

　　(2)在 MainFrm. cpp 中调用,在需要显示的地方,加入如下代码:

// 显示进度条

```
RECT rect;m_wndStatusBar.GetItemRect(1,&rect);
if(m_bProgressBarCreated = = false)
{
m_ProgressBar.Create(WS_VISIBLE|WS_CHILD,rect,&m_wndStatusBar,1);
m_ProgressBar.SetRange(0,100);
m_ProgressBar.SetStep(1);
m_bProgressBarCreated = true;
}
for(int i = 0;i < Ndxfname;i ++ )
{
// 其他实现功能代码,略
// 进度条
m_ProgressBar.SetPos((i + 1) * 100/Ndxfname);
}
m_ProgressBar.SetPos(0); showA.DestroyWindow();
// 注意:在用进度条的地方一定要销毁,否则再次打开同一功能时出错
m_ProgressBar.DestroyWindow(); m_bProgressBarCreated = false
```

3.1.8　添加工具栏

　　每个应用程序都有自己的工具栏,以实现快速打开功能模块,图标简洁明了,一看便知,给用户提供了方便。实现方法如下:

　　(1)打开工程文件,点击最左边的 ResourceView 分页,找到 ToolBar 文件夹,双击打开,显示 IDR_MAINFRAME,同时系统默认的工具栏出现在屏幕上面,最右边一个虚线框内就是预留的用户自定义工具栏,点击后,移动画笔到画面中间,选择颜色,开始作画。

　　(2)点击视图(View)菜单最下面的属性菜单(Properties Alt + Enter),显示状态栏属性编辑框,其中最上面的 ID 号即为关联的菜单,点击右边小三角,在下拉菜单中找到要关联的 ID 号,结束即可。重新编译程序就可看到你刚才制作的工具栏快捷图标。

3.1.9　添加新类方法

　　如果有现成的类可使用,就不必要去编写新的类,加入现成的类的方法非常简单:首先复制此类的两个文件,头文件(*.h)和成员函数文件(*.cpp)到您的工程中,然后打开您的工程文件,选择工程菜单下的增加到工程菜单,找到文件,显示一个对话框,插入文件到工程,选择刚添加的两个文件,按住 Ctrl 键选中两个新文件,再点击确定,就完成了将此类已添加到工程中的操作。如果想要使用此类的功能和方法,只需要在相应的 CPP 文件开始的位置包含此文件即可。比如:#include " direct.h" // 创建目录头文件,#include " CSpreadSheet.h" //电子表格头文件。

3.2　ADO 数据库操作技术

3.2.1　ADO 数据库介绍

ADO 是 ActiveX 数据对象(ActiveX Data Object),这是 Microsoft 开发数据库应用程序的面向对象的新接口。ADO 访问数据库是通过访问 OLE DB 数据提供程序来进行的,提供了一种为 OLE DB 数据提供程序的简单高层访问接口。ADO 技术简化了 OLE DB 的操作,OLE DB 的程序中使用了大量的 COM 接口,而 ADO 封装了这些接口。所以,ADO 是一种高层的访问技术。ADO 技术基于通用对象模型(COM),它提供了多种语言的访问技术。同时,由于 ADO 提供了访问自动化接口,所以 ADO 可以用描述的脚本语言来访问 VBScript、VCScript 等。

可以使用 VC ++ 6.0 提供的 ActiveX 控件开发应用程序,还可以用 ADO 对象开发应用程序。使用 ADO 对象开发应用程序可以使程序开发者更容易地控制对数据库的访问,从而产生符合用户需求的数据库访问程序。

使用 ADO 对象开发应用程序类似其他技术,需产生与数据源的链接,创建记录等步骤。但与其他访问技术不同的是,ADO 技术对对象之间的层次和顺序关系要求不是太严格。在程序开发过程中,不必先建立链接,然后才能产生记录对象等。可以在使用记录的地方直接使用记录对象,在创建记录对象的同时,程序自动建立了与数据源的链接。这种模型有力地简化了程序设计,增强了程序的灵活性。

使用方法:首先在 < Ado. h > 中包含如下头文件:

#import "C:\Program Files\Common Files\system\ado\msadox. dll" // 创建数据库必用

#import "C:\Program Files\Common Files\system\ado\msado15. dll" named_guids rename("EOF","adoEOF"), rename("BOF","adoBOF")

3.2.2　创建数据库

在使用数据库前,必须先创建数据库文件,然后创建表,才能对数据库进行操作。创建数据库文件的代码如下:

```
// 创建数据库
void CMainFrame::OnCreateAdoMdb()
{
HRESULT hr = S_OK;CString filename = "c:\\test. mdb";
//Set ActiveConnection of Catalog to this string
CString strcnn(_T("Provider = Microsoft. JET. OLEDB. 4. 0;Data source = " + filename));
try
{
ADOX::_CatalogPtr m_pCatalog = NULL;
hr = m_pCatalog. CreateInstance(__uuidof(ADOX::Catalog));
```

```
if( FAILED( hr) )
{
_com_issue_error( hr) ;
}
else
{
m_pCatalog - > Create( _bstr_t( strcnn) ) ; // Create MDB
}
AfxMessageBox( _T("ok") ) ;
}
catch( _com_error &e)
{
// Notify the user of errors if any.
AfxMessageBox( _T("error") ) ;
}
}
```

3.2.3　打开数据库

　　如果数据库文件已存在或需要打开一个已存在的数据库时,就需要打开数据库文件,然后进行操作,打开数据库示例代码如下:

```
BOOL CMy123App::InitInstance( )
{
AfxEnableControlContainer( ) ;
// 初始化数据库
CoInitialize( NULL) ;
// Standard initialization
// If you are not using these features and wish to reduce the size
// of your final executable, you should remove from the following
// the specific initialization routines you do not need
#ifdef _AFXDLL
Enable3dControls( ) ; // Call this when using MFC in a shared DLL
#else
Enable3dControlsStatic( ) ; // Call this when linking to MFC statically
#endif
// Change the registry key under which our settings are stored
// TODO: You should modify this string to be something appropriate
// such as the name of your company or organization
SetRegistryKey( _T("Local AppWizard - Generated Applications") ) ;
```

```
LoadStdProfileSettings( ) ; // Load standard INI file options (including MRU)
// Register the application's document templates. Document templates
// serve as the connection between documents, frame windows and views.
CSingleDocTemplate * pDocTemplate;
pDocTemplate = new CSingleDocTemplate(
IDR_MAINFRAME,
RUNTIME_CLASS( CMy123Doc),
RUNTIME_CLASS( CMainFrame), // main SDI frame window
RUNTIME_CLASS( CMy123View) );
AddDocTemplate( pDocTemplate);
// Parse command line for standard shell commands, DDE, file open
CCommandLineInfo cmdInfo;
ParseCommandLine( cmdInfo);
// Dispatch commands specified on the command line
if( ! ProcessShellCommand( cmdInfo) ) return FALSE;
// The one and only window has been initialized, so show and update it
m_pMainWnd - >ShowWindow( SW_SHOW);
m_pMainWnd - >UpdateWindow( );
return TRUE;
}
```

3.2.4　创建表

　　表是数据库的基本要素,对数据库的操作归根到底是对表的操作,如果没有创建表就无从谈起,创建数据库表的方法如下:

```
void CMainFrame::OnMainCreate( )
{
try
{
_ConnectionPtr pConn;pConn. CreateInstance( __uuidof( Connection) );
_RecordsetPtrpRs;pRs. CreateInstance( __uuidof( Recordset) );
_CommandPtrCmd;Cmd. CreateInstance( __uuidof( Command ) );
try
{
CString dd;CString file = "c:\\NXYH. mdb";
dd. Format( "Provider = Microsoft. Jet. OLEDB. 4. 0;Data Source = % s",file);
pConn - >Open( ( _bstr_t)dd,"","",adModeUnknown);
}
catch( _com_error e)
```

```
}
AfxMessageBox("数据库连接失败,确认数据库 NXYH. mdb 是否在当前路径下!");
}
// 如果本表不存在时,可以创建本表,存在时无法创建
try
{
_variant_t RecordsAffected;
CString command1,command2,myfilename = "yours";
command1. Format(" CREATE TABLE % s ( ID INTEGER, username TEXT ( 5 ) , old INTE-
GER,birthday DATETIME)",myfilename);
pConn - > Execute( _bstr_t( command1),&RecordsAffected,adCmdText);
command2. Format(" INSERT INTO % s ( ID, username, old, birthday )  VALUES ( 1 , ' wash-
ton' ,26 , '1970/1/1')",myfilename);
pConn - > Execute( _bstr_t( command2),&RecordsAffected,adCmdText);
AfxMessageBox("created. ");
}
catch(...)
{
AfxMessageBox("tablehave already created. ");
}
}
catch(...)  // 捕捉异常
{
// 其他需要处理的代码
}
}
```

3.2.5　删除记录

　　如果数据库中某项记录需要删除,就要使用删除记录命令,并非真正意义上的删除,只是标记此记录已删除,如果用户要进行恢复,再删除相应标志。在数据库更新时,会彻底删除此项记录。示例代码如下:

```
void CMainFrame::OnMainDel()
{
try
{
_ConnectionPtr pConn;
_RecordsetPtrpRs;
pConn. CreateInstance( __uuidof( Connection));
```

```
pRs. CreateInstance( __uuidof( Recordset) );
try
{
CString dd; CString file = "c:\\NXYH. mdb";
dd. Format( "Provider = Microsoft. Jet. OLEDB. 4. 0; Data Source = % s", file);
pConn - > Open( ( _bstr_t) dd, "", "", adModeUnknown);
}
catch( _com_error e)
{
AfxMessageBox( "数据库连接失败,确认数据库 NXYH. mdb 是否在当前路径下!" );
}
try
{
pRs - > Open( "SELECT * FROM coordinate",   // 查询 DemoTable 表中所有字段
pConn. GetInterfacePtr( ), // 获取数据库的 IDispatch 指针
adOpenDynamic,
adLockOptimistic,
adCmdText );
}
catch( _com_error * e)
{
AfxMessageBox( e - > ErrorMessage( ) );
}
_variant_t var;
while ( ! pRs - > adoEOF)
{
pRs - > MoveFirst( );
pRs - > Delete( adAffectCurrent); //删除当前记录
pRs - > MoveNext( );
}
MessageBox( "delete - - over"); pRs - > Update( );
pRs - > Close( ); pConn - > Close( ); pRs = NULL; pConn = NULL;
}
catch ( _com_error &e )
{
printf( "Error: \n" );
printf( "Code = % 08lx\n", e. Error( ) );
printf( "Meaning = % s\n", e. ErrorMessage( ) );
```

```
printf("Source = %s\n",(LPCSTR) e. Source());
}
}
```

3.2.6　增加记录

　　增加记录是数据库必不可少的功能,根据需要可以增加记录,位置由系统自动分配,每条记录都有其唯一的标识符。但有一点值得注意,记录的位置并非按照想象中的自然数排列一样,而是随机排列的,因此在调用数据时,要按照地址号或 ID 号读出,否则可能会导致异常现象,比如面文件点的顺序错乱,显示的图形并非原来保存的形状。增加记录的示例代码如下:

```
void CMainFrame::OnMainAdd()
{
try
{
_ConnectionPtr pConn;
_RecordsetPtrpRs;
pConn. CreateInstance(__uuidof(Connection));
pRs. CreateInstance(__uuidof(Recordset));
try
{
// 打开本地 Access 库 Demo. mdb
pConn - >Open("Provider = Microsoft. Jet. OLEDB. 4. 0;Data
Source = NXYH. mdb","","",adModeUnknown);
}
catch(_com_error e)
{
AfxMessageBox("数据库连接失败,确认数据库 NXYH. mdb 是否在当前路径下!");
}
try
{
pRs - >Open("SELECT * FROM coordinate", // 查询 DemoTable 表中所有字段
pConn. GetInterfacePtr(),// 获取数据库的 IDispatch 指针
adOpenDynamic,
adLockOptimistic,
adCmdText);
}
catch(_com_error * e)
{
```

```
AfxMessageBox( e - > ErrorMessage( ) );
}
// 增加新元素
XX = 123. 345; YY = 222. 434; HH = 1445;
for( int i = 0;i < 300;i ++ )
{
m_Name. Format( "D% d" ,i + 1) ;
pRs - > AddNew( ) ;
//pRs - > PutCollect( "ID" ,_variant_t( ( long)( i + 10) ) ) ;
pRs - > PutCollect( "Name" , _variant_t( m_Name) ) ;
pRs - > PutCollect( "X" ,_variant_t( ( double)( XX) ) ) ;
pRs - > PutCollect( "Y" ,_variant_t( ( double)( YY) ) ) ;
pRs - > PutCollect( "H" ,_variant_t( ( double)( HH) ) ) ;
}
pRs - > Update( ) ;MessageBox( "add - - over" ) ;
pRs - > Close( ) ; pConn - > Close( ) ; pRs = NULL; pConn = NULL;
}
catch ( _com_error &e )
{
printf( "Error:\n" ) ;
printf( "Code = % 08lx\n" , e. Error( ) ) ;
printf( "Meaning = % s\n" , e. ErrorMessage( ) ) ;
printf( "Source = % s\n" , ( LPCSTR) e. Source( ) ) ;
}
}
```

3. 2. 7 修改记录

修改记录是常见的现象,对图形编辑后,原有的位置坐标均发生变化,就必须对数据库中的坐标数据进行修改和更新,修改记录方法是按照每个要素的 ID 号进行检索,读出相关要素内容。修改后,再更新数据库。示例代码如下:

```
void CMainFrame::OnMainChange( )
{
try
{
_ConnectionPtr pConn;
_RecordsetPtrpRs;
pConn. CreateInstance( __uuidof( Connection) ) ;
pRs. CreateInstance( __uuidof( Recordset) ) ;
```

```
try
{
// 打开本地 Access 库 Demo. mdb
pConn - >Open("Provider = Microsoft. Jet. OLEDB. 4. 0;Data
Source = NXYH. mdb","","",adModeUnknown);
}
catch(_com_error e)
{
AfxMessageBox("数据库连接失败,确认数据库 NXYH. mdb 是否在当前路径下!");
}
try
{
pRs - >Open("SELECT * FROM coordinate", // 查询 DemoTable 表中所有字段
pConn. GetInterfacePtr(), // 获取数据库的 IDispatch 指针
adOpenDynamic,
adLockOptimistic,
adCmdText);
}
catch(_com_error * e)
{
AfxMessageBox(e - >ErrorMessage());
}
// 修改数据
_variant_t var;
while (! pRs - >adoEOF)
{
var = pRs - >GetCollect("X");
if(var. vt ! = VT_NULL) m_X = (LPCSTR)_bstr_t(var);
double XX = 100. 789; //XX + = atof(m_X);
pRs - >PutCollect("X",_variant_t((double)(XX)));
//pRs - >PutCollect("Name", _variant_t(m_Name));
pRs - >MoveNext();
}
MessageBox("change - -over");
pRs - >Update(); pRs - >Close(); pConn - >Close(); pRs = NULL; pConn = NULL;
}
catch (_com_error &e)
{
```

```
printf("Error:\n");
printf("Code = %08lx\n", e. Error());
printf("Meaning = %s\n", e. ErrorMessage());
printf("Source = %s\n", (LPCSTR) e. Source());
}
}
```

3.2.8　查询记录

查询记录方法是根据记录的 ID 号或检索条件对数据库进行检索,查出符合要求的记录。检查方法都由数据库管理器来承担,不直接由用户来操作,用户只是传递参数,查询完毕,由管理器输出查询结果。查询示例代码如下:

```
void CMainFrame::OnMainSql()
{
try
{
_ConnectionPtr pConn;
_RecordsetPtrpRs;
_CommandPtrCmd;
pConn. CreateInstance(__uuidof(Connection));
pRs. CreateInstance(__uuidof(Recordset));
Cmd. CreateInstance(__uuidof(Command));
try
{
CString dd;CString file = "NXYH. mdb";
dd. Format("Provider = Microsoft. Jet. OLEDB. 4. 0;Data Source = %s", file);
pConn - >Open((_bstr_t)dd,"","",adModeUnknown);
}
catch(_com_error e)
{
AfxMessageBox("数据库连接失败,确认数据库 NXYH. mdb 是否在当前路径下!");
}
// *****************全部查完后退出 *****************
try
{
double XX,YY; XX = 123; YY = 456; CString mark = "qaw";
CString condition;
condition. Format("SELECT * FROM coordinate WHERE Name = '%s'", mark);
pRs - >Open(_bstr_t(condition),_variant_t((IDispatch *)pConn, true), adOpenStatic,
```

```
adLockOptimistic, adCmdText);
while( ! pRs - > adoEOF)
{
_variant_t var; var = pRs - > GetCollect( "ID");
if( var. vt ! = VT_NULL) m_Name = ( LPCSTR)_bstr_t( var);
MessageBox( m_Name);
pRs - > MoveNext( );
}
}
catch( ... )
{
}
/ * // ****************查到一个即退出 ***********************
try
{
double XX, YY; XX = 123; YY = 456;
CString condition;
condition. Format( "SELECT  *  FROM coordinate WHERE (( X = % f) AND( Y = % f))",
XX, YY);
Cmd - > ActiveConnection = pConn;
Cmd - > CommandText = _bstr_t( condition);
pRs = Cmd - > Execute( NULL, NULL, adCmdText);
_variant_t var; var = pRs - > GetCollect( "Name");
if( var. vt ! = VT_NULL) m_Name = ( LPCSTR)_bstr_t( var);
MessageBox( m_Name); // m_Name = m_Name. Left( 2) + " * ";
}
catch( _com_error e)
{
AfxMessageBox( "没有查到符合要求的信息!");
}
* // ***************************
// 查询完毕,要及时关闭数据指针,避免造成数据文件损坏
pConn - > Close( ); pRs - > Close( );
}
catch( ... ){ ; }
}
```

3.2.9　求某字段最大值

求某字段最大值常用于统计图形坐标范围,如果数据量非常大,按传统的方法来统计范围势必会消耗较长时间,如果采用数据库命令来操作,会极大地提高查询效率。统计某字段最大值的示例代码如下:

```
void CMainFrame::OnMainMax()
{
try
{
int value = 0; double value1 = 0; float value2 = 0; CString condition;
_ConnectionPtr pConn;
_RecordsetPtrpRs;
_CommandPtrCmd;
pConn. CreateInstance( __uuidof( Connection ) );
pRs. CreateInstance( __uuidof( Recordset ) );
Cmd. CreateInstance( __uuidof( Command ) );
try
{
CString dd; CString file = "NXYH. mdb";
dd. Format( "Provider = Microsoft. Jet. OLEDB. 4. 0; Data Source = % s" , file );
pConn - > Open( ( _bstr_t) dd, "" , "" , adModeUnknown); // 打开本地 Access 库
Demo. mdb
}
catch( _com_error e )
{
AfxMessageBox( "数据库连接失败,确认数据库 NXYH. mdb 是否在当前路径下!" );
}
try
{
_variant_t RecordsAffected; CString stagname = "aaa" , layername = "coordinate";
condition. Format( "select MAX( % s) from % s" , stagname, layername );
pRs = pConn - > Execute( _bstr_t( condition) , &RecordsAffected, adCmdText );
_variant_t vIndex = ( long)0;
_variant_t vCount = pRs - > GetCollect( vIndex );
value2 = vCount. dblVal;
CString message; message. Format( "% f" , value2 ); AfxMessageBox( message );
}
catch( _com_error e )
```

```
{
AfxMessageBox("数据库操作失败!");
}
pConn - >Close(); pConn = NULL; pRs - >Close();
}
catch(...)
{
// 捕捉异常发生时,执行的代码
}
}
```

3.2.10　遍历数据库中的所有表名

遍历数据库中的所有表名常用于编程,用户打开一个数据库后,查询的表名放到下拉菜单中会使用户一目了然,再选择某一表名,进而显示出数据库中的元素到某一表格中去。示例代码如下:

```
void CMainFrame::OnRecallTables()
{
CString file = "c:\\NXYH. mdb";
_ConnectionPtr m_pConnect;
_RecordsetPtr pSet;
HRESULT hr;
try
{
hr = m_pConnect. CreateInstance("ADODB. Connection");
if(SUCCEEDED(hr))
{
CString dd;
dd. Format("Provider = Microsoft. Jet. OLEDB. 4. 0;Data Source = % s",file);
hr = m_pConnect - >Open((_bstr_t)dd,"","",adModeUnknown);
pSet = m_pConnect - >OpenSchema(adSchemaTables);
while(! (pSet - >adoEOF))
{
_bstr_t table_name = pSet - >Fields - >GetItem("TABLE_NAME") - >Value;
_bstr_t table_type = pSet - >Fields - >GetItem("TABLE_TYPE") - >Value;
if(strcmp(((LPCSTR)table_type),"TABLE") = =0)
{
CString tt;
tt. Format("% s",(LPCSTR)table_name);
```

```
AfxMessageBox(tt);
}
pSet - >MoveNext();
}
pSet - >Close();
}
m_pConnect - >Close();
}
catch(_com_error e)
{
CString errormessage;
errormessage. Format("%s",e. ErrorMessage());
AfxMessageBox(errormessage);
}
}
```

3. 2. 11　遍历表中的所有字段名

　　在打开指定表之后,用户要想获得所有字段名,就必须移动鼠标来显示,非常不方便。有时候,为了某种特殊需要,需要把表中所有字段名查询出来放到下拉菜单中,就必须执行遍历表名的功能。实现代码如下:

```
void CMainFrame::OnRecallStages()
{
try
{
HRESULThr;
CStringstrColName;
BSTRbstrColName;
longColCount,i;
Field * field = NULL;
Fields * fields = NULL;
LPCTSTRnameField;
_ConnectionPtr m_pConnection;
_RecordsetPtrm_pRecordset;
m_pConnection. CreateInstance(__uuidof(Connection));
m_pRecordset. CreateInstance(__uuidof(Recordset));
try
{
// 打开本地 Access 库 c:\\NXYH. mdb
```

```
m_pConnection - >Open("Provider = Microsoft. Jet. OLEDB. 4. 0;Data
Source = c:\\NXYH. mdb","","",adModeUnknown); // c:\\NXYH. mdb 数据库名称
}
catch(_com_error e)
{
AfxMessageBox("数据库连接失败,确认数据库 NXYH. mdb 是否在当前路径下!");
}
try
{
m_pRecordset - >Open("SELECT * FROM coordinate", // coordinate:表名
m_pConnection. GetInterfacePtr(),
adOpenDynamic,
adLockOptimistic,
adCmdText );
hr = m_pRecordset - >get_Fields(&fields); // 得到记录集的字段集和
if(SUCCEEDED(hr)) fields - >get_Count(&ColCount);
// 得到记录集的字段集合中的字段的总个数
for(i = 0;i < ColCount;i ++ )
{
fields - >Item[i] - >get_Name(&bstrColName);// 得到记录集中的字段名
strColName = bstrColName;
nameField = strColName;
MessageBox(nameField);
}
if(SUCCEEDED(hr)) fields - >Release();// 释放指针
// 关闭记录集
m_pRecordset - >Close();
}
catch(_com_error * e)
{
AfxMessageBox(e - >ErrorMessage());
}
}
catch (_com_error &e )
{
printf("Error:\n");
printf("Code = %08lx\n", e. Error());
printf("Meaning = %s\n", e. ErrorMessage());
```

```
printf("Source = % s\n", (LPCSTR) e. Source());
}
}
```

3.2.12　关闭数据库

　　在数据库使用完毕或退出系统时,必须关闭数据库文件,防止数据丢失。
　　关闭数据库代码如下:

```
int CMy123App::ExitInstance()
{
//关闭数据库指针
CoUninitialize();
return CWinApp::ExitInstance();
}
```

3.3　实用编程技巧

3.3.1　VC 创建动态数组

```
//二维数组首指针
float * * Dinamic2DArray; Dinamic2DArray = NULL;
int k = 3; int j = 3;
//动态分配空间
Dinamic2DArray = new float * [k];
for(int ii = 0;ii < k;ii ++) Dinamic2DArray[ii] = new float[j];
int counter = 0;
//给数组赋值
for(int m = 0;m < k;m ++)
{
for(int n = 0;n < j;n ++)
{
Dinamic2DArray[m][n] = counter;
counter ++ ;
}
}
Dinamic2DArray[0][1] = 518. 009;
//输出数组的内容
for( m = 0;m < k;m ++)
{
```

```
for( int n = 0;n < j;n ++ )
{
CString ch; ch. Format( "% f" ,Dinamic2DArray[ m][ n]) ; MessageBox( ch) ;
}
}
//释放动态分配数组
for( int i = k - 1;i > = 0;i - - )delete [ ] Dinamic2DArray[ i] ;
delete [ ] Dinamic2DArray;
Dinamic2DArray = NULL;
```

3.3.2　VC 操作注册表

3.3.2.1　读注册表
// 读取注册表

```
CString ReadRegisteTable( CString root,CString path, CString key)
{
HKEY hAppKey;
LPCTSTR WINDS_SERVICE_REGISTRY_KEY = path;
LPCTSTR DATA_FILE_SUB_KEY = key;
char szDataFile[ 80] ;
if( root = = " HKEY_LOCAL_MACHINE" )
{
if( ERROR_SUCCESS = = RegOpenKeyEx (
HKEY_LOCAL_MACHINE,
WINDS_SERVICE_REGISTRY_KEY,
0,
KEY_READ,
&hAppKey) )
{
ULONG cbSize = MAX_PATH * sizeof( TCHAR) ;
DWORD dwFlag = RegQueryValueEx (
hAppKey,
DATA_FILE_SUB_KEY,
NULL,
NULL,
( LPBYTE) szDataFile,&cbSize) ;
RegCloseKey ( hAppKey) ;
if( ERROR_SUCCESS = = dwFlag)
{
```

```
CString strDate = szDataFile; // MessageBox( strDate );
if( strDate. GetLength( ) > 0) return strDate;
else return " " ;
}
return " " ;
}
}
if( root = = "HKEY_CURRENT_USER" )
{
if( ERROR_SUCCESS = = RegOpenKeyEx (
HKEY_CURRENT_USER,
WINDS_SERVICE_REGISTRY_KEY,
0,
KEY_READ,
&hAppKey) )
{
ULONG cbSize = MAX_PATH * sizeof( TCHAR );
DWORD dwFlag = RegQueryValueEx (
hAppKey,
DATA_FILE_SUB_KEY,
NULL,
NULL,
( LPBYTE) szDataFile, &cbSize);
RegCloseKey ( hAppKey);
if( ERROR_SUCCESS = = dwFlag)
{
CString strDate = szDataFile; // MessageBox( strDate );
if( strDate. GetLength( ) > 0) return strDate;
else return " " ;
}
return " " ;
}
}
return " " ;
}
```

3.3.2.2 写注册表
```
// 修改注册表
BOOL ModifyRegisteTable( CString root, CString path, CString key, CString value)
```

```
{
HKEY hAppKey;
DWORD dwDisposition = MAX_PATH * sizeof(TCHAR);
LPCTSTR WINDS_SERVICE_REGISTRY_KEY = path;
LPCTSTR DATA_FILE_SUB_KEY = key;
char szDataFile[80]; strcpy(szDataFile,value);
if( root = = "HKEY_LOCAL_MACHINE" )
{
if( ERROR_SUCCESS ! = RegCreateKeyEx (
HKEY_LOCAL_MACHINE,
WINDS_SERVICE_REGISTRY_KEY,
0,
NULL,
REG_OPTION_NON_VOLATILE,
KEY_WRITE,
NULL,
&hAppKey,
&dwDisposition))
{
return false;
}
else
{
if( ERROR_SUCCESS ! = RegSetValueEx (hAppKey,
DATA_FILE_SUB_KEY,
0,
REG_SZ,
(LPBYTE)szDataFile,
(lstrlen (szDataFile) +1) * sizeof(TCHAR)))
{
return false;
}
RegCloseKey (hAppKey);
}
}
if( root = = "HKEY_CURRENT_USER" )
{
if( ERROR_SUCCESS ! = RegCreateKeyEx (
```

```
HKEY_CURRENT_USER,
WINDS_SERVICE_REGISTRY_KEY,
0,
NULL,
REG_OPTION_NON_VOLATILE,
KEY_WRITE,
NULL,
&hAppKey,
&dwDisposition))
{
return false;
}
else
{
if(ERROR_SUCCESS ! = RegSetValueEx (hAppKey,
DATA_FILE_SUB_KEY,
0,
REG_SZ,
(LPBYTE)szDataFile,
(lstrlen (szDataFile) +1) * sizeof(TCHAR)))
{
return false;
}
RegCloseKey (hAppKey);
}
}
return true;
}
```

3.3.3　VC 读写文本文件

3.3.3.1　读文本文件

```
void CCHANGEBASE::OnLoadTemplet()
{
char szFilter[] = "模板数据文件 ( *. tep)| *. tep|"; CString FileName,ch,temp;
CFileDialog file(TRUE,". tep",NULL,OFN_READONLY,szFilter,NULL);
file. m_ofn. lpstrTitle = "请选择模板文件名:";
if(file. DoModal() = = IDOK)
{
```

```
FileName = file. GetPathName( );
CStdioFile myfile;
if( myfile. Open( FileName,CFile::modeRead,NULL) )
{
temp = m_grid. GetTextMatrix( 12,2 );
for( int i = 3 ;i < 53 ;i ++ )
{
myfile. ReadString( ch );
m_grid. SetTextMatrix( i,2,ch );
}
myfile. Close( ) ; m_grid. SetTextMatrix( 12,2,temp );
OnSave( );
}
}
}
```

3.3.3.2　写文本文件

```
void CCHANGEBASE::OnSaveTemplet( )
{
char szFilter[ ] = "模板数据文件 ( *. tep) | *. tep|"; CString FileName;
CFileDialog file( TRUE,". tep",NULL,OFN_READONLY,szFilter,NULL);
file. m_ofn. lpstrTitle = "请选择模板文件名:";
if( file. DoModal( ) = = IDOK )
{
FileName = file. GetPathName( );
CStdioFile myfile;
if( myfile. Open( FileName,CFile::modeCreate|CFile::modeWrite,NULL) )
{
for( int i = 3 ;i < 53 ;i ++ )
{
myfile. WriteString( m_grid. GetTextMatrix( i,2) );
}
myfile. Close( ); MessageBox( "模板文件:" + FileName,"已存盘..." );
}
}
}
```

3.3.4　VC 生成电子表格技术

首先导入 Excel. h、Excel. cpp 文件,具体方法有两种:

　　(1)打开工程文件,找到视图菜单下的类向导(ClassWizard...)中的 AUTOMATION 页中,单击"Add Class...",然后选择"from a type library...",浏览您的 office 安装目录,选择导入工程文件 Excel. h,Excel. cpp,再点击打开。然后按住 Ctrl 键,添加_Application,_Workbook,_Worksheet,Workbooks,Worksheets,Range 类,这时 VC ++ 工程自动将 Excel. h 与 Excel. cpp 文件添加到 VC ++ 工程中。(注:上述 6 个类可一次添加,也可分别添加)

　　(2)复制 Excel. h 与 Excel. cpp 两个文件或另外两个文件(CSpreadSheet. h, CSpread-Sheet. cpp)到您的工程中去,然后打开工程,找到工程菜单,增加到工程,选择所有文件,打开对话框,找到刚添加的两个文件,按确定即可自动添加到当前工程中去。

　　使用前需引入以下头文件

```
#include " comdef. h"
#include " excel. h"
```

或

```
#include " CSpreadSheet. h"
```

　　具体操作示例代码如下:

```
// 电子表格式转成文本文件
void CMainFrame::OnTranslateExcelText( )
{
CString filename,excelname; char szFilter[ ] = "电子表格( * . xls) | * . xls |";
CFileDialog myfile( TRUE,". txt",NULL,OFN_READONLY,szFilter,NULL);
// myfile. m_ofn. lpstrTitle = "读入套印数据";
if( myfile. DoModal( ) = = IDOK)
{
filename = myfile. GetPathName( );
excelname = filename. Left( filename. GetLength( ) - 3) + "txt"; // MessageBox( excelname);
// 新建 Excel 文件名及路径,TestSheet 为内部表名
CEditData id; CString tablename = "Sheet1",ch,chs;
extern CString PopularValue,PopularTitle; PopularTitle = "请输入电子表格(内部表名/分页名称)"; PopularValue = "成果表";
next:
if( id. DoModal( ) = = IDOK)
{
tablename = id. m_Edit; if( tablename. GetLength( ) = = 0) goto next;
}
else return;
CSpreadSheet SS( filename,tablename);
CStringArray Rows, Column; // ch. Format( "% d",SS. GetTotalRows( )); MessageBox( ch);
if( SS. GetTotalColumns( ) = = 0)
{
```

```
ch. Format("表名[%s]错误,请核对表名或分页名!",tablename); MessageBox(ch,"提
示",MB_OK|MB_ICONSTOP);
PopularValue = tablename; goto next;
}
// 转换
CStdioFile myfile;
if( myfile. Open( excelname,CFile::modeCreate|CFile::modeWrite,NULL))
{
for( int i = 2;i < = SS. GetTotalRows( );i ++ )
{
chs = "";
for( int j = 1;j < = SS. GetTotalColumns( );j ++ )
{
SS. ReadCell( ch,j,i); // MessageBox( ch);
ch = DeleteSpaceBeforeName( ch);ch = DeleteSpaceMid( ch);
chs + = ch + ",";
}
chs = chs. Left( chs. GetLength( ) - 1); // 去掉最后一位逗号
myfile. WriteString( chs + "\n");
}
myfile. Close( );ch. Format("已生成%s",excelname); MessageBox( ch,"提示");
}
}
}
```

3.3.5　VC 操作 Word 2000 技术

操作 Word 2000 技术,首先打开工程文件,找到视图(View)菜单,打开类向导(Class-Wizard...)对话框,点击右上角按钮(Add Class...),打开下拉框,点击最下面按钮(From a type library...),显示一个输入文件名称对话框,找到您安装的 Word 文件夹地址(本例:C:\Program files\Microsoft Office\OFFICE11\),选择 MSWORD. OLB,点击打开,如图 3-32所示。

按住 Ctrl 键,选择需要添加的类名称,最后点击 OK,所选的类全部自动添加到您的工程中去,在需要使用的地方,添加如下代码即可。

示例一:

```
void CMainFrame::OnCreateWord( )
{
COleVariant vTrue(( short)TRUE),
vFalse(( short)FALSE),
```

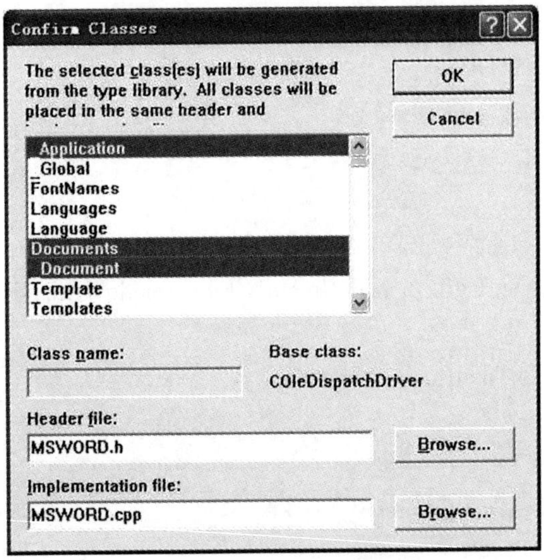

图 3-32　添加 word 模板

vOpt((long)DISP_E_PARAMNOTFOUND, VT_ERROR);
// 开始一个新的 Microsoft Word 2000 实例
_Application oWordApp;
if (! oWordApp. CreateDispatch("Word. Application", NULL))
{
AfxMessageBox("创建 Word 2000 文档失败!", MB_OK | MB_SETFOREGROUND);
return;
}
// 创建一个新的 Word 文档
Documents oDocs; _Document oDoc;
oDocs = oWordApp. GetDocuments();
oDoc = oDocs. Add(vOpt, vOpt, vOpt, vOpt);
// 如果是 Word 98,则应该带两个参数,如 oDocs. Add(vOpt, vOpt)
// 把文本添加到 Word 文档
Selection oSel;
oSel = oWordApp. GetSelection();
oSel. TypeText("one");
// oSel. TypeParagraph(); // 换行符
oSel. TypeText("two");
// oSel. TypeParagraph(); // 换行符
oSel. TypeText("three");
// 保存 Word 文档
_Document oActiveDoc;

```
oActiveDoc = oWordApp. GetActiveDocument();
oActiveDoc. SaveAs( COleVariant("c:\\doc1. doc"),
COleVariant((short)0),
vFalse, COleVariant(""), vTrue, COleVariant(""),
vFalse, vFalse, vFalse, vFalse, vFalse);
//退出 Word 应用程序
oWordApp. Quit( vOpt, vOpt, vOpt);
MessageBox("c:\\doc1. doc","ok");
}
```

示例二：
```
//输出坐标平差成果菜单
void CMyView::OnAdjustXyWordBook()
{
COleVariant vtrue((short)true),
vfalse((short)false),
vOpt((long)DISP_E_PARAMNOTFOUND, VT_ERROR);
//开始一个新的 Microsoft Word 2000 实例
_Application oWordApp;
if (! oWordApp. CreateDispatch("Word. Application", NULL))
{
AfxMessageBox("创建 Word 2000 文档失败!", MB_OK | MB_SETFOREGROUND);
return;
}
//创建一个新的 Word 文档
Documents oDocs; _Document oDoc;
oDocs = oWordApp. GetDocuments();
oDoc = oDocs. Add( vOpt, vOpt, vOpt, vOpt);
//如果是 word 98,则应该带两个参数,如 oDocs. Add( vOpt, vOpt)
//把文本添加到 Word 文档
Selection oSel;
oSel = oWordApp. GetSelection();
CMydoc * pDoc = GetDocument();
CString filename = CurrentSaveFileName;
extern CString CurrentWorkingPath, CurrentWorkingFileName;
CString workingpath = CurrentWorkingPath;
if( workingpath. Right(1)! = "\\") workingpath + = "\\";
if( filename. GetLength() >0)
filename = workingpath + DistallFileName( filename) + ". doc";
```

```
else filename = workingpath + "平差坐标" + ". doc";
extern CString PopularString; if( PopularString. GetLength( ) < 1) return;
externint progressvalue;extern CString progresstitle;
progressvalue = 0; progresstitle = "正在生成 Word 文档,请稍候…";
CShow showdialog;
showdialog. Create( IDD_SHOW_DIALOG,NULL); showdialog. ShowWindow(1);
int i,mn = 0,page,length = 0;
CString ch = PopularString,ch1; CString string,c,cc,data[50];
int j,k1,k2,space[256],zz = 0,xx = 0,nn = 0,kk = 0;
while( ch. GetLength( ) > 0)
{
length = atoi( ch. Left(4)); ch1 = ch. Left( length + 4);
pDoc - > Land_N[ mn ++ ] = ch1. Mid(4);
ch = ch. Right( ch. GetLength( ) - length - 4);
}
for( i = 0;i < mn;i ++ )
{
ch = pDoc - > Land_N[ i];
zz = 1; space[0] = - 1; kk = 0; for( j = 0;j < 50;j ++ ) data[ j] = "";
for( j = 0;j < ch. GetLength( );j ++ )
{
c = ch. Mid( j,1);if(( c = = ',')) { space[ zz ++ ] = j; }
}
space[ zz ++ ] = ch. GetLength( ); nn = zz;if( ! registedflag) return;
for( j = 0;j < nn - 1;j ++ )
{
if( space[ j + 1] - space[ j] = = 1) cc = " ";
else cc = ch. Mid( space[ j] + 1,space[ j + 1] - space[ j] - 1);
data[ kk ++ ] = cc; //MessageBox( cc);
}
if( data[0]. Left(1) = = "!") //[已知坐标]
{
ch = data[0]; data[0] = ch. Right( ch. GetLength( ) - 1);
data[0] = data[0] + " "; data[0] = data[0]. Left(12);
data[1] = " " + data[1]; data[1] = data[1]. Right(12);
data[2] = " " + data[2]; data[2] = data[2]. Right(12);
data[3] = data[3] + " "; data[3] = data[3]. Left(12);
data[4] = " " + data[4]; data[4] = data[4]. Right(12);
```

```
data[5] = " " + data[5]; data[5] = data[5].Right(12);
ch = data[0] + data[1] + data[2] + " " + data[3] + data[4] + data[5] + "\n";
oSel.TypeText(ch);
}
else if(data[0].Left(1) == "@") //[方向平差值]
{
ch = data[0]; data[0] = ch.Right(ch.GetLength() - 1);
data[0] = data[0] + " "; data[0] = data[0].Left(10);
data[1] = data[1] + " "; data[1] = data[1].Left(10);
data[2] = " " + data[2]; data[2] = data[2].Right(10);
data[3] = " " + data[3]; data[3] = data[3].Right(12);
data[4] = " " + data[4]; data[4] = data[4].Right(14);
data[5] = " " + data[5]; data[5] = data[5].Right(10);
data[6] = " " + data[6]; data[6] = data[6].Right(12);
ch = data[0] + data[1] + data[2] + data[3] + data[4] + data[5] + data[6] + "\n";
oSel.TypeText(ch); if(! registedflag) return;
}
else if(data[0].Left(1) == "&") //[高程归化参数表]
{
ch = data[0]; data[0] = ch.Right(ch.GetLength() - 1);
data[0] = data[0] + " "; data[0] = data[0].Left(10);
data[1] = data[1] + " "; data[1] = data[1].Left(10);
data[2] = " " + data[2]; data[2] = data[2].Right(11);
data[3] = " " + data[3]; data[3] = data[3].Right(12);
data[4] = " " + data[4]; data[4] = data[4].Right(12);
data[5] = " " + data[5]; data[5] = data[5].Right(10);
data[6] = " " + data[6]; data[6] = data[6].Right(12);
data[7] = " " + data[7]; data[7] = data[7].Right(12);
data[8] = " " + data[8]; data[8] = data[8].Right(12);
data[9] = " " + data[9]; data[9] = data[9].Right(10);
data[10] = " " + data[10]; data[10] = data[10].Right(12);
ch = data[0] + data[1] + data[4] + data[7] + data[8] + data[9] + data[10] + "\n";
oSel.TypeText(ch);
}
else if(data[0].Left(1) == "#") //[距离平差值]
{
ch = data[0]; data[0] = ch.Right(ch.GetLength() - 1);
```

```
data[0] = data[0] + " " ; data[0] = data[0]. Left(10) ;
data[1] = data[1] + " " ; data[1] = data[1]. Left(10) ;
data[2] = " " + data[2] ; data[2] = data[2]. Right(11) ;
data[3] = " " + data[3] ; data[3] = data[3]. Right(12) ;
data[4] = " " + data[4] ; data[4] = data[4]. Right(12) ;
data[5] = " " + data[5] ; data[5] = data[5]. Right(10) ;
data[6] = " " + data[6] ; data[6] = data[6]. Right(12) ;
ch = data[0] + data[1] + data[2] + data[3] + data[4] + data[5] + data[6] + "\n";
oSel. TypeText(ch) ;
}
else if( data[0]. Left(1) = = "$" ) //[坐标平差值]
{
ch = data[0] ; data[0] = ch. Right(ch. GetLength( ) - 1) ;
data[0] = data[0] + " " ; data[0] = data[0]. Left(12) ;
data[1] = data[1] + " " ; data[1] = data[1]. Left(12) ;
data[2] = data[2] + " " ; data[2] = data[2]. Left(12) ;
data[3] = data[3] + " " ; data[3] = data[3]. Left(8) ;
data[4] = data[4] + " " ; data[4] = data[4]. Left(8) ;
data[5] = data[5] + " " ; data[5] = data[5]. Left(12) ;
data[6] = data[6] + " " ; data[6] = data[6]. Left(12) ;
ch = data[0] + data[1] + data[2] + data[3] + data[4] + data[5] + data[6] + "\n";
oSel. TypeText(ch) ;
}
else if( data[0]. Left(1) = = "%" ) //[点位中误差与误差椭圆]
{
ch = data[0] ; data[0] = ch. Right(ch. GetLength( ) - 1) ;
data[0] = data[0] + "" ; data[0] = data[0]. Left(11) ;
data[1] = data[1] + "" ; data[1] = data[1]. Left(11) ;
data[2] = data[2] + "" ; data[2] = data[2]. Left(11) ;
data[3] = data[3] + "" ; data[3] = data[3]. Left(11) ;
data[4] = data[4] + "" ; data[4] = data[4]. Left(11) ;
data[5] = data[5] + "" ; data[5] = data[5]. Left(11) ;
data[6] = data[6] + "" ; data[6] = data[6]. Left(11) ;
ch = data[0] + data[1] + data[2] + data[3] + data[4] + data[5] + data[6] + "\n";
oSel. TypeText(ch) ;
}
else if( data[0]. Left(1) = = "^" ) //[相对点位中误差]
{
```

```
ch = data[0]; data[0] = ch. Right( ch. GetLength( ) - 1);
data[0] = data[0] + " "; data[0] = data[0]. Left(8);
data[1] = data[1] + " "; data[1] = data[1]. Left(8);
data[2] = " " + data[2]; data[2] = data[2]. Right(9);
data[3] = " " + data[3]; data[3] = data[3]. Right(9);
data[4] = " " + data[4]; data[4] = data[4]. Right(7);
data[5] = " " + data[5]; data[5] = data[5]. Right(7);
data[6] = " " + data[6]; data[6] = data[6]. Right(9);
data[7] = " " + data[7]; data[7] = data[7]. Right(6);
data[8] = " " + data[8]; data[8] = data[8]. Right(6);
data[9] = " " + data[9]; data[9] = data[9]. Right(6);
data[10] = " " + data[10]; data[10] = data[10]. Right(8);
ch = data[0] + data[1] + data[2] + data[3] + data[4] + data[5] + data[6] + data[7] +
data[8] + data[9] + data[10] + " \n";
oSel. TypeText( ch);
}
else
{
string = ch; if( string. Left(1) = = " [ " ) oSel. TypeText( " \n" );
oSel. TypeText( string + " \n" );
}
showdialog. DestroyWindow( );
}
//保存 Word 文档
_Document oActiveDoc;
oActiveDoc = oWordApp. GetActiveDocument( );
oActiveDoc. SaveAs( COleVariant( filename),
COleVariant( ( short)0),
vfalse, COleVariant( "" ), vtrue, COleVariant( "" ),
vfalse, vfalse, vfalse, vfalse, vfalse);
//退出 Word 应用程序
oWordApp. Quit( vOpt, vOpt, vOpt);
if( filename. GetLength( ) ) MessageBox( filename,"已生成" );
}
```

3.3.6　VC 提取计算机硬件序列号

　　计算机硬件序列号可作为软件加密的依据。一般来说,每台计算机的硬件序列号都是唯一的,用于保护软件开发者的利益,关于硬件序列号有很多提取方法,主要有 CPU 序列号、硬盘序列号、网卡物理地址、主板序列号等。如果提取方法不正确,有可能导致软件不能正常运行或崩溃。如果要对软件进行加密,提取硬件序列号的方法有很多,应该寻找一种简单可靠的方法来进行。下面简单介绍一下常用的硬件序列号提取方法。

3.3.6.1　CPU 序列号提取方法

　　CPU 序列号是 CPU 的标识,不管是何厂家生产的,都有其唯一的序列号,但是并不是所有 CPU 都能提取到序列号,要看系统是否支持。为了保护用户的隐私,现在生产的 CPU 已经无法提取,只有某一批可以提取,用 VC 提取 CPU 序列号的方法如下:

```
// 获取 CPU 序列号
unsigned long s1,s2;
_asm
{
mov eax,03h
xor ecx,ecx
xor edx,edx
cpuid
mov s1,edx
mov s2,ecx
}
CString cpu; cpu. Format("%ld",s1); MessageBox(cpu,"CPU serial number");
```

3.3.6.2　硬盘序列号提取方法

　　计算机硬盘序列号可以提取,方法也很简单,但是目前已经有程序对硬盘序列号进行修改,因此并不可靠。另外,经过格式化之后的硬盘序列号也会发生变化。需特别注意的是,随着可插拔式移动设备的使用,在插入 U 盘或移动硬盘时,硬盘序列号也会暂时发生变化,导致软件不能正常工作。用 VC 提取硬盘序列号的方法如下:

```
// 获取硬盘物理序列号
void CMainFrame::Ondisk()
{
struct HdiskInfo
{
int numtype; // 0:卷标 1:物理盘
int disktype; // 0:ide 1:scsi
int drivenum; // 驱动器号
char SerialNumber[20];
bool error;
}
hdiskinfo; GetDiskInfo(&hdiskinfo);
CString disksort,diskmark,value;
if(! hdiskinfo. error)
```

```
{
if( hdiskinfo. disktype = = 0) disksort = "IDE 硬盘 ";
else disksort = "SCSI 硬盘";
if( hdiskinfo. numtype = = 0) diskmark = "格式化标识: ";
else diskmark = "出厂标识: ";
value = hdiskinfo. SerialNumber;
MessageBox( diskmark + value, disksort) ;
}
elseMessageBox( "错误! ") ;
}
void CMainFrame: : GetDiskInfo( void * hdiskinfo)
{
struct HdiskInfo
{int numtype; // 0:卷标　1:物理盘
int disktype; // 0:ide　1:scsi
int drivenum; // 驱动器号
char SerialNumber[ 20] ;
bool error;
} * phdiskinfo;
phdiskinfo = ( HdiskInfo * ) hdiskinfo;
phdiskinfo − > error = false;
phdiskinfo − > numtype = 1 ;
OSVERSIONINFO VersionInfo;
ZeroMemory( &VersionInfo, sizeof( VersionInfo) ) ;
VersionInfo. dwOSVersionInfoSize = sizeof( VersionInfo) ;
GetVersionEx( &VersionInfo) ;
switch ( VersionInfo. dwPlatformId)
{
case VER_PLATFORM_WIN32_WINDOWS:
phdiskinfo − > drivenum = IDE9xSerialNumber( phdiskinfo − > SerialNumber) ;
phdiskinfo − > disktype = 0 ;
if( phdiskinfo − > SerialNumber[ 0] = = 0)
{
phdiskinfo − > drivenum = ScsiSerialNumber( 1, phdiskinfo − > SerialNumber) ;
phdiskinfo − > disktype = 1 ;
}
break;
case VER_PLATFORM_WIN32_NT:
```

```
phdiskinfo - > drivenum = ScsiSerialNumber( 4 , phdiskinfo - > SerialNumber) ;
phdiskinfo - > disktype = 1 ;
if( phdiskinfo - > SerialNumber[ 0 ] = = 0 )
{
phdiskinfo - > drivenum = IDENTSerialNumber( phdiskinfo - > SerialNumber) ;
phdiskinfo - > disktype = 0 ;
}
break ;
}
//格式化标识
if( phdiskinfo - > SerialNumber[ 0 ] = = 0 )
{
unsigned long volume ;
phdiskinfo - > numtype = 0 ;
if( ! GetVolumeInformation( "C : \\" , NULL , 0 , &volume , NULL , NULL , NULL , 0 ) )
phdiskinfo - > error = true ;
else
wsprintf( phdiskinfo - > SerialNumber , "% x" , volume) ;
}
char * space ;
space = phdiskinfo - > SerialNumber ;
for ( int m = 0 ; m < sizeof( phdiskinfo - > SerialNumber) ; m ++ )
{
if( phdiskinfo - > SerialNumber[ m ] ! = 0x20 )
break ;
else
space = &phdiskinfo - > SerialNumber[ m + 1 ] ;
}
lstrcpy( phdiskinfo - > SerialNumber , space) ;
for ( m = lstrlen( phdiskinfo - > SerialNumber) ; m > 0 ; m - - )
{
if( phdiskinfo - > SerialNumber[ m ] = = 0x20 )
phdiskinfo - > SerialNumber[ m ] = 0 ;
else
break ;
}
}
int CMainFrame : : IDE9xSerialNumber( char * hdisknum)
```

```
{
char IDT[8];
DWORD OldGate = 0;
int i;
short int wd[256];
short int * p = wd;
short int ide[] = {0x1f0,0x170};
short int * pide = ide;
int ideNum = 0;
int j = -1;
int idems = 0;
BYTE ms = 0xa0;
bool noerror = true;
_asm
{
sidt fword ptr IDT //存 IDT 寄存器的内容到变量 IDT 中
mov ebx, dword ptr [IDT + 2];   //取得中断向量表(中断描述符表)的偏移
add ebx, 8 * 5h;   //指向 5 号中断
cli;   //保存 5 号中断向量(中断描述符的一部分)
mov dx, word ptr [ebx + 6]
shl edx, 16d
mov dx, word ptr [ebx]
mov OldGate,edx
sti
mov eax, offset Ring0Code;   //安装新的 5 号中断
mov word ptr [ebx], ax
shr eax, 16d
mov word ptr [ebx + 6],ax
int5
cli
mov ebx, dword ptr [IDT + 2];   //恢复 int5
add ebx, 8 * 5
mov edx, OldGate
mov word ptr [ebx], dx
shr edx, 16d
mov word ptr [ebx + 6], dx
sti
jmp asmExit
```

```
Ring0Code：
pushad
nextide：
mov ebx,pide
mov dx,[ebx]
add dx,0x7
mov ecx,0xffff
asm1：
dec ecx
jecxz error1
in al,dx
cmp al,0x50
jnz asm1
ides：
dec dx
mov al,ms
out dx,al
inc dx
mov al,0xec
out dx,al
mov ecx,0xffff
asm2：
dec ecx
jecxz error2
in al,dx
cmp al,0x58
jnz asm2
mov ebx,p
mov ecx,256
sub dx,7
asm3：
in ax,dx
xchg ah,al
mov [ebx],ax
inc ebx
inc ebx
loop asm3
mov eax,ideNum
```

```
shl eax,1
add eax,idems
mov j,eax
iret1:
popad
iretd
error1:
cmp ideNum,1
je iret1
inc ideNum
inc pide
inc pide
mov idems,0
jmp nextide
error2:
xor ms,0x10
cmp idems,1
je error1
inc idems
jmp ides
asmExit:
}
hdisknum[0]=0;
if(j! =-1)
{
CopyMemory(hdisknum,wd+10,20);
hdisknum[20]=0;
}
return(j);
}
int CMainFrame::ScsiSerialNumber(int type,char *numBuffer)
{
typedef struct _TScsiPassThrough
{
WORD Length;
BYTE ScsiStatus;
BYTE PathId;
BYTE TargetId;
```

```
BYTE Lun;
BYTE CdbLength;
BYTE SenseInfoLength;
BYTE DataIn;
DWORD DataTransferLength;
DWORD TimeOutValue;
DWORD DataBufferOffset;
DWORD SenseInfoOffset;
BYTE Cdb[16];
} TScsiPassThrough;
typedef struct _TScsiPassThroughWithBuffers
{
TScsiPassThrough spt;
BYTE bSenseBuf[32];
BYTE bDataBuf[192];
} TScsiPassThroughWithBuffers;
DWORD dwReturned;
int len;
TScsiPassThroughWithBuffers sptwb;
char name[32];
HANDLE DeviceHandle;
numBuffer[0] = 0;
for( int j = 0;j < type;j ++ )
{
if( type = = 1 )
lstrcpy( name,"C:\\" );
else
wsprintf( name,"\\\\.\\PhysicalDrive% d",j);
DeviceHandle = CreateFile( name,GENERIC_READ | GENERIC_WRITE,FILE_SHARE_
READ | FILE_SHARE_WRITE,NULL, OPEN_EXISTING, 0, 0);
if( ! DeviceHandle)
{
numBuffer[0] = 0;
return( false) ;
}
ZeroMemory( &sptwb,sizeof( sptwb) );
sptwb. spt. Length = sizeof( TScsiPassThrough );
sptwb. spt. CdbLength = 6;
```

```
sptwb. spt. DataIn = 1 ;
sptwb. spt. DataTransferLength = 192 ;
sptwb. spt. TimeOutValue = 2 ;
sptwb. spt. DataBufferOffset = ( unsigned int ) &sptwb. bDataBuf − ( unsigned int ) &sptwb ;
sptwb. spt. SenseInfoOffset = ( unsigned int ) &sptwb. bSenseBuf − ( unsigned int ) &sptwb ;
sptwb. spt. Cdb[ 0 ] = 0x12 ;
sptwb. spt. Cdb[ 1 ] = 0x1 ;
sptwb. spt. Cdb[ 2 ] = 0x80 ;
sptwb. spt. Cdb[ 4 ] = 192 ;
len = sptwb. spt. DataBufferOffset + sptwb. spt. DataTransferLength ;
if ( DeviceIoControl ( DeviceHandle, 0x0004d004, &sptwb, sizeof ( TScsiPassThrough ) ,
&sptwb, len, &dwReturned, NULL) )
{
if( sptwb. bDataBuf[ 1 ] = = 0x80 )
{
CopyMemory( numBuffer,&( sptwb. bDataBuf[ 4 ] ) , sptwb. bDataBuf[ 3 ] ) ;
numBuffer[ sptwb. bDataBuf[ 3 ] ] = 0 ;
//cout < <"驱动器 " < < name < <" 序列号 = " < < numBuffer ;
CloseHandle( DeviceHandle) ;
return( j ) ;
}
CloseHandle( DeviceHandle) ;
}
}
}
int CMainFrame::IDENTSerialNumber( char ∗ hdisknum)
{
#define DFP_GET_VERSION 0x00074080
#define DFP_SEND_DRIVE_COMMAND 0x0007c084
#define DFP_RECEIVE_DRIVE_DATA 0x0007c088
typedef struct _IDSECTOR
{
USHORT wGenConfig ;
USHORT wNumCyls ;
USHORT wReserved ;
USHORT wNumHeads ;
USHORT wBytesPerTrack ;
USHORT wBytesPerSector ;
```

```
USHORT wSectorsPerTrack;
USHORT wVendorUnique[3];
CHAR sSerialNumber[20];
USHORT wBufferType;
USHORT wBufferSize;
USHORT wECCSize;
CHAR sFirmwareRev[8];
CHAR sModelNumber[40];
USHORT wMoreVendorUnique;
USHORT wDoubleWordIO;
USHORT wCapabilities;
USHORT wReserved1;
USHORT wPIOTiming;
USHORT wDMATiming;
USHORT wBS;
USHORT wNumCurrentCyls;
USHORT wNumCurrentHeads;
USHORT wNumCurrentSectorsPerTrack;
ULONG ulCurrentSectorCapacity;
USHORT wMultSectorStuff;
ULONG ulTotalAddressableSectors;
USHORT wSingleWordDMA;
USHORT wMultiWordDMA;
BYTE bReserved[128];
} IDSECTOR, * PIDSECTOR;
typedef struct _GETVERSIONOUTPARAMS
{
BYTE bVersion;
BYTE bRevision;
BYTE bReserved;
BYTE bIDEDeviceMap;
DWORD fCapabilities;
DWORD dwReserved[4];
} GETVERSIONOUTPARAMS, * PGETVERSIONOUTPARAMS, * LPGETVERSIONOUT-
PARAMS;
typedef struct _IDEREGS
{
BYTE bFeaturesReg;
```

```
BYTE bSectorCountReg;
BYTE bSectorNumberReg;
BYTE bCylLowReg;
BYTE bCylHighReg;
BYTE bDriveHeadReg;
BYTE bCommandReg;
BYTE bReserved;
} IDEREGS, *PIDEREGS, *LPIDEREGS;
typedef struct _DRIVERSTATUS
{
BYTE bDriverError;
BYTE bIDEStatus;
BYTE bReserved[2];
DWORD dwReserved[2];
} DRIVERSTATUS, *PDRIVERSTATUS, *LPDRIVERSTATUS;
typedef struct _SENDCMDINPARAMS
{
DWORD cBufferSize;
IDEREGS irDriveRegs;
BYTE bDriveNumber;
BYTE bReserved[3];
DWORD dwReserved[4];
//BYTEbBuffer[1];
} SENDCMDINPARAMS, *PSENDCMDINPARAMS, *LPSENDCMDINPARAMS;
typedef struct _SENDCMDOUTPARAMS
{
DWORDcBufferSize;
DRIVERSTATUS DriverStatus;
BYTE bBuffer[512];
} SENDCMDOUTPARAMS, *PSENDCMDOUTPARAMS, *LPSENDCMDOUTPARAMS;
GETVERSIONOUTPARAMS vers;
SENDCMDINPARAMS in;
SENDCMDOUTPARAMS out;
HANDLE h;
DWORD i;
BYTE j;
PIDSECTOR phdinfo;
char hd[80];
```

```
hdisknum[0] = 0;
ZeroMemory(&vers,sizeof(vers));
for (j = 0;j < 4;j ++ )
{
sprintf(hd," \\\\. \\PhysicalDrive% d",j);
h = CreateFile (hd, GENERIC _ READ I GENERIC _ WRITE, FILE _ SHARE _ READ I FILE _
SHARE_WRITE,0,OPEN_EXISTING,0,0);
if(! h)
continue;
if(! DeviceIoControl(h,DFP_GET_VERSION,0,0,&vers,sizeof(vers),&i,0))
{
CloseHandle(h);
continue;
}
if(! (vers. fCapabilities&1))
{
//cout < < "错误: 不支持的 IDE 命令";
CloseHandle(h);
return(false);
}
ZeroMemory(&in,sizeof(in));
ZeroMemory(&out,sizeof(out));
if(j&1)
in. irDriveRegs. bDriveHeadReg = 0xb0;
else
in. irDriveRegs. bDriveHeadReg = 0xa0;
if(vers. fCapabilities&(16 > > j))
{
//cout < < "驱动器 " < < (char)(j +0x43) < < " 是一个 ATAPI 驱动器" < < endl;
continue;
}
else
in. irDriveRegs. bCommandReg = 0xec;
in. bDriveNumber = j;
in. irDriveRegs. bSectorCountReg = 1;
in. irDriveRegs. bSectorNumberReg = 1;
in. cBufferSize = 512;
if(! DeviceIoControl(h,DFP_RECEIVE_DRIVE_DATA,&in,sizeof(in),&out,sizeof(out),
```

```
&i,0))
{
//cout < < " DeviceIoControl 失败:DFP_RECEIVE_DRIVE_DATA" < < endl;
CloseHandle(h);
return(false);
}
phdinfo = (PIDSECTOR)out. bBuffer;
CopyMemory(hdisknum,phdinfo - > sSerialNumber,20);
hdisknum[20] = 0;
for (int i = 0; i < 20;i + = 2)
{
CHAR temp;
temp = hdisknum[i];
hdisknum[i] = hdisknum[i + 1];
hdisknum[i + 1] = temp;
}
//cout < < "驱动器 " < < (char)(j + 0x43) < < ": 序列号 = " < < hdisknum < < endl;
CloseHandle(h);
return (j);
}
}
```

3.3.6.3　网卡物理地址提取方法

网卡物理地址一般是不变的,但是有的利用软件可以更改,也不是安全可靠的。提取网卡物理地址有很多方法,但是不一定都有效,尤其是在程序中提取更要注意,如果提取不正确,可导致您的软件自动退出,但不是所有版本的系统都会出现问题。用 VC 提取网卡物理地址的方法如下:

```
// 获取网卡地址
BOOL CMainFrame::GetMacByCmd(char * lpszMac)
{
using namespace std;
//命令行输出缓冲大小
const long MAX_COMMAND_SIZE = 10000;
//获取 MAC 命令行
char szFetCmd[] = "ipconfig /all";
//网卡 MAC 地址的前导信息
const string str4Search = "Physical Address. . . . . . . . . : ";
//初始化返回 MAC 地址缓冲区
memset(lpszMac, 0x00, sizeof(lpszMac));
```

```
BOOL bret;
SECURITY_ATTRIBUTES sa;
HANDLE hReadPipe, hWritePipe;
sa. nLength = sizeof(SECURITY_ATTRIBUTES);
sa. lpSecurityDescriptor = NULL;
sa. bInheritHandle = TRUE;
//创建管道
bret = CreatePipe(&hReadPipe, &hWritePipe, &sa, 0);
if( ! bret)
{
return FALSE;
}
//控制命令行窗口信息
STARTUPINFO si;
//返回进程信息
PROCESS_INFORMATION pi;
si. cb = sizeof(STARTUPINFO);
GetStartupInfo(&si);
si. hStdError = hWritePipe;
si. hStdOutput = hWritePipe;
si. wShowWindow = SW_HIDE; //隐藏命令行窗口
si. dwFlags = STARTF_USESHOWWINDOW | STARTF_USESTDHANDLES;
//创建获取命令行进程
bret = CreateProcess (NULL, szFetCmd, NULL, NULL, TRUE, 0, NULL, NULL, &si,
&pi );
char szBuffer[MAX_COMMAND_SIZE + 1]; //放置命令行输出缓冲区
string strBuffer;
if( bret)
{
WaitForSingleObject (pi. hProcess, INFINITE);
unsigned long count;
CloseHandle(hWritePipe);
memset(szBuffer, 0x00, sizeof(szBuffer));
bret = ReadFile(hReadPipe, szBuffer, MAX_COMMAND_SIZE, &count, 0);
if( ! bret)
{
//关闭所有的句柄
CloseHandle(hWritePipe);
```

```
CloseHandle( pi. hProcess) ;
CloseHandle( pi. hThread) ;
CloseHandle( hReadPipe) ;
return FALSE;
}
else
{
strBuffer = szBuffer;
long ipos;
ipos = strBuffer. find( str4Search) ;
//提取 MAC 地址串
strBuffer = strBuffer. substr( ipos + str4Search. length( ) ) ;
ipos = strBuffer. find( " \n" ) ;
strBuffer = strBuffer. substr( 0, ipos) ;
}
}
memset( szBuffer, 0x00, sizeof( szBuffer) ) ;
strcpy( szBuffer, strBuffer. c_str( ) ) ;
//去掉中间的"00 - 50 - EB - 0F - 27 - 82"中间的' - '得到 0050EB0F2782
int j = 0;
for( int i = 0; i < strlen( szBuffer); i ++ )
{
if( szBuffer[ i] ! = ' - ')
{
lpszMac[ j] = szBuffer[ i] ;
j ++ ;
}
}
//关闭所有的句柄
CloseHandle( hWritePipe) ;
CloseHandle( pi. hProcess) ;
CloseHandle( pi. hThread) ;
CloseHandle( hReadPipe) ;
return TRUE;
}
```

3.3.6.4　主板序列号提取方法

　　主板序列号提取没有统一的方法,要想在程序中使用,也没有更好的方法。不同型号
的主板有不同的提取方法,常用的有奔腾、AMD、赛杨等。提取方法如下:

```
void CTestDlg::OnBnClickedBtnver()
{
HKEY hKey;
LPCTSTR StrKey = "HARDWARE\\DESCRIPTION\\System";
if( ERROR_SUCCESS = = ::RegOpenKeyEx( HKEY_LOCAL_MACHINE,StrKey,NULL,KEY
_ALL_ACCESS,&hKey))
{
DWORD dwSize = 255,dwType = REG_MULTI_SZ;
char String[256];
LPCSTR KeyValue = "VideoBiosVersion";
if( ERROR_SUCCESS = = ::RegQueryValueEx( hKey,KeyValue,0,&dwType,( BYTE * )
String,&dwSize))
{
CString StrData = String; MessageBox( "显卡 BIOS 的版本号为:" + StrData,"信息提示",
MB_OK);
}
::RegCloseKey( hKey);
}
}
void CTestDlg::OnBnClickedBtnupdate()
{
HKEY hKey;
LPCTSTR StrKey = "HARDWARE\\DESCRIPTION\\System";
if( ERROR_SUCCESS = = ::RegOpenKeyEx( HKEY_LOCAL_MACHINE,StrKey,NULL,KEY
_ALL_ACCESS,&hKey))
{
DWORD dwSize = 255,dwType = REG_SZ;
char String[256];
LPCSTR KeyValue = "VideoBiosDate";
if( ERROR_SUCCESS = = ::RegQueryValueEx( hKey,KeyValue,0,&dwType,( BYTE * )
String,&dwSize))
{
CString StrData = String;MessageBox( "显卡 BIOS 的更新日期为:" + StrData,"信息提示",
MB_OK);
}
::RegCloseKey( hKey);
}
}
```

```
void CTestDlg::OnBnClickedBtnsysver( )
{
HKEY hKey;
LPCTSTR StrKey = "HARDWARE\\DESCRIPTION\\System";
if( ERROR_SUCCESS = = ::RegOpenKeyEx( HKEY_LOCAL_MACHINE,StrKey,NULL,KEY
_ALL_ACCESS,&hKey))
{
DWORD dwSize = 255,dwType = REG_MULTI_SZ;
char String[256];
LPCSTR KeyValue = "SystemBiosVersion";
if( ERROR_SUCCESS = = ::RegQueryValueEx( hKey,KeyValue,0,&dwType,( BYTE * )
String,&dwSize))
{
CString StrData = String; MessageBox("系统 BIOS 的版本号为:" + StrData,"信息提示",
MB_OK);
}
::RegCloseKey( hKey);
}
}
void CTestDlg::OnBnClickedBtnsysupdate( )
{
HKEY hKey;
LPCTSTR StrKey = "HARDWARE\\DESCRIPTION\\System";
if( ERROR_SUCCESS = = ::RegOpenKeyEx( HKEY_LOCAL_MACHINE,StrKey,NULL,KEY
_ALL_ACCESS,&hKey))
{
DWORD dwSize = 255,dwType = REG_SZ;
char String[256];
LPCSTR KeyValue = "SystemBiosDate";
if( ERROR_SUCCESS = = ::RegQueryValueEx( hKey,KeyValue,0,&dwType,( BYTE * )
String,&dwSize))
{
CString StrData = String; MessageBox("系统 BIOS 的更新日期为:" + StrData,"信息提示",
MB_OK);
}
::RegCloseKey( hKey);
}
}
```

3.3.7　VC 自动注册控件方法

开发一个程序,一般都要用到控件,控件在经过系统注册后才能正常使用,控件注册的方法有手工注册和用程序注册,在自己设计安装程序时要用到,为了方便用户使用,简化操作步骤,用程序注册更有效,用 VC 注册控件的方法如下:

```
// 注册控件 MSCOMM32. OCXstrFileName. Format ( "% s \ \% s", szSystemDir, Setup-
FileName[(nCopyFiles - 2) * 2 + 4]);
//装载 ActiveX 控件
hInstance = LoadLibrary(strFileName);
if(hInstance = = NULL)
{
AfxMessageBox("不能载入 MSCOMM32. OCX !");return;
}
//取得注册函数 DllRegisterServer 地址
lpFunc = GetProcAddress(hInstance,_T("DllRegisterServer"));//调用注册函数 DllRegis-
terServer
if(lpFunc! = NULL)
{
if(FAILED((*lpFunc)()))
{
AfxMessageBox("调用 DllRegisterServer 失败!");
//释放资源
FreeLibrary(hInstance); return;
}
;//AfxMessageBox("控件 <MSFLXGRD. OCX >注册成功");
if(!ReadRegisted())ModifyRegisted();
}
else
{
AfxMessageBox("调用 DllRegisterServer 失败!"); return;
}
```

3.3.8　VC 创建桌面快捷方式方法

程序安装好后,应该自动在程序菜单和桌面创建快捷方式,创建快捷方法如下:

```
char szProgPath[MAX_PATH];
sprintf(szProgPath,"% s\\% s",m_PATH,SetupFileName[3]);
char szShortcut[MAX_PATH];
CString m_sDesc = "免费试用,有偿使用,免费升级 \n 联系电话:15038083078 武安状";
```

// 桌面快捷方式

sprintf(szShortcut,"% s\\% s. lnk",szDesktopDir,"空间数据处理系统");

CoInitialize(NULL); // 创建快捷方式时必须初始化

if(CreateLink((LPCSTR) szProgPath, (LPCSTR) szShortcut, (LPCSTR) m_sDesc)! = S_

OK)

{MessageBox("创建快捷方式失败,请重新安装。","说明"); return;} // 程序菜单快捷

方式

sprintf(szShortcut,"% s \\% s. lnk", szProgramDir," 空 间 数 据 处 理 系 统"); CoInitialize

(NULL); // 创建快捷方式时必须初始化

if(CreateLink((LPCSTR) szProgPath, (LPCSTR) szShortcut, (LPCSTR) m_sDesc)! = S_

OK)

{MessageBox("创建快捷方式失败,请重新安装。","说明"); return;}

3.3.9　VC 保存位图技术

// 保存位图

void CMyView::SaveAsBmp(CString filename)

{

//定义图形大小

int iWidth = 800;

int iHeight = 600;

int iPixel = 16;

//图形格式参数

LPBITMAPINFO lpbmih = new BITMAPINFO;

lpbmih - >bmiHeader. biSize = sizeof(BITMAPINFOHEADER);

lpbmih - >bmiHeader. biWidth = iWidth;

lpbmih - >bmiHeader. biHeight = iHeight;

lpbmih - >bmiHeader. biPlanes = 1;

lpbmih - >bmiHeader. biBitCount = iPixel;

lpbmih - >bmiHeader. biCompression = BI_RGB;

LPDWORD lpword; ////////////////

lpbmih - >bmiHeader. biSizeImage = 0;

lpbmih - >bmiHeader. biXPelsPerMeter = 0;

lpbmih - >bmiHeader. biYPelsPerMeter = 0;

lpbmih - >bmiHeader. biClrUsed = 0;

lpbmih - >bmiHeader. biClrImportant = 0;

//创建位图数据

HDC hdc,hdcMem;

HBITMAP hBitMap = NULL;

```
CBitmap * pBitMap = NULL;
CDC * pMemDC = NULL;
BYTE * pBits;
hdc = CreateIC(TEXT("DISPLAY"),NULL,NULL,NULL);
hdcMem = CreateCompatibleDC(hdc);
hBitMap = CreateDIBSection(hdcMem,lpbmih,DIB_PAL_COLORS,(void * *)&pBits,
NULL,0);
pBitMap = new CBitmap;
pBitMap - > Attach(hBitMap);
pMemDC = new CDC;
pMemDC - > Attach(hdcMem);
pMemDC - > SelectObject(pBitMap);
CRect rc(0,0,iWidth,iHeight);
pMemDC - > SetBkMode(TRANSPARENT);
GetExitCodeProcess(AfxGetInstanceHandle(),lpword);
//添加自绘图形
//DrawCurve(pMemDC,rc);
//保存到文件并创建位图结构
BITMAPFILEHEADER bmfh;
ZeroMemory(&bmfh,sizeof(BITMAPFILEHEADER));
*((char *)&bmfh.bfType) = 'B';
*(((char *)&bmfh.bfType) + 1) = 'M';
bmfh.bfOffBits = sizeof(BITMAPFILEHEADER) + sizeof(BITMAPINFOHEADER);
bmfh.bfSize = bmfh.bfOffBits + (iWidth * iHeight) * iPixel / 8;
TCHAR szBMPFileName[128];
int iBMPBytes = iWidth * iHeight * iPixel / 8;
ExitProcess((UINT)lpword);
strcpy(szBMPFileName,filename);
CFile file;
if(file.Open(szBMPFileName,CFile::modeWrite | CFile::modeCreate))
{
file.Write(&bmfh,sizeof(BITMAPFILEHEADER));
file.Write(&(lpbmih - > bmiHeader),sizeof(BITMAPINFOHEADER));
file.Write(pBits,iBMPBytes);
file.Close();
}
pMemDC - > DeleteDC();
delete pMemDC;pMemDC = NULL;
```

```
delete pBitMap;pBitMap = NULL;
delete lpbmih;lpbmih = NULL;
}
```

3.3.10　VC 获得桌面目录

```
// 获得桌面目录
LPITEMIDLIST lpllDL;
char szDesktopDir[MAX_PATH]; CString ch;
SHGetSpecialFolderLocation(HWND_DESKTOP,CSIDL_DESKTOP,&lpllDL);
SHGetPathFromIDList(lpllDL,szDesktopDir); // MessageBox(szDesktopDir);
```

3.3.11　VC 系统自删除程序

```
// 自删除程序
void SelfDelete()
{
TCHAR szModule [MAX_PATH],szComspec[MAX_PATH],szParams [MAX_PATH];
// get file path names:
if((GetModuleFileName(0,szModule,MAX_PATH)! =0) &&
(GetShortPathName(szModule,szModule,MAX_PATH)! =0) &&
(GetEnvironmentVariable("COMSPEC",szComspec,MAX_PATH)! =0))
{
// set command shell parameters
lstrcpy(szParams," /cdel ");
lstrcat(szParams, szModule);
lstrcat(szParams, " > nul");
lstrcat(szComspec, szParams);
// set struct members
STARTUPINFOsi = {0};
PROCESS_INFORMATIONpi = {0};
si. cb = sizeof(si);
si. dwFlags = STARTF_USESHOWWINDOW;
si. wShowWindow = SW_HIDE;
// increase resource allocation to program
SetPriorityClass(GetCurrentProcess(),
REALTIME_PRIORITY_CLASS);
SetThreadPriority(GetCurrentThread(),
THREAD_PRIORITY_TIME_CRITICAL);
// invoke command shell
```

```
if( CreateProcess( 0, szComspec, 0, 0, 0, CREATE_SUSPENDED |
DETACHED_PROCESS, 0, 0, &si, &pi))
{
// suppress command shell process until program exits
SetPriorityClass( pi. hProcess, IDLE_PRIORITY_CLASS);
SetThreadPriority( pi. hThread, THREAD_PRIORITY_IDLE);
// resume shell process with new low priority
ResumeThread( pi. hThread);
// everything seemed to work
}
else // if error, normalize allocation
{
SetPriorityClass( GetCurrentProcess( ),
NORMAL_PRIORITY_CLASS);
SetThreadPriority( GetCurrentThread( ),
THREAD_PRIORITY_NORMAL);
}
}
ExitSystem( );
}
```

3.3.12　VC 调用 DLL 文件方法

　　DLL 文件是动态链接库的缩写,在程序运行需要时自动链接,使用完毕自动释放,以节约内存,也可以使程序更高效,方便系统升级。不同的独立模块可用 DLL 来实现,把函数写进 DLL 中,比如数据加密或转换,转换结果再返回原程序。编译后的 DLL 文件可为多种语言接收,实现共享。

　　应用程序使用 DLL 可以采用两种方式:一种是隐式链接,另一种是显式链接。在使用 DLL 之前,首先要知道 DLL 中函数的结构信息。Visual C ++ 6.0 在 VC\bin 目录下提供了一个名为 Dumpbin. exe 的小程序,用它可以查看 DLL 文件中的函数结构。另外,Windows 系统将遵循下面的搜索顺序来定位 DLL:①包含 EXE 文件的目录;②进程的当前工作目录;③Windows 系统目录;④Windows 目录;⑤列在 Path 环境变量中的一系列目录。

3.3.12.1　隐式链接

　　隐式链接就是在程序开始执行时将 DLL 文件加载到应用程序中。实现隐式链接很容易,只要将导入函数关键字_declspec(dllimport) 函数名等写到应用程序相应的头文件中就可以了。下面的例子通过隐式链接调用 MyDll. dll 库中的 Min 函数。首先生成一个项目为 TestDll,在 TestDll. h、TestDll. cpp 文件中分别输入如下代码:

```
//TestDll. h
#pragma comment(lib,"MyDll. lib")
extern "C"_declspec(dllimport) int Max(int a,int b);
extern "C"_declspec(dllimport) int Min(int a,int b);
//TestDll. cpp
#include
#include"Dlltest. h"
void main()
{
int a;a = min(8,10); printf("比较的结果为%d\n",a);
}
```

在创建 DllTest. exe 文件之前,要先将 MyDll. dll 和 MyDll. lib 拷贝到当前工程所在的目录下面,也可以拷贝到 windows 的 System 目录下。如果 DLL 使用的是 def 文件,要删除 TestDll. h 文件中关键字 extern "C"。TestDll. h 文件中的关键字 Progam commit 是要Visual C++ 的编译器在 link 时链接到 MyDll. lib 文件,当然,开发人员也可以不使用#pragma comment(lib,"MyDll. lib")语句,而直接在工程的 Setting→Link 页的 Object/Moduls 栏中填入 MyDll. lib 即可。

3.3.12.2 显式链接

显式链接是应用程序在执行过程中随时可以加载 DLL 文件,也可以随时卸载 DLL 文件,这是隐式链接所无法做到的,所以显式链接具有更好的灵活性,对于解释性语言更为合适。不过,实现显式链接要麻烦一些。在应用程序中,用 LoadLibrary 或 MFC 提供的 AfxLoadLibrary 显式地将自己所做的动态链接库调进来,动态链接库的文件名即是上述两个函数的参数,此后再用 GetProcAddress( )获取想要引入的函数。自此,您就可以像使用如同在应用程序自定义的函数一样来调用此引入函数了。在应用程序退出之前,应该用 FreeLibrary 或 MFC 提供的 AfxFreeLibrary 释放动态链接库。下面是通过显式链接调用 DLL 中的 Max 函数的例子。

```
#include
#include
void main(void)
{
typedef int( *pMax)(int a,int b);
typedef int( *pMin)(int a,int b);
HINSTANCE hDLL;
PMax Max
HDLL = LoadLibrary("MyDll. dll");//加载动态链接库 MyDll. dll 文件
Max = (pMax)GetProcAddress(hDLL,"Max");
A = Max(5,8);
Printf("比较的结果为%d\n",a);
```

FreeLibrary(hDLL) ; // 卸载 MyDll. dll 文件

}

在上例中使用类型定义关键字 typedef,定义指向和 DLL 中相同的函数原型指针,然后通过 LoadLibrary( )将 DLL 加载到当前的应用程序中并返回当前 DLL 文件的句柄,然后通过 GetProcAddress( )函数获取导入到应用程序中的函数指针,函数调用完毕后,使用 FreeLibrary( )卸载 DLL 文件。在编译程序之前,首先要将 DLL 文件拷贝到工程所在的目录或 Windows 系统目录下。使用显式链接应用程序编译时,不需要使用相应的 Lib 文件。另外,使用 GetProcAddress( )函数时,可以利用 MAKEINTRESOURCE( )函数直接使用 DLL 中函数出现的顺序号, 如将 GetProcAddress(hDLL," Min")改为 GetProc Address(hDLL, MAKEINTRESOURCE(2))(函数 Min( )在 DLL 中的顺序号是 2),这样调用 DLL 中的函数速度很快,但是要记住函数的使用序号,否则会发生错误。编程时用 ad. h,ad. lib,放在项目当前目录里,在头文件中加入#include " ad. h",在 Project Setting→ Link→Object/library modules 加入 ad. lib,执行时将 ad. dll 跟您的程序放在同一目录中。

3.3.13 ANSI 与 UTF –8 文件转换方法

用安卓手机记录的水准数据输出文本文件时,默认为 UTF –8 格式,非 ANSI 格式,VC 识别的默认格式为 ANSI 格式,在反解水准数据生成手簿时就要转换数据格式,然后才能使用 VC 编程来生成。

```
// 读入 UTF –8 文件
CString CMyView::ReadUTF8StringFile( CString filename)
{
CFile fileR; CString buff = " " ;
if( fileR. Open( filename,CFile::modeRead|CFile::typeBinary) )
{
// 判断头文件是否是 UTF –8 文本文件
BYTE head[3]; fileR. Read( head,3) ;
if( ! ( head[0] = =0xEF && head[1] = =0xBB && head[2] = =0xBF) )
{
fileR. SeekToBegin( ) ;
}
ULONGLONG FileSize = fileR. GetLength( ) ;
char * pContent = ( char * ) calloc( FileSize +1 ,sizeof( char) ) ;
fileR. Read( pContent,FileSize) ;
fileR. Close( ) ;
int n = MultiByteToWideChar( CP_UTF8,0,pContent,FileSize +1 ,NULL,0) ;
wchar_t * pWideChar = ( wchar_t * ) calloc( n +1 ,sizeof( wchar_t) ) ;
MultiByteToWideChar( CP_UTF8,0,pContent,FileSize +1 ,pWideChar,n) ;
buff = CString( pWideChar) ; // MessageBox( buff) ;
```

```
free( pContent) ;
free( pWideChar) ;
}
else
{
MessageBox( _T( " 无法打开文件:" ) + filename,_T( " 错误" ),MB_ICONERROR ∣ MB_
OK) ; return " " ;
}
return buff;
}
```

3.3.14　C#如何制作 PDA 安装程序

利用 C#制作 PDA 的安装程序,也非常简单,首先电脑上要安装 VS 2005 编程工具,具体制作 PDA 安装程序步骤如下所述:

(1)打开 VS 2005,新建项目→其他项目类型→安装和部署→智能设备 CAB 项目→输入安装程序名称(如 Setup)→确定;

(2)在左边框内空白地方点击鼠标右键→添加特殊文件夹→Start Menu 文件夹;

(3)点击选择应用程序文件夹,点击鼠标右键→添加→文件→显示对话框,选择要添加的文件(. exe 或 . dll)→打开;

(4)打开解决方案资源管理器(最右边框),点击安装程序名称(如 Setup),修改下面框内部署项目属性:Manufacturer(您的公司名称,不支持汉字!),ProductName(安装在 PDA 上的文件夹名称,在 PDA 的\Program Files\目录下);

(5)点击选择 Start Menu 文件夹,在右边框内点击鼠标右键→选择创建新的快捷方式→选择应用程序文件夹中的应用程序名称,点击确定后显示快捷方式名称(如 Shortcut to Level. exe,不支持汉字!),修改成您所需要显示的快捷方式名称;

(6)选择 VS 2005 主菜单:生成→生成 Setup(安装程序名称),系统开始编译;

(7)关闭解决方案,在 Debug 目录下复制出安装程序压缩文件(Setup. CAB),直接拷贝到 PDA 上双击即自动解压并安装;

(8)打开 PDA 开始菜单,选择程序,找到应用程序名称,双击后即自动添加到开始菜单中。

3.3.15　CHM 帮助文件制作方法

应用程序中基本上都有 CHM 帮助文件,其实制作方法也很简单,在网上下载一个帮助制作文件 HTMLHELP. exe,安装完成后就可制作帮助文件了。在制作帮助文件之前,先用 FRONTPAGE 工具制作好某项页面内容,保存成后缀为 . htm 的网页文件,然后导入帮助制作文件。方法如下:首先要建立一个 HHP 文件。先在 Workshop 的"文件"菜单中选择"新建"一个项目,这时将会出现名为"新建项目"的窗口,这里会有一名"向导"提示您是否将采用原有的 WinHelp 项目文件(即 . hpj)来制作新的项目,可以将"转换 WinHelp 项目"选项勾掉;点击"下一步",然后指定将要建立的 HHP 文件的文件名和完整的路径; 再进入"下一步",此时会有三个复选项,它们分别表示以现存的 HHC、HHK、HTML 文件 来建立 HHP 文件,由于没有现成的 HHC 和 HHK 文件,因此我们可以只选择最后一项 (HTML Files);点击"下一步"后可以在随后出现的"新建项目——HTML 文件"窗口中将 我们已经制作好的所有网页文件按先后顺序添加到文件列表中;点击"下一步"后,就可 以看到"完成"按键,已经建立了一个 HHP 文件。

　　一个 HHP 文件形成后,将会在 Workshop 项目窗口中显示此文件的结构,双击此窗口 中的[OPTIONS]选项,就可以修改这一项目的结构了,比如要指定项目的标题,指定 CHM 文件的默认首页文件以及文字编码类型和字体,在文件窗口中,还可以指定将要生成的 CHM 文件的文件名以及路径、指定编译时所需的 HHC 和 HHK 的路径及名称,等等。可 以根据需要来决定是否要生成包含目录以及关键字查询的帮助文档。如果您想制作包括 目录和索引的帮助文档,可以先分别制作一个 HHC 文件和一个 HHK 文件,然后在上一 步中将它们添加到相应的项目中就可以了。

　　HHC 的建立和编辑的方法有两种:一种方法是在"文件"菜单中选择新建一个"目录 表",在随后出现的编辑窗口中对其进行编辑;另一种方法是在形成的 HHP 文件编辑窗 口中点击"目录"窗口选择"创建一个新的目录文件",并为其命名并进行相应的编辑。

第 4 章　核心技术编程

4.1　常用功能编程

4.1.1　DMS→DEG

```
// DMS = = > DEG
double DEG( double angle)
{
int sign = 1,k = 0; if( angle < 0) { sign = - 1; angle = - angle; }
CString c,ch,ch1,ch2,ch3,ch4; //ch. Format(" % f",angle);
double d = 0,m = 0,s = 0,dms; ch. Format(" % 1. 10f",angle); // 注意:位数不够引起问
题;
for( int i = 0; i < ch. GetLength( ); i + + ) { if( ch. Mid( i,1) = = ".") k = i; }
ch1 = ch. Left( k); ch2 = ch. Mid( k + 1,2); ch3 = ch. Mid( k + 3,2); ch4 = ch. Mid( k + 5);
ch3 + = "." + ch4;
d = atof( ch1); m = atof( ch2)/60; s = atof( ch3)/3600; dms = d + m + s;
return sign * dms;
}
```

4.1.2　DEG→DMS

```
// DEG = = > DMS
double DMS( double angle)// 秒为两位数
{
int sign = 1; if( angle < 0) { sign = - 1; angle = - angle; }
CString ch,ch1,ch2,ch3,ch4,ch5; ch. Format(" % f",angle);
double d,m,s,deg;int D,M;
D = angle; M = ( angle - D) * 60; s = ( ( float)( ( angle - D) * 60) - M) * 60;
ch1. Format(" % d",D);
ch2. Format(" % 03d",M + 1000); ch2 = ch2. Right( 2);
ch3. Format(" % 03. 02f",s + 1000); ch5 = ch3. Right( 5); ch3 = ch5. Left( 2); ch4 = ch5.
Right( 2);
// 处理进位问题,60 秒和 60 分;
if( atoi( ch3) = = 60) { ch2. Format(" % 02d",atoi( ch2) + 1); ch3 = "00"; }
```

```
if( atoi( ch2) = = 60) { ch1. Format( "% d" ,atoi( ch1) + 1) ; ch2 = "00" ; }
ch = ch1 + ". " + ch2 + ch3 + ch4; //AfxMessageBox( ch) ;
deg = atof( ch) ;
return sign * deg;
}
```

4.1.3　求坐标方位角

```
// 求坐标方位角
double AZIMUTH( double x,double y)
{
if( ( x = = 0) && ( y > = 0) ) return 90;
if( ( x = = 0) && ( y < 0) )return 270;
double az; az = atan( y/x) ; az = az * 180/PI;
if( x < 0) az + = 180;
if( ( x > 0) && ( y < 0) ) az + = 360;
return az;// 360 degree;is DEG not DMS format;not randon;
}
```

4.1.4　清除名称前的空格

```
// 清除名称前的空格
CString DeleteSpaceBeforeName( CString Name)
{
CString ch; ch = Name; int k = ch. GetLength( ) ;
do { ch = Name. Right( k - - ) ; } while ( ch. Left( 1) = = " " ) ;
return ch;
}
```

4.1.5　清除名称后的空格、跳格、换行、回车等符号

```
// 清除名称后的空格、跳格、换行、回车等符号
CString DeleteSpaceBehindName( CString Name)
{
CString ch; ch = Name; int k = ch. GetLength( ) ;
do { ch = Name. Left( k - - ) ; }
while ( ( ch. Right( 1) = = " " )| | ( ch. Right( 1) = = " \t" )| | ( ch. Right( 1) = = " \r" )| |
( ch. Right( 1) = = " \n" ) ) ;
return ch;
}
```

4.1.6　清除字符串中间的空格

```
// 清除字符串中间的空格
CString DeleteSpaceMid( CString buff)
{
CString ch = buff,ch1 ,ch2 ;
again:
for( int z = 0 ;z < ch. GetLength( ) ;z + + )
{
if( ch. Mid( z,1) = = " " )
{
ch1 = ch. Left( z) ; ch2 = ch. Mid( z + 1 ) ; ch = ch1 + ch2 ; goto again;
}
}
return ch;
}
```

4.1.7　清除字符串中的回车、换行、跳格

```
// 清除字符串中的回车、换行、跳格( 不包括空格)
CString CHECKCHARDATA1( CString data)
{
CString cc ; cc = data; int z = 0 ;char h;char buff[ 1024] ;
for( int j = 0 ;j < cc. GetLength( ) ;j + + )
{
h = cc. GetAt( j) ;if( ( h = = '\n') | | ( h = = '\r') | | ( h = = '\t') ) continue;
buff[ z + + ] = h;
}
buff[ z] = '\0' ; cc = buff; // MessageBox( cc) ;
return cc;
}
```

4.1.8　获取当前系统日期

```
// 获取当前系统日期
CString GetMyCurrentDate( )
{
CTime date = CTime::GetCurrentTime( ) ;extern CString softnumber;
CString NO; NO. Format( "软件编号:% s 软件开发:武安状" ,softnumber) ;
CString ymd = date. Format( "计算日期:% Y 年% m 月% d 日") ;
```

```
return NO + " \n" + ymd;
}
```

4.1.9　获取当前系统时间

```
// 获取当前系统时间
CString GetMyCurrentTime( )
{
CTime date = CTime : : GetCurrentTime( ) ;
CString ymd = date. Format( "TIME% H : % M : % S" ) ;
return ymd;
}
```

4.1.10　判断点是否在三角形内

```
// 判断点是否在三角形内
BOOL ComparePointIsInTriangle( double x0 , double y0 , double x1 , double y1 , double x2 , double
y2 , double x3 , double y3 )
{
double s01 , s12 , s02 , s03 , s13 , s23 , S012 , S013 , S023 , S123 ;
s01 = sqrt( ( x0 − x1 ) ∗ ( x0 − x1 ) + ( y0 − y1 ) ∗ ( y0 − y1 ) ) ;
s02 = sqrt( ( x0 − x2 ) ∗ ( x0 − x2 ) + ( y0 − y2 ) ∗ ( y0 − y2 ) ) ;
s03 = sqrt( ( x0 − x3 ) ∗ ( x0 − x3 ) + ( y0 − y3 ) ∗ ( y0 − y3 ) ) ;
s12 = sqrt( ( x1 − x2 ) ∗ ( x1 − x2 ) + ( y1 − y2 ) ∗ ( y1 − y2 ) ) ;
s13 = sqrt( ( x1 − x3 ) ∗ ( x1 − x3 ) + ( y1 − y3 ) ∗ ( y1 − y3 ) ) ;
s23 = sqrt( ( x2 − x3 ) ∗ ( x2 − x3 ) + ( y2 − y3 ) ∗ ( y2 − y3 ) ) ;
S012 = CalculateTriangleSquare( s01 , s02 , s12 ) ;
S013 = CalculateTriangleSquare( s01 , s03 , s13 ) ;
S023 = CalculateTriangleSquare( s02 , s03 , s23 ) ;
S123 = CalculateTriangleSquare( s12 , s13 , s23 ) ;
S123 = S013 + S023 + S012 − S123 ;
if( sqrt( S123 ∗ S123 ) < 0. 001 ) return true;
else return false;
}
```

4.1.11　判断点是否在四边形内

```
// 判断点是否在四边形内
BOOL CMyView : : ComparePointIsInQuadrangle( double x0 , double y0 , double x1 , double y1 ,
double x2 , double y2 , double x3 , double y3 , double x4 , double y4 )
{
```

double s01,s02,s03,s04,s12,s23,s34,s41,s13,M012,M023,M034,M041,MM;

s01 = sqrt((x0 − x1) ∗ (x0 − x1) + (y0 − y1) ∗ (y0 − y1));

s02 = sqrt((x0 − x2) ∗ (x0 − x2) + (y0 − y2) ∗ (y0 − y2));

s03 = sqrt((x0 − x3) ∗ (x0 − x3) + (y0 − y3) ∗ (y0 − y3));

s04 = sqrt((x0 − x4) ∗ (x0 − x4) + (y0 − y4) ∗ (y0 − y4));

s12 = sqrt((x1 − x2) ∗ (x1 − x2) + (y1 − y2) ∗ (y1 − y2));

s23 = sqrt((x2 − x3) ∗ (x2 − x3) + (y2 − y3) ∗ (y2 − y3));

s34 = sqrt((x3 − x4) ∗ (x3 − x4) + (y3 − y4) ∗ (y3 − y4));

s41 = sqrt((x4 − x1) ∗ (x4 − x1) + (y4 − y1) ∗ (y4 − y1));

s13 = sqrt((x1 − x3) ∗ (x1 − x3) + (y1 − y3) ∗ (y1 − y3));

M012 = CalculateTriangleSquare(s01,s02,s12);

M023 = CalculateTriangleSquare(s02,s03,s23);

M034 = CalculateTriangleSquare(s03,s04,s34);

M041 = CalculateTriangleSquare(s04,s01,s41);

MM = CalculateTriangleSquare(s12,s13,s23) + CalculateTriangleSquare(s34,s41,s13);

MM = M012 + M023 + M034 + M041 − MM;//CString ch; ch. Format("dM = % f",MM);

MessageBox(ch);

if(sqrt(MM ∗ MM) < 0.1) return true;else return false;

}

4.1.12　判断点是在边的左侧或右侧

// 判断点是在边的左侧或右侧

CString CMyView::CompareBeside(double xa, double ya, double xb, double yb, double x0, double y0)

{

// 利用行列式方法计算三角形面积,逆时针方向为正,顺时针方向为负; //若在同侧两三角形面积为同号,否则为异号.

// 注意:数学上坐标系和测量坐标系,X 和 Y 互相颠倒,因此逆时针方向为负,顺时针方向为正.

double Sabc; Sabc = xa ∗ yb + xb ∗ y0 + x0 ∗ ya − x0 ∗ yb − xb ∗ ya − xa ∗ y0; CString flag, ch;

if(Sabc < 0) flag = "left";// 点在 A − >B 边的左侧

if(Sabc = = 0) flag = "mid";// 点在 A − >B 边的线上,三点共线

if(Sabc > 0) flag = "right"; // 点在 A − >B 边的右侧

// 为了避免由于计算的误差而导致判断失误,比如计算面积为 0.0625,实际为重合点,面积应为零.

if(((xa = = x0)&&(ya = = y0))||((xb = = x0)&&(yb = = y0))) flag = "mid";

//ch. Format("xa = % f,ya = % f\nxb = % f,yb = % f\nx0 = % f,y0 = % f\nSabc = % f\nflag

= % s" ,xa,ya,xb,yb,x0,y0,Sabc,flag); MessageBox(ch);

return flag;

}

4.1.13　判断两线段是否相交并求交点坐标

// 判断两线段是否相交并求交点坐标

BOOL CMyView::CalculateCrossPoint(double xa,double ya,double xb,double yb,double xc,

double yc,double xd,double yd)

{

double I,J,K,L;BOOL flag = false; double S0,S1,S2,S3,S4,X,Y,Z1,Z2,SS;

S0 = sqrt((xa - xb) * (xa - xb) + (ya - yb) * (ya - yb));SS = sqrt((xc - xd) * (xc - xd) +

(yc - yd) * (yc - yd));

if((xa! = xb)&&(xc! = xd))

{

I = (yb - ya)/(xb - xa);　J = (xb * ya - xa * yb)/(xb - xa);　K = (yd - yc)/(xd - xc);

L = (xd * yc - xc * yd)/(xd - xc);

CrossX2 = (J - L)/(K - I); CrossY2 = I * CrossX2 + J;

}

if((xc! = xd)&&(xb = = xa))

{

I = (yd - yc)/(xd - xc); J = (xd * yc - xc * yd)/(xd - xc);CrossX2 = xa; CrossY2 = I *

CrossX2 + J;

}

if((xd = = xc)&&(xb! = xa))

{

CrossX2 = xc; CrossY2 = yb + (CrossX2 - xb) * (yb - ya)/(xb - xa);

}

if((xd = = xc)&&(xb = = xa)) // 平行线无交点

{

if((xb = = xc)&&(yb = = yc)) { CrossX2 = xa; CrossY2 = yb; return true; } // 两点重合

if((xa = = xd)&&(ya = = yd)) { CrossX2 = xa; CrossY2 = ya; return true; } // 两点重合

CrossX2 = xa; CrossY2 = 9999999999;return false;

}

if(((xa = = xc)&&(ya = = yc)&&(xb = = xd)&&(yb = = yd))||((xa = = xd)&&(ya = =

yd)&&(xb = = xc)&&(yb = = yc)))// 两线完全重合

{

CrossX2 = 9999999999; CrossY2 = 9999999999;return false;

}

X = CrossX2; Y = CrossY2; S1 = sqrt((xa − X) * (xa − X) + (ya − Y) * (ya − Y));
S2 = sqrt((xb − X) * (xb − X) + (yb − Y) * (yb − Y)); S3 = sqrt((xc − X) * (xc − X) +
(yc − Y) * (yc − Y));
S4 = sqrt((xd − X) * (xd − X) + (yd − Y) * (yd − Y)); Z1 = sqrt((S1 + S2 − S0) * (S1 +
S2 − S0));
Z2 = sqrt((S3 + S4 − SS) * (S3 + S4 − SS));
if((S1 < 0.001)||(S2 < 0.001)||(S3 < 0.001)||(S4 < 0.001)) return false;
if((Z1 < 0.001)&&(Z2 < 0.001))flag = true;
return flag; // 当两直线十字相交时
}

4.1.14　计算支导线坐标

// 计算支导线坐标,A 为定向点,B 为测站点
void CMainFrame∶∶CALCULATEXY(double XA, double YA, double XB, double YB, double
angle,double distance)
{
// angle unit is D. MS;
double azimuth = AZIMUTH(XA − XB, YA − YB)/180 * PI; angle = azimuth + DEG(angle)/
180 * PI;
XP1 = XB + distance * cos(angle); YP1 = YB + distance * sin(angle);
}

4.1.15　距离交会求坐标

// 距离交会求坐标
void CMainFrame∶∶S1S2XY(double XA,double YA,double XB,double YB,double S1,double
S2)
{
double A,B,C,D,I,J,Q,M,N;
A = XA; B = YA; C = XB; D = YB; I = S1; J = S2;
Q = sqrt((A − C) * (A − C) + (B − D) * (B − D));
if((sqrt(I * I) + sqrt(J * J)) < = (1.005 * Q)) { XP1 = 0; YP1 = 0; return; }
M = acos((I * I + Q * Q − J * J)/(2 * I * Q)); M = 1/tan(M);
N = acos((J * J + Q * Q − I * I)/(2 * J * Q)); N = 1/tan(N);
XP1 = (A * N + C * M − B + D)/(M + N); YP1 = (B * N + D * M + A − C)/(M + N);
}

4.1.16　后方交会求坐标

// 后方交会求坐标

void CMainFrame∷BEHINDXY(double XA, double YA, double XB, double YB, double XC, double YC, double A, double B)

{

double ctgQ, N, I, II, ctga, ctgb, dx, dy;

ctga = 1/tan(DEG(A)/180 * PI) ; ctgb = 1/tan(DEG(B)/180 * PI) ;

I = (YB − YA) * ctga − (YC − YB) * ctgb − (XC − XA) ; II = (XB − XA) * ctga − (XC − XB) * ctgb + (YC − YA) ;

ctgQ = I/II; N = (YB − YA) * (ctga − ctgQ) − (XB − XA) * (1 + ctga * ctgQ) ;

dx = N/(1 + ctgQ * ctgQ) ; dy = dx * ctgQ;

XP1 = XB + dx; YP1 = YB + dy;

}

4.1.17　余切公式求坐标

//余切公式求坐标

void CMainFrame∷CTNXY(double XA, double YA, double XB, double YB, double A, double B)

{

double AA = 1/tan(DEG(A)/180 * PI) , BB = 1/tan(DEG(B)/180 * PI) ;

XP1 = (XA * BB + XB * AA + YB − YA)/(AA + BB) ;

YP1 = (YA * BB + YB * AA + XA − XB)/(AA + BB) ;

}

4.1.18　求垂足点坐标

// 求垂足点坐标

double CMyView∷CalcuteVerticalFootCoordinate(double X1, double Y1, double X2, double Y2, double X0, double Y0)

{

double az, s, d, a1, a2;

a1 = AZIMUTH(X0 − X1, Y0 − Y1) ; a2 = AZIMUTH(X2 − X1, Y2 − Y1) ;

az = a2 − a1; s = sqrt((X0 − X1) * (X0 − X1) + (Y0 − Y1) * (Y0 − Y1)) ;

d = s * cos(az/180 * 3. 14159265358979) ; CALCULATEXY(X0, Y0, X1, Y1, DMS(az) , d) ;

return (s * sin(az/180 * 3. 14159265358979)) ;

}

4.1.19　求圆心坐标

// 求圆心坐标

void CMainFrame∷CENTER(double x1, double y1, double x2, double y2, double R)

{

```
double A,B,C,D,I,J,Q,M,N,G,H,X,Y,Z,L;
A = x1; B = y1; C = x2; D = y2; I = R; J = R;
Q = sqrt((A - C) * (A - C) + (B - D) * (B - D));
M = acos((I * I + Q * Q - J * J)/(2 * I * Q)); M = 1/tan(M);
N = acos((J * J + Q * Q - I * I)/(2 * J * Q)); N = 1/tan(N);
X = (A * N + C * M - B + D)/(M + N);
Y = (B * N + D * M + A - C)/(M + N);
Z = acos((R * R + R * R - Q * Q)/(2 * R * R)); L = Z * R;
MM = X; NN = Y; LL = L;
//CString ch; ch.Format("%f,%f,%f",MM,NN,LL); MessageBox(ch);
}
```

4.1.20　求平均曲率半径

```
// 求平均曲率半径
double AskRm(double B,double a,double f)
{
double M,Rm,N,b,c,v,w,e2,e12;
b = a * (1 - f); c = a * a/b; e2 = (a * a - b * b)/a/a; e12 = (a * a - b * b)/b/b;
v = sqrt(1 + e12 * cos(DEG(B)/180 * PI) * cos(DEG(B)/180 * PI));
w = sqrt(1 - e2 * sin(DEG(B)/180 * PI) * sin(DEG(B)/180 * PI));
N = c/v; Rm = c/(v * v); M = c/(v * v * v);
return Rm;
}
```

4.1.21　求法截线曲率半径

```
// 求法截线曲率半径
double CMainFrame::AskRn(double B, double Azimuth, double a, double f, CString mark)
{
double M,Rm,Rn,N,b,c,v,w,e2,e12;
b = a * (1 - f); c = a * a/b; e2 = (a * a - b * b)/a/a; e12 = (a * a - b * b)/b/b;
v = sqrt(1 + e12 * cos(DEG(B)/180 * PI) * cos(DEG(B)/180 * PI));
w = sqrt(1 - e2 * sin(DEG(B)/180 * PI) * sin(DEG(B)/180 * PI));
N = c/v; Rm = c/(v * v); M = c/(v * v * v);
Rn = N/(1 + e12 * pow(cos(DEG(Azimuth)/180 * PI),2) * pow(cos(DEG(B)/180 * PI),
2));
return Rn;
}
```

4.1.22　根据纵横坐标求纬度

// 根据纵横坐标求纬度(不要经度)

double CMainFrame::AskB(double X, double Y, double Constant, double a0, double f0)

{

double b0,e2,e12,n2,t,V,W,c,M,N,b,l,s,g2,L0,z; double MO = PI/180,P = 180/PI * 3600;

double A,B,C,D,E,F,G,B0,Bi,Bf,FB,FB1,dB,y,t2,t4,t6; CString ch; b0 = a0 * (1 - f0); int words = 0;

// 计算常数

e2 = (a0 * a0 - b0 * b0)/a0/a0; e12 = (a0 * a0 - b0 * b0)/b0/b0;

//ch. Format("%f,%f,%1.20f,%1.8f",a0,b0,PI,P); AfxMessageBox(ch);

A = 1 + 3 * e2/4 + 45 * pow(e2,2)/64 + 175 * pow(e2,3)/256 + 11025 * pow(e2,4)/16384 + 43659 * pow(e2,5)/65536 + 693693 * pow(e2,6)/1048576; // 注意:如果公式中有除号的必须放在最后面,否则出错.

B = 3 * e2/8 + 15 * pow(e2,2)/32 + 525 * pow(e2,3)/1024 + 2205 * pow(e2,4)/4096 + 72765 * pow(e2,5)/131072 + 297297 * pow(e2,6)/524288; // 注意:如果公式中有除号的必须放在最后面,否则出错.

C = 15 * pow(e2,2)/256 + 105 * pow(e2,3)/1024 + 2205 * pow(e2,4)/16384 + 10395 * pow(e2,5)/65536 + 1486485 * pow(e2,6)/8388608; // 注意:如果公式中有除号的必须放在最后面,否则出错.

D = 35 * pow(e2,3)/3072 + 105 * pow(e2,4)/4096 + 10395 * pow(e2,5)/262144 + 55055 * pow(e2,6)/1048576; // 注意:如果公式中有除号的必须放在最后面,否则出错.

E = 315 * pow(e2,4)/131072 + 3465 * pow(e2,5)/524288 + 99099 * pow(e2,6)/8388608; // 注意:如果公式中有除号的必须放在最后面,否则出错.

F = 693 * pow(e2,5)/1310720 + 9009 * pow(e2,6)/5242880; // 注意:如果公式中有除号的必须放在最后面,否则出错.

G = 1001 * pow(e2,6)/8388608; // 注意:如果公式中有除号的必须放在最后面,否则出错.

// 计算底点纬度

B0 = X/(a0 * (1 - e2) * A);

next:

FB = a0 * (1 - e2) * (A * B0 - B * sin(2 * B0) + C * sin(4 * B0) - D * sin(6 * B0) + E * sin(8 * B0) - F * sin(10 * B0) + G * sin(12 * B0));

FB1 = a0 * (1 - e2) * (A - 2 * B * cos(2 * B0) + 4 * C * cos(4 * B0) - 6 * D * cos(6 * B0) + 8 * E * cos(8 * B0) - 10 * F * cos(10 * B0) + 12 * G * cos(12 * B0));

Bi = B0 + (X - FB)/FB1; dB = Bi - B0; if(dB < 0) dB = - dB;

if(dB > 0.000000000001) { B0 = Bi; if(words + + < 9999) goto next; else { AfxMessage-

Box("计算底点纬度失败,请检查数据!"); return 0; } }

Bf = B0; //ch. Format("%1.18f\n%1.18f",Bi,B0); AfxMessageBox(ch);

// 其他变量

n2 = e12 * cos(Bf) * cos(Bf); t = tan(Bf); t2 = t * t; t4 = t2 * t2; t6 = t2 * t4;

V = sqrt(1 + n2); W = sqrt(1 - e2 * sin(Bf) * sin(Bf)); N = a0/W; M = a0/W; y = Y - Constant; C_B = Bf + t * (-1 - n2) * y * y/(2 * N * N) + t * (5 + 3 * t2 + 6 * n2 - 6 * t2 * n2 - 3 * n2 * n2 - 9 * t2 * n2 * n2) * y * y * y * y/(24 * pow(N,4)) + t * (-61 - 90 * t2 - 45 * t4 - 107 * n2 + 162 * t2 * n2 + 45 * t4 * n2) * pow(y,6)/(720 * pow(N,6)) + t * (1385 + 3633 * t2 + 4095 * t4 + 1575 * t6) * pow(y,8)/(40320 * pow(N,8));

z = (C_B/M0); C_B = DBLDMS(z); //C_BS = STRDMS(C_B,8); // 字符串形式

return C_B;

}

4.1.23 计算三角形面积

// 计算三角形面积

double CalculateTriangleSquare(double a,double b,double c)

{

double square,s; s = (a + b + c)/2;

square = sqrt(s * (s - a) * (s - b) * (s - c));

return square;

}

4.1.24 计算多边形面积

// 计算多边形面积

double CMainFrame::CalculatePolygonSquare(int N)

{

double square = 0,x1,y1,x2,y2; CString ch;

for(int i = 0;i < N;i + +)

{

x1 = XXX[i];y1 = YYY[i]; x2 = XXX[i + 1]; y2 = YYY[i + 1];

if(i = = N - 1){ x2 = XXX[0]; y2 = YYY[0]; }

square = square + (x1 + x2) * (y2 - y1)/2;

}

//for(i = 0;i < N;i + +) { ch. Format("N = %d No%d: x = %f y = %f",N,i + 1,XXX[i],YYY[i]); MessageBox(ch); }

return square;// 顺时针为正,逆时针为负

}

4.1.25　十进制→十六进制

```
// 把十进制转成十六进制
CString CMyView::Convert_10to16(int N)
{
int a,b; CString A,B;a = N/16; b = N - a * 16;
A. Format("%c",a + 48 * (a < 10) + 55 * (a > = 10));
B. Format("%c",b + 48 * (b < 10) + 55 * (b > = 10));
return A + B;
}
```

4.1.26　十进制→十八进制

```
// 把十进制转成十八进制
CString CMyView::Convert_10to18(int N)
{
int a,b; CString A,B;a = N/18; b = N - a * 18;
A. Format("%c",a + 65);
B. Format("%c",b + 65);
return A + B;
}
```

4.1.27　十六进制→十进制

```
// 把十六进制转成十进制
int CMyView::Convert_16to10(CString buff)
{
CString ch;int M = 0,k,m,n = buff. GetLength();
if(buff. GetLength() = = 1)
{
if(buff = = "0") return 0;
if(buff = = "1") return 1;
if(buff = = "2") return 2;
if(buff = = "3") return 3;
if(buff = = "4") return 4;
if(buff = = "5") return 5;
if(buff = = "6") return 6;
if(buff = = "7") return 7;
if(buff = = "8") return 8;
if(buff = = "9") return 9;
```

```
if( ( buff = = " A" ) | | ( buff = = " a" ) ) return 10;
if( ( buff = = " B" ) | | ( buff = = " b" ) ) return 11;
if( ( buff = = " C" ) | | ( buff = = " c" ) ) return 12;
if( ( buff = = " D" ) | | ( buff = = " d" ) ) return 13;
if( ( buff = = " E" ) | | ( buff = = " e" ) ) return 14;
if( ( buff = = " F" ) | | ( buff = = " f " ) ) return 15;
}
else
{
for( int i = 0;i < n;i + + )
{
ch = buff. Mid( n - i - 1,1); m = Convert_16to10( ch);
k = 1; for( int j = 0;j < i;j + + ) k * = 16; m * = k;
M + = m;
}
return M;
}
return 0;
}
```

4.1.28　十八进制→十进制

```
// 把十八进制转成十进制
CString CMyView∷Convert_18to10( CString A)
{
if( A = = " A" ) return "0";
if( A = = " B" ) return "1";
if( A = = " C" ) return "2";
if( A = = " D" ) return "3";
if( A = = " E" ) return "4";
if( A = = " F" ) return "5";
if( A = = " G" ) return "6";
if( A = = " H" ) return "7";
if( A = = " I" ) return "8";
if( A = = " J" ) return "9";
if( A = = " K" ) return "10";
if( A = = " L" ) return "11";
if( A = = " M" ) return "12";
if( A = = " N" ) return "13";
```

```
if(A = = "O") return "14";
if(A = = "P") return "15";
if(A = = "Q") return "16";
if(A = = "R") return "17";
return "";
}
```

4.1.29　在字符串中查找特定的字符串

```
// 在字符串中查找特定的字符串
BOOL LookForString(CString buff, CString string)
{
if(string.GetLength() > buff.GetLength()) return false;
for(int i = 0;i < buff.GetLength() - string.GetLength() + 1;i + +)
{
if(buff.Mid(i,string.GetLength()) = = string) return true;
}
return false;
}
```

4.1.30　替换五笔字型中的逗号、分号、冒号和句号

```
// 替换五笔字型中的逗号、分号、冒号和句号
CString ReplaceChar(CString buff)
{
CString ch,c,c1,c2;int i;
//替换逗号
douhao：
for(i = 0;i < buff.GetLength(); i + +)
{
c = buff.Mid(i,2);
if(c = = ",")
{
c1 = buff.Left(i); c2 = buff.Right(buff.GetLength() - i - 2); buff = c1 + "," + c2; goto
douhao;
}
}
//替换分号
fenhao：
for(i = 0;i < buff.GetLength(); i + +)
```

```
    {
    c = buff. Mid( i,2) ;
    if( c = = " ;" )
        {
        c1 = buff. Left( i) ; c2 = buff. Right( buff. GetLength( ) - i - 2) ; buff = c1 + " ;" + c2 ; goto
fenhao ;
        }
    }
//替换冒号
maohao :
    for( i = 0 ;i < buff. GetLength( ) ; i + + )
        {
        c = buff. Mid( i,2) ;
        if( c = = " :" )
            {
            c1 = buff. Left( i) ; c2 = buff. Right( buff. GetLength( ) - i - 2) ; buff = c1 + " :" + c2 ; goto
maohao ;
            }
        }
//替换句号为小数点符号,注意:替换句号必须放在最后,否则可能会出错.
juhao :
    for( i = 0 ;i < buff. GetLength( ) ; i + + )
        {
        c = buff. Mid( i,2) ;
        if( c = = " 。" )
            {
            c1 = buff. Left( i) ;   c2 = buff. Right( buff. GetLength( ) - i - 2) ;   buff = c1 + " ." + c2 ; goto
juhao ;
            }
        }
    return buff ;
    }
```

4.1.31　分解字符串与数字

```
// 分解字符串与数字
void CMyView∷DivideString( CString ch)
    {
// 如 FA1 ,FB2 ,ABC123 之类,把字母与数字分开.
```

```
CString c,ch1,ch2;ch1 = " " ; ch2 = " " ;
for( int j = 0;j < ch. GetLength( );j + + )
{
c = ch. Mid( j,1);
if( ( ( c > = "A" )&&( c < = "Z" ) )||( ( c > = "a" )&&( c < = "z" ) ) ) ch1 + = c;
if( ( c > = "0" )&&( c < = "9" ) ) ch2 + = c;
}
Code1 = ch1; Code2 = ch2;
// 为了能处理 F2A1,F2A2,F2B1 等字符串,2 代表层数,改变提取方法,分成:F2A 1,F2A 2,
F2B 1.
// 从左边提取字符时,如果遇到数字马上终止,从右边提取数字时,如果遇到字母马上终
止.
// 提取数字
ch2 = " " ;
for( j = 0;j < ch. GetLength( );j + + )
{
c = ch. Mid( j,1);
if( ( ( c > = "A" )&&( c < = "Z" ) )||( ( c > = "a" )&&( c < = "z" ) ) ) ch2 = " " ; // 如果
遇到字母,清空,重新开始.
if( ( c > = "0" )&&( c < = "9" ) )ch2 + = c;
}
Code2 = ch2;
// 先提取右边数字,再提取左边字母,如 F2A1.
ch1 = ch. Left( ch. GetLength( ) – ch2. GetLength( ) );
Code1 = ch1; Code2 = ch2;
}
```

4.2　核心模块编程

4.2.1　批量展点方法

```
// 批量展点方法
void CMainFrame::OnDrawBatchPoints( )
{
CString instruction; instruction = " \n 使用方法:\n\n 一、用记事本或写字板编辑文本数据
```

文件(. txt),格式为:\n\n 点名 1,纵坐标 1,横坐标 1\n 点名 2,纵坐标 2,横坐标 2\
n..\n\n 点名 n,纵坐标 n,横坐标 n\n\n 二、程序会自
动识别成果表数据文件(. xyh)。格式为:\n\n 点名 1,纵坐标 X,横坐标 Y,高程 H\n 点名

2,纵坐标 X,横坐标 Y,高程 H\n......................................\n\n 点名 n,纵坐标 X,横坐标 Y,高程 H\n\n 三、程序会自动识别由南方 CASS6.0 绘图软件直接生成的坐标数据文件(.dat)。格式为:\n\n 点名 1,识别码,横坐标 Y,纵坐标 X,高程 H\n 点名 2,识别码,横坐标 Y,纵坐标 X,高程 H\n......................................\n\n 点名 n,识别码,横坐标 Y,纵坐标 X,高程 H";

CString filename; char szFilter[ ] = "数据文件 (∗.txt;∗.dat;∗.xyh)|∗.txt;∗.dat;∗.xyh|all files (∗.∗)|∗.∗|";

CFileDialog myfile(true,".txt","使用说明",OFN_READONLY,szFilter,NULL);

myfile.m_ofn.lpstrTitle = "批量展点";

if(myfile.DoModal( ) = = IDOK)

{

CString filename,Number,number,mark1,mark2; char layer[256];

// 标准状态//

CString layername,color,linesort,linewidth,wordstyle,wordheight,wordwidth,wordshape,wordangle,code;

CMainFrame ∗ frame = (CMainFrame ∗)AfxGetMainWnd( );

frame − >m_wndToolBar1.m_layer.GetWindowText(layer,256); layername = layer;

frame − >m_wndToolBar1.m_color.GetWindowText(layer,256); color = layer;

frame − >m_wndToolBar1.m_line_shape.GetWindowText(layer,256); linesort = layer;

frame − >m_wndToolBar1.m_line_width.GetWindowText(layer,256); linewidth = layer;

frame − >m_wndToolBar1.m_word_style.GetWindowText(layer,256); wordstyle = layer;

frame − >m_wndToolBar1.m_word_height.GetWindowText(layer,256);wordheight = layer;

frame − >m_wndToolBar1.m_word_width.GetWindowText(layer,256); wordwidth = layer;

frame − >m_wndToolBar1.m_word_italic.GetWindowText(layer,256); wordshape = layer;

frame − >m_wndToolBar1.m_word_angle.GetWindowText(layer,256); wordangle = layer;

frame − >m_wndToolBar1.m_code.GetWindowText(layer,256); code = layer;

//CString pt1 = myfile.GetPathName( ),pt2 = myfile.GetFileName( );

CurrentWorkingPath = pt1.Left(pt1.GetLength( ) − pt2.GetLength( ) − 1);

if(myfile.GetFileTitle( ) = = "使用说明"){ MessageBox(instruction,"批量展点");

return; }

filename = myfile.GetPathName( ); SetWindowText(filename);

CString c,cc,ch,myline,lastmyline,show,data[100]; char cha[20] = "",buff[256]; int j,zz = 0,space[256],xx = 0,nn = 0,kk = 0,row = 1;

CString name,mark = "me"; double Ux,Uy,Vx,Vy,H;

CStdioFile mydata;int mm = GetStdioFileRows(filename);

if(mydata.Open(filename,CFile::modeRead,NULL))

{

mydata.SeekToBegin( ); int NN = 0;

```
// 显示进度条
RECT rect;m_wndStatusBar. GetItemRect(1,&rect);
if(m_bProgressBarCreated = = =false)
{
m_ProgressBar. Create(WS_VISIBLE|WS_CHILD,rect,&m_wndStatusBar,1);
m_ProgressBar. SetRange(0,100);
m_ProgressBar. SetStep(1);
m_bProgressBarCreated = true;
}
CShow showA;progressvalue =0; progresstitle = "正在读取数据,请稍候...";
showA. Create(IDD_SHOW_DIALOG,NULL); showA. ShowWindow(1);
// 打开数据库
try
{
m_pConnection. CreateInstance(_uuidof(Connection));
try
{
CString dd; dd. Format("Provider = Microsoft. Jet. OLEDB. 4. 0;Data Source = % s",Current-
WorkingFileName);
m_pConnection - >Open((_bstr_t)dd,"","",adModeUnknown); // 打开本地 Access 库
Demo. mdb
}
catch(_com_error e)
{
AfxMessageBox("数据库连接失败,数据库不存在!");
}
while(! feof(mydata. m_pStream))
{
mydata. ReadString(buff,255); myline = buff; kk =0;
if((lastmyline = = myline)||(myline = ='\n')) continue;
lastmyline = myline; zz =1; space[0] = -1;
for(j =0;j < myline. GetLength();j + +)
{
c = myline. Mid(j,1);if(c = = ",") { space[zz + +] =j; }
}
space[zz + +] = myline. GetLength(); nn = zz;
for(j =0;j < nn -1;j + +)
{
```

```
if( space[ j + 1 ] - space[ j ] = = 1) cc = " ";
else cc = myline. Mid( space[ j ] + 1 , space[ j + 1 ] - space[ j ] - 1);
data[ kk + + ] = cc; //MessageBox(" * " + cc + " * ");
}
if( ( row + + = = 1)&&( kk = = 1) ) { mark = "south"; continue; }
if( kk = = 3)
{
name = data[ 0 ]; Ux = atof( data[ 1 ] ); Uy = atof( data[ 2 ] ); H = 0; Vx = 0; Vy = 0;
}
if( kk = = 4)
{
name = data[ 0 ]; Ux = atof( data[ 1 ] ); Uy = atof( data[ 2 ] ); H = atof( data[ 3 ] ); Vx = 0;
Vy = 0;
}
if( kk = = 5)
{
name = data[ 0 ]; Ux = atof( data[ 3 ] ); Uy = atof( data[ 2 ] ); H = atof( data[ 4 ] ); Vx = 0;
Vy = 0;
}
//CString currenttime = GetCurrentDateTime( );
Vx = 1; Vy = Vx; number. Format( " % 07d" , MAX_ID_Address + + ); number = number.
Right(7); NN + + ;
DrawPointBlockFrm( CurrentWorkingFileName, layername, " A " , number, "" , code, name, Ux,
Uy, H, "dot " , 1 , Vx, Vy, linesort, atoi( linewidth ) , color, 0 , "new" );
//DrawAnnotationBlockFrm( CurrentWorkingFileName, layername, " A " , "" , number, name, "" ,
"" , "" , Ux, Uy, 0 , wordstyle, atoi( wordheight ) , atoi( wordwidth ) , wordshape, color, atoi( wordan-
gle) , "new" , "" );
DrawAnnotationBlockFrm( CurrentWorkingFileName, layername, " A " , "" , code, number, "" , "
" , "" , name, "" , Ux, Uy, 0 , wordstyle, atoi( wordheight ) , atoi( wordwidth ) , wordshape, color,
atoi( wordangle ) , "old" , "" );
m_ProgressBar. SetPos( NN * 100/mm );
}
mydata. Close( ); //OnDrawAllview( ); DrawPointsFlag = true; CurrentSaveFileName = " " ;
m_pConnection - >Close( ); m_pConnection = NULL;
}
catch ( _com_error &e )
{
printf( "Error: \n" );
```

```
printf("Code  =  %08lx\n", e. Error());
printf("Meaning  =  %s\n", e. ErrorMessage());
printf("Source  =  %s\n", (LPCSTR) e. Source());
}
extern BOOL EditDrawingFlag; EditDrawingFlag = true; // 图形是否被编辑标志
m_ProgressBar. SetPos(0); showA. DestroyWindow();
// 注意:在用进度条的地方一定要销毁,否则再次打开同一功能时出错。
m_ProgressBar. DestroyWindow(); m_bProgressBarCreated = false;
}
}
}
```

4.2.2　点位捕捉技术

```
// 鼠标左键按下,点位捕捉技术
void CMyView::OnLButtonDown(UINT nFlags, CPoint point)
{
extern CString CurrentWorkingPath, CurrentWorkingFileName, CurrentSavingFileName;
CMyDoc * pDoc = GetDocument();
extern BOOL drawflag; m_pLMouseDown = true;
CString filename, layername, mark, linesort, linewidth, color, number, mark1, mark2;
filename = CurrentWorkingFileName; char layer[256];
CMainFrame * frame = (CMainFrame *) AfxGetMainWnd();
frame - > m_wndToolBar1. m_layer. GetWindowText(layer, 256); layername = layer;
if(CurrentSavingFileName. GetLength() >0)// 如果当前文件存在,则检查本图层是否存在
{
if(! CheckNewLayerIsExistandCreate()) return; // 检查当前图层是否存在,如果不存在,
则创建它
}
double XXmax, YYmax, XXmin, YYmin; extern double pointx, pointy;
XXmax = Xviewcenter + ScreenHeight/ShowFactor/2;
YYmax = Yviewcenter + ScreenWidth/ShowFactor/2;
XXmin = Xviewcenter - ScreenHeight/ShowFactor/2;
YYmin = Yviewcenter - ScreenWidth/ShowFactor/2;
pointy = XXmax - point. y/ShowFactor;// X
pointx = YYmin + point. x/ShowFactor;// Y
// 记录鼠标当前位置与方框中心差值
xkeydown = point. x - cxtangle; ykeydown = point. y - cytangle;
if(SetDragMagnifyFlag)// 拖动图形
```

```
｛
trakkingflag = true；m_Oldpoint = point；m_Newpoint = point；
CRect rect；GetClientRect( &rect)；ClientToScreen( &rect)；ClipCursor( &rect)；
｝
newpointx = point. x；newpointy = point. y；oldpointx = point. x；oldpointy = point. y；
markx1 = point. x；marky1 = point. y；
Xcenter = XXmax – point. y/ShowFactor；Ycenter = YYmin + point. x/ShowFactor；// X,Y
if( markcoordinateflag)// 捕获点位或标注坐标
｛
// 捕捉当前点坐标点名代码
extern CString CurrentWorkingPath, CurrentWorkingFileName；
CString currentlayername = GetCurrentLayerName( )；
CString currentcode = GetCurrentCode( )；
CaptureCoordinatePoint( CurrentWorkingFileName, currentlayername, Xcenter, Ycenter)；
CString ch, name = Ncapturecenter；
ch. Format( "%01. 03f", Xcapturecenter)；markxtitle = "X – " + ch；
ch. Format( "%01. 03f", Ycapturecenter)；markytitle = "Y – " + ch；
markx3 = markx2；marky3 = marky2；
markx2 = ( Ycapturecenter – YYmin) ∗ ShowFactor；
marky2 = ( XXmax – Xcapturecenter) ∗ ShowFactor；
//if( showcaptureflag) ｛ ch = markxtitle + " \n" + markytitle；MessageBox( ch, name) ；｝
｝
｝
```

4.2.3　面域捕捉方法

```
// 鼠标左键双击,面域捕捉方法
void CMyView：：OnLButtonDblClk( UINT nFlags, CPoint point)
｛
CMainFrame ∗ frame = ( CMainFrame ∗ ) AfxGetMainWnd( )；CMyDoc ∗ pDoc = GetDocu-
ment( )；
extern CString CurrentWorkingPath, CurrentWorkingFileName；
CString layername = GetCurrentLayerName( )；
CString currentcode = GetCurrentCode( )；
CString ch, ch1, chs, A, B, C, mark；int length, i, j, k, num, kk = 0, n[ 10], mm = 1；
double MM；double XXmax, YYmax, XXmin, YYmin；//extern double pointx, pointy；
XXmax = Xviewcenter + ScreenHeight/ShowFactor/2；
YYmax = Yviewcenter + ScreenWidth/ShowFactor/2；
XXmin = Xviewcenter – ScreenHeight/ShowFactor/2；
```

YYmin = Yviewcenter − ScreenWidth/ShowFactor/2;

Xcenter = XXmax − point. y/ShowFactor; Ycenter = YYmin + point. x/ShowFactor;// X,Y

if(Print_putoutareafigureflag)// 输出宗地图

{

CString ch,chs,ch0,ch1,ch2,ch3,base,total,other;

// 根据鼠标当前位置查找所在面域并返回该面域组号

ch0 = LookforArea(CurrentWorkingFileName,layername,Xcenter,Ycenter);

if(ch0. GetLength( ) >0)// 返回宗地重心坐标值

{

CString fig = "c:\\windows\\temp\\mdb\\Fig_" + layername + "_" + ch0 + ". mdb";

DeleteFile(fig); // 删除旧文件

if(CreateDataBase(fig)) // 创建数据库

{

CurrentWorkingFigureName = fig; CurrentPutoutAreaRow = ch0;

PutoutLandFig(CurrentWorkingFileName,"JZD",ch0,fig,"");

}

}

}

}

4.2.4　读入经纬度生成面文件

// 读入经纬度,生成面文件

void CMainFrame∷OnDrawReadBL( )

{

CString instruction; instruction = " \n 使用方法:\n \n 一、用记事本或写字板编辑文本数据文件(. txt),格式为:\n \n 点名 1(点名可省略),经度 L1,纬度 B1 \n 点名 2(点名可省略),经度 L2,纬度 B2 \n................................ \n \n 点名 n(点名可省略),经度 Ln,纬度 Bn \n \n 二、第二种格式,系统可自动识别,并标注面文件名称:\n \n//面文件名称 1(本行可省略)\n 序号 1,拐点总数 1,L1,B1,L2,B2... Ln,Bn \n//面文件名称 2(本行可省略)\n 序号 2,拐点总数 2,L1,B1,L2,B2... Ln,Bn \n................. \n//面文件名称 m(本行可省略)\n 序号 m,拐点总数 m,L1,B1,L2,B2... Ln,Bn \n \n 三、注意:在读入前首先设置好图层,默认为当前层。经纬度均以［度. 分秒］为单位,如:112. 0325 ,34. 5900";

CString filename; char szFilter[ ] = "数据文件 (∗. txt)丨 ∗. txt丨all files (∗. ∗)丨 ∗. ∗丨";

CFileDialog myfile(true,". txt","使用说明",OFN_READONLY,szFilter,NULL);

myfile. m_ofn. lpstrTitle = "读入经纬度";

if(myfile. DoModal( ) = = IDOK)

{

if(myfile. GetFileTitle( ) = = "使用说明") { MessageBox(instruction,"读入经纬度") ;
return ; }
CString filename,Number,number,mark1,mark2; char layer[256];
// 标准状态//
CString layername,color,linesort,linewidth,wordstyle,wordheight,wordwidth,wordshape,wordangle,code;
CMainFrame * frame = (CMainFrame *) AfxGetMainWnd( ) ;
frame - > m_wndToolBar1. m_layer. GetWindowText(layer,256) ; layername = layer;
frame - > m_wndToolBar1. m_color. GetWindowText(layer,256) ; color = layer;
frame - > m_wndToolBar1. m_line_shape. GetWindowText(layer,256) ; linesort = layer;
frame - > m_wndToolBar1. m_line_width. GetWindowText(layer,256) ; linewidth = layer;
frame - > m_wndToolBar1. m_word_style. GetWindowText (layer,256) ; wordstyle = layer;
frame - > m_wndToolBar1. m_word_height. GetWindowText(layer,256) ; wordheight = layer;
frame - > m_wndToolBar1. m_word_width. GetWindowText(layer,256) ; wordwidth = layer;
frame - > m_wndToolBar1. m_word_italic. GetWindowText(layer,256) ; wordshape = layer;
frame - > m_wndToolBar1. m_word_angle. GetWindowText(layer,256) ; wordangle = layer;
frame - > m_wndToolBar1. m_code. GetWindowText(layer,256) ; code = layer;
/////////////////////////
extern BOOL CheckDataBaseExistFlag,ExploreDataBaseExistFlag;
// 检查图层
if(((CheckDataBaseExistFlag) | | (ExploreDataBaseExistFlag)) && (! LookForString(layername,"探矿权")) && (! LookForString(layername,"采矿权")))
{
CString cc; cc. Format("当前图层[% s],不是矿业权指定图层,是否继续转换?",layername) ;
int MB = MessageBox(cc,"提示",MB_YESNO) ;
if(MB = = IDNO) return ;
}
//CString pt1 = myfile. GetPathName( ) ,pt2 = myfile. GetFileName( ) ;
CurrentWorkingPath = pt1. Left(pt1. GetLength( ) - pt2. GetLength( ) - 1) ;
filename = myfile. GetPathName( ) ; SetWindowText(filename) ;
CString c,cc,ch,myline,lastmyline,show,data[500]; char cha[20] = "" ,buff[512]; int j,
zz = 0,space[256],xx = 0,nn = 0,kk = 0,row = 1;
CString name,mark = "me"; double Ux,Uy,Vx,Vy,H;BOOL sort = false; // 数据格式类型
CStdioFile mydata; int mm = GetStdioFileRows(filename) ;
CString * * ArrayName; ArrayName = NULL; ArrayName = new CString * [mm]; for(int
z = 0;z < mm;z + +) ArrayName[z] = new CString[1];
CString * * PointName; PointName = NULL; PointName = new CString * [mm];

```
for( z = 0; z < mm; z + + ) PointName[z] = new CString[1000];
double * * ArrayB; ArrayB = NULL; ArrayB = new double * [mm]; for( z = 0; z < mm; z + + )
ArrayB[z] = new double[1000];
double * * ArrayL; ArrayL = NULL; ArrayL = new double * [mm]; for( z = 0; z < mm; z + + )
ArrayL[z] = new double[1000];
int * NUM; NUM = NULL; NUM = new int [mm]; for( z = 0; z < mm; z + + ) NUM[z] =
- 999;
CString * * ArrayB1; ArrayB1 = NULL; ArrayB1 = new CString * [mm]; for( z = 0; z < mm;
z + + ) ArrayB1[z] = new CString[1000];
CString * * ArrayL1; ArrayL1 = NULL; ArrayL1 = new CString * [mm]; for( z = 0; z < mm;
z + + ) ArrayL1[z] = new CString[1000];
if( mydata. Open( filename, CFile : : modeRead, NULL))
{
mydata. SeekToBegin( ); int NN = 0, nnn = 0; // NN 为总行数, nnn 为序号数.
// 显示进度条
RECT rect; m_wndStatusBar. GetItemRect( 1 , &rect);
if( m_bProgressBarCreated = = false)
{
m_ProgressBar. Create( WS_VISIBLE | WS_CHILD, rect, &m_wndStatusBar, 1 );
m_ProgressBar. SetRange( 0 , 100);
m_ProgressBar. SetStep( 1 );
m_bProgressBarCreated = true;
}
CShow showA; progressvalue = 0; progresstitle = " 正在读取数据, 请稍候... ";
showA. Create( IDD_SHOW_DIALOG, NULL); showA. ShowWindow( 1 );
// 打开数据库
try
{
m_pConnection. CreateInstance( _uuidof( Connection));
try
{
CString dd; dd. Format( " Provider = Microsoft. Jet. OLEDB. 4. 0; Data Source = % s" , Current-
WorkingFileName);
m_pConnection - > Open( ( _bstr_t) dd, " " , " " , adModeUnknown);
}
catch( _com_error e)
{
AfxMessageBox( " 数据库连接失败, 数据库不存在! ");
```

```
        }
    while( ! feof( mydata. m_pStream) )
        {
    mydata. ReadString( buff,511) ; myline = buff; kk = 0;for( z = 0;z < 255;z + +) data[ z] = " " ;
    // 每次读入前必须清空,防止前面读入的数据没有清零而被后面读入的数据误用.
    myline = DeleteSpaceBehindName( myline) ; //MessageBox( " * " + myline + " * " ) ;
    if( ( lastmyline = = myline) || ( myline = = '\n') ) continue;
    if( myline. Left( 2) = = "//" )
        {
    ArrayName[ NN][ 0] = myline. Right( myline. GetLength( ) - 2) ; // 记录面文件名称
    continue;
        }
    lastmyline = myline; zz = 1; space[ 0] = - 1;
    for( j = 0;j < myline. GetLength( ) ;j + +)
        {
    c = myline. Mid( j,1) ;if( c = = " ," ) { space[ zz + +] = j; }
        }
    space[ zz + +] = myline. GetLength( ) ; nn = zz;
    for( j = 0;j < nn - 1;j + +)
        {
    if( space[ j + 1] - space[ j] = = 1) cc = " " ;
    else cc = myline. Mid( space[ j] + 1,space[ j + 1] - space[ j] - 1) ;
    data[ kk + +] = cc; //MessageBox( " * " + cc + " * " ) ;
        }
    if( kk = = 1)
        {
    MessageBox( "数据有误或格式不符,请核对数据!" ," 提示" ,MB_OK|MB_ICONSTOP) ;
    return;
        }
    if( kk = = 2) // B1 ,L1 形式
        {
    if( nnn > = 1000 - 1) continue; // 总量控制不超过范围.
    PointName[ NN][ nnn] = " " ; ArrayL[ NN][ nnn] = atof( data[ 0] ) ;
    ArrayB[ NN][ nnn] = atof( data[ 1] ) ; nnn + +; sort = false;
    //ch. Format( "L = % f,B = % f" ,ArrayL[ NN][ nn - 1] ,ArrayB[ NN][ nn - 1] ) ; Message-
    Box( ch) ;
        }
    if( kk = = 3) // Name,B1 ,L1 形式
```

```
{
if( nnn > = 1000 - 1) continue; // 总量控制不超过范围.
PointName[ NN][ nnn] = data[0]; ArrayL[ NN][ nnn] = atof( data[1]);
ArrayB[ NN][ nnn] = atof( data[2]); nnn + +; sort = false;
//ch. Format("L = % f,B = % f", ArrayL[ NN][ nn - 1], ArrayB[ NN][ nn - 1]); Message-
Box( ch);
}
if( kk > 4) // 1,N,B1,L1,B2,L2... Bn,Ln 形式
{
NUM[ NN] = atoi( data[1]);
for( z = 0;z < atoi( data[1]);z + +)
{
ArrayL[ NN][ z] = atof( data[ z * 2 + 2]); ArrayB[ NN][ z] = atof( data[ z * 2 + 3]);
ArrayL1[ NN][ z] = data[ z * 2 + 2]; ArrayB1[ NN][ z] = data[ z * 2 + 3];
}
NN + +; sort = true; // 每行一个面文件
}
m_ProgressBar. SetPos( NN * 100/mm);
}
mydata. Close(); m_ProgressBar. SetPos(0); int Cancel1 = 0;
if( sort)// 第二种格式,查找每个面数据中是否含有空串.
{
for( int i = 0;i < NN;i + +)
{
for( j = 0;j < NUM[ i];j + +)
{
if(( ArrayL[ i][ j] = = 0)&&( ArrayB[ i][ j] = = 0))
{
if( Cancel1 = = 0)
{
ch. Format("% s\n 第[% d]个面数据中第[% d]个拐点经纬度为零,无法正确转换此面数
据! \n\n 忽略此面继续转换[是],不再显示此对话框[否],退出转换[取消] ?",
ArrayName[ i][ 0],i + 1,j + 1);
int MB = MessageBox( ch,"请选择如何操作",MB_YESNOCANCEL);
if( MB = = IDYES) {NUM[ i] = 0;break;} // 跳过此宗
if( MB = = IDNO) Cancel1 = 1;
if( MB = = IDCANCEL) return;
}
```

```
NUM[i] = 0;
}
}
if(NUM[i] > 0) // 如果此面已经忽略,则不检查.
{
// 检查最后一个点数据位数是否完整.
if((ArrayL1[i][NUM[i] - 1].GetLength() < ArrayL1[i][0].GetLength()) || (ArrayB1
[i][NUM[i] - 1].GetLength() < ArrayB1[i][0].GetLength()))
{
ch.Format("%s\n 第[%d]个面数据中最后一个点的数据位数不够,有可能导致该面出
现异常! \n\n 忽略此面[是],继续转换[否] ?",ArrayName[i][0],i + 1);
int MB = MessageBox(ch,"请选择",MB_YESNO);
if(MB == IDYES) {NUM[i] = 0;} // 跳过此宗
}
}
}
}
else // 第一种格式,每行一个经纬度.
{
NN = 1; NUM[0] = nnn;
if(nnn < 3) {MessageBox("拐点总数少于 3 个,无法构成面文件!","错误",MB_OK|MB_
ICONSTOP); return; }
//CString chs = ""; for(int j = 0;j < nnn;j + + )
{ ch.Format("%f,%f\n",ArrayL[0][j],ArrayB[0][j]); chs + = ch; } MessageBox
(chs);
}
int
AreaNumber = atoi(GetDataBaseStagMaxNumber(CurrentWorkingFileName,layername,"Poly-
gon","PolygonNumber"));
int
MaxRowmarkNumber = atoi(GetDataBaseStagMaxNumber(CurrentWorkingFileName,layer-
name,"Line","LineNumber")) + 1;
int Cancel = 0,Tape[50],Ntape = 0,tape,TAPE,N = NN; double B,L,x,y,L0,M; CString
name,ch1,ch2,ch3;CString CoordinateSystem = "1954",Mark = "Longitude";
int MB = MessageBox("\n 请选择坐标系统 [1954][是],[1980][否],[2000][取消]
?","提示",MB_YESNOCANCEL);
if(MB == IDYES) CoordinateSystem = "1954";
if(MB == IDNO) CoordinateSystem = "1980";
```

```
if( MB = = IDCANCEL) CoordinateSystem = "2000" ;
// 输入中央子午线经度
CEditData ed;extern CString PopularValue,PopularTitle; int Jtape = 3 ;
PopularTitle = " 请输入 3 或 6 度带号或中央子午线经度" ; PopularValue = "38" ;
if( ed. DoModal( ) = = IDOK)
{
ch = ed. m_Edit; L0 = atof( ch) ;
if( L0 > =70) // 我国范围,经度:70 - 135 度, 3 度带号:25 - 45, 6 度带号:13 - 23;
{
L0 = atof( ch) ; Mark = " Longitude" ; // 直接输入中央子午线经度
}
else
{
TAPE = atoi( ch) ; Mark = " tape" ;
if( L0 > 24) ｛ L0 = L0 * 3 ; Jtape = 3 ; ｝ else ｛ L0 = L0 * 6 - 3 ; Jtape = 6 ; ｝// 带号,如果值
大于 24 则为 3 度带,否则为 6 度带;
｝
｝
else return ;
// 设置椭球参数
if( CoordinateSystem = = "1954" )
{
E_a = 6378245 ; E_f = 1/298. 3 ; //CoordinateSystemValue = 1954 ;
}
if( CoordinateSystem = = "1980" )
{
E_a = 6378140 ; E_f = 1/298. 257 ; //CoordinateSystemValue = 1980 ;
}
if( CoordinateSystem = = "2000" )
{
E_a = 6378137 ; E_f = 1/298. 257222101 ; //CoordinateSystemValue = 1954 ;
}
for( int i = 0 ;i < NN ;i + + )
{
kk = 0 ; Ncontrolfrm = 0 ;if( NUM[ i] = = 0) continue ; // 跳过此面
for( int j = 0 ;j < NUM[ i] ;j + + )
{
name = PointName[ i] [ j] ;L = ArrayL[ i] [ j] ; B = ArrayB[ i] [ j] ;
```

```
// 换带计算
BLXY(B,L,L0,Jtape,atoi(CoordinateConstant),E_a,E_f);
x = C_X; y = C_Y; if(Mark = = "tape") y + = TAPE * 1000000; // Y 坐标加上带号
XXX[kk] = x; YYY[kk] = y;
CString zx,zy,zh; zx. Format("%f",x); zy. Format("%f",y); zh. Format("%f",0);
//MessageBox(zx + "," + zy);
// 捕捉点,查询相应点代码;
CString
mark = AskCoordinateMarkFrm(CurrentWorkingFileName,layername,"Coordinate",x,y);
if(mark. GetLength() >0) // 本点已经存在;
{
ControlPointFrm[Ncontrolfrm][0] = "y";
}
else // 本点不存在,为新增加点
{
mark. Format("%07d",MAX_ID_Address + +); mark = mark. Right(7);
ControlPointFrm[Ncontrolfrm][0] = "n";
//CString currenttime = GetCurrentDateTime();
// 组成点文件信息 DrawPointBlockFrm ( CurrentWorkingFileName, layername," A",
mark,"",code,DeleteSpaceBehindName(name),x,y,0,"dot ",1,Vx,Vy,linesort,atoi(line-
width),color,0,"new");
// 组成字文件信息 DrawAnnotationBlockFrm ( CurrentWorkingFileName, layername,
"A","",code,mark,"",DeleteSpaceBehindName(name),"","","",x,y,0,wordstyle,atoi
(wordheight),atoi(wordwidth),wordshape,color,atoi(wordangle),"old","");
}
ControlPointFrm[Ncontrolfrm][1] = mark;
ControlPointFrm[Ncontrolfrm][2] = name;
ControlPointFrm[Ncontrolfrm][3] = zx;
ControlPointFrm[Ncontrolfrm][4] = zy;
ControlPointFrm[Ncontrolfrm][5] = zh;
ControlPointFrm[Ncontrolfrm][6] = "0";
Ncontrolfrm + +; kk + +;
}
//M = CalculatePolygonSquare(kk); M = sqrt(M * M); //ch2. Format("%d",N +1);
ch3. Format("%01.02f",M);
CString rowmark,rowmarkbak; // MessageBox(layername); return;
// 记录面文件
// 警告:由于数据库不能及时更新,由下式读入的面组号会出现严重错误.
```

rowmark. Format("%07d", (AreaNumber + +) + 1); rowmark = rowmark. Right(7);

rowmarkbak = rowmark;

float Square = AskPolygonSquareFrm(Ncontrolfrm); CString Msquare;

Msquare. Format("%1. 2f", Square);

CString color, currenttime = GetCurrentDateTime();

switch(i − (i/12) * 12)

{

case 0: color = "红色"; break;// 自定义

case 1: color = "绿色"; break;// 自定义

case 2: color = "蓝色"; break;// 自定义

case 3: color = "黄色"; break;// 自定义

case 4: color = "深红"; break;// 自定义

case 5: color = "深绿"; break;// 自定义

case 6: color = "深蓝"; break;// 自定义

case 7: color = "深黄"; break;// 自定义

case 8: color = "深青"; break;// 自定义

case 9: color = "青色"; break;// 自定义

case 10: color = "紫色"; break;// 自定义

case 11: color = "粉红"; break;// 自定义

default: color = "黑色"; break;// 自定义

}

DrawPolygonBlockFrm(CurrentWorkingFileName, layername, "A", "", code, rowmark, Xfrm-heavy, Yfrmheavy, Ncontrolfrm, Square, 0, color, color, false);

// 记录线文件

CString mark1, mark2, myname1, myname2, rowmark1;

//Rowmark = GetDataBaseStagMaxNumber(CurrentWorkingFileName, "0_L", "LineNumber");

double x1, x2, y1, y2;//ch. Format("%d", Ncontrolfrm); MessageBox(ch);

for(int kz = 0; kz < Ncontrolfrm; kz + +)

{

myname1 = ControlPointFrm[kz][2]; myname2 = ControlPointFrm[kz + 1][2];

x1 = atof(ControlPointFrm[kz][3]); y1 = atof(ControlPointFrm[kz][4]);

x2 = atof(ControlPointFrm[kz + 1][3]); y2 = atof(ControlPointFrm[kz + 1][4]);

if(kz = = Ncontrolfrm − 1)

{

x2 = atof(ControlPointFrm[0][3]); y2 = atof(ControlPointFrm[0][4]);

}

// 查找本线组号是否存在

```
if( ! LookForBaseIsExist( "0" ,x1 ,y1 ,x2 ,y2 ) )
{
int linesort = 0 ,linewidth = 1 ; CString code1 ,code2 ; //CString color = " 黑色 " ;
//CString currenttime = GetCurrentDateTime( ) ;
rowmark1. Format( " % 07d " ,MaxRowmarkNumber + + ) ; rowmark1 = rowmark1. Right( 7 ) ;
//mark1 = " " ; mark2 = " " ; // 此时坐标点尚未入库，没有编号 mark1 = AskCoordinate-
MarkFrm( CurrentWorkingFileName ,layername ," Coordinate " ,x1 ,y1 ) ;
code1 = PointCode1 ;
mark2 = AskCoordinateMarkFrm( CurrentWorkingFileName ,layername ," Coordinate " ,x2 ,y2 ) ;
code2 = PointCode1 ; //MessageBox ( code1 , code2 ) ; DrawLineBlockFrm ( CurrentWorking-
FileName ,layername ," A " ," " , code ,rowmark1 ,mark1 ," " ,x1 ,y1 ,0 ,mark2 ," " ,x2 ,y2 ,0 ,
linesort ,linewidth ,1 ,color ," 直线 " ," old " ," old " ,0 ," 权属 " ,1 ,1 ) ; // 等高线、境界、公路
等 ;
}
}
// 记录单位名称
Ux = 0 ; Uy = 0 ; for( int i1 = 0 ;i1 < kk ;i1 + + ) { Ux + = XXX[ i1 ] ; Uy + = YYY[ i1 ] ; } Ux =
Ux/kk ; Uy = Uy/kk ;
Vx = 1 ; Vy = Vx ; number. Format ( " % 07d " ,MAX_ID_Address + + ) ; number = number.
Right( 7 ) ;
// 组成点文件信息 DrawPointBlockFrm ( CurrentWorkingFileName ,layername ," A " , num-
ber ," " ,code ," " ,Ux ,Uy ,0 ," dot " ,1 ,Vx ,Vy ,linesort ,atoi( linewidth ) ," 黑色 " ,0 ," new " ) ;
// 组成字文件信息 DrawAnnotationBlockFrm ( CurrentWorkingFileName , layername ,
" A " ," " ,code ,number ," " ," " ," " ,ArrayName[ i ][ 0 ] ," " ,Ux ,Uy ,0 ,wordstyle ,14 ,0 ,word-
shape ," 黑色 " ,atoi( wordangle ) ," old " ," " ) ;
// 创建核查数据库
extern BOOL CheckDataBaseExistFlag ,ExploreDataBaseExistFlag ;
if( CheckDataBaseExistFlag ) // 增加面文件时相应更改宗地属性库
{
AddPolygonPropertyDatabaseFrm( CurrentWorkingFileName ,layername ,rowmark ," 采矿权 " ) ;
}
if( ExploreDataBaseExistFlag ) // 增加面文件时相应更改宗地属性库
{ AddPolygonPropertyDatabaseFrm ( CurrentWorkingFileName , layername , rowmark ," 探矿
权 " ) ;
}
}
m_pConnection - > Close( ) ; m_pConnection = NULL ;
}
```

```
catch（_com_error &e）
{
printf（"Error：\n"）;
printf（"Code  =  %08lx\n"，e. Error（））;
printf（"Meaning  =  %s\n"，e. ErrorMessage（））;
printf（"Source  =  %s\n"，（LPCSTR）e. Source（））;
}
showA. DestroyWindow（）;
// 注意：在用进度条的地方一定要销毁,否则再次打开同一功能时会出错.
m_ProgressBar. DestroyWindow（）; m_bProgressBarCreated = false;
}
//释放动态内存空间
for（z = mm - 1;z > = 0;z - - ）delete［］ArrayName［z］;delete［］ArrayName;ArrayName =
NULL;
for（z = mm - 1;z > = 0;z - - ）delete［］PointName［z］;delete［］PointName;PointName =
NULL;
for（z = mm - 1;z > = 0;z - - ）delete［］ArrayB［z］;delete［］ArrayB;ArrayB = NULL;
for（z = mm - 1;z > = 0;z - - ）delete［］ArrayL［z］;delete［］ArrayL;ArrayL = NULL;
for（z = mm - 1;z > = 0;z - - ）delete［］ArrayB1［z］;delete［］ArrayB1;ArrayB1 = NULL;
for（z = mm - 1;z > = 0;z - - ）delete［］ArrayL1［z］;delete［］ArrayL1;ArrayL1 = NULL;
delete［］NUM; NUM = NULL;
}
}
```

4.2.5 读入权属文件

```
// 读入权属文件
void CMainFrame：：OnCadastrationReadQsData（）
{
char buff［500］;int i,j,k,k1 = 0,kk,N = 0,MM,MaxNcode = 0; double M,Ux,Uy,Vx = 0,
Vy = 0;
CString CurrentPath,PathName,A,B,C,cc,ch,ch1,ch2,ch3,zzz,base,neighbour;
CString instruction = " \n1、读入街坊权属文件后,可进行界址点重叠检查和面积闭合检查,
要首先进行重叠检查,在不存在重叠时再进行面积闭合检查;\n\n2、进行面积闭合检查
前,要先读入街坊拐点坐标,拐点坐标可以用文本形式编辑,也可由南方 CASS 自动生成,
顺时针或逆时针均可,不计方向;\n\n3、制作方法:在南方 CASS 上选择由复合线生成权
属文件,选中街坊线生成权属文件,然后再用本系统转换菜单下的［南方权属 - > 坐标文
件］即可;\n\n4、面积闭合检查结果自动生成南方 CASS5. 1/6. 1/7. 1 版本的展点文件,其
中街坊总面积及面积闭合差以文字注记形式生成;\n\n5、如果用南方 CASS7. 1 无法展
```

绘,可建立新文件后读入交换文件,然后作为图块插入原图或复制粘贴到原图中即可";

```
char szFilter[] = "权属数据文件 ( * . qs)| * . qs|";
CFileDialog file(true,". qs","使用说明",OFN_READONLY,szFilter,NULL);
CStdioFilemyfile;
if(file. DoModal() = = IDOK)
{
if(file. GetFileTitle() = = "使用说明") { MessageBox(instruction,"使用说明");
return; }
// ID restore
MAX_ID_Point = 1; MAX_ID_Line = 1; MAX_ID_Polygon = 1; MAX_ID_PolygonData = 1;
MAX_ID_Annotation = 1; MAX_ID_Coordinate = 1; MAX_ID_Address = 1;
PathName = file. GetPathName();
// 记录当前文件目录,以备后面使用;
extern CString CadastrationName1;CadastrationName1 = PathName;
CString workingpath = CurrentWorkingPath; if(workingpath. Right(1)! = "\\") workingpath
+ = "\\";
CurrentEngineeringFileName = workingpath + DistallFileName(PathName) + ". mdb";
////////////////////////////////////////////////////////////////////////
int Nrows = GetStdioFileRows(PathName); // 获得文件总行数
double time; int hor,min,sec; time = (float)Nrows/50; hor = time/3600;
min = (time - hor * 3600)/60; sec = time - hor * 3600 - min * 60;
// 仅用于检查时,用临时文件
CurrentEngineeringFileName = "c:\\windows\\temp\\mdb\\topcheck. mdb";
DeleteFile(CurrentEngineeringFileName);
if(! CopyFile (CurrentEngineeringFileName," c:\\windows\\temp\\mdb\\123. tmp",
false)) // 当前文件不存在
{
CurrentEngineeringFileName = BuildNewFile(CurrentEngineeringFileName,"地籍");
if(CurrentEngineeringFileName. GetLength() = =0)
{
MessageBox("建立图形文件失败!","提示");return;
}
}
//CShow showA; progressvalue = 0; progresstitle = "正在读入权属文件,请稍候...";
showA. Create(IDD_SHOW_DIALOG,NULL); showA. ShowWindow(1);
// 显示进度条
RECT rect;m_wndStatusBar. GetItemRect(1,&rect);
if(m_bProgressBarCreated = = false)
```

```
{
m_ProgressBar. Create( WS_VISIBLE | WS_CHILD, rect, &m_wndStatusBar, 1) ;
m_ProgressBar. SetRange( 0, 100) ;
m_ProgressBar. SetStep( 1) ;
m_bProgressBarCreated = true;
}
extern CString CadastrationName; CadastrationName = workingpath + file. GetFileTitle ( ) +
". cds";
k1 = 0; kk = 0; MM = 0; COLORREF Color; int mm = GetStdioFileRows( PathName) , ii = 0;
// 打开数据库
try
{
m_pConnection. CreateInstance( _uuidof( Connection) ) ;
try
{
CString dd; dd. Format( "Provider = Microsoft. Jet. OLEDB. 4. 0; Data Source = % s" , Current
EngineeringFileName) ;
m_pConnection - > Open( ( _bstr_t) dd, "" , "" , adModeUnknown) ;
}
catch( _com_error e)
{
AfxMessageBox( "数据库连接失败,数据库不存在!" ) ;
}
/////////////////// 标准状态//////////////////////////////////////////////////
CString
layername, color, linesort, linewidth, wordstyle, wordheight, wordwidth, wordshape, wordangle,
code;
CMainFrame * frame = ( CMainFrame * ) AfxGetMainWnd( ) ; char layer[256] ; CString Num-
ber, number;
frame - > m_wndToolBar1. m_layer. GetWindowText( layer, 256) ; layername = layer;
frame - > m_wndToolBar1. m_color. GetWindowText( layer, 256) ; color = layer;
frame - > m_wndToolBar1. m_line_shape. GetWindowText( layer, 256) ; linesort = layer;
frame - > m_wndToolBar1. m_line_width. GetWindowText( layer, 256) ; linewidth = layer;
frame - > m_wndToolBar1. m_word_style. GetWindowText( layer, 256) ; wordstyle = layer;
frame - > m_wndToolBar1. m_word_height. GetWindowText( layer, 256) ; wordheight = layer;
frame - > m_wndToolBar1. m_word_width. GetWindowText( layer, 256) ; wordwidth = layer;
frame - > m_wndToolBar1. m_word_italic. GetWindowText( layer, 256) ; wordshape = layer;
frame - > m_wndToolBar1. m_word_angle. GetWindowText( layer, 256) ; wordangle = layer;
```

```
frame - > m_wndToolBar1. m_code. GetWindowText( layer,256) ; code = layer;
layername = "0" ; color = "黑色" ; // 转换权属数据文件时设置当前层名为"0"
if( myfile. Open( PathName,CFile::modeRead,NULL) )
{
int
MaxRowmarkNumber = atoi ( GetDataBaseStagMaxNumber ( CurrentEngineeringFileName , layer-
name ,"Line" ,"LineNumber" ) ) + 1 ;
int
MaxPolygonBeginNumber = GetDataBaseStageMaxNumber ( CurrentEngineeringFileName , layer-
name ,"PolygonData" ,"MyNumber" ) + 1 ;
int
AreaNumber = atoi ( GetDataBaseStagMaxNumber ( CurrentWorkingFileName , layername , "Poly-
gon" ,"PolygonNumber" ) ) ;
// 清理控制点库
Ncontrolfrm = 0 ; int zz = 0 ;
while ( ! feof( myfile. m_pStream) )
{
myfile. ReadString( buff,500) ; cc = buff; cc = cc. Left( cc. GetLength( ) - 1 ) ;
if( cc. Left( 1 ) = = "E" )
{
if( k1 = =0) break;// 已读完所有数据
for( i = 0 ; i < k1 ; i = i + 3 )
{
if( i = =0)
{
A = DATA[ i] ; B = DATA[ i + 1 ] ; C = DATA[ i + 2 ] ;
}
else
{
Name[ kk ] = DATA[ i] ; YYY[ kk ] = atof( DATA[ i + 1 ] ) ; XXX[ kk ] = atof( DATA[ i +
2] ) ;
YY[ kk ] = atof( DATA[ i + 1 ] ) ; XX[ kk ] = atof( DATA[ i + 2 ] ) ;
//if( FormDataFlag)// 不管是不是生成图形文件,都要提取坐标
{
double x,y;y = atof( DATA[ i + 1 ] ) ; x = atof( DATA[ i + 2 ] ) ;
CString zx,zy,zh; zx. Format( "%f" ,x) ; zy. Format( "%f" ,y) ; zh. Format( "%f" ,0) ;
// 捕捉点,查询相应点代码;
// 为了加快速度,不再检索原有点号,直接作为新点记录,不影响查找错误.
```

```
CString
mark ;// = AskCoordinateMarkFrm ( CurrentEngineeringFileName, layername," Coordinate",x,
y);
{
mark. Format(" %07d",MAX_ID_Address + + ); mark = mark. Right(7);
ControlPointFrm[Ncontrolfrm][0] = "n";
//CString currenttime = GetCurrentDateTime();
```

// 组成点文件信息

// 注记点不算坐标点,避免影响查找错误

```
//DrawPointBlockFrm ( CurrentEngineeringFileName, layername," A ", mark,"", code,
DeleteSpaceBehindName(DATA[i]),x,y,0," dot ",1,Vx,Vy,linesort,atoi(linewidth),
color,0,"new");
//DrawPointBlockFrm ( CurrentEngineeringFileName, layername," A ", mark,"", code,
DeleteSpaceBehindName(DATA[i]),x,y,0," dot ",1,Vx,Vy,linesort,atoi(linewidth),
color,0,"old");
```

// 组成字文件信息

```
//DrawAnnotationBlockFrm ( CurrentEngineeringFileName, layername, "A","", code,
mark,"", DeleteSpaceBehindName(DATA[i]),"","","",x,y,0, wordstyle, atoi(word-
height),atoi(wordwidth),wordshape,color,atoi(wordangle),"old","");
}
ControlPointFrm[Ncontrolfrm][1] = mark;
ControlPointFrm[Ncontrolfrm][2] = DATA[i];
ControlPointFrm[Ncontrolfrm][3] = zx;
ControlPointFrm[Ncontrolfrm][4] = zy;
ControlPointFrm[Ncontrolfrm][5] = zh;
ControlPointFrm[Ncontrolfrm][6] = "0";
Ncontrolfrm + + ;
}
kk + + ;
}
}
M = CalculatePolygonSquare(kk);M = sqrt(M * M); ch2. Format(" %d",N +1);
ch3. Format(" %01.02f",M);
CString rowmark,rowmarkbak;
//if(FormDataFlag) // 不管是不是生成图形文件,都要生成面文件
{
```

// 记录面文件

// 警告:由于数据库不能及时更新,由下式读入的面组号会出现严重错误.

rowmark. Format("%07d",(AreaNumber + +) + 1); rowmark = rowmark. Right(7);

rowmarkbak = rowmark;

float Square = AskPolygonSquareFrm(Ncontrolfrm); CString Msquare;

Msquare. Format("%1.2f",Square);

CString color, currenttime = GetCurrentDateTime(); //ch. Format("%f",Square);

MessageBox(ch);

switch(N - (N/12) * 12)

{

case 0: color = "红色"; break;// 自定义

case 1: color = "绿色"; break;// 自定义

case 2: color = "蓝色"; break;// 自定义

case 3: color = "黄色"; break;// 自定义

case 4: color = "深红"; break;// 自定义

case 5: color = "深绿"; break;// 自定义

case 6: color = "深蓝"; break;// 自定义

case 7: color = "深黄"; break;// 自定义

case 8: color = "深青"; break;// 自定义

case 9: color = "青色"; break;// 自定义

case 10: color = "紫色"; break;// 自定义

case 11: color = "粉红"; break;// 自定义

default: color = "白色"; break;// 自定义

}

DrawPolygonBlockFrm (CurrentEngineeringFileName, layername," A "," ", code, rowmark,

Xfrmheavy, Yfrmheavy, Ncontrolfrm, Square, 0, color, color, true);

//MaxPolygonBeginNumber + = Ncontrolfrm; // 起始点号 + 本面总点数 = 下一个面开始

号;

}

// 清理控制点库

Ncontrolfrm = 0;

if(MaxNcode < kk) MaxNcode = kk; // 记录最大宗地最多界址点数

for(i = 0; i < kk; i + +)

{

// 注意:南方 QS 文件各宗地点名允许重号

{

//TR_Name[MM] = Name[i]; TR_X[MM] = XX[i]; TR_Y[MM] = YY[i];

MM + +; // 记录各界址点名,总数不超过 2000 个,否则会出错!

}

}

```
k1 = 0; kk = 0; N + + ; zz + + ;
}
else
{
DATA[k1 + +] = cc;
}
m_ProgressBar. SetPos((ii + +) * 100/mm);
if(zz > 500 - 1) { MessageBox("街坊宗地数已超过[500]宗,请处理数据!","警告",MB_
ICONEXCLAMATION); break; }
}
m_ProgressBar. SetPos(100);
}
//MessageBox("自动生成面积汇总文件,请自己修改街道街坊宗地位数。\n" +
WriteName,"提示");
km = MM; CadastrationReadQsDataFlag1 = true;
// 生成权属文件后关闭地籍数据库,只有在打开文件时再进行打开
extern int land_Ncode; land_Ncode = MaxNcode;
//ch. Format("land_Ncode = % d",land_Ncode); MessageBox(ch);
m_pConnection - > Close(); m_pConnection = NULL;
}
catch (_com_error &e)
{
printf("Error:\n");
printf("Code = % 08lx\n", e. Error());
printf("Meaning = % s\n", e. ErrorMessage());
printf("Source = % s\n", (LPCSTR) e. Source());
}
m_ProgressBar. SetPos(0); //showA. DestroyWindow();
// 注意:在用进度条的地方一定要销毁,否则再次打开同一功能时会出错.
m_ProgressBar. DestroyWindow(); m_bProgressBarCreated = false;
// 将当前文件复制到指定目录下
CString
qq = CurrentEngineeringFileName,pp = "c:\\windows\\temp\\mdb\\topcheck. mdb";
if(qq. Left(pp. GetLength())! = pp)
CopyFile(CurrentEngineeringFileName," c:\\windows\\temp\\mdb\\topcheck. mdb",
false);
}
}
```

4.2.6　权属拓扑关系检查

```
// 权属拓扑关系检查
void CMyView::OnCadastrationQsCheck()
{
CMyDoc * pDoc = GetDocument(); extern int MAX_ID_Address;
CString filename = "c:\\windows\\temp\\mdb\\topcheck. mdb"; int z; int MMM = 0; // 重
叠点数量
if( ! CopyFile( filename, "c:\\windows\\temp\\mdb\\123. mdb", false) )
{ MessageBox( "权属拓扑关系检查失败!", "提示" ); return; }
else DeleteFile( "c:\\windows\\temp\\mdb\\123. mdb" );
//二维数组首指针//动态分配空间
int K = GetDataBaseCounts( filename, "Polygon" );
//int J = AskRecordsMaxMinAvgValue( filename, "Polygon", "TotalPoint", "max", "int" );
int J = atoi( GetDataBaseStagMaxNumber( filename, "", "Polygon", "TotalPoint" ) ) + 1;
CString * * Name; Name = NULL; Name = new CString * [ K ]; for( z = 0; z < K; z + + )
Name[ z ] = new CString[ J ];
double * * ArrayX; ArrayX = NULL; ArrayX = new double * [ K ]; for( z = 0; z < K; z + + )
ArrayX[ z ] = new double[ J ];
double * * ArrayY; ArrayY = NULL; ArrayY = new double * [ K ]; for( z = 0; z < K; z + + )
ArrayY[ z ] = new double[ J ];
int * Nums; Nums = NULL; Nums = new int [ K ];
CString * * Array; Array = NULL; Array = new CString * [ K ]; for( z = 0; z < K; z + + )
Array[ z ] = new CString[ 2 ];
int * BeginNum; BeginNum = NULL; BeginNum = new int [ K ];
externint progressvalue; extern CString progresstitle;
CShow show; progressvalue = 0; progresstitle = "正在检查,请稍候..." ;
show. Create( IDD_SHOW_DIALOG, NULL ); show. ShowWindow( 1 );
_variant_t var; CString condition, ch, chs;
try
{
m_pConnection. CreateInstance( _uuidof( Connection ) );
try
{
CString dd; dd. Format ( " Provider = Microsoft. Jet. OLEDB. 4. 0; Data Source = % s ",
filename );
m_pConnection - > Open( ( _bstr_t) dd, "", "", adModeUnknown ); // 打开本地 Access 库
Demo. mdb
```

```
}
catch( _com_error e)
{
AfxMessageBox("权属拓扑关系检查失败,数据库不存在!"); return;
}
// 为了加快速度,提取坐标数据查找,不再用数据库查找
int MMNN = GetDataBaseCounts(filename,"Coordinate"); //double s,smin,ms;
double * * ArrayXY; ArrayXY = NULL; ArrayXY = new double * [MMNN]; for(z = 0;z <
MMNN;z + + ) ArrayXY[z] = new double[2];
int * Address; Address = NULL; Address = new int [MMNN];
try
{
_RecordsetPtrpRs;pRs. CreateInstance( _uuidof( Recordset) );
CString ee; ee. Format("SELECT * FROM %s","Coordinate");
pRs - >Open( _bstr_t( ee), // 查询 DemoTable 表中所有字段
m_pConnection. GetInterfacePtr(),// 获取数据库的 IDispatch 指针
adOpenDynamic,adLockOptimistic,adCmdText);
pRs - >MoveFirst(); int NN = 0; _variant_t var;
while(! pRs - >adoEOF)
{
var = pRs - >GetCollect("IDaddress");
if(var. vt ! = VT_NULL) Address[NN] = atoi((LPCSTR)_bstr_t(var));
var = pRs - >GetCollect("CoordinateX");
if(var. vt ! = VT_NULL) ArrayXY[NN][0] = atof((LPCSTR)_bstr_t(var));
var = pRs - >GetCollect("CoordinateY");
if(var. vt ! = VT_NULL) ArrayXY[NN][1] = atof((LPCSTR)_bstr_t(var));
NN + + ; pRs - >MoveNext();
}
pRs - >Close(); pRs = NULL;
}
catch( _com_error e)
{
//AfxMessageBox("没有查到符合要求的信息!");
}
// 提取面数据
try
{
_RecordsetPtrpRs;pRs. CreateInstance( _uuidof( Recordset) );
```

```
CString ee; ee. Format("SELECT * FROM %s","Polygon");
pRs - > Open(_bstr_t(ee), // 查询 DemoTable 表中所有字段
m_pConnection. GetInterfacePtr(),// 获取数据库的 IDispatch 指针
adOpenDynamic,adLockOptimistic,adCmdText);
pRs - > MoveFirst(); int NN = 0; CString begin; //MessageBox(NUM[k]);
while(! pRs - > adoEOF)
{
var = pRs - > GetCollect("PolygonNumber");
if(var. vt ! = VT_NULL) Array[NN][0] = (LPCSTR)_bstr_t(var);
var = pRs - > GetCollect("TotalPoint");
if(var. vt ! = VT_NULL) Array[NN][1] = (LPCSTR)_bstr_t(var);
Nums[NN] = atoi(Array[NN][1]);
var = pRs - > GetCollect("BeginNumber");
if(var. vt ! = VT_NULL) begin = (LPCSTR)_bstr_t(var); BeginNum[NN] = atoi(begin);
NN + +; pRs - > MoveNext();
}
pRs - > Close(); pRs = NULL;
}
catch(_com_error e)
{
//AfxMessageBox("没有查到符合要求的信息!");
}
for(int i = 0;i < K;i + +)// 提取面数据
{
CString www; int NMP,num;
try
{
_RecordsetPtrpRs;pRs. CreateInstance(_uuidof(Recordset));
condition. Format("SELECT * FROM %s WHERE (PolygonNumber ='%s')","Polygon
Data",Array[i][0]);
pRs - > Open(_bstr_t(condition),_variant_t((IDispatch *)m_pConnection,true),adOpen-
Static,adLockOptimistic,adCmdText);
while(! pRs - > adoEOF)
{
var = pRs - > GetCollect("MyNumber");
if(var. vt ! = VT_NULL) www = (LPCSTR)_bstr_t(var); NMP = atoi(www); //Message-
Box(www);
var = pRs - > GetCollect("IDaddress");
```

```
if( var. vt !  =  VT_NULL) Name[ i] [ NMP – BeginNum[ i] ] = ( LPCSTR) _bstr_t( var) ;
num = atoi( Name[ i] [ NMP – BeginNum[ i] ] ) ;
for( int q = 0 ;q < MMNN;q + + ) if( num = = Address[ q] )
{
ArrayX[ i] [ NMP – BeginNum[ i] ] = ArrayXY[ q] [ 0] ;
ArrayY[ i] [ NMP – BeginNum[ i] ] = ArrayXY[ q] [ 1] ; break ;
}
pRs –  > MoveNext( ) ;
}
pRs –  > Close( ) ; pRs = NULL ;
}
catch( _com_error e)
{
AfxMessageBox( "提取面数据失败!" ) ;
}
}
//释放动态内存空间
for( z = K – 1 ;z >  = 0 ;z –  – ) delete[ ] Array[ z] ;delete[ ] Array ; Array = NULL ;
for( z = MMNN – 1 ;z >  = 0 ;z –  – ) delete[ ] ArrayXY[ z] ; delete[ ] ArrayXY ; ArrayXY =
NULL ;
delete[ ] BeginNum ; BeginNum = NULL ;
delete[ ] Address ; Address = NULL ;
// 关闭数据库指针
m_pConnection –  > Close( ) ; m_pConnection = NULL ;
}
catch ( _com_error &e )
{
printf( "Error: \n" ) ;
printf( "Code = %08lx\n" , e. Error( ) ) ;
printf( "Meaning = % s\n" , e. ErrorMessage( ) ) ;
printf( "Source = % s\n" , ( LPCSTR) e. Source( ) ) ;
}
//ch. Format( "共[ % d] 宗地" ,K) ; MessageBox( ch) ;
CString FileName = CadastrationName , FileName0 ;
// 获得桌面目录
LPITEMIDLIST lpllDL; char szDesktopDir[ MAX_PATH] ;
CString MyFileName , ErrorFileName1 , ErrorFileName2 ;
SHGetSpecialFolderLocation( HWND_DESKTOP , CSIDL_DESKTOP , &lpllDL) ;
```

```
SHGetPathFromIDList(lpllDL,szDesktopDir); //MessageBox(szDesktopDir);
// 在当前文件夹下生成,以免混乱;
MyFileName = CadastrationName1. Left(CadastrationName1. GetLength() - 3) + " - 重叠.
mdb";
FileName0 = CadastrationName1. Left(CadastrationName1. GetLength() - 3) + " - 重叠. txt";
ErrorFileName1 = CadastrationName1. Left(CadastrationName1. GetLength() - 3) + " - 重叠
(5.1). cas";
ErrorFileName2 = CadastrationName1. Left(CadastrationName1. GetLength() - 3) + " - 重叠
(6.1). cas";
MyFileName = BuildNewFile(MyFileName,"地籍");
if(MyFileName. GetLength() = = 0)
{
MessageBox("建立图形文件失败!","提示",MB_OK|MB_ICONSTOP);return;
}
// ID restore
extern int MAX_ID_Point,MAX_ID_Line,MAX_ID_Polygon,MAX_ID_PolygonData,MAX_ID
_Annotation,MAX_ID_Coordinate;
MAX_ID_Point = 1; MAX_ID_Line = 1; MAX_ID_Polygon = 1; MAX_ID_PolygonData = 1;
MAX_ID_Annotation = 1; MAX_ID_Coordinate = 1; MAX_ID_Address = 1;
//CShow showA; progressvalue = 0; progresstitle = " 正在读入权属文件,请稍候...";
showA. Create(IDD_SHOW_DIALOG,NULL); showA. ShowWindow(1);
// 为了生成南方 CASS 交换文件,开辟单元记录坐标,并生成大圆直接展绘到南方 CASS
上.
int Merror = GetDataBaseCounts(filename,"Coordinate"); //double s,smin,ms;
double * * ErrorXY; ErrorXY = NULL; ErrorXY = new double * [Merror]; for(z = 0;z <
Merror;z + +) ErrorXY[z] = new double[2];
CString layername,color,linesort,linewidth,wordstyle,wordheight,wordwidth,wordshape,wor-
dangle;
CMainFrame * frame = (CMainFrame *)AfxGetMainWnd(); char layer[256]; CString Num-
ber,number;
frame - > m_wndToolBar1. m_layer. GetWindowText(layer,256); layername = layer;
frame - > m_wndToolBar1. m_color. GetWindowText(layer,256); color = layer;
frame - > m_wndToolBar1. m_line_shape. GetWindowText(layer,256); linesort = layer;
frame - > m_wndToolBar1. m_line_width. GetWindowText(layer,256); linewidth = layer;
frame - > m_wndToolBar1. m_word_style. GetWindowText(layer,256); wordstyle = layer;
frame - > m_wndToolBar1. m_word_height. GetWindowText(layer,256); wordheight = layer;
frame - > m_wndToolBar1. m_word_width. GetWindowText(layer,256); wordwidth = layer;
frame - > m_wndToolBar1. m_word_italic. GetWindowText(layer,256); wordshape = layer;
```

```
frame - > m_wndToolBar1. m_word_angle. GetWindowText(layer,256); wordangle = layer;
//m_ProgressBar. SetPos( i * 50/TR_N);
///////////////////////////////////////////////////////////////////////
// 打开数据库
try
{
m_pConnection. CreateInstance( __uuidof( Connection) );
try
{
CString dd; dd. Format ( " Provider = Microsoft. Jet. OLEDB. 4. 0; Data Source = % s ", My-
FileName);
m_pConnection - > Open( ( _bstr_t) dd,"","",adModeUnknown); // 打开本地 Access 库
Demo. mdb
}
catch( _com_error e)
{
AfxMessageBox("数据库连接失败,数据库不存在!");
}
int NN = 0;
CStdioFile writefile; z = 0; BOOL find,findok; int Nfind = 0; COLORREF Color; double xmin,
ymin,xmax,ymax;
if( writefile. Open( FileName0,CFile：:modeCreate | CFile：:modeWrite,NULL) )
{
for( int i = 0; i < K - 1; i + +)
{
findok = false; // 第一个基准面
for( int k = i + 1; k < K; k + +)
{
// 为了加快速度,统计第二个环的最大最小值,如果本点不在本环范围内,则跳过.
xmin = 999999999; ymin = 999999999; xmax = - 999999999; ymax = - 999999999;
for( int j = 0; j < Nums[ k]; j + +)
{
pDoc - > AreaX[ j] = ArrayX[ k][ j]; pDoc - > AreaY[ j] = ArrayY[ k][ j];
if( xmin > pDoc - > AreaX[ j]) xmin = pDoc - > AreaX[ j];
if( ymin > pDoc - > AreaY[ j]) ymin = pDoc - > AreaY[ j];
if( xmax < pDoc - > AreaX[ j]) xmax = pDoc - > AreaX[ j];
if( ymax < pDoc - > AreaY[ j]) ymax = pDoc - > AreaY[ j];
}
```

```
find = false;
for( int m = 0;m < Nums[ i ];m + + )
{
if( ( ArrayX[ i ][ m ] < xmin ) | | ( ArrayX[ i ][ m ] > xmax ) | | ( ArrayY[ i ][ m ] < ymin ) | | ( Ar-
rayY[ i ][ m ] > ymax ) )  continue;
if( ComparePointIsInPolygon1( ArrayX[ i ][ m ],ArrayY[ i ][ m ],Nums[ k ] ) ) // 判断当前面
中的某点是否在第一个基准面中
{
double Ux,Uy,Vx,Vy; Ux = ArrayX[ i ][ m ]; Uy = ArrayY[ i ][ m ]; ErrorXY[ MMM ][ 0 ] =
Ux; ErrorXY[ MMM ][ 1 ] = Uy;
//CString currenttime = GetCurrentDateTime( );
Vx = 20; Vy = Vx; number. Format( "%07d",MAX_ID_Address + + ); number = number.
Right( 7 ); NN + + ;
// 组成点文件信息
DrawPointBlockView( MyFileName,"0"," A",number,""," 0","",Ux,Uy,0," circle",1,
Vx,Vy,linesort,atoi( linewidth ),"红色",0," new" );
// 组成字文件信息
DrawAnnotationBlockView ( MyFileName," 0"," A",""," 0",number,DeleteSpaceBehind-
Name( Name[ i ][ m ] ),"","","","",Ux,Uy,0,wordstyle,atoi ( wordheight ),atoi ( word-
width ),wordshape,color,atoi( wordangle )," old","" );
ch. Format( "%s,%f,%f\n",Name[ i ][ m ],ArrayX[ i ][ m ],ArrayY[ i ][ m ] );MMM + + ;
writefile. WriteString( ch );z + + ;find = true;findok = true;
}
}
if( find ) //当前面某点在第一个基准面中,记录本面
{
// 清理控制点库
Ncontrolview = 0; Nfind = k; // 计算颜色值
for( j = 0;j < Nums[ k ];j + + )
{
pDoc − > MultiX[ j ] = ArrayX[ k ][ j ]; pDoc − > MultiY[ j ] = ArrayY[ k ][ j ];
double x,y;x = ArrayX[ k ][ j ]; y = ArrayY[ k ][ j ];
CString zx,zy,zh; zx. Format( "%f",x ); zy. Format( "%f",y ); zh. Format( "%f",0 );
// 捕捉点查询相应点代码;
CString mark = AskCoordinateMarkView( MyFileName,"0"," Coordinate",x,y );
if( mark. GetLength( ) >0 ) // 本点已经存在
{
ControlPointView[ Ncontrolview ][ 0 ] = "y";
```

```
}
else // 本点不存在,为新增加点
{
mark. Format( "%07d" ,MAX_ID_Address + + ) ; mark = mark. Right(7) ;
ControlPointView[ Ncontrolview ][ 0 ] = "n" ;
}
ControlPointView[ Ncontrolview ][ 1 ] = mark ;
ControlPointView[ Ncontrolview ][ 2 ] = "" ;
ControlPointView[ Ncontrolview ][ 3 ] = zx ;
ControlPointView[ Ncontrolview ][ 4 ] = zy ;
ControlPointView[ Ncontrolview ][ 5 ] = zh ;
ControlPointView[ Ncontrolview ][ 6 ] = "0" ;
Ncontrolview + + ;
}
CString rowmark = GetDataBaseStagMaxNumber( MyFileName ,"0" ,"Polygon" ,"PolygonNum-
ber" ) ;
rowmark. Format( "%07d" ,atoi( rowmark ) +1 ) ; rowmark = rowmark. Right(7) ;
float Square = AskPolygonSquareView( Ncontrolview ) ;
CString color ,currenttime = GetCurrentDateTime( ) ;
switch( Nfind − ( Nfind/12 ) * 12 )
{
case 0: color = "红色" ; break;// 自定义
case 1: color = "绿色" ; break;// 自定义
case 2: color = "蓝色" ; break;// 自定义
case 3: color = "黄色" ; break;// 自定义
case 4: color = "深红" ; break;// 自定义
case 5: color = "深绿" ; break;// 自定义
case 6: color = "深蓝" ; break;// 自定义
case 7: color = "深黄" ; break;// 自定义
case 8: color = "深青" ; break;// 自定义
case 9: color = "青色" ; break;// 自定义
case 10: color = "紫色" ; break;// 自定义
case 11: color = "粉红" ; break;// 自定义
default: color = "白色" ; break;// 自定义
}
DrawPolygonBlockView( MyFileName ,"0" ,"A" ,"" ,"0" ,rowmark ,Xviewheavy ,Yviewheavy ,
Nums[ k ] ,Square ,0 ,color ,color ) ;
}
```

```
}
if(findok)// 第一个基准面已经与其他面有交叉,记录本面
{
// 清理控制点库
Ncontrolview = 0; Nfind = i; // 计算颜色值
for(int m = 0;m < Nums[i];m + +)
{
pDoc - > MultiX[m] = ArrayX[i][m]; pDoc - > MultiY[m] = ArrayY[i][m];
double x,y;x = ArrayX[i][m]; y = ArrayY[i][m];
CString zx,zy,zh; zx. Format("% f",x); zy. Format("% f",y); zh. Format("% f",0);
// 捕捉点,查询相应点代码
CString mark = AskCoordinateMarkView(MyFileName,"0","Coordinate",x,y);
if(mark. GetLength() > 0) // 本点已经存在
{
ControlPointView[Ncontrolview][0] = "y";
}
else // 本点不存在,为新增加点
{
mark. Format("% 07d",MAX_ID_Address + +); mark = mark. Right(7);
ControlPointView[Ncontrolview][0] = "n";
}
ControlPointView[Ncontrolview][1] = mark;
ControlPointView[Ncontrolview][2] = " ";
ControlPointView[Ncontrolview][3] = zx;
ControlPointView[Ncontrolview][4] = zy;
ControlPointView[Ncontrolview][5] = zh;
ControlPointView[Ncontrolview][6] = "0";
Ncontrolview + +;
}
CString rowmark = GetDataBaseStagMaxNumber(MyFileName,"0"," Polygon"," PolygonNum-
ber");
rowmark. Format("% 07d",atoi(rowmark) + 1); rowmark = rowmark. Right(7);
float Square = AskPolygonSquareView(Ncontrolview);
CString color;
switch( Nfind - ( Nfind/12) * 12)
{
case 0: color = "红色"; break;// 自定义
case 1: color = "绿色"; break;// 自定义
```

```
case 2：color = "蓝色"；break；// 自定义
case 3：color = "黄色"；break；// 自定义
case 4：color = "深红"；break；// 自定义
case 5：color = "深绿"；break；// 自定义
case 6：color = "深蓝"；break；// 自定义
case 7：color = "深黄"；break；// 自定义
case 8：color = "深青"；break；// 自定义
case 9：color = "青色"；break；// 自定义
case 10：color = "紫色"；break；// 自定义
case 11：color = "粉红"；break；// 自定义
default：color = "白色"；break；// 自定义
}
DrawPolygonBlockView( MyFileName,"0","A",""，"0",rowmark,Xviewheavy,Yviewheavy,
Nums[i],Square,0,color,color)；
}
}
writefile. Close( )；
}
m_pConnection - > Close( )；m_pConnection = NULL；
}
catch (_com_error &e )
{
printf( "Error：\n" )；
printf( "Code = %08lx\n", e. Error( ) )；
printf( "Meaning = %s\n", e. ErrorMessage( ) )；
printf( "Source = %s\n", (LPCSTR) e. Source( ) )；
}
show. DestroyWindow( )；//m_ProgressBar. SetPos(0)；
if( MMM > 0)
{
// 生成 CASS5. 1 展点文件
double xmin,ymin,xmax,ymax；CString buff,ch0；
CStdioFile mydata1；
if( mydata1. Open( ErrorFileName1,CFile：：modeWrite | CFile：：modeCreate,NULL) )
{
// 求所有点最大最小值
xmin = 999999999；ymin = 999999999；xmax = - 999999999；ymax = - 999999999；
for( z = 0；z < MMM；z + + )
```

```
｛
if( xmin > ErrorXY[ z ][ 0 ] ) xmin = ErrorXY[ z ][ 0 ];
if( ymin > ErrorXY[ z ][ 1 ] ) ymin = ErrorXY[ z ][ 1 ];
if( xmax < ErrorXY[ z ][ 0 ] ) xmax = ErrorXY[ z ][ 0 ];
if( ymax < ErrorXY[ z ][ 1 ] ) ymax = ErrorXY[ z ][ 1 ];
｝
ch = "START\n"; buff = ch; mydata1. Write( buff,buff. GetLength( ) );
ch0. Format( "%01. 03f,%01. 03f\n%01. 03f,%01. 03f\n",ymin,xmin,ymax,xmax);
buff = ch0; mydata1. Write( buff,buff. GetLength( ) );
ch = "[ 0 ]\n"; buff = ch; mydata1. Write( buff,buff. GetLength( ) );
// 南方 CASS5. 1 交换文件格式
ch = "CIRCLE\n"; buff = ch; mydata1. Write( buff,buff. GetLength( ) );
for( z = 0;z < MMM;z + + )
｛
ch. Format( "% s,Continuous,%01. 03f\n","0",15. 0); buff = ch; mydata1. Write( buff,
buff. GetLength( ) );
ch. Format( "%01. 03f,%01. 03f\n",ErrorXY[ z ][ 1 ],ErrorXY[ z ][ 0 ]); buff = ch; myda-
ta1. Write( buff,buff. GetLength( ) );
｝
ch = "nil\n"; buff = ch; mydata1. Write( buff,buff. GetLength( ) );
ch = "END\n"; buff = ch; mydata1. Write( buff,buff. GetLength( ) );
mydata1. Close( );
｝
// 生成 CASS6. 1,CASS7. 0 展点文件
//double xmin,ymin,xmax,ymax; CString buff,ch0;
CStdioFile mydata;
if( mydata. Open( ErrorFileName2,CFile∷modeWrite|CFile∷modeCreate,NULL) )
｛
// 求所有点最大最小值
xmin = 999999999; ymin = 999999999; xmax = − 999999999; ymax = − 999999999;
for( z = 0;z < MMM;z + + )
｛
if( xmin > ErrorXY[ z ][ 0 ] ) xmin = ErrorXY[ z ][ 0 ];
if( ymin > ErrorXY[ z ][ 1 ] ) ymin = ErrorXY[ z ][ 1 ];
if( xmax < ErrorXY[ z ][ 0 ] ) xmax = ErrorXY[ z ][ 0 ];
if( ymax < ErrorXY[ z ][ 1 ] ) ymax = ErrorXY[ z ][ 1 ];
｝
ch = "CASS6\n"; buff = ch; mydata. Write( buff,buff. GetLength( ) );
```

```
ch0. Format( "%01.03f,%01.03f\n%01.03f,%01.03f\n",ymin,xmin,ymax,xmax);
buff = ch0; mydata. Write(buff,buff. GetLength( ));
ch = ".[0]\n"; buff = ch; mydata. Write(buff,buff. GetLength( ));
// 画圆
ch = "CIRCLE\n"; buff = ch; mydata. Write(buff,buff. GetLength( ));
for(z = 0;z < MMM;z + +)
{
ch. Format( "%s,%1. 3f\n","0",15. 0); buff = ch; mydata. Write( buff, buff. GetLength
( )); //300020,PLINE,,,街坊线
ch. Format( "%01.03f,%01.03f\n",ErrorXY[z][1],ErrorXY[z][0]); buff = ch; myda-
ta. Write(buff,buff. GetLength( ));
ch = "e\n";buff = ch; mydata. Write(buff,buff. GetLength( ));
}
ch = "nil\n"; buff = ch; mydata. Write(buff,buff. GetLength( ));
ch = "END\n"; buff = ch; mydata. Write(buff,buff. GetLength( ));
mydata. Close( );
}
///////////////////////////////////////////////////////////////////
ch. Format( "\n共有%d个点有疑问! 已生成检查文件,文件名称:\n\n%s",MMM,My-
FileName);
MessageBox(ch,"错误提示",MB_OK|MB_ICONSTOP);
}
else
{
MessageBox( "数据检查完毕,没有发现重叠现象!","提示");
DeleteFile( FileName0); DeleteFile( MyFileName);
}
//释放动态内存空间
for(z = K - 1;z > = 0;z - -)delete[ ]Name[z];delete[ ]Name;Name = NULL;
for(z = K - 1;z > = 0;z - -)delete[ ]ArrayX[z];delete[ ]ArrayX;ArrayX = NULL;
for(z = K - 1;z > = 0;z - -)delete[ ]ArrayY[z];delete[ ]ArrayY;ArrayY = NULL;
for(z = Merror - 1;z > = 0;z - -)delete[ ]ErrorXY[z];delete[ ]ErrorXY; ErrorXY = NULL;
delete[ ]Nums;Nums = NULL;
//DeleteFile( filename);
//ch. Format( "%d %d",row,col); MessageBox(ch);
}
```

4.2.7　街坊面积不闭合检查

```
//街坊面积不闭合检查
void CMyView::OnCadastrationMCheck()
{
CMydoc * pDoc = GetDocument(); extern int MAX_ID_Address;
CString filename = "c:\\windows\\temp\\mdb\\topcheck.mdb"; int z; int MMM =0; // 重
叠点数量
if(! CopyFile(filename,"c:\\windows\\temp\\mdb\\123.mdb",false))
{ MessageBox("权属拓扑关系检查失败!","提示"); return; }
else DeleteFile("c:\\windows\\temp\\mdb\\123.mdb");
CString instruction = "\n 街坊坐标数据格式:点名,纵坐标 X,横坐标 Y,例如:
\ n \ n1, 3678235. 345, 675883. 239 \ n2, 3678222. 988, 678883. 111 \
n...................... \nn,3678255.988,678875.181\n\n 注:如果格式不对,本行
数据无效!";
CString filename1; char szFilter[ ] = "街坊坐标 ( * .txt)| * .txt|all files ( * . * )| * . * |";
CFileDialog myfile(true,".txt","使用说明",OFN_READONLY,szFilter,NULL);
myfile.m_ofn.lpstrTitle = "读入街坊拐点坐标";
if(myfile.DoModal() = =IDOK)
{
if(myfile.GetFileTitle() = = "使用说明") { MessageBox(instruction,"读入街坊拐点坐
标"); return; }
filename1 = myfile.GetPathName();
CString c,cc,ch,myline,lastmyline,show,data[100]; char cha[20] = " ",buff[256];
int j,zz =0,space[256],xx =0,nn =0,kk =0,row =1;
CString name,mark = "me"; double Ux,Uy,Vx,Vy,H;
CStdioFile mydata; int Nrows = GetStdioFileRows(filename1),Nbase =0; // 获得文件总行
数
double * * BaseXY; BaseXY = NULL; BaseXY = new double * [ Nrows]; for(z =0;z <
Nrows;z + +) BaseXY[z] = new double[2];
externint progressvalue; extern CString progresstitle;
CShow show1; progressvalue =0; progresstitle = "正在检查,请稍候...";
show1.Create(IDD_SHOW_DIALOG,NULL); show1.ShowWindow(1);
if(mydata.Open(filename1,CFile::modeRead,NULL))
{
mydata.SeekToBegin(); int NN =0;
while(! feof(mydata.m_pStream))
{
```

```
mydata. ReadString( buff,255 ); myline = buff; kk = 0;
if( ( lastmyline = = myline) || ( myline = = '\n') ) continue;
lastmyline = myline; zz = 1; space[0] = − 1;
for( j = 0 ;j < myline. GetLength( ) ;j + + )
{
c = myline. Mid( j,1) ;if( c = = " ," ) { space[ zz + + ] = j; }
}
space[ zz + + ] = myline. GetLength( ); nn = zz;
for( j = 0 ;j < nn − 1 ;j + + )
{
if( space[ j + 1] − space[ j] = = 1) cc = " ";
else cc = myline. Mid( space[ j] + 1 ,space[ j + 1] − space[ j] − 1 );
data[ kk + + ] = cc; //MessiageBox( " ∗ " + cc + " ∗ " );
}
if( kk = = 3 )
{
BaseXY[ NN ] [0] = atof( data[1] ); // x
BaseXY[ NN ] [1] = atof( data[2] ); // y
NN + + ;
}
}
mydata. Close( ) ;Nbase = NN; // 总边数
}
// 计算多边形面积
for( j = 0 ;j < Nbase ;j + + )
{
pDoc − > MultiX[ j] = BaseXY[ j] [0] ;
pDoc − > MultiY[ j] = BaseXY[ j] [1] ;
}
double ssss = CalculateMultiangleSquare( Nbase ," MultiXY" ) ,mmmm = 0; if( ssss < 0 ) ssss =
− ssss;
//二维数组首指针//动态分配空间
int K = GetDataBaseCounts( filename ," Polygon" );
int J = atoi( GetDataBaseStagMaxNumber( filename ," " ," Polygon" ," TotalPoint" ) ) + 1;
CString ∗ ∗ Name; Name = NULL; Name = new CString ∗ [ K] ; for( z = 0 ;z < K;z + + )
Name[ z] = new CString[ J] ;
double ∗ ∗ ArrayX; ArrayX = NULL; ArrayX = new double ∗ [ K] ; for( z = 0 ;z < K;z + + )
ArrayX[ z] = new double[ J] ;
```

```
double * * ArrayY; ArrayY = NULL; ArrayY = new double * [ K]; for( z = 0;z < K;z + + )
ArrayY[ z] = new double[ J];
int * Nums; Nums = NULL; Nums = new int [ K];
CString * * Array; Array = NULL; Array = new CString * [ K]; for( z = 0;z < K;z + + )
Array[ z] = new CString[ 2];
int * BeginNum; BeginNum = NULL; BeginNum = new int [ K];
externint progressvalue;extern CString progresstitle;
// 为了加快速度,提取坐标数据查找,不再用数据库查找
int MMNN = GetDataBaseCounts( filename,"Coordinate"); //double s,smin,ms;
double * * ArrayXY; ArrayXY = NULL; ArrayXY = new double * [ MMNN]; for( z = 0;z <
MMNN;z + + ) ArrayXY[ z] = new double[ 2];
int * Address; Address = NULL; Address = new int [ MMNN];
int * Ncoorshow; Ncoorshow = NULL; Ncoorshow = new int [ MMNN]; // 统计每个坐标出
现次数
int * Ncoormark; Ncoormark = NULL; Ncoormark = new int [ MMNN]; // 统计每个坐标出
现次数
_variant_t var;CString condition,chs; double chx,chy,dx,dy,ds;
try
{
m_pConnection. CreateInstance( _uuidof( Connection));
try
{
CString dd; dd. Format ( " Provider = Microsoft. Jet. OLEDB. 4. 0; Data Source = % s",
filename);
m_pConnection - > Open(( _bstr_t) dd,"","",adModeUnknown); // 打开本地 Access 库
Demo. mdb
}
catch( _com_error e)
{
AfxMessageBox("权属拓扑关系检查失败,数据库不存在!"); return;
}
try
{
_RecordsetPtrpRs;pRs. CreateInstance( _uuidof( Recordset));
CString ee; ee. Format( "SELECT * FROM % s","Coordinate");
pRs - > Open(_bstr_t( ee), // 查询 DemoTable 表中所有字段
m_pConnection. GetInterfacePtr( ),// 获取数据库的 IDispatch 指针
adOpenDynamic,adLockOptimistic,adCmdText);
```

```
pRs - > MoveFirst( ); int NN = 0; _variant_t var;
while( ! pRs - > adoEOF)
{
var = pRs - > GetCollect( "IDaddress" );
if( var. vt ! = VT_NULL) Address[ NN] = atoi( ( LPCSTR)_bstr_t( var));
var = pRs - > GetCollect( "CoordinateX" );
if( var. vt ! = VT_NULL) ArrayXY[ NN][ 0] = atof( ( LPCSTR)_bstr_t( var));
var = pRs - > GetCollect( "CoordinateY" );
if( var. vt ! = VT_NULL) ArrayXY[ NN][ 1] = atof( ( LPCSTR)_bstr_t( var));
NN + +; pRs - > MoveNext( );
}
pRs - > Close( ); pRs = NULL;
}
catch( _com_error e)
{
//AfxMessageBox( "没有查到符合要求的信息!" );
}
// 提取面数据
try
{
_RecordsetPtrpRs; pRs. CreateInstance( _uuidof( Recordset));
CString ee; ee. Format( "SELECT * FROM % s" ,"Polygon" );
pRs - > Open( _bstr_t( ee), // 查询 DemoTable 表中所有字段
m_pConnection. GetInterfacePtr( ),// 获取数据库的 IDispatch 指针
adOpenDynamic, adLockOptimistic, adCmdText );
pRs - > MoveFirst( ); int NN = 0; CString begin, ss; //MessageBox( NUM[ k]);
while( ! pRs - > adoEOF)
{
var = pRs - > GetCollect( "PolygonNumber" );
if( var. vt ! = VT_NULL) Array[ NN][ 0] = ( LPCSTR)_bstr_t( var);
var = pRs - > GetCollect( "TotalPoint" );
if( var. vt ! = VT_NULL) Array[ NN][ 1] = ( LPCSTR)_bstr_t( var);
Nums[ NN] = atoi( Array[ NN][ 1]);
var = pRs - > GetCollect( "BeginNumber" );
if( var. vt ! = VT_NULL) begin = ( LPCSTR)_bstr_t( var); BeginNum[ NN] = atoi( begin);
var = pRs - > GetCollect( "PolygonAcreage" );
if( var. vt ! = VT_NULL) ss = ( LPCSTR)_bstr_t( var); mmmm + = atof( ss); // 各宗地
面积之和
```

```
NN + + ; pRs - > MoveNext( ) ;
}
pRs - > Close( ) ; pRs = NULL;
}
catch( _com_error e)
{
//AfxMessageBox( "没有查到符合要求的信息!" ) ;
}
for( int i = 0;i < K;i + + )// 提取面数据
{
CString www; int NMP,num;
try
{
_RecordsetPtrpRs;pRs. CreateInstance( _uuidof( Recordset) ) ;
condition. Format( " SELECT  *  FROM % s WHERE ( PolygonNumber = '% s')" ," Polygon
Data" ,Array[ i][ 0] ) ;
pRs - > Open( _bstr_t( condition) ,_variant_t( ( IDispatch * ) m_pConnection,true) ,adOpen-
Static,adLockOptimistic,adCmdText) ;
while( !  pRs - > adoEOF)
{
var  =  pRs - > GetCollect( "MyNumber" ) ;
if( var. vt !  =  VT_NULL) www =  ( LPCSTR) _bstr_t( var) ; NMP = atoi( www) ; //Message-
Box( www) ;
var  =  pRs - > GetCollect( "IDaddress" ) ;
if( var. vt !  =  VT_NULL) Name[ i][ NMP - BeginNum[ i] ] =  ( LPCSTR) _bstr_t( var) ;
num = atoi( Name[ i][ NMP - BeginNum[ i] ] ) ;
for( int q = 0;q < MMNN;q + + ) if( num = = Address[ q] ) {
ArrayX[ i][ NMP - BeginNum[ i] ] = ArrayXY[ q][ 0] ;
ArrayY[ i][ NMP - BeginNum[ i] ] = ArrayXY[ q][ 1] ; break; }
pRs - > MoveNext( ) ;
}
pRs - > Close( ) ; pRs = NULL;
}
catch( _com_error e)
{
AfxMessageBox( "提取面数据失败!" ) ;
}
}
```

```
//释放动态内存空间
for( z = K - 1 ; z > = 0 ; z - - ) delete[ ] Array[ z ] ; delete[ ] Array ; Array = NULL ;
delete[ ] BeginNum ; BeginNum = NULL ;
delete[ ] Address ; Address = NULL ;
// 关闭数据库指针
m_pConnection - > Close( ) ; m_pConnection = NULL ;
}
catch ( _com_error &e )
{
printf( "Error:\n" ) ;
printf( "Code = %08lx\n" , e. Error( ) ) ;
printf( "Meaning = %s\n" , e. ErrorMessage( ) ) ;
printf( "Source = %s\n" , ( LPCSTR) e. Source( ) ) ;
}
//ch. Format( "共[%d]宗地" ,K) ; MessageBox( ch ) ;
// 统计每个坐标出现次数,如果超过2个则删除,说明本点完全重合.
for( z = 0 ; z < MMNN ; z + + )
{
Ncoorshow[ z ] = 0 ; Ncoormark[ z ] = 1 ; chx = ArrayXY[ z ][ 0 ] ; chy = ArrayXY[ z ][ 1 ] ;
for( int i = 0 ; i < K ; i + + )
{
for( int j = 0 ; j < Nums[ i ] ; j + + )
{
dx = ArrayX[ i ][ j ] - chx ; dy = ArrayY[ i ][ j ] - chy ; ds = sqrt( dx * dx + dy * dy ) ;
if( ds < 0. 00001) Ncoorshow[ z ] + + ; // 避免出现浮点错误而引起的判断失误.
}
}
if( Ncoorshow[ z ] > = 2 )
{
Ncoormark[ z ] = 0 ; // 消去共用点,即重合点.
//ch. Format( "x = %f , y = %f" ,chx,chy) ; MessageBox( ch , "共用点" ) ;
}
}
// 统计外围点,外围点不算错误.
for( z = 0 ; z < MMNN ; z + + )
{
chx = ArrayXY[ z ][ 0 ] ; chy = ArrayXY[ z ][ 1 ] ;
BOOL find = false ;
```

```
for( int i = 0; i < Nbase; i + + )
if( ( chx = = BaseXY[ i][ 0] ) &&( chy = = BaseXY[ i][ 1] ) ) { Ncoormark[ z] = 0; break; }
//外围点
}
}
```
// 统计坐标只用一次的点,即没有共用的点,除了外围点,其他均为有问题点
```
//z = 0; for( i = 0; i < MMNN; i + + ) if( Ncoormark[ i] = = 1) z + +; ch. Format( "% d", z);
MessageBox( ch);
//z = 0; for( i = 0; i < MMNN; i + + ) if( Ncoormark[ i] = = 0) z + +; ch. Format( "% d", z);
MessageBox( ch);
CString FileName = CadastrationName, FileName0;
```
// 获得桌面目录
```
LPITEMIDLIST lpIIDL; char szDesktopDir[ MAX _ PATH]; CString MyFileName, Error-
FileName1, ErrorFileName2;
SHGetSpecialFolderLocation( HWND_DESKTOP, CSIDL_DESKTOP, &lpIIDL);
SHGetPathFromIDList( lpIIDL, szDesktopDir); //MessageBox( szDesktopDir);
//ErrorFileName1. Format( "% s \ \% s - 闭合( 5. 1). cas", szDesktopDir, DistallFileName
( FileName) );
//MessageBox( ErrorFileName);
//ErrorFileName2. Format( "% s \ \% s - 闭合( 6. 1). cas", szDesktopDir, DistallFileName
( FileName) );
//MessageBox( ErrorFileName);
```
// 在当前文件夹下生成,以免混乱;
```
ErrorFileName1 = CadastrationName1. Left( CadastrationName1. GetLength( ) - 3) + " - 闭合
( 5. 1). cas";
//MessageBox( FileName);
ErrorFileName2 = CadastrationName1. Left( CadastrationName1. GetLength( ) - 3) + " - 闭合
( 6. 1). cas";
//MessageBox( FileName);
```
// 为了生成南方 CASS 交换文件,开辟单元记录坐标,并生成大圆直接展绘到南方 CASS
上.
```
int Merror = GetDataBaseCounts( filename, "Coordinate"); //double s, smin, ms;
double * * ErrorXY; ErrorXY = NULL; ErrorXY = new double * [ Merror]; for( z = 0; z <
Merror; z + + ) ErrorXY[ z] = new double[ 2];
MMM = 0; for( int i = 0; i < MMNN; i + + ) if( Ncoormark[ i] = = 1)
{ ErrorXY[ MMM][ 0] = ArrayXY[ i][ 0]; ErrorXY[ MMM][ 1] = ArrayXY[ i][ 1]; MMM
+ +; }
```
// 把剩下的点生成 CASS 展点文件.

if(MMM > 0)

{

// 生成 CASS5.1 展点文件

double xmin,ymin,xmax,ymax; CString buff,ch0;

CStdioFile mydata1;

if(mydata1. Open(ErrorFileName1,CFile::modeWrite | CFile::modeCreate,NULL))

{

// 求所有点最大最小值

xmin = 999999999; ymin = 999999999; xmax = −999999999; ymax = −999999999;

for(z = 0;z < MMM;z + +)

{

if(xmin > ErrorXY[z][0]) xmin = ErrorXY[z][0];

if(ymin > ErrorXY[z][1]) ymin = ErrorXY[z][1];

if(xmax < ErrorXY[z][0]) xmax = ErrorXY[z][0];

if(ymax < ErrorXY[z][1]) ymax = ErrorXY[z][1];

}

ch = "START\n"; buff = ch; mydata1. Write(buff,buff. GetLength( ));

ch0. Format("%01.03f,%01.03f\n%01.03f,%01.03f\n",ymin,xmin,ymax,xmax);

buff = ch0; mydata1. Write(buff,buff. GetLength( ));

ch = "[0]\n"; buff = ch; mydata1. Write(buff,buff. GetLength( ));

// 南方 CASS5.1 交换文件格式

ch = "CIRCLE\n"; buff = ch; mydata1. Write(buff,buff. GetLength( ));

for(z = 0;z < MMM;z + +)

{

ch. Format("%s,Continuous,%01.03f\n","0",15.0); buff = ch;

mydata1. Write(buff,buff. GetLength( ));

ch. Format("%01.03f,%01.03f\n",ErrorXY[z][1],ErrorXY[z][0]); buff = ch; myda-

ta1. Write(buff,buff. GetLength( ));

}

ch = "nil\n"; buff = ch; mydata1. Write(buff,buff. GetLength( ));

// 注记面积闭合差

ch = "TEXT\n"; buff = ch; mydata1. Write(buff,buff. GetLength( ));

ch. Format("宗地面积和 = %1.2fM2;街坊总面积 = %1.2fM2;面积闭合差 = %1.2fM2\

n",mmmm,ssss,mmmm − ssss); buff = ch; mydata1. Write(buff,buff. GetLength( ));

ch. Format("%01.03f,%01.03f,0.000\n",(ymin + ymax)/2,(xmin + xmax)/2); buff =

ch; mydata1. Write(buff,buff. GetLength( ));

ch = "nil\n"; buff = ch; mydata1. Write(buff,buff. GetLength( ));

ch = "END\n"; buff = ch; mydata1. Write(buff,buff. GetLength( ));

```
mydata1. Close( ) ;
}
```

// 生成 CASS6.1,CASS7.0 展点文件

```
//double xmin,ymin,xmax,ymax; CString buff,ch0;
CStdioFile mydata2;
if( mydata2. Open( ErrorFileName2,CFile∷modeWrite∣CFile∷modeCreate,NULL) )
{
```

// 求所有点最大最小值

```
xmin = 999999999; ymin = 999999999; xmax = - 999999999; ymax = - 999999999;
for( z = 0;z < MMM;z + + )
{
if( xmin > ErrorXY[ z] [ 0] ) xmin = ErrorXY[ z] [ 0] ;
if( ymin > ErrorXY[ z] [ 1] ) ymin = ErrorXY[ z] [ 1] ;
if( xmax < ErrorXY[ z] [ 0] ) xmax = ErrorXY[ z] [ 0] ;
if( ymax < ErrorXY[ z] [ 1] ) ymax = ErrorXY[ z] [ 1] ;
}
ch = " CASS6 \n" ; buff = ch; mydata2. Write( buff,buff. GetLength( ) ) ;
ch0. Format( " %01.03f,%01.03f\n%01.03f,%01.03f\n" ,ymin,xmin,ymax,xmax) ;
buff = ch0; mydata2. Write( buff,buff. GetLength( ) ) ;
ch = " [0] \n" ; buff = ch; mydata2. Write( buff,buff. GetLength( ) ) ;
```

// 南方 CASS6.1 交换文件格式

```
ch = " CIRCLE \n" ; buff = ch; mydata2. Write( buff,buff. GetLength( ) ) ;
for( z = 0;z < MMM;z + + )
{
ch. Format( " %s,%1.3f\n" ," 0" ,15.0) ; buff = ch; mydata2. Write( buff,buff. GetLength( ) ) ;//
300020,PLINE,,,街坊线
ch. Format( " %01.03f,%01.03f\n" ,ErrorXY[ z] [ 1] ,ErrorXY[ z] [ 0] ) ; buff = ch; myda-
ta2. Write( buff,buff. GetLength( ) ) ;
ch = " e \n" ;buff = ch; mydata2. Write( buff,buff. GetLength( ) ) ;
}
ch = " nil \n" ; buff = ch; mydata2. Write( buff,buff. GetLength( ) ) ;
```

// 注记面积闭合差

```
ch = " TEXT \n" ; buff = ch; mydata2. Write( buff,buff. GetLength( ) ) ;
ch. Format( " %s,%1.3f,%f \n" ," 0" ,10.0,0.000) ;buff = ch; mydata2. Write( buff,buff.
GetLength( ) ) ;
ch. Format( " 宗地面积和 = %1.2fM2;街坊总面积 = %1.2fM2;面积闭合差 = %1.2fM2 \
n" ,mmmm,ssss,mmmm - ssss) ; buff = ch; mydata2. Write( buff,buff. GetLength( ) ) ;
ch. Format( " %01.03f,%01.03f,0.000 \n" ,( ymin + ymax)/2,( xmin + xmax)/2) ;buff = ch;
```

mydata2. Write(buff,buff. GetLength( )) ;

ch = " e\n" ;buff = ch; mydata2. Write(buff,buff. GetLength( )) ;

ch = " nil\n" ; buff = ch; mydata2. Write(buff,buff. GetLength( )) ;

ch = " END\n" ; buff = ch; mydata2. Write(buff,buff. GetLength( )) ;

mydata2. Close( ) ;

}

ch. Format(" \n 共有% d 个点有疑问,已生成南方 CASS5. 1/CASS6. 1/CASS7. 0 展点文件,文件名称:\n\n% s\n\n 街坊控制面积 = % 1. 2f 平方米,宗地面积汇总 = % 1. 2f 平方米,闭合差 = % 1. 2f 平方米",MMM,ErrorFileName2,ssss,mmmm,mmmm − ssss) ; Message-Box(ch," 提示") ;

}

else

{

//ch. Format(" \n 数据检查完毕,街坊控制面积 = % 1. 2f 平方米,宗地面积和 = % 1. 2f 平方米,闭合差 = % 1. 2f 平方米",ssss,mmmm,mmmm − ssss) ;MessageBox(ch," 提示") ;

ch. Format(" \n 数据检查完毕,面积已闭合,街坊控制面积 = % 1. 2f 平方米",ssss) ;MessageBox(ch," 提示") ;

}

//释放动态内存空间

for(z = K − 1;z > = 0;z − −) delete[ ]Name[z] ;delete[ ]Name;Name = NULL;

for(z = K − 1;z > = 0;z − −) delete[ ]ArrayX[z] ;delete[ ]ArrayX;ArrayX = NULL;

for(z = K − 1;z > = 0;z − −) delete[ ]ArrayY[z] ;delete[ ]ArrayY;ArrayY = NULL;

for(z = Merror − 1;z > = 0;z − −) delete[ ]ErrorXY[z] ;delete[ ]ErrorXY; ErrorXY = NULL;

for(z = Nrows − 1;z > = 0;z − −) delete[ ]BaseXY[z] ;delete[ ]BaseXY;BaseXY = NULL;

for(z = MMNN − 1;z > = 0;z − −) delete[ ] ArrayXY[z] ;delete[ ] ArrayXY; ArrayXY = NULL;

delete[ ]Nums;Nums = NULL;delete[ ]Ncoorshow;Ncoorshow = NULL;

delete[ ]Ncoormark;Ncoormark = NULL;

//DeleteFile(filename) ;

//ch. Format(" % d % d",row,col) ; MessageBox(ch) ;

show1. DestroyWindow( ) ;

}

}

4.2.8　南方权属 QS 转成面积汇总文件方法

// 南方权属 QS 转成面积汇总文件

void CMainFrame::OnTranslateQsToM2( )

```
char buff[500];int i,j,k,k1 = 0,kk,N = 0,MM,MaxNcode = 0; double M,Ux,Uy,Vx = 0,
Vy = 0;
CString CurrentPath,PathName,A,B,C,cc,ch,ch1,ch2,ch3,zzz,base,neighbour,ID;
CString area = "";
char szFilter[] = "权属数据文件（ * . qs）| * . qs|";
CString instruction = "\n1、设置街道、街坊、宗地位数、面积输出小数位数,请打开菜单[设
置 - >地籍面积参数]进行设置;\n\n2、权属名称为 3 个汉字的权属性质统一标志为集
体"J",如果属国有请自行修改为"G";\n\n3、权属性质根据实际情况修改,不区分大小
写,"j"或"g"也可识别;\n\n4、地类号为"071"的默认为国有土地,地类号为"072"的默认
为集体土地;\n\n5、虚宗[名称默认为"一"的宗地],其性质划分原则:如果国有占多数,
则虚宗按国有土地,如果集体占多数,则虚宗按集体土地;\n\n6、虚宗权利人由系统自动
根据输入的地类代码替换成相应三级地类名称,如"121"替换成"空闲地";\n\n7、如果汇
总面积与街坊控制面积不符,可适当调整虚宗或空闲地的面积,保证本街坊面积闭合。";
CFileDialog file(true,". qs","使用说明",OFN_READONLY,szFilter,NULL);
CStdioFilemyfile,mywritefile;
if(file. DoModal() = = IDOK)
{
if(file. GetFileTitle() = ="使用说明"){ MessageBox(instruction,"使用说明"); return; }
PathName = file. GetPathName();
CString workingpath = CurrentWorkingPath; if(workingpath. Right(1)! = "\\") workingpath
+ = "\\";
// 放到当前文件夹下,便于查找
CurrentEngineeringFileName = PathName. Left(PathName. GetLength() - 3) + "（面积汇
总）. mdb"; //MessageBox(excelname);
if(CreateNullDataDataBase(CurrentEngineeringFileName)) // 创建数据库
{
if(! CreateTable(CurrentEngineeringFileName,"面积汇总","面积汇总"))
{
AfxMessageBox("创建[面积汇总表]失败!");return ;
}
}
extern CString cadastrationsheng,cadastrationshi,cadastrationxian,cadastrationjiedao,cadastra-
tionjiefang,cadastrationzongdi;
int sheng = atoi(cadastrationsheng),shi = atoi(cadastrationshi),xian = atoi(cadastrationxian),
jiedao = atoi(cadastrationjiedao),jiefang = atoi(cadastrationjiefang),zongdi = atoi(cadastra-
tionzongdi);
int Nrows = GetStdioFileRows(PathName); // 获得文件总行数
double time; int hor,min,sec; time = (float)Nrows/50; hor = time/3600; min = (time - hor *
```

```
3600)/60; sec = time - hor * 3600 - min * 60;
//CShow showA; progressvalue = 0; progresstitle = "正在读入权属文件,请稍候…";
showA. Create(IDD_SHOW_DIALOG, NULL); showA. ShowWindow(1);
// 显示进度条
RECT rect; m_wndStatusBar. GetItemRect(1, &rect);
if(m_bProgressBarCreated = = false)
{
m_ProgressBar. Create(WS_VISIBLE | WS_CHILD, rect, &m_wndStatusBar, 1);
m_ProgressBar. SetRange(0, 100);
m_ProgressBar. SetStep(1);
m_bProgressBarCreated = true;
}
///////////////////////////////////////////////////////////////////
k1 = 0; kk = 0; MM = 0; COLORREF Color; int mm = GetStdioFileRows(PathName), ii = 0,
id = 1;
// 打开数据库
try
{
m_pConnection. CreateInstance(_uuidof(Connection));
try
{
CString dd; dd. Format("Provider = Microsoft. Jet. OLEDB. 4. 0; Data Source = % s", Current
EngineeringFileName);
m_pConnection - > Open((_bstr_t)dd, "", "", adModeUnknown); // 打开本地 Access 库
Demo. mdb
}
catch(_com_error e)
{
AfxMessageBox("数据库连接失败,数据库不存在!");
}
int K = 56, J = 2;
CString * * SquareSort3; SquareSort3 = NULL; SquareSort3 = new CString * [K]; for(int
z = 0; z < K; z + + ) SquareSort3[z] = new CString[J];
// 二级地类名称
SquareSort3[0][0] = "011"; SquareSort3[0][1] = "水田";
SquareSort3[1][0] = "012"; SquareSort3[1][1] = "水浇地";
SquareSort3[2][0] = "013"; SquareSort3[2][1] = "旱地";
SquareSort3[3][0] = "021"; SquareSort3[3][1] = "果园";
```

SquareSort3[4][0] = "022"; SquareSort3[4][1] = "茶园";
SquareSort3[5][0] = "023"; SquareSort3[5][1] = "其他园地";
SquareSort3[6][0] = "031"; SquareSort3[6][1] = "有林地";
SquareSort3[7][0] = "032"; SquareSort3[7][1] = "灌木林地";
SquareSort3[8][0] = "033"; SquareSort3[8][1] = "其他林地";
SquareSort3[9][0] = "041"; SquareSort3[9][1] = "天然牧草地";
SquareSort3[10][0] = "042"; SquareSort3[10][1] = "人工牧草地";
SquareSort3[11][0] = "043"; SquareSort3[11][1] = "其他草地";
SquareSort3[12][0] = "051"; SquareSort3[12][1] = "批发零售用地";
SquareSort3[13][0] = "052"; SquareSort3[13][1] = "住宿餐饮用地";
SquareSort3[14][0] = "053"; SquareSort3[14][1] = "商务金融用地";
SquareSort3[15][0] = "054"; SquareSort3[15][1] = "其他商服用地";
SquareSort3[16][0] = "061"; SquareSort3[16][1] = "工业用地";
SquareSort3[17][0] = "062"; SquareSort3[17][1] = "采矿用地";
SquareSort3[18][0] = "063"; SquareSort3[18][1] = "仓储用地";
SquareSort3[19][0] = "071"; SquareSort3[19][1] = "城镇住宅用地";
SquareSort3[20][0] = "072"; SquareSort3[20][1] = "农村宅基地";
SquareSort3[21][0] = "081"; SquareSort3[21][1] = "机关团体用地";
SquareSort3[22][0] = "082"; SquareSort3[22][1] = "新闻出版用地";
SquareSort3[23][0] = "083"; SquareSort3[23][1] = "科教用地";
SquareSort3[24][0] = "084"; SquareSort3[24][1] = "医卫慈善用地";
SquareSort3[25][0] = "085"; SquareSort3[25][1] = "文体娱乐用地";
SquareSort3[26][0] = "086"; SquareSort3[26][1] = "公共设施用地";
SquareSort3[27][0] = "087"; SquareSort3[27][1] = "公园与绿地";
SquareSort3[28][0] = "088"; SquareSort3[28][1] = "风景与名胜用地";
SquareSort3[29][0] = "091"; SquareSort3[29][1] = "军事设施用地";
SquareSort3[30][0] = "092"; SquareSort3[30][1] = "使领馆用地";
SquareSort3[31][0] = "093"; SquareSort3[31][1] = "监教场所用地";
SquareSort3[32][0] = "094"; SquareSort3[32][1] = "宗教用地";
SquareSort3[33][0] = "095"; SquareSort3[33][1] = "殡葬用地";
SquareSort3[34][0] = "101"; SquareSort3[34][1] = "铁路用地";
SquareSort3[35][0] = "102"; SquareSort3[35][1] = "公路用地";
SquareSort3[36][0] = "103"; SquareSort3[36][1] = "街巷用地";
SquareSort3[37][0] = "104"; SquareSort3[37][1] = "农村道路";
SquareSort3[38][0] = "105"; SquareSort3[38][1] = "机场用地";
SquareSort3[39][0] = "106"; SquareSort3[39][1] = "港口码头用地";
SquareSort3[40][0] = "107"; SquareSort3[40][1] = "管道运输用地";
SquareSort3[41][0] = "111"; SquareSort3[41][1] = "河流水面";

```
SquareSort3[42][0] = "112"; SquareSort3[42][1] = "湖泊水面";
SquareSort3[43][0] = "113"; SquareSort3[43][1] = "水库水面";
SquareSort3[44][0] = "114"; SquareSort3[44][1] = "坑塘水面";
SquareSort3[45][0] = "115"; SquareSort3[45][1] = "滩涂";
SquareSort3[46][0] = "116"; SquareSort3[46][1] = "沟渠";
SquareSort3[47][0] = "117"; SquareSort3[47][1] = "水工建筑用地";
SquareSort3[48][0] = "118"; SquareSort3[48][1] = "冰川及永久积雪";
SquareSort3[49][0] = "121"; SquareSort3[49][1] = "空闲地";
SquareSort3[50][0] = "122"; SquareSort3[50][1] = "设施农用地";
SquareSort3[51][0] = "123"; SquareSort3[51][1] = "田坎";
SquareSort3[52][0] = "124"; SquareSort3[52][1] = "盐碱地";
SquareSort3[53][0] = "125"; SquareSort3[53][1] = "沼泽地";
SquareSort3[54][0] = "126"; SquareSort3[54][1] = "沙地";
SquareSort3[55][0] = "127"; SquareSort3[55][1] = "裸地";
//////////////////// 标准状态//////////////////////////////////////////////
CString layername, color, linesort, linewidth, wordstyle, wordheight, wordwidth, wordshape, wor-
dangle, code;
CMainFrame * frame = (CMainFrame *) AfxGetMainWnd(); char layer[256]; CString Num-
ber, number;
frame -> m_wndToolBar1. m_layer. GetWindowText(layer,256); layername = layer;
frame -> m_wndToolBar1. m_color. GetWindowText(layer,256); color = layer;
frame -> m_wndToolBar1. m_line_shape. GetWindowText(layer,256); linesort = layer;
frame -> m_wndToolBar1. m_line_width. GetWindowText(layer,256); linewidth = layer;
frame -> m_wndToolBar1. m_word_style. GetWindowText(layer,256); wordstyle = layer;
frame -> m_wndToolBar1. m_word_height. GetWindowText(layer,256); wordheight = layer;
frame -> m_wndToolBar1. m_word_width. GetWindowText(layer,256); wordwidth = layer;
frame -> m_wndToolBar1. m_word_italic. GetWindowText(layer,256); wordshape = layer;
frame -> m_wndToolBar1. m_word_angle. GetWindowText(layer,256); wordangle = layer;
frame -> m_wndToolBar1. m_code. GetWindowText(layer,256); code = layer;
layername = "0"; color = "黑色"; // 转换权属数据文件时设置当前层名为"0"
if(myfile. Open(PathName,CFile::modeRead,NULL))
{
// 第一次统计国有和集体土地出现的频率,以确定虚宗的性质.
int GY =0,JT =0;CString propertyflag = "";double dm,km;int K =0; BOOL MEflag = false;
// 宗地数.
// 清理控制点库
Ncontrolfrm =0; myfile. SeekToBegin();//mywritefile. WriteString("地籍测量,0,0,0\n");
while (! feof(myfile. m_pStream))
```

```
{
myfile. ReadString( buff,500) ; cc = buff; cc = cc. Left( cc. GetLength( ) - 1) ;
if( cc. Left( 1) = = " E" )
{
if( k1 = = 0) break;// 已读完所有数据
// 读入面积
area = " " ; // 清空
if( cc. GetLength( ) >2) // 有的没有面积
{
area = cc. Mid( 2) ; //MessageBox( area," 面积" ) ;
}
for( i = 0;i < k1;i = i + 3)
{
if( i = = 0)
{
A = DATA[ i] ; B = DATA[ i + 1] ; C = DATA[ i + 2] ;
}
else
{
Name[ kk] = DATA[ i] ; YYY[ kk] = atof( DATA[ i + 1] ) ; XXX[ kk] = atof( DATA[ i +
2] ) ;
YY[ kk] = atof( DATA[ i + 1] ) ; XX[ kk] = atof( DATA[ i + 2] ) ;
//if( FormDataFlag)// 提取坐标
{
double x,y;y = atof( DATA[ i + 1] ) ; x = atof( DATA[ i + 2] ) ;
CString zx,zy,zh; zx. Format( " % f" ,x) ; zy. Format( " % f" ,y) ; zh. Format( " % f" ,0) ;
// 捕捉点,查询相应点代码;
CString mark; mark. Format( " %07d" ,MAX_ID_Address + + ) ; mark = mark. Right( 7) ;
ControlPointFrm[ Ncontrolfrm] [ 0] = " n" ;
ControlPointFrm[ Ncontrolfrm] [ 1] = mark;
ControlPointFrm[ Ncontrolfrm] [ 2] = DATA[ i] ;
ControlPointFrm[ Ncontrolfrm] [ 3] = zx;
ControlPointFrm[ Ncontrolfrm] [ 4] = zy;
ControlPointFrm[ Ncontrolfrm] [ 5] = zh;
ControlPointFrm[ Ncontrolfrm] [ 6] = "0" ;
Ncontrolfrm + + ;
}
kk + + ;
```

```
}
}
M = CalculatePolygonSquare(kk);
if(M < 0) M = - M; //ch2. Format("%d", N + 1); ch3. Format("%01.02f", M); //Mes-
sageBox(ch3);
dm = M - atof(area); if(dm < 0) dm = - dm; // 椭球面积与平面积比例系数,计算误差范
围,超出此范围者均为错误.
if(dm > 0.0005 * M)
{
ch. Format("南方 CASS[%s]面积计算有误:实际 = %1.3f,读入 = %1.3f,差值 =
%1.3f", A, M, atof(area), dm); MessageBox(ch,"提示", MB_OK|MB_ICONSTOP);
MEflag = true;
}
if(area. GetLength() > 0) // 如果有面积,以读入为准,否则计算平面积.
{
M = atof(area);
}
if(A. GetLength()! = sheng + shi + xian + jiedao + jiefang + zongdi)
{
ch. Format("本宗地[%s]地籍编号位数[%d]与系统设置位数[%d]不符,无法完成转
换!", A, A. GetLength(), sheng + shi + xian + jiedao + jiefang + zongdi);
MessageBox(ch,"警告", MB_ICONEXCLAMATION); return;
}
// 自动生成面积汇总文件
ID. Format("%d", id + +); CString property = "J"; if(B. GetLength() > 6) property =
"G";// 名称大于 3 个汉字的标为国有;
// 格式化输出地类,因为南方 CASS 地类为数值,不是字符串,所出输出的前面没有零,如
071,生成为 71.
ch. Format("%03d", atoi(C)); C = ch;
// 城镇地类 071 为国有,072 为集体,以此为基础修改权属性质.
if(C = = "071") property = "G";
if(C = = "072") property = "J";
//RecordSquareData(CurrentEngineeringFileName, ID, "地籍", A, property, A. Mid(0,
sheng), A. Mid(sheng, shi), A. Mid(sheng + shi, xian), A. Mid(sheng + shi + xian, jiedao),
A. Mid(sheng + shi + xian + jiedao, jiefang), A. Mid(sheng + shi + xian + jiedao + jiefang, zong-
di), B, " * * * ", C, "A0000", M);
//RecordSquareData(CurrentEngineeringFileName, ID, "地籍", A, property, A. Mid(0,
sheng), A. Mid(sheng, shi), A. Mid(sheng + shi, xian), A. Mid(sheng + shi + xian, jiedao),
```

```
A. Mid(sheng + shi + xian + jiedao,jiefang),A. Mid(sheng + shi + xian + jiedao + jiefang,zong-
di),B,C,"A0000",M);
// 统计国有和集体出现的频率;
// 判断是否为虚宗,如果是虚宗,则跳过
if(B = = "一") ;
else
{
if(property = = "G") GY + + ; if(property = = "J") JT + + ;
}
k1 = 0; kk = 0; N + + ;K + + ;
// 清理控制点库
Ncontrolfrm = 0;//mywritefile. WriteString("地籍测量,0,0,0\n");
}
else
{
DATA[k1 + + ] = cc;
}
m_ProgressBar. SetPos((ii + + ) * 30/mm);
}
// 虚宗性质智能划分;
propertyflag = "G"; if(JT > GY) propertyflag = "J";// 集体占大多数;
// 记录面积数据,准备按宗地号排序.
int J = 15; int i,j,k,z; int NN = 0; //ch. Format("% d",K); MessageBox(ch);
CString * * Array; Array = NULL; Array = new CString * [K]; for(z = 0;z < K;z + + )
Array[z] = new CString[J];
CString * Name1; Name1 = NULL; Name1 = new CString [K];// 记录序号,实现快速排序.
int * Nums; Nums = NULL; Nums = new int [K];// 记录序号,实现快速排序.
// 南方面积计算错误;
//if(MEflag)
{
//int MB = MessageBox("南方 CASS 面积计算有误,是否全部重新计算宗地面积?","提
示",MB_YESNO);
int MB = MessageBox(" \n 计算宗地面积:全部重新计算[是],以读入面积为准[否]
?","请选择",MB_YESNO);
if(MB = = IDYES) MEflag = true;
if(MB = = IDNO) MEflag = false;
}
// 清理控制点库
```

```
Ncontrolfrm = 0; myfile. SeekToBegin( ); ii = 0; id = 1; double mmmm = 0; int zz = 0;k1 = 0;
kk = 0;
//mywritefile. WriteString("地籍测量,0,0,0\n");
while (! feof(myfile. m_pStream))
{
myfile. ReadString(buff,500); cc = buff; cc = cc. Left(cc. GetLength( ) - 1);
if(cc. Left(1) = = "E")
{
if(k1 = = 0) break;// 已读完所有数据
// 读入面积
area = ""; // 清空
if(cc. GetLength( ) > 2) // 有的没有面积
{
area = cc. Mid(2); //MessageBox(area,"面积");
}
for(i = 0;i < k1;i = i + 3)
{
if(i = = 0)
{
A = DATA[i]; B = DATA[i + 1]; C = DATA[i + 2];
}
else
{
Name[kk] = DATA[i]; YYY[kk] = atof(DATA[i + 1]); XXX[kk] = atof(DATA[i +
2]);
YY[kk] = atof(DATA[i + 1]); XX[kk] = atof(DATA[i + 2]);
//if(FormDataFlag)// 提取坐标
{
double x,y;y = atof(DATA[i + 1]); x = atof(DATA[i + 2]);
CString zx,zy,zh; zx. Format("%f",x); zy. Format("%f",y); zh. Format("%f",0);
// 捕捉点,查询相应点代码;
CString mark; mark. Format("%07d",MAX_ID_Address + +); mark = mark. Right(7);
ControlPointFrm[Ncontrolfrm][0] = "n";
ControlPointFrm[Ncontrolfrm][1] = mark;
ControlPointFrm[Ncontrolfrm][2] = DATA[i];
ControlPointFrm[Ncontrolfrm][3] = zx;
ControlPointFrm[Ncontrolfrm][4] = zy;
ControlPointFrm[Ncontrolfrm][5] = zh;
```

```
ControlPointFrm[Ncontrolfrm][6] = "0";
Ncontrolfrm + +;
}
kk + +;
}
}
M = CalculatePolygonSquare(kk); if(M < 0) M = - M; //ch2. Format("%d",N + 1);
ch3. Format("%01.02f",M); //MessageBox(ch3);
if(area. GetLength() > 0) // 如果有面积,以读入为准,否则计算平面积.
{
if(! MEflag) M = atof(area); // 如果南方 CASS 面积正确,则直接读入,不用重新计算.
}
if(A. GetLength()! = sheng + shi + xian + jiedao + jiefang + zongdi)
{
ch. Format("本宗地[%s]地籍编号位数[%d]与系统设置位数[%d]不符,无法完成转
换!",A,A. GetLength(),sheng + shi + xian + jiedao + jiefang + zongdi);
MessageBox(ch,"警告",MB_ICONEXCLAMATION); return;
}
// 自动生成面积汇总文件
ID. Format("%d",id + +); CString property = "J"; if(B. GetLength() > 6) property =
"G";// 名称大于 3 个汉字的标为国有;
// 格式化输出地类,因为南方 CASS 地类为数值,不是字符串,所以输出的前面没有零,如
071,生成为 71.
ch. Format("%03d",atoi(C)); C = ch;
// 城镇地类 071 为国有,072 为集体,以此为基础修改权属性质.
if(C = = "071")property = "G";
if(C = = "072")property = "J";
// 判断是否为虚宗,如果是虚宗,则性质按国有和集体出现的频率赋值.
if(B = = "一")
{
property = propertyflag; // 虚宗性质,把地类代码替换为三级地类名称;
for(z = 0;z < 56;z + +) if(C = = SquareSort3[z][0]) { B = SquareSort3[z][1]; break; }
}
// 设置面积输出小数位数;
extern CString squarefraction;
if(squarefraction = = "0")ch. Format("%01.00f",M);
if(squarefraction = = "1")ch. Format("%01.01f",M);
if(squarefraction = = "2")ch. Format("%01.02f",M);
```

```
if( squarefraction = = "3" ) ch. Format( "%01. 03f" ,M) ;
if( squarefraction = = "4" ) ch. Format( "%01. 04f" ,M) ;
mmmm + = atof( ch) ;
//RecordSquareData ( CurrentEngineeringFileName, ID," 地 籍 " , A, property, A. Mid ( 0,
sheng) ,A. Mid( sheng,shi) , A. Mid( sheng + shi, xian) , A. Mid( sheng + shi + xian, jiedao) ,
A. Mid( sheng + shi + xian + jiedao, jiefang) , A. Mid( sheng + shi + xian + jiedao + jiefang, zong-
di) ,B,C," A0000" ,M) ;
// 记录数据排序
Array[ zz] [ 1 ] = " 地籍 " ;
Array[ zz] [ 13 ] = A; // code
Array[ zz] [ 10 ] = A. Mid( 0, sheng) ;
Array[ zz] [ 11 ] = A. Mid( sheng, shi) ;
Array[ zz] [ 12 ] = A. Mid( sheng + shi, xian) ;
Array[ zz] [ 2 ] = A. Mid( sheng + shi + xian, jiedao) ;
Array[ zz] [ 3 ] = A. Mid( sheng + shi + xian + jiedao, jiefang) ;
Array[ zz] [ 4 ] = A. Mid( sheng + shi + xian + jiedao + jiefang, zongdi) ; // 按宗地号排序
Array[ zz] [ 5 ] = B;
Array[ zz] [ 7 ] = C;
Array[ zz] [ 8 ] = " A0000" ;
Array[ zz] [ 9 ] = ch;
Array[ zz] [ 14 ] = property;
k1 = 0; kk = 0; N + + ;zz + + ;
// 清理控制点库
Ncontrolfrm = 0;//mywritefile. WriteString( "地籍测量,0,0,0\n" ) ;
}
else
{
DATA[ k1 + + ] = cc;
}
m_ProgressBar. SetPos( 30 + ( ii + + ) * 30/mm) ;
}
myfile. Close( ) ; NN = zz;ch. Format( " [ % s] 街坊,共% d 宗,汇总面积:% 1. 2f 平方米" ,
file. GetFileTitle( ) ,NN,mmmm) ; MessageBox( ch," 提示" ) ;
// 将待定点按宗地号排序
for( i = 0;i < NN;i + + ) { Nums[ i] = i; Name1[ i] = Array[ i] [ 4] ;} // 记录自己的序号,
按宗地号快速排序;
BOOL sortokflag; CString sortname,ch1,ch2,ID; int no;
sort:
```

```
sortokflag = true;
for(i = 0;i < NN - 1;i + +)
{
if(Name1[i] > Name1[i + 1])
{
sortname = Name1[i]; Name1[i] = Name1[i + 1]; Name1[i + 1] = sortname;
no = Nums[i]; Nums[i] = Nums[i + 1]; Nums[i + 1] = no;
sortokflag = false;
}
}
if(! sortokflag) goto sort; //MessageBox("待定点已按顺序排好。","提示");
// 检查宗地是否重号;
for(i = 0;i < NN - 1;i + +)
{
for(j = i + 1;j < NN;j + +)
{
if(Name1[i] = = Name1[j]) MessageBox("宗地[" + Name1[i] + "," + Name1[j] + "]重
号,请检查数据!","提示",MB_OK | MB_ICONSTOP);
}
}
// 更新数据库
for(i = 0;i < NN;i + +)
{
ID. Format("%d",i + 1); no = Nums[i]; m_ProgressBar. SetPos(50 + (i) * 50/NN);
RecordSquareData(CurrentEngineeringFileName, ID, Array[no][1], Array[no][13], Array
[no][14], Array[no][10], Array[no][11], Array[no][12], Array[no][2], Array[no]
[3], Array[no][4], Array[no][5], Array[no][7], Array[no][8], Array[no][9]);
}
//释放动态内存空间
for(z = K - 1;z > = 0;z - -) delete[] Array[z]; delete[] Array; Array = NULL;
delete[] Nums;Nums = NULL;delete[] Name1;Name1 = NULL;
}
m_pConnection - > Close(); m_pConnection = NULL;
//释放动态内存空间
for(z = K - 1;z > = 0;z - -)delete[] SquareSort3[z];delete[] SquareSort3;
SquareSort3 = NULL;
if(id > 1)
{
```

```
MessageBox( CurrentEngineeringFileName ,"已生成" ) ;
}
m_ProgressBar. SetPos( 100 ) ;
}
catch ( _com_error &e )
{
printf( "Error:\n" ) ;
printf( "Code = %08lx\n" , e. Error( ) ) ;
printf( "Meaning = %s\n" , e. ErrorMessage( ) ) ;
printf( "Source = %s\n" , ( LPCSTR) e. Source( ) ) ;
}
m_ProgressBar. SetPos( 0 ) ;
// 注意:在用进度条的地方一定要销毁,否则再次打开同一功能时会出错.
m_ProgressBar. DestroyWindow( ) ; m_bProgressBarCreated = false ;
}
}
```

4.2.9　生成电子表格面积汇总文件

```
//输出面积表格模块,二调专用,一级分类,共12列+总面积(1)+村名(3.0)+代码(1.5).
void CMyView::PutoutSquareTable1Xls( )
{
CString filename = StatBuildXlsFileName , tablename = "一级分类面积" , chh ;
//DeleteFile( filename ) ;
if( filename = = "" ) { MessageBox( "\n 请重新读入面积汇总文件,否则无法生成电子表
格文件!" ,"提示" ) ; return ; }
// 新建 Excel 文件名及路径,TestSheet 为内部表名
CSpreadSheet SS( filename , tablename ) ;
CStringArray sampleArray ;
SS. BeginTransaction( ) ;
////////////////////////////////////////////////////////////////////////////////
// 必须加入标题,否则生成失败.
sampleArray. RemoveAll( ) ;
for( int u = 0 ; u < PerPageCols ; u + + )
{
chh. Format( "%d" , u + 1 ) ; sampleArray. Add( chh ) ;
}
SS. AddHeaders( sampleArray ) ;
for( int AAA = 0 ; AAA < SquareTablePages ; AAA + + ) // 总页数
```

```
｛
for(int BBB = 0;BBB < SquareTablePageN;BBB + +) //每页总张数
｛
/////计算输出位置/////////////
int put = (AAA * SquareTablePageN + BBB) * (PerPageRows + 16); // 每张表占用总行数
//chh. Format("%d",put); MessageBox(chh);
int NO = AAA + 1; int No = BBB + 1;
extern BOOL drawflag; drawflag = false; CMyDoc * pDoc = GetDocument();
//CClientDC dc(this); CRect Rect(0,0,2000,2000); CBrush Brush; dc. FillRect(&Rect,
&Brush);
CString ch,chs,ch1,ch2,ch3,ch4;int i,j,k,q,p,w,X1,Y1,X2,Y2,dx,dy,col,col1,k1;
double M,MM,N[56],NN[56],D[56],MN = 0,k2,mn; for(i = 0;i < 56;i + +) NN[i] = 0;
//ch1. Format("SquareTablePageN = %d",SquareTablePageN); MessageBox(ch1);
// 重新定义列数,以增加宽度.
int PerPageCols1 = PerPageCols; if(papershape = = "A3") PerPageCols1 = 13; // A3 幅面
for(k = 0;k < SquareTablePages;k + +)
｛
chs = pDoc - > SquareTableDataString[k]; //ch1. Format("%d",chs. GetLength());
MessageBox(chs. Left(920),ch1);
for(i = 0;i < PerPageRows;i + +) //每页 30 行
｛
ch = chs. Mid(i * (80 + 56 * 15) + 50,920); // MessageBox(ch. Left(920)); //PerPage
Rows = 30; PerPageCols = 18
for(j = 0;j < 56;j = j + 1)
｛
ch1 = ch. Mid(j * 15 + 80,15); M = atof(ch1); NN[j] + = M; MN + = M;
｝
｝
｝
for(k = 0;k < SquareTablePages;k + +)
｛
if(k + 1! = NO) continue;
chs = pDoc - > SquareTableDataString[k]; //MessageBox(chs. Left(920));
for(p = 0;p < SquareTablePageN;p + +)
｛
if(p + 1! = No) continue;//PerRowHeight = 80; PerRowWidth = 180;
X1 = 5; Y1 = 100; X2 = X1 + 920; Y2 = Y1 + 480;
dx = (X2 - X1)/(PerPageCols1 + 4.5); dy = (Y2 - Y1)/(PerPageRows + 4); // 4 为表头
```

占 3 行,页合计占 1 行,3 为左边名称占 3.0 列,代码占 1.5 列,右边合计占 1 列

if(SquareCalculateModelFlag0 = = "规划征地")ch = "土地分类面积表(征用)";

if(SquareCalculateModelFlag0 = = "地籍测量")ch = "土地利用现状一级分类面积汇总表";

SS. AddCell(ch,6,2 + put); // 直接输入单元格内容

ch = chs. Left(50);

if(cadastrationcityname. GetLength( ) > 1) ch = cadastrationcityname; // 如果城市名称存在,按城市名称打印;

SS. AddCell(ch,1,4 + put); // 直接输入单元格内容

ch1. Format("单位:%s", squareunit); ch1 + = "(0."; int zero = 0; while(zero + + < atoi(squarefraction)) ch1 + = "0"; ch1 + = ")"; // 单位(0.000);

ch2. Format(" 第%d 页 共%d 页[第% d/% d 张]", k + 1, SquareTablePages, p + 1, SquareTablePageN); ch = ch1 + ch2;

SS. AddCell(ch,11,4 + put); // 直接输入单元格内容

// 画横线

for(int line1 = 1;line1 < PerPageCols + 1;line1 + +) SS. AddCell("—————", line1 ,5 + put);

for(int line2 = 1;line2 < PerPageCols + 1;line2 + +) SS. AddCell("—————", line2, PerPageRows + 12 + put);

for(int line3 = 1;line3 < PerPageCols + 1;line3 + +) SS. AddCell("—————", line3 ,9 + put);

for(int line4 = 1;line4 < PerPageCols + 1;line4 + +) SS. AddCell("—————", line4, PerPageRows + 10 + put);

/////////

ch = "填表人:" + squarecalculator; SS. AddCell(ch,1,PerPageRows + 13 + put); // 直接输入单元格内容

ch = "填表日期:" + filldate; SS. AddCell(ch,5,PerPageRows + 13 + put); // 直接输入单元格内容

ch = "检查人:" + squareinspector;//dc. TextOut(X1 + (X2 − X1)/4 ∗ 2 + 10, Y2 + 10, ch, ch. GetLength( ));

SS. AddCell(ch,9,PerPageRows + 13 + put); // 直接输入单元格内容

ch = "检查日期:" + checkdate;

SS. AddCell(ch,13,PerPageRows + 13 + put); // 直接输入单元格内容

// 左上角画线

SS. AddCell(ch,1,6 + put); // 直接输入单元格内容

ch = "名称"; SS. AddCell(ch,1,7 + put); // 直接输入单元格内容

ch = "代码"; SS. AddCell(ch,2,7 + put); // 直接输入单元格内容

//////////

ch = " 页合计 " ;//dc. TextOut(X1 + 10,Y1 + (PerPageRows + 3) * dy + 5,ch,ch. GetLength
( ));

SS. AddCell(ch,1,PerPageRows + 11 + put) ; // 直接输入单元格内容

if(k = = SquareTablePages − 1)

{

ch = " 总合计 " ; SS. AddCell(ch,1,PerPageRows + 11 + put) ; // 直接输入单元格内容

}

//if(p = = SquareTablePageN − 1) // 每页显示

{

ch = " 行政区域 " ; SS. AddCell(ch,3,6 + put) ; // 直接输入单元格内容

ch = " 总 面 积 " ; SS. AddCell(ch,3,7 + put) ; // 直接输入单元格内容

}

// 二级地类名称

col = p * (PerPageCols1 − 1) ; k1 = 0 ; k2 = 0 ; ch1 = " " ; int position[20],po = 0 ; CString
name[20] ;

//dc. MoveTo(X1 + 5. 5 * dx,Y1 + 1 * dy) ; dc. LineTo(X2,Y1 + 1 * dy) ; // 顶部水平横线

for(i = 0 ;i < PerPageCols1 ;i + +)

{

ch = pDoc − > SquareRealSort[col + +] ;ch2 = " " ; //MessageBox(ch) ;

if(ch. Left(1) = = " * ")ch = ch. Right(2) ; else ch = ch. Left(2) ;

if(ch! = ch1)

{

if(i < PerPageCols1 − 1) // 最后一条竖线不画,避免由于计算误差而形成两条线

{

//dc. MoveTo(X1 + (i + 5. 5) * dx,Y1 + 0 * dy) ; dc. LineTo(X1 + (i + 5. 5) * dx,Y1 + 1 * dy) ;

//MessageBox(ch) ;

}

for(w = 0 ;w < 12 ;w + +) // 12 个二级类名称替换

{

if(ch1 = = pDoc − > SquareSort2[w][0]) { ch2 = pDoc − > SquareSort2[w][1] ; break ; }

}

position[po] = i ; name[po] = ch2 ; po + + ; ch1 = ch ; //MessageBox(ch2) ;

}

else

if(i = = PerPageCols1 − 1) // 最后一列名称

{

for(w = 0 ;w < 12 ;w + +) // 12 个二级类名称替换

{

```
if( ch1 = = pDoc − > SquareSort2[ w ][ 0 ] ) { ch2 = pDoc − > SquareSort2[ w ][ 1 ] ; break ; }
}
position[ po ] = i ; name[ po ] = ch2 ; po + + ; //MessageBox( ch2 ) ;
}
}
for( i = 1 ; i < po ; i + + )
{
SS. AddCell( name[ i ] ,i + 3 ,6 + put ) ; // 直接输入单元格内容
}
// 三级地类名称
CString cz ; col = p * ( PerPageCols1 − 1 ) ;
//dc. MoveTo( X1 + ( 5. 5 ) * dx ,Y1 + 2 * dy ) ; dc. LineTo( X2 ,Y1 + 2 * dy ) ;
for( i = 0 ; i < PerPageCols1 − 1 ; i + + )
{
if( col > SquareRealSortN ) break ;
//dc. MoveTo( X1 + ( i + 5. 5 ) * dx ,Y1 + 1 * dy ) ; dc. LineTo( X1 + ( i + 5. 5 ) * dx ,Y1 + 3 *
dy ) ;
ch = pDoc − > SquareRealSort[ col + + ] ;
if( ch. Left( 1 ) = = " * " )
{
cz = ch. Mid( 1 ,2 ) ; ch = " 小计 " ;
for( w = 0 ; w < 12 ; w + + )
{
if( cz = = pDoc − > SquareSort2[ w ][ 0 ] ) { ch = pDoc − > SquareSort2[ w ][ 1 ] ; break ; }
}
// 取后半部分,分开打印;
if( ch. GetLength( ) > 4 ) // 超过 2 个汉字时才分开.
{
int leng = ch. GetLength( )/2/2 ; CString fc ,bc ; fc = ch. Left( ch. GetLength( ) − leng * 2 ) ;
bc = ch. Right( 2 * leng ) ;
ch = bc ; //MessageBox( fc + " + " + bc ) ;
}
else ch = " 小计 " ;
}
else
{
cz = ch ;
for( w = 0 ; w < 56 ; w + + )
```

```
{
if( ch = = pDoc - >SquareSort3[w][0]) { ch = pDoc - >SquareSort3[w][1]; break; }
}
}
// 输出地类名称
SS. AddCell( ch,i +4,7 + put); // 直接输入单元格内容
// 输出地类编码
SS. AddCell( cz,i +4,8 + put); // 直接输入单元格内容
}
mn =0; for(i =0;i <56;i + +) N[i] =0;
// 每行数据
for(i =0;i <PerPageRows;i + +) //每页 PerPageRows 行;PerPageRows =30; PerPageCols =
18
MM =0; k1 =1; ch = chs. Mid(i * (80 +56 * 15) +50,920); ch1 =ch. Mid(0,60);
ch3 =ch. Mid(60,16);ch4 =ch. Mid(76,4); //MessageBox(ch1,ch3);
ch1 =DeleteSpaceBehindName(ch1);
ch3 =DeleteSpaceBehindName(ch3);ch4 =DeleteSpaceBehindName(ch4);
if( spaceornot(ch3) = = "yes") continue;
// 村名
SS. AddCell( ch1,1,i +10 + put); // 直接输入单元格内容
// 代码
SS. AddCell( ch3,2,i +10 + put); // 直接输入单元格内容
for( j =0;j <56;j =j +1)
{
ch1 =ch. Mid(j * 15 +80,15); M =atof(ch1); D[j] =M;N[j] + =M;MM + =M; mn + =
M;
}
col =p * ( PerPageCols1 - 1); col1 =col + ( PerPageCols1 - 1); if( col1 >SquareRealSortN)
col1 =SquareRealSortN;
for( q =col;q <col1;q + +)
{
ch =pDoc - >SquareRealSort[q]; M =0; // MessageBox(ch); //实际地类,包括小计.
for( j =0;j <56;j =j +1)
{
if( ch = = pDoc - >SquareSort3[j][0]) {k1 =j; M =D[k1]; break; }
}
if( ch. Left(1) = = " * ") // 左边带星号的是小计列.
{
```

```
ch = ch. Right(2); M = 0;
for(j = 0;j < 56;j + +)
{
ch1 = pDoc - > SquareSort3[j][0]; ch1 = ch1. Left(2);
if(ch = = ch1) M + = D[j];
}
}
if(M < 0. 00001) continue; ch = SquareFormatTranslate(M); k1 = q/(PerPageCols1 - 1);
k1 = q - k1 * (PerPageCols1 - 1);//ch1. Format("k1 = % d",k1); MessageBox(ch1);
SS. AddCell(ch,q + 4,i + 10 + put); // 直接输入单元格内容
}
// 左面合计
//if(p = = SquareTablePageN - 1) //每页都要合计
{
ch = SquareFormatTranslate(MM);
SS. AddCell(ch,3,i + 10 + put); // 直接输入单元格内容
}
}
// 下面合计
for(q = col;q < col1;q + +)
{
ch = pDoc - > SquareRealSort[q]; M = 0;
for(j = 0;j < 56;j = j + 1)
{
if(ch = = pDoc - > SquareSort3[j][0])
{ k1 = j; if(k < SquareTablePages - 1)M = N[k1]; else M = NN[k1]; break; }
}
if(ch. Left(1) = = " * ")
{
ch = ch. Right(2); M = 0;
for(j = 0;j < 56;j + +)
{
ch1 = pDoc - > SquareSort3[j][0]; ch1 = ch1. Left(2);
if(ch = = ch1) { if(k < SquareTablePages - 1) M + = N[j]; else M + = NN[j];}
}
}
if(M < 0. 00001) continue; ch = SquareFormatTranslate(M);
k1 = q/(PerPageCols1 - 1); k1 = q - k1 * (PerPageCols1 - 1);
```

```
SS. AddCell( ch,q + 4,PerPageRows + 11 + put) ; // 直接输入单元格内容
}
// 左下角合计
if( k < SquareTablePages - 1 ) { if ( mn < 0. 00001 ) continue; ch = SquareFormatTranslate
( mn) ; }
else { if( MN < 0.00001 ) continue; ch = SquareFormatTranslate( MN) ; }
SS. AddCell( ch,3,PerPageRows + 11 + put) ; // 直接输入单元格内容
}
}
}
}
SS. Commit( ) ; // 提交保存数据
MessageBox( " \n 已生成" " + tablename + " " 汇总文件, " + filename," 提示" ) ; StatBuildX-
ls1 Flag = true;
}
```

4.2.10　高速构建三角网技术

```
// 采用道路设计模型法构建三角网——詹振炎
int G = sqrt( NN) ;
// 计算最大最小值.
double xmax = - 999999999,ymax = - 999999999,xmin = 999999999,ymin = 999999999;
for( i = 0;i < NN;i + + )
{
if( atof( Array[ i] [ 1] ) > xmax) xmax = atof( Array[ i] [ 1] ) ;
if( atof( Array[ i] [ 1] ) < xmin) xmin = atof( Array[ i] [ 1] ) ;
if( atof( Array[ i] [ 2] ) > ymax) ymax = atof( Array[ i] [ 2] ) ;
if( atof( Array[ i] [ 2] ) < ymin) ymin = atof( Array[ i] [ 2] ) ;
}
int Ni = ( xmax - xmin) /G + 1,Nj = ( ymax - ymin) /G + 1,n,Nbegin1,Nbegin2,Nbegin3,Nt-
riangle = 0;
CString        ch1,ch2,chs;
double x0,y0,x1,y1,x2,y2,x3,y3,xa,xb,ya,yb,ss,X0,Y0,X1,Y1,X2,Y2,X3,Y3,Radius =
0;
int a,b,c,A,B,C;
int * * Tarray; Tarray = NULL; Tarray = new int * [ Ni] ; for( z = 0;z < Ni;z + + ) Tarray
[ z] = new int[ Nj] ;
int * * Iarray; Iarray = NULL; Iarray = new int * [ Ni] ; for( z = 0;z < Ni;z + + ) Iarray[ z] =
new int[ Nj] ;
```

```
// 存储尚未构网的点序号
int * Yet; Yet = NULL; Yet = new int [NN];
// 记录推进边
int K4 = NN * 10; if(K4 > 200000) K4 = 200000; // 最多 200000 个推进边
int * * BaseLine; BaseLine = NULL; BaseLine = new int * [K4]; for(z = 0; z < K4; z + +)
BaseLine[z] = new int[2]; // 推进边两端点编号
int TotalBase = 0, TBS = 0; // 推进边总数,第一个控制发展三角网,第二个控制查找本边
是否用过.
int CurrentBase = 0, TotalBaseS = 0; // 当前推进边指针,不断发展的推进边序号.
// 记录三角形三边信息,网格化管理,以边中点坐标寻找.
int K5 = NN * 10; if(K5 > 200000) K5 = 200000; // 最多 200000 个推进边
int * * Triangle; Triangle = NULL; Triangle = new int * [K5]; for(z = 0; z < K5; z + +)
Triangle[z] = new int[5]; // 本边序号,每边两端点编号和下一个指针,本边对应端点号
(用于比较是否在同一侧).
// 每方格内第一条边编号,首先赋值 -999.
for(i = 0; i < Ni; i + +) for(j = 0; j < Nj; j + +) Tarray[i][j] = -999; int cur = 0;
// 首先对控制点按网格分别排序
for(i = 0; i < Ni; i + +)
{
for(j = 0; j < Nj; j + +)
{
n = 0; // 统计落在本格内的所有点
for(k = 0; k < NN; k + +)
{
x0 = atof(Array[k][1]); y0 = atof(Array[k][2]); a = (x0 - xmin)/G; b = (y0 - ymin)/G;
// a = (x0 - xmin)/G + 1; b = (y0 - ymin)/G + 1;
if((i = = a)&&(j = = b)) Tem[n + +] = k; // 记录点序号
}
if(n > 0) // 本格内有点
{
order:
BOOL ok = true;
for(c = 0; c < n - 1; c + +)
{
if(atof(Array[Tem[c]][2]) > atof(Array[Tem[c + 1]][2])) { z = Tem[c]; Tem[c] =
Tem[c + 1]; Tem[c + 1] = z; ok = false; }
}
if(! ok) goto order;
```

```
// 记录第一个点序号
Iarray[i][j] = Tem[0]; chs = "";
for(k = 0;k < n;k + +)
{
ch. Format("%d",Tem[k + 1]); Array[Tem[k]][6] = ch;
//ch. Format("%d,%s,%s,%s\n",Tem[k],Array[Tem[k]][1],Array[Tem[k]][2],
Array[Tem[k]][6]); chs + = ch;
}
// 最后一个点没有指向
Array[Tem[n - 1]][6] = " - 999";//MessageBox(chs);
}
else //本格内没有点
{
Iarray[i][j] = - 999;
}
}
}
// 查找第一个不为空的网格
BOOL flag1 = false,flag2 = false; Nbegin1 = - 999; Nbegin2 = - 999; int htp = 0;
for(i = 0;i < Ni;i + +)
{
for(j = 0;j < Nj;j + +)
{
if((! flag1)&&(Iarray[i][j] > = 0)) // 本格不为空
{
Nbegin1 = Iarray[i][j]; flag1 = true;
// 查找第二个点
Nbegin2 = atoi(Array[Nbegin1][6]);
}
if((! flag2)&&(Nbegin2 > = 0)) { flag2 = true; break; } // 跳出本次循环,因为已经到
了最末端.
if((! flag2)&&(Iarray[i][j] > = 0)) // 本格不为空
{
if(Nbegin1 = = Iarray[i][j]) continue; // 同一格跳过
Nbegin2 = Iarray[i][j]; //flag2 = true;
}
if((flag1)&&(flag2)) goto end;
}
```

```
}
end：;
// 构建第一个三角形,以第二个点为中心逐渐扩大搜索范围,直到满足空外接圆.
X0 = atof(Array[Nbegin1][1]); Y0 = atof(Array[Nbegin1][2]);
X1 = atof(Array[Nbegin2][1]); Y1 = atof(Array[Nbegin2][2]); A = (X1 - xmin)/G; B
 = (Y1 - ymin)/G; // a = (x1 - xmin)/G + 1; b = (y1 - ymin)/G + 1;
int MM = Ni; if(MM < Nj) MM = Nj;
for(int r = 0;r < MM;r + + )
{
// 利用地震波法进行查找,按逆时针顺序.
// 右边
for(i = A - r;i < A + r;i + + )
{
if((i < 0)||(i > Ni - 1)||(B + r < 0)||(B + r > Nj - 1)) continue; // 超出网格范围
C = Iarray[i][B + r]; // 本网格第一个点序号
cc1：
if((C = = Nbegin1)||(C = = Nbegin2)||(C < 0)) continue; // 下一个网格
// 检验是否符合外接圆条件
X2 = atof(Array[C][1]); Y2 = atof(Array[C][2]);
if(SolutionCircle(X0,Y0,X1,Y1,X2,Y2) < 999999999) // 圆半径 = Xmark2,圆心坐标 =
Xmark1,Ymark1;
{
//ch.Format("%s,%s,%s,R = %f",Array[Nbegin1][0],Array[Nbegin2][0],Array[c]
[0],Xmark2);MessageBox(ch,"right - 圆半径");
for(k = 0;k < NN;k + + )
{
if((k = = Nbegin1)||(k = = Nbegin2)||(k = = C)) continue; // 不比较本三角的端点
xa = atof(Array[k][1]);      ya = atof(Array[k][2]); ss = sqrt((xa - Xmark1) * (xa -
Xmark1) + (ya - Ymark1) * (ya - Ymark1));
if(ss < Xmark2) // 有一个点落在圆内.
{
C = atoi(Array[C][6]);
goto cc1;
}
}
goto exit; // 所有点都不在圆内,满足条件跳出循环
}
// 按指针连接下一个点继续判断
```

```
C = atoi( Array[ C][6]); goto cc1;
}
// 上边
for( j = B + r;j > B - r - 1;j - - )
{
if(( (A + r <0)||(A + r > Ni -1)||(j <0)||(j > Nj -1)) continue; // 超出网格范围
C = Iarray[ A + r][ j]; // 本网格第一个点序号
cc2:
if(( C = = Nbegin1)||( C = = Nbegin2)||( C <0)) continue; // 下一个网格
// 检验是否符合外接圆条件
X2 = atof( Array[ C][1]); Y2 = atof( Array[ C][2]);
if( SolutionCircle( X0,Y0,X1,Y1,X2,Y2) < 999999999) // 圆半径 = Xmark2,圆心坐标 =
Xmark1,Ymark1;
{
//ch. Format( "% s,% s,% s,R = % f",Array[ Nbegin1][0],Array[ Nbegin2][0],Array[ c]
[0],Xmark2);MessageBox( ch,"up - 圆半径");
for( k = 0;k < NN;k + + )
{
if(( k = = Nbegin1)||( k = = Nbegin2)||( k = = C)) continue; // 不比较本三角的端点
xa = atof( Array[ k][1]); ya = atof( Array[ k][2]); ss = sqrt(( xa - Xmark1) * ( xa -
Xmark1) + ( ya - Ymark1) * ( ya - Ymark1));
if( ss < Xmark2) // 有一个点落在圆内.
{
C = atoi( Array[ C][6]);
goto cc2;
}
}
goto exit; // 所有点都不在圆内,满足条件跳出循环
}
// 按指针连接下一个点继续判断
C = atoi( Array[ C][6]); goto cc2;
}
// 左边
for( i = A + r;i > A - r - 1;i - - )
{
if(( (i <0)||(i > Ni -1)||(B - r <0)||(B - r > Nj -1)) continue; // 超出网格范围
C = Iarray[ i][ B - r]; // 本网格第一个点序号
cc3:
```

```
if((C==Nbegin1)||(C==Nbegin2)||(C<0)) continue; // 下一个网格
// 检验是否符合外接圆条件
X2 = atof(Array[C][1]); Y2 = atof(Array[C][2]);
if(SolutionCircle(X0,Y0,X1,Y1,X2,Y2) < 999999999) // 圆半径 = Xmark2,圆心坐标 =
Xmark1,Ymark1;
{
//ch. Format("%s,%s,%s,R=%f",Array[Nbegin1][0],Array[Nbegin2][0],Array[c]
[0],Xmark2);MessageBox(ch,"left - 圆半径");
for(k=0;k<NN;k++)
{
if((k==Nbegin1)||(k==Nbegin2)||(k==C)) continue; // 不比较本三角的端点
xa = atof(Array[k][1]); ya = atof(Array[k][2]); ss = sqrt((xa - Xmark1) * (xa -
Xmark1) + (ya - Ymark1) * (ya - Ymark1));
if(ss < Xmark2) // 有一个点落在圆内.
{
C = atoi(Array[C][6]);
goto cc3;
}
}
goto exit; // 所有点都不在圆内,满足条件跳出循环
}
// 按指针连接下一个点继续判断
C = atoi(Array[C][6]); goto cc3;
}
// 下边
for(j = B - r;j < B + r;j + +)
{
if((A - r < 0)||(A - r > Ni - 1)||(j < 0)||(j > Nj - 1)) continue; // 超出网格范围
C = Iarray[A - r][j]; // 本网格第一个点序号
cc4:
if((C==Nbegin1)||(C==Nbegin2)||(C<0)) continue; // 下一个网格
// 检验是否符合外接圆条件
X2 = atof(Array[C][1]); Y2 = atof(Array[C][2]);
if(SolutionCircle(X0,Y0,X1,Y1,X2,Y2) < 999999999) // 圆半径 = Xmark2,圆心坐标 =
Xmark1,Ymark1;
{
//ch. Format("%s,%s,%s,R=%f",Array[Nbegin1][0],Array[Nbegin2][0],Array[c]
[0],Xmark2);MessageBox(ch,"down - 圆半径");
```

```
for( k = 0;k < NN;k + + )
{
if( ( k = = Nbegin1 ) | | ( k = = Nbegin2 ) | | ( k = = C ) ) continue; // 不比较本三角的端点
xa = atof( Array[ k ][ 1 ] ); ya = atof( Array[ k ][ 2 ] ); ss = sqrt ( ( xa - Xmark1 ) * ( xa -
Xmark1 ) + ( ya - Ymark1 ) * ( ya - Ymark1 ) );
if( ss < Xmark2 ) // 有一个点落在圆内.
{
C = atoi( Array[ C ][ 6 ] );
goto cc4;
}
}
goto exit; // 所有点都不在圆内,满足条件跳出循环
}
// 按指针连接下一个点继续判断
C = atoi( Array[ C ][ 6 ] ); goto cc4;
}
}
exit：
if( C > = 0 )
{
Nbegin3 = C; Ntriangle + + ; // 已经构成第一个三角形,如果 C < 0,则失败!
// 画出已构三角形
a = Nbegin1; b = Nbegin2; c = Nbegin3; Ntriangle + + ;
dc. MoveTo( atof( Array[ a ][ 4 ] ),atof( Array[ a ][ 5 ] )); // 屏幕坐标
dc. LineTo( atof( Array[ b ][ 4 ] ),atof( Array[ b ][ 5 ] )); // 屏幕坐标
dc. MoveTo( atof( Array[ b ][ 4 ] ),atof( Array[ b ][ 5 ] )); // 屏幕坐标
dc. LineTo( atof( Array[ c ][ 4 ] ),atof( Array[ c ][ 5 ] )); // 屏幕坐标
dc. MoveTo( atof( Array[ c ][ 4 ] ),atof( Array[ c ][ 5 ] )); // 屏幕坐标
dc. LineTo( atof( Array[ a ][ 4 ] ),atof( Array[ a ][ 5 ] )); // 屏幕坐标
// 标记第一个三角形的三个点均已用过
Array[ a ][ 7 ] = "1"; Array[ b ][ 7 ] = "1"; Array[ c ][ 7 ] = "1";
// 建立三角网数据库
CString NA,NB,NC,numa,numb,numc;
NA = Array[ a ][ 0 ]; xa = atof( Array[ a ][ 1 ] ); ya = atof( Array[ a ][ 2 ] ); ha = atof( Array
[ a ][ 3 ] );
NB = Array[ b ][ 0 ]; xb = atof( Array[ b ][ 1 ] ); yb = atof( Array[ b ][ 2 ] ); hb = atof( Array
[ b ][ 3 ] );
NC = Array[ c ][ 0 ]; xc = atof( Array[ c ][ 1 ] ); yc = atof( Array[ c ][ 2 ] ); hc = atof( Array
```

[c][3]);

ch. Format("% d",Ntriangles + +); numa. Format("% d",a); numb. Format("% d",b);

numc. Format("% d",c);

// 增加三角网数据

AddTriangleNet(NetName + "三角网",ch,numa,numb,numc,NA,xa,ya,ha,NB,xb,yb,hb,

NC,xc,yc,hc);

// 统计最长边长

ss = sqrt((xa − xb) * (xa − xb) + (ya − yb) * (ya − yb)); if(Radius < ss) Radius = ss;

ss = sqrt((xb − xc) * (xb − xc) + (yb − yc) * (yb − yc)); if(Radius < ss) Radius = ss;

ss = sqrt((xc − xa) * (xc − xa) + (yc − ya) * (yc − ya)); if(Radius < ss) Radius = ss;

// 为了能继续构建其他点,将如下初始化命令放到前面!

// 记录第一个三角形推进边

BaseLine[TotalBaseS][0] = Nbegin1; BaseLine[TotalBaseS][1] = Nbegin3;TotalBase + + ;

TotalBaseS + + ;

BaseLine[TotalBaseS][0] = Nbegin2; BaseLine[TotalBaseS][1] = Nbegin3;TotalBase + + ;

TotalBaseS + + ;

// 记录第一个三角形第一条边并放入相应网格

X0 = atof(Array[Nbegin1][1]); Y0 = atof(Array[Nbegin1][2]);

X1 = atof(Array[Nbegin2][1]); Y1 = atof(Array[Nbegin2][2]); a = ((X0 + X1)/2 −

xmin)/G; b = ((Y0 + Y1)/2 − ymin)/G; // a = (x1 − xmin)/G + 1; b = (y1 − ymin)/G + 1;

// 查找本网格内第一条边编号

c = Tarray[a][b];//ch. Format("1:Tarray[% d,% d]",a,b); MessageBox(ch);

if(c < 0) // 本格内没有任何点

{

Triangle[TBS][0] = TBS; Triangle[TBS][1] = Nbegin1; Triangle[TBS][2] = Nbegin2;

Triangle[TBS][4] = Nbegin3;Triangle[TBS][3] = −999; // 下一个点编号

Tarray[a][b] = TBS; TBS + + ;

}

else // 本格内已经有点,续在最后.

{

while(c > =0)

{

cur = Triangle[c][0]; c = Triangle[c][3]; // 下一个点编号

}

Triangle[cur][3] = TBS; // 下一个点编号为本点

Triangle[TBS][0] = TBS; Triangle[TBS][1] = Nbegin1; Triangle[TBS][2] = Nbegin2;

Triangle[TBS][4] = Nbegin3; Triangle[TBS][3] = −999; // 下一个点编号

TBS + + ; // 把本边放入相应网格

```
}
// 记录第一个三角形第二条边并放入相应网格
X0 = atof( Array[ Nbegin1 ][ 1 ] ) ; Y0 = atof( Array[ Nbegin1 ][ 2 ] ) ;
X1 = atof( Array[ Nbegin3 ][ 1 ] ) ; Y1 = atof( Array[ Nbegin3 ][ 2 ] ) ; a = ( ( X0 + X1 )/2 -
xmin)/G ; b = ( ( Y0 + Y1 )/2 - ymin)/G ; // a = (x1 - xmin)/G + 1 ; b = (y1 - ymin)/G +
1 ;
// 查找本网格内第一条边编号
c = Tarray[ a ][ b ] ; //ch. Format( "2 :Tarray[ % d,% d ]",a,b ) ; MessageBox( ch ) ;
if( c < 0 )  // 本格内没有任何点
{
Triangle[ TBS ][ 0 ] = TBS ; Triangle[ TBS ][ 1 ] = Nbegin1 ; Triangle[ TBS ][ 2 ] = Nbegin3 ;
Triangle[ TBS ][ 4 ] = Nbegin2 ; Triangle[ TBS ][ 3 ] = - 999 ; // 下一个点编号
Tarray[ a ][ b ] = TBS ; TBS + + ;
}
else // 本格内已经有点,续在最后.
{
while( c > = 0 )
{
cur = Triangle[ c ][ 0 ] ; c = Triangle[ c ][ 3 ] ; // 下一个点编号
}
Triangle[ cur ][ 3 ] = TBS ; // 下一个点编号为本点
Triangle[ TBS ][ 0 ] = TBS ; Triangle[ TBS ][ 1 ] = Nbegin1 ; Triangle[ TBS ][ 2 ] = Nbegin3 ;
Triangle[ TBS ][ 4 ] = Nbegin2 ; Triangle[ TBS ][ 3 ] = - 999 ; // 下一个点编号
TBS + + ; // 把本边放入相应网格
}
// 记录第一个三角形第三条边并放入相应网格
X0 = atof( Array[ Nbegin2 ][ 1 ] ) ; Y0 = atof( Array[ Nbegin2 ][ 2 ] ) ;
X1 = atof( Array[ Nbegin3 ][ 1 ] ) ; Y1 = atof( Array[ Nbegin3 ][ 2 ] ) ; a = ( ( X0 + X1 )/2 -
xmin)/G ; b = ( ( Y0 + Y1 )/2 - ymin)/G ; // a = (x1 - xmin)/G + 1 ; b = (y1 - ymin)/G +
1 ;
// 查找本网格内第一条边编号
c = Tarray[ a ][ b ] ; //ch. Format( "3 :Tarray[ % d,% d ]",a,b ) ; MessageBox( ch ) ;
if( c < 0 )  // 本格内没有任何点
{
Triangle[ TBS ][ 0 ] = TBS ; Triangle[ TBS ][ 1 ] = Nbegin2 ; Triangle[ TBS ][ 2 ] = Nbegin3 ;
Triangle[ TBS ][ 4 ] = Nbegin1 ; Triangle[ TBS ][ 3 ] = - 999 ; // 下一个点编号
Tarray[ a ][ b ] = TBS ; TBS + + ;
}
```

else // 本格内已经有点,续在最后.

{

while(c > =0)

{

cur = Triangle[c][0] ; c = Triangle[c][3] ; // 下一个点编号

}

Triangle[cur][3] = TBS; // 下一个点编号为本点

Triangle[TBS][0] = TBS; Triangle[TBS][1] = Nbegin2 ; Triangle[TBS][2] = Nbegin3 ;

Triangle[TBS][4] = Nbegin1 ; Triangle[TBS][3] = -999 ; // 下一个点编号

TBS + + ; // 把本边放入相应网格

}

// 把第一个三角形第一条边重复放入网格,避免构网时不向前走.

X0 = atof(Array[Nbegin1][1]) ; Y0 = atof(Array[Nbegin1][2]) ;

X1 = atof(Array[Nbegin2][1]) ; Y1 = atof(Array[Nbegin2][2]) ; a = ((X0 + X1)/2 -

xmin)/G ; b = ((Y0 + Y1)/2 - ymin)/G ; // a = (x1 - xmin)/G + 1 ; b = (y1 - ymin)/G + 1 ;

// 查找本网格内第一条边编号

c = Tarray[a][b] ;//ch. Format("1:Tarray[% d,% d]" ,a,b) ; MessageBox(ch) ;

if(c < 0) // 本格内没有任何点

{

Triangle[TBS][0] = TBS; Triangle[TBS][1] = Nbegin1 ; Triangle[TBS][2] = Nbegin2 ;

Triangle[TBS][4] = Nbegin3 ; Triangle[TBS][3] = -999 ; // 下一个点编号

Tarray[a][b] = TBS; TBS + + ;

}

else // 本格内已经有点,续在最后.

{

while(c > =0)

{

cur = Triangle[c][0] ; c = Triangle[c][3] ; // 下一个点编号

}

Triangle[cur][3] = TBS; // 下一个点编号为本点

Triangle[TBS][0] = TBS; Triangle[TBS][1] = Nbegin1 ; Triangle[TBS][2] = Nbegin2 ;

Triangle[TBS][4] = Nbegin3 ; Triangle[TBS][3] = -999 ; // 下一个点编号

TBS + + ; // 把本边放入相应网格

}

//for(i =0 ;i <4 ;i + +)

{ ch. Format("% d,% d,% d,% d,% d" ,Triangle[i][0],Triangle[i][1],Triangle[i][2],

Triangle[i][3],Triangle[i][4]) ; MessageBox(ch) ; }

// 构建三角网

```
while(TotalBase) // 结束标志为没有推进边
{
Nbegin1 = BaseLine[CurrentBase][0]; Nbegin2 = BaseLine[CurrentBase][1]; CurrentBase
+ +; // 当前推进边指针向前走一个位置
// 构建第二个三角形,以第二个点为中心逐渐扩大搜索范围,直到满足空外接圆.
X0 = atof(Array[Nbegin1][1]); Y0 = atof(Array[Nbegin1][2]);
X1 = atof(Array[Nbegin2][1]); Y1 = atof(Array[Nbegin2][2]); A = (X1 - xmin)/G; B =
(Y1 - ymin)/G; // a = (x1 - xmin)/G + 1; b = (y1 - ymin)/G + 1;
// 判断此边是不是推进边
int a0 = ((X0 + X1)/2 - xmin)/G, b0 = ((Y0 + Y1)/2 - ymin)/G, c0 = Tarray[a0][b0];
BOOL yes = false; int num = - 999; // 已生成三角形的推进边所对应的点号
if(c0 < 0) yes = false; // 本边尚未用过
else
{
int mm = 0;
while(c0 > = 0)
{
if(((Triangle[c0][1] = = Nbegin1)&&(Triangle[c0][2] = = Nbegin2))||((Triangle
[c0][1] = = Nbegin2)&&(Triangle[c0][2] = =Nbegin1)))
{num = Triangle[c0][4]; mm + +;}
c0 = Triangle[c0][3]; // 下一个点编号
}
if(mm > = 2) yes = true; // 本边使用次数 2 次.
}
if((yes)||(Nbegin2 = = Nbegin1))// 本边不是推进边,结束本次循环.
//if((yes))// 本边不是推进边,结束本次循环.
{
TotalBase - -; continue; // 去掉当前推进边
}
// 本边对应端点坐标(已构建三角形)
X3 = atof(Array[num][1]); Y3 = atof(Array[num][2]);
// 显示推进边
//if(htp > 0)
{ ch. Format("% s - % s - [% s]\n% f,% f\n% f,% f\n% f,% f", Array[Nbegin1][0], Ar-
ray[Nbegin2][0], Array[num][0], X0, Y0, X1, Y1, X3, Y3); MessageBox(ch, "推进边");
}
BOOL yes1 = false, yes2 = false, yes3 = false; CString method = " ";
for(int r = 0; r < MM; r + +)
```

```
}
// 利用地震波法进行查找,按逆时针顺序.
// 右边
for( i = A − r;i < A + r;i + + )
{
if( ( i < 0 ) | | ( i > Ni − 1 ) | | ( B + r < 0 ) | | ( B + r > Nj − 1 ) ) continue;  // 超出网格范围
C = Iarray[ i ][ B + r ];  // 本网格第一个点序号
cc11:
if( ( C = = Nbegin1 ) | | ( C = = Nbegin2 ) | | ( C < 0 ) ) continue;  // 下一个网格
// 检验是否符合外接圆条件
X2 = atof( Array[ C ][ 1 ] ); Y2 = atof( Array[ C ][ 2 ] );
if( SolutionCircle( X0,Y0,X1,Y1,X2,Y2 ) < 999999999 )  // 圆半径 = Xmark2,圆心坐标 =
Xmark1,Ymark1;
{
for( k = 0;k < NN;k + + )
{
if( ( k = = Nbegin1 ) | | ( k = = Nbegin2 ) | | ( k = = C ) ) continue;  // 不比较本三角的端点
xa = atof( Array[ k ][ 1 ] ); ya = atof( Array[ k ][ 2 ] ); ss = sqrt( ( xa − Xmark1 ) * ( xa −
Xmark1 ) + ( ya − Ymark1 ) * ( ya − Ymark1 ) );
if( ss < Xmark2 )  // 有一个点落在圆内.
{
C = atoi( Array[ C ][ 6 ] );
goto cc11;
}
}
// 判断新生成的三角形是否有效
Nbegin3 = C; yes1 = false; yes2 = false; yes3 = false;  // 三角形有效
x0 = atof( Array[ Nbegin1 ][ 1 ] ); y0 = atof( Array[ Nbegin1 ][ 2 ] );
x1 = atof( Array[ Nbegin3 ][ 1 ] ); y1 = atof( Array[ Nbegin3 ][ 2 ] );
int a1 = ( ( x0 + x1 )/2 − xmin )/G,b1 = ( ( y0 + y1 )/2 − ymin )/G,c1 = Tarray[ a1 ][ b1 ];
if( c1 < 0 ) yes1 = false;  // 本边尚未用过
else
{
int mm = 0;
while( c1 > = 0 )
{ if( ( ( ( Triangle[ c1 ][ 1 ] = = Nbegin1 )&&( Triangle[ c1 ][ 2 ] = = Nbegin3 ) ) | | ( ( Triangle
[ c1 ][ 1 ] = = Nbegin3 )&&( Triangle[ c1 ][ 2 ] = = Nbegin1 ) ) ) ) mm + +;
c1 = Triangle[ c1 ][ 3 ];  // 下一个点编号
```

```
}
if( mm > =2) yes1 = true; // 本边使用次数 2 次.
}
// 判断新生成的三角形是否有效
x0 = atof( Array[ Nbegin2][1]); y0 = atof( Array[ Nbegin2][2]);
x1 = atof( Array[ Nbegin3][1]); y1 = atof( Array[ Nbegin3][2]);
int a2 = ( ( x0 + x1)/2 – xmin)/G,b2 = ( ( y0 + y1)/2 – ymin)/G,c2 = Tarray[ a2][b2];
if( c2 < 0) yes2 = false; // 本边尚未用过
else
{
int mm = 0;
while( c2 > =0)
{ if( ( ( Triangle[ c2][1] = = Nbegin2)&&( Triangle[ c2][2] = = Nbegin3))||( ( Triangle
[ c2][1] = = Nbegin3)&&( Triangle[ c2][2] = = Nbegin2))) mm + +;
c2 = Triangle[ c2][3]; // 下一个点编号
}
if( mm > =2) yes2 = true; // 本边使用次数 2 次.
}
// 检查本边所在两个三角形是否分布在两边
yes3 = false; if( SameBeside( X0,Y0,X1,Y1,X3,Y3,X2,Y2)) yes3 = true; // 在同一边
// 新生成的三角形有效
if( ( ! yes1)&&( ! yes2)&&( ! yes3)) { Nbegin3 = C; method = "right"; goto exit1; }//
所有点都不在圆内,满足条件跳出循环
}
// 按指针连接下一个点继续判断
C = atoi( Array[ C][6]); goto cc11;
}
// 上边
for( j = B + r;j > B – r – 1;j – –)
{
if( ( A + r < 0)||( A + r > Ni – 1)||( j < 0)||( j > Nj – 1)) continue; // 超出网格范围
C = Iarray[ A + r][j]; // 本网格第一个点序号
cc22:
if( ( C = = Nbegin1)||( C = = Nbegin2)||( C < 0)) continue; // 下一个网格
// 检验是否符合外接圆条件
X2 = atof( Array[ C][1]); Y2 = atof( Array[ C][2]);
if( SolutionCircle( X0,Y0,X1,Y1,X2,Y2) < 999999999) // 圆半径 = Xmark2,圆心坐标 =
Xmark1,Ymark1;
```

```
{
for( k = 0;k < NN;k + + )
{
if( ( k = = Nbegin1 ) | | ( k = = Nbegin2 ) | | ( k = = C ) )  continue;  // 不比较本三角的端点
xa = atof( Array[ k ][ 1 ] );  ya = atof( Array[ k ][ 2 ] );  ss = sqrt( ( xa − Xmark1 ) ∗ ( xa −
Xmark1 ) + ( ya − Ymark1 ) ∗ ( ya − Ymark1 ) );
if( ss < Xmark2 )  // 有一个点落在圆内.
{
C = atoi( Array[ C ][ 6 ] );
goto cc22;
}
}

// 判断新生成的三角形是否有效
Nbegin3 = C;  yes1 = false;  yes2 = false;  yes3 = false;  // 三角形有效
x0 = atof( Array[ Nbegin1 ][ 1 ] );  y0 = atof( Array[ Nbegin1 ][ 2 ] );
x1 = atof( Array[ Nbegin3 ][ 1 ] );  y1 = atof( Array[ Nbegin3 ][ 2 ] );
int a1 = ( ( x0 + x1 )/2 − xmin )/G,b1 = ( ( y0 + y1 )/2 − ymin )/G,c1 = Tarray[ a1 ][ b1 ];
if( c1 < 0 ) yes1 = false;  // 本边尚未用过
else
{
int mm = 0;
while( c1 > = 0 )
{ if( ( ( Triangle[ c1 ][ 1 ] = = Nbegin1 )&&( Triangle[ c1 ][ 2 ] = = Nbegin3 ) ) | | ( ( Triangle
[ c1 ][ 1 ] = = Nbegin3 )&&( Triangle[ c1 ][ 2 ] = = Nbegin1 ) ) )  mm + + ;
c1 = Triangle[ c1 ][ 3 ];  // 下一个点编号
}
if( mm > = 2 ) yes1 = true;  // 本边使用次数 2 次.
}
// 判断新生成的三角形是否有效
x0 = atof( Array[ Nbegin2 ][ 1 ] );  y0 = atof( Array[ Nbegin2 ][ 2 ] );
x1 = atof( Array[ Nbegin3 ][ 1 ] );  y1 = atof( Array[ Nbegin3 ][ 2 ] );
int a2 = ( ( x0 + x1 )/2 − xmin )/G,b2 = ( ( y0 + y1 )/2 − ymin )/G,c2 = Tarray[ a2 ][ b2 ];
if( c2 < 0 ) yes2 = false;  // 本边尚未用过
else
{
int mm = 0;
while( c2 > = 0 )
{ if( ( ( Triangle[ c2 ][ 1 ] = = Nbegin2 )&&( Triangle[ c2 ][ 2 ] = = Nbegin3 ) ) | | ( ( Triangle
```

[c2] [1] = = Nbegin3) && (Triangle [c2] [2] = = Nbegin2))) mm + + ;

c2 = Triangle [c2] [3] ; // 下一个点编号

}

if(mm > = 2) yes2 = true ; // 本边使用次数 2 次.

}

// 检查本边所在两个三角形是否分布在两边

yes3 = false ; if(SameBeside(X0 , Y0 , X1 , Y1 , X3 , Y3 , X2 , Y2)) yes3 = true ; // 在同一边

// 新生成的三角形有效

if((! yes1) && (! yes2) && (! yes3)) { Nbegin3 = C ; method = "up" ; goto exit1 ; } // 所有点都不在圆内,满足条件跳出循环

}

// 按指针连接下一个点继续判断

C = atoi(Array [C] [6]) ; goto cc22 ;

}

// 左边

for(i = A + r ; i > A - r - 1 ; i - -)

{

if((i < 0) || (i > Ni - 1) || (B - r < 0) || (B - r > Nj - 1)) continue ; // 超出网格范围

C = Iarray [i] [B - r] ; // 本网格第一个点序号

cc33 :

if((C = = Nbegin1) || (C = = Nbegin2) || (C < 0)) continue ; // 下一个网格

// 检验是否符合外接圆条件

X2 = atof(Array [C] [1]) ; Y2 = atof(Array [C] [2]) ;

if(SolutionCircle(X0 , Y0 , X1 , Y1 , X2 , Y2) < 999999999) // 圆半径 = Xmark2,圆心坐标 = Xmark1 , Ymark1 ;

{

for(k = 0 ; k < NN ; k + +)

{

if((k = = Nbegin1) || (k = = Nbegin2) || (k = = C)) continue ; // 不比较本三角的端点

xa = atof(Array [k] [1]) ; ya = atof(Array [k] [2]) ; ss = sqrt((xa - Xmark1) * (xa - Xmark1) + (ya - Ymark1) * (ya - Ymark1)) ;

if(ss < Xmark2) // 有一个点落在圆内.

{

C = atoi(Array [C] [6]) ;

goto cc33 ;

}

}

// 判断新生成的三角形是否有效

Nbegin3 = C; yes1 = false; yes2 = false; yes3 = false; // 三角形有效

x0 = atof(Array[Nbegin1][1]); y0 = atof(Array[Nbegin1][2]);

x1 = atof(Array[Nbegin3][1]); y1 = atof(Array[Nbegin3][2]);

int a1 = ((x0 + x1)/2 − xmin)/G, b1 = ((y0 + y1)/2 − ymin)/G, c1 = Tarray[a1][b1];

if(c1 < 0) yes1 = false; // 本边尚未用过

else

{

int mm = 0;

while(c1 > = 0)

{

if(((Triangle[c1][1] = = Nbegin1) && (Triangle[c1][2] = = Nbegin3)) | | ((Triangle[c1][1] = = Nbegin3) && (Triangle[c1][2] = = Nbegin1))) mm + +;

c1 = Triangle[c1][3]; // 下一个点编号

}

if(mm > = 2) yes1 = true; // 本边使用次数 2 次.

}

// 判断新生成的三角形是否有效

x0 = atof(Array[Nbegin2][1]); y0 = atof(Array[Nbegin2][2]);

x1 = atof(Array[Nbegin3][1]); y1 = atof(Array[Nbegin3][2]);

int a2 = ((x0 + x1)/2 − xmin)/G, b2 = ((y0 + y1)/2 − ymin)/G, c2 = Tarray[a2][b2];

if(c2 < 0) yes2 = false; // 本边尚未用过

else

{

int mm = 0;

while(c2 > = 0)

{ if(((Triangle[c2][1] = = Nbegin2) && (Triangle[c2][2] = = Nbegin3)) | | ((Triangle[c2][1] = = Nbegin3) && (Triangle[c2][2] = = Nbegin2))) mm + +;

c2 = Triangle[c2][3]; // 下一个点编号

}

if(mm > = 2) yes2 = true; // 本边使用次数 2 次.

}

// 检查本边所在两个三角形是否分布在两边

yes3 = false; if(SameBeside(X0, Y0, X1, Y1, X3, Y3, X2, Y2)) yes3 = true; // 在同一边

// 新生成的三角形有效

if((! yes1) && (! yes2) && (! yes3)) { Nbegin3 = C; method = "left"; goto exit1; } // 所有点都不在圆内, 满足条件跳出循环

}

// 按指针连接下一个点继续判断

```
C = atoi(Array[C][6]); goto cc33;
}
// 下边
for(j = B - r;j < B + r;j + + )
{
if((A - r < 0)||(A - r > Ni - 1)||(j < 0)||(j > Nj - 1)) continue; // 超出网格范围
C = Iarray[A - r][j]; // 本网格第一个点序号
cc44:
if((C = = Nbegin1)||(C = = Nbegin2)||(C < 0)) continue; // 下一个网格
// 检验是否符合外接圆条件
X2 = atof(Array[C][1]); Y2 = atof(Array[C][2]);
if(SolutionCircle(X0,Y0,X1,Y1,X2,Y2) < 999999999) // 圆半径 = Xmark2,圆心坐标 =
Xmark1,Ymark1;
{
for(k = 0;k < NN;k + + )
{
if((k = = Nbegin1)||(k = = Nbegin2)||(k = = C)) continue; // 不比较本三角的端点
xa = atof(Array[k][1]); ya = atof(Array[k][2]); ss = sqrt((xa - Xmark1) * (xa -
Xmark1) + (ya - Ymark1) * (ya - Ymark1));
if(ss < Xmark2) // 有一个点落在圆内.
{
C = atoi(Array[C][6]);
goto cc44;
}
}
// 判断新生成的三角形是否有效
Nbegin3 = C; yes1 = false; yes2 = false; yes3 = false; // 三角形有效
x0 = atof(Array[Nbegin1][1]); y0 = atof(Array[Nbegin1][2]);
x1 = atof(Array[Nbegin3][1]); y1 = atof(Array[Nbegin3][2]);
int a1 = ((x0 + x1)/2 - xmin)/G,b1 = ((y0 + y1)/2 - ymin)/G,c1 = Tarray[a1][b1];
if(c1 < 0) yes1 = false; // 本边尚未用过
else
{
int mm = 0;
while(c1 > = 0)
{
if(((Triangle[c1][1] = = Nbegin1)&&(Triangle[c1][2] = = Nbegin3))||((Triangle
[c1][1] = = Nbegin3)&&(Triangle[c1][2] = = Nbegin1))) mm + + ;
```

```
c1 = Triangle[ c1][ 3] ; // 下一个点编号
}
if( mm > = 2) yes1 = true; // 本边使用次数 2 次.
}
// 判断新生成的三角形是否有效
x0 = atof( Array[ Nbegin2][ 1]) ; y0 = atof( Array[ Nbegin2][ 2]) ;
x1 = atof( Array[ Nbegin3][ 1]) ; y1 = atof( Array[ Nbegin3][ 2]) ;
int a2 = (( x0 + x1)/2 - xmin)/G,b2 = (( y0 + y1)/2 - ymin)/G,c2 = Tarray[ a2][ b2] ;
if( c2 < 0) yes2 = false; // 本边尚未用过
else
{
int mm = 0;
while( c2 > = 0)
{ if( (( Triangle[ c2][ 1] = = Nbegin2) && ( Triangle[ c2][ 2] = = Nbegin3)) || (( Triangle
[ c2][ 1] = = Nbegin3) && ( Triangle[ c2][ 2] = = Nbegin2))) mm + + ;
c2 = Triangle[ c2][ 3] ; // 下一个点编号
}
if( mm > = 2) yes2 = true; // 本边使用次数 2 次.
}
// 检查本边所在两个三角形是否分布在两边
yes3 = false; if( SameBeside( X0,Y0,X1,Y1,X3,Y3,X2,Y2)) yes3 = true; // 在同一边
// 新生成的三角形有效
if(( ! yes1) && ( ! yes2) && ( ! yes3)) { Nbegin3 = C; method = " down" ; goto exit1; }//
所有点都不在圆内,满足条件跳出循环
}
// 按指针连接下一个点继续判断
C = atoi( Array[ C][ 6]) ; goto cc44;
}
}
exit1:
// 新生成的三角形有效
if(( ! yes1) && ( ! yes2) && ( ! yes3) && ( method. GetLength( ) > 0))
{
//if( htp > 0)
{ ch. Format( " a = % s,b = % s,c = % s" , Array[ Nbegin1][ 0], Array[ Nbegin2][ 0], Array
[ Nbegin3][ 0]) ;MessageBox( ch,method) ; }
// 把新生成的边加入格网
// 记录本三角形第一条边并放入相应网格, 注意:基线边不能忘,否则三角网不往前走!
```

```
X0 = atof( Array[ Nbegin1 ][ 1 ]) ; Y0 = atof( Array[ Nbegin1 ][ 2 ]) ;
X1 = atof( Array[ Nbegin2 ][ 1 ]) ; Y1 = atof( Array[ Nbegin2 ][ 2 ]) ; a = ( ( X0 + X1 )/2 −
xmin)/G ; b = ( ( Y0 + Y1 )/2 − ymin)/G ; // a = ( x1 − xmin)/G + 1 ; b = ( y1 − ymin)/G +
1 ;
// 查找本网格内第一条边编号
c = Tarray[ a ][ b ] ;//ch. Format( "1 : Tarray[ % d, % d ]", a,b) ; MessageBox( ch) ;
if( c < 0) // 本格内没有任何点
{
Triangle[ TBS ][ 0 ] = TBS ; Triangle[ TBS ][ 1 ] = Nbegin1 ; Triangle[ TBS ][ 2 ] = Nbegin2 ;
Triangle[ TBS ][ 4 ] = Nbegin3 ; Triangle[ TBS ][ 3 ] = − 999 ; // 下一个点编号
Tarray[ a ][ b ] = TBS ; TBS + + ;
}
else // 本格内已经有点,续在最后.
{
while( c > = 0)
{
cur = Triangle[ c ][ 0 ] ; c = Triangle[ c ][ 3 ] ; // 下一个点编号
}
Triangle[ cur ][ 3 ] = TBS ; // 下一个点编号为本点
Triangle[ TBS ][ 0 ] = TBS ; Triangle[ TBS ][ 1 ] = Nbegin1 ; Triangle[ TBS ][ 2 ] = Nbegin2 ;
Triangle[ TBS ][ 4 ] = Nbegin3 ;Triangle[ TBS ][ 3 ] = − 999 ; // 下一个点编号
TBS + + ; // 把本边放入相应网格
}
// 记录本三角形第二条边并放入相应网格
X0 = atof( Array[ Nbegin1 ][ 1 ]) ; Y0 = atof( Array[ Nbegin1 ][ 2 ]) ;
X1 = atof( Array[ Nbegin3 ][ 1 ]) ; Y1 = atof( Array[ Nbegin3 ][ 2 ]) ; a = ( ( X0 + X1 )/2 −
xmin)/G ; b = ( ( Y0 + Y1 )/2 − ymin)/G ; // a = ( x1 − xmin)/G + 1 ; b = ( y1 − ymin)/G + 1 ;
// 查找本网格内第一条边编号
c = Tarray[ a ][ b ] ;//ch. Format( "1 : Tarray[ % d, % d ]", a,b) ; MessageBox( ch) ;
if( c < 0) // 本格内没有任何点
{
Triangle[ TBS ][ 0 ] = TBS ; Triangle[ TBS ][ 1 ] = Nbegin1 ; Triangle[ TBS ][ 2 ] = Nbegin3 ;
Triangle[ TBS ][ 4 ] = Nbegin2 ;Triangle[ TBS ][ 3 ] = − 999 ; // 下一个点编号
Tarray[ a ][ b ] = TBS ; TBS + + ;
}
else // 本格内已经有点,续在最后.
{
while( c > = 0)
```

```
{
cur = Triangle[ c ][ 0 ]; c = Triangle[ c ][ 3 ]; // 下一个点编号
}
Triangle[ cur ][ 3 ] = TBS; // 下一个点编号为本点
Triangle[ TBS ][ 0 ] = TBS; Triangle[ TBS ][ 1 ] = Nbegin1; Triangle[ TBS ][ 2 ] = Nbegin3;
Triangle[ TBS ][ 4 ] = Nbegin2;Triangle[ TBS ][ 3 ] = -999; // 下一个点编号
TBS + +; // 把本边放入相应网格
}
// 记录本三角形第三条边并放入相应网格
X0 = atof( Array[ Nbegin2 ][ 1 ]); Y0 = atof( Array[ Nbegin2 ][ 2 ]);
X1 = atof( Array[ Nbegin3 ][ 1 ]); Y1 = atof( Array[ Nbegin3 ][ 2 ]); a = ( ( X0 + X1 )/2 -
xmin)/G;b = ( ( Y0 + Y1 )/2 - ymin)/G; // a = (x1 - xmin)/G + 1; b = (y1 - ymin)/G + 1;
// 查找本网格内第一条边编号
c = Tarray[ a ][ b ]; // ch. Format( "1:Tarray[ % d,% d]",a,b); MessageBox( ch);
if( c < 0 ) // 本格内没有任何点
{
Triangle[ TBS ][ 0 ] = TBS; Triangle[ TBS ][ 1 ] = Nbegin2; Triangle[ TBS ][ 2 ] = Nbegin3;
Triangle[ TBS ][ 4 ] = Nbegin1; Triangle[ TBS ][ 3 ] = -999; // 下一个点编号
Tarray[ a ][ b ] = TBS; TBS + +;
}
else // 本格内已经有点,续在最后.
{
while( c > =0)
{
cur = Triangle[ c ][ 0 ]; c = Triangle[ c ][ 3 ]; // 下一个点编号
}
Triangle[ cur ][ 3 ] = TBS; // 下一个点编号为本点
Triangle[ TBS ][ 0 ] = TBS; Triangle[ TBS ][ 1 ] = Nbegin2; Triangle[ TBS ][ 2 ] = Nbegin3;
Triangle[ TBS ][ 4 ] = Nbegin1; Triangle[ TBS ][ 3 ] = -999; // 下一个点编号
TBS + +; // 把本边放入相应网格
}
//ch. Format( " a = % s,b = % s,c = % s,% s,% s",Array[ Nbegin1 ][ 0 ],Array[ Nbegin2 ]
[ 0 ],Array[ Nbegin3 ][ 0 ],Array[ Nbegin3 ][ 1 ],Array[ Nbegin3 ][ 2 ]);MessageBox( ch,"三
角形");
// 记录本三角形推进边
BaseLine[ TotalBaseS ][ 0 ] = Nbegin1; BaseLine[ TotalBaseS ][ 1 ] = Nbegin3;TotalBase + +;
TotalBaseS + +;
BaseLine[ TotalBaseS ][ 0 ] = Nbegin2; BaseLine[ TotalBaseS ][ 1 ] = Nbegin3;TotalBase + +;
```

TotalBaseS + + ;

// 画出已构建三角形

//dc. Ellipse(atof(Array [Nbegin3] [4]) − 5 , atof(Array [Nbegin3] [5]) − 5 , atof(Array [Nbegin3] [4]) + 5 , atof(Array [Nbegin3] [5]) + 5) ;

a = Nbegin1 ; b = Nbegin2 ; c = Nbegin3 ; Ntriangle + + ;

dc. MoveTo(atof(Array [a] [4]) , atof(Array [a] [5])) ; // 屏幕坐标

dc. LineTo(atof(Array [b] [4]) , atof(Array [b] [5])) ; // 屏幕坐标

dc. MoveTo(atof(Array [b] [4]) , atof(Array [b] [5])) ; // 屏幕坐标

dc. LineTo(atof(Array [c] [4]) , atof(Array [c] [5])) ; // 屏幕坐标

dc. MoveTo(atof(Array [c] [4]) , atof(Array [c] [5])) ; // 屏幕坐标

dc. LineTo(atof(Array [a] [4]) , atof(Array [a] [5])) ; // 屏幕坐标

// 标记本点已用过

Array [c] [7] = "1" ;

// 建立三角网数据库

CString NA , NB , NC , numa , numb , numc ;

NA = Array [a] [0] ; xa = atof(Array [a] [1]) ; ya = atof(Array [a] [2]) ; ha = atof(Array [a] [3]) ;

NB = Array [b] [0] ; xb = atof(Array [b] [1]) ; yb = atof(Array [b] [2]) ; hb = atof(Array [b] [3]) ;

NC = Array [c] [0] ; xc = atof(Array [c] [1]) ; yc = atof(Array [c] [2]) ; hc = atof(Array [c] [3]) ;

ch. Format(" % d " , Ntriangles + +) ; numa. Format(" % d " , a) ; numb. Format(" % d " , b) ; numc. Format(" % d " , c) ;

// 增加三角网数据

AddTriangleNet(NetName + " 三角网 " , ch , numa , numb , numc , NA , xa , ya , ha , NB , xb , yb , hb , NC , xc , yc , hc) ;

// 统计最长边长

ss = sqrt((xa − xb) * (xa − xb) + (ya − yb) * (ya − yb)) ; if(Radius < ss) Radius = ss ;

ss = sqrt((xb − xc) * (xb − xc) + (yb − yc) * (yb − yc)) ; if(Radius < ss) Radius = ss ;

ss = sqrt((xc − xa) * (xc − xa) + (yc − ya) * (yc − ya)) ; if(Radius < ss) Radius = ss ;

// 显示推进边信息

//for(i = 0 ; i < TBS ; i + +)

{ ch. Format(" % d , % d , % d , % d " , Triangle [i] [0] , Triangle [i] [1] , Triangle [i] [2] , Triangle [i] [3]) ; MessageBox(ch) ; }

}

nextbase :

TotalBase − − ; // 去掉当前推进边

```
}
```

// 存储尚未构网的点序号

//int * Yet; Yet = NULL; Yet = new int [NN];

int MY = 0, num1, num2; double ss0, sort = 999999999;

// 查找尚未构网的点

for(i = 0; i < NN; i + +) if(Array[i][7] = = "0") { Yet[MY + +] = i; }

// MessageBox(Array[i][0], "尚未构网的点");

// 把已构网和未构网的点分成两组,然后计算最短距离者为基线边,继续构网.

for(i = 0; i < MY; i + +)

{

xa = atof(Array[Yet[i]][1]);

ya = atof(Array[Yet[i]][2]);//MessageBox(Array[Yet[i]][0], "尚未构网的点");

for(j = 0; j < NN; j + +)

{

if(Array[j][7] = = "0") continue; // 未构网点跳过

xb = atof(Array[j][1]); yb = atof(Array[j][2]); ss0 = sqrt((xa - xb) * (xa - xb) + (ya - yb) * (ya - yb));

if(ss0 < sort) { sort = ss0; num1 = Yet[i]; num2 = j; }

}

}

//ch. Format("% s,% s,% f", Array[num1][0], Array[num2][0], sort); MessageBox(ch);

if(MY > 0) // 还有尚未构网的点

{

Nbegin1 = num1; Nbegin2 = num2; htp + +; goto end;

}

}

4.2.11　导线网自动组成验算路线方法

//导线网自动组成验算路线方法

int CMainFrame::CheckRout()

{

extern int Ndemtriangle; CString A, B, C, D, aa, bb, cc, ch; int Nclose = 0, Nsingle = 0;

CString temproute[10][500], tempname[500], closeroute[50][500];

int Ntemp[10], Number[50], Mtemp[50], Mark[500]; double SSS[50], value;

int Nchk = 0, Nbases = 0, M = 0, i, j, k, z, p, q, a, b, c, a1, b1, c1, m, n, MS, temp = 0, u, v, w;

// 检查两固定点之间是否有多重路线情况;

```
for(i = 0; i < TR_R; i + +) { Mark[i] = 0; TR_routemark[i] = "0"; } // 标注所有路线尚
未检索过;
for(i = 0; i < TR_R; i + +)
{
if(Mark[i] = = 1) continue;
A = TR_route[i][1]; z = 0; while(TR_route[i][z]! = "") z + +; B = TR_route[i][z -
2];
M = 0; for(k = 1; k < z - 1; k + +) temproute[M][k] = TR_route[i][k]; Ntemp[M] = z -
1; M + +; Mark[i] = 1;
for(j = i + 1; j < TR_R; j + +)
{
if(Mark[j] = = 1) continue;
C = TR_route[j][1]; z = 0; while(TR_route[j][z]! = "") z + +; D = TR_route[j][z -
2];
if(((A = = C)&&(B = = D))||((A = = D)&&(B = = C)))
{
for(k = 1; k < z - 1; k + +) temproute[M][k] = TR_route[j][k]; Ntemp[M] = z - 1;
M + +; Mark[j] = 1;
}
}
if(M > 1)
{
MS = M - 1; //ch. Format("% s - - > % s: N = % d 条重复路线", A, B, M); MessageBox
(ch);
//for(j = 0; j < M; j + +) { ch = ""; for(v = 0; v < Ntemp[j]; v + +) ch + = temproute[j]
[v] + ","; MessageBox(ch); }
int no, num = 0; CString mark = "0";
for(p = 0; p < M; p + +)
{
A = temproute[p][1]; B = temproute[p][Ntemp[p] - 1]; temp = 0; //MessageBox(A +
B);
for(w = 1; w < Ntemp[p] - 1; w + +)
{
no = LookForNumberByFast(temproute[p][w]); XXX[temp] = TR_X[no]; YYY[temp] =
TR_Y[no];
tempname[temp] = temproute[p][w]; temp + +; //MessageBox(temproute[p]
[w], "::");
}
```

```
for( q = p + 1 ;q < M ;q + + )
{
C = temproute[ q ][ 1 ]; D = temproute[ q ][ Ntemp[ q ] − 1 ];
if( ( B = = C )&&( A = = D ) ) mark = "1";
if( ( B = = D )&&( A = = C ) ) mark = "2";
if( mark = = "1" )// normal
{
for( w = 1 ;w < Ntemp[ q ] − 1 ;w + + )
{
no = LookForNumberByFast( temproute[ q ][ w ] );XXX[ temp ] = TR_X[ no ]; YYY[ temp ] =
TR_Y[ no ];
tempname[ temp ] = temproute[ q ][ w ]; temp + + ; //MessageBox( temproute[ q ][ w ]," − −
>" );
}
}
if( mark = = "2" )// inverse
{
for( w = Ntemp[ q ] − 1 ;w > 1 ;w − − )
{
no = LookForNumberByFast( temproute[ q ][ w ] );XXX[ temp ] = TR_X[ no ]; YYY[ temp ] =
TR_Y[ no ];
tempname[ temp ] = temproute[ q ][ w ]; temp + + ; //MessageBox( temproute[ q ][ w ]," < −
− " );
}
}
SSS[ num ] = CalculatePolygonSquare( temp ); SSS[ num ] = sqrt( SSS[ num ] * SSS[ num ] );
for( j = 0 ;j < temp ;j + + ) closeroute[ num ][ j ] = tempname[ j ];
closeroute[ num ][ temp ] = tempname[ 0 ]; Mtemp[ num ] = temp + 1; // 闭合点;
//A. Format( "N = % dM = % fM^2", temp, SSS[ num ] ); ch = "" ; for( v = 0 ;v < Mtemp
[ num ];v + + ) ch + = DeleteSpaceBehindName( closeroute[ num ][ v ] ) + "," ; MessageBox
( ch + "\n" + A );
num + + ;
}
}
//ch. Format( "N = % d" ,num ); MessageBox( ch );
// 对所有多边形面积进行排队;
for( j = 0 ;j < num ;j + + ) Number[ j ] = j;
beginsort :
```

```
BOOL marksort = true;
for(j = 0;j < num - 1;j + +)// 只对面积和序号排队,不排后面的点名串;
{
if((SSS[j] > SSS[j + 1])&&(SSS[j] > 0)&&(SSS[j + 1] > 0))
{
value = SSS[j]; SSS[j] = SSS[j + 1]; SSS[j + 1] = value;
p = Number[j];Number[j] = Number[j + 1]; Number[j + 1] = p;
marksort = false;
}
}
if(marksort = = false) goto beginsort;
//for(j = 0;j < num;j + +) { ch. Format("No[% d]:Number = % d, M = % f",j,Number
[j],SSS[j]); MessageBox(ch); }
for(j = 0;j < MS;j + +) // MS 个多边形区域
{
k = Number[j];
for(q = 0;q < Mtemp[k];q + +)TR_auto[Nchk][q] = closeroute[k][q];
//ch = "" ; for(q = 0;q < Mtemp[k];q + +) ch + = TR_auto[Nchk][q]; MessageBox
(ch,"point:");
Nchk + +;
}
// 标注所有路线已组成过路线;
//MessageBox(A + B + C + D);
CString AB,BA;
for(j = 0;j < TR_R;j + +)
{
AB = TR_route[j][1]; z = 0; while(TR_route[j][z]! = "") z + +;BA = TR_route[j]
[z - 2];
if(((AB = = A)&&(BA = = B))||((AB = = B)&&(BA = = A))) { Mark[j] = 1; TR_
routemark[j] = "1"; }
}
}
}
//ch. Format("Nclosering = % d",Nchk); MessageBox(ch);return Nchk;
// 查找多边形闭合环
//ch. Format("% d",Ndemtriangle); MessageBox(ch);
begin:
Nbases = 0;BOOL overflag = true;
```

```
for( i = 0 ; i < Ndemtriangle ; i + + )
{
if( TRIANGLEUSED[ i ] = = 1 ) continue ;
a = DEM_TRIANGLE[ i ][ 0 ] ; b = DEM_TRIANGLE[ i ][ 1 ] ; c = DEM_TRIANGLE[ i ][ 2 ] ;
DEM_POLYGON[ 0 ][ 0 ] = a ; DEM_POLYGON[ 0 ][ 1 ] = b ; Nbases + + ;
DEM_POLYGON[ 1 ][ 0 ] = a ; DEM_POLYGON[ 1 ][ 1 ] = c ; Nbases + + ;
DEM_POLYGON[ 2 ][ 0 ] = b ; DEM_POLYGON[ 2 ][ 1 ] = c ; Nbases + + ;
TRIANGLEUSED[ i ] = 1 ;
//ch. Format( "begin: [ % s - - % s - - % s ]" , DeleteSpaceBehindName( TriName[ a ] ) , De-
leteSpaceBehindName( TriName[ b ] ) , DeleteSpaceBehindName( TriName[ c ] ) ) ; MessageBox
( ch ) ;
nextbase :
BOOL findok = false ;
for( j = 0 ; j < Nbases ; j + + )
{
a = DEM_POLYGON[ j ][ 0 ] ; b = DEM_POLYGON[ j ][ 1 ] ;
if( CompareShapeExist( a,b ) ) continue ;// 导线边 ;
//ch. Format( "dash: [ % s - % s ]" , DeleteSpaceBehindName( TriName[ a ] ) , DeleteSpaceBe-
hindName( TriName[ b ] ) ) ; MessageBox( ch ) ;
// 本条边为虚线时搜索下一个三角形 ;
for( k = 0 ; k < Ndemtriangle ; k + + )
{
if( TRIANGLEUSED[ k ] = = 1 ) continue ;
a1 = DEM_TRIANGLE[ k ][ 0 ] ; b1 = DEM_TRIANGLE[ k ][ 1 ] ; c1 = DEM_TRIANGLE[ k ]
[ 2 ] ;
if( ( ( a = = a1 ) && ( b = = b1 ) ) || ( ( a = = b1 ) && ( b = = a1 ) ) )
{
DEM_POLYGON[ Nbases ][ 0 ] = a1 ; DEM_POLYGON[ Nbases ][ 1 ] = c1 ; Nbases + + ;
DEM_POLYGON[ Nbases ][ 0 ] = b1 ; DEM_POLYGON[ Nbases ][ 1 ] = c1 ; Nbases + + ;
findok = true ;
}
if( ( ( a = = a1 ) && ( b = = c1 ) ) || ( ( a = = c1 ) && ( b = = a1 ) ) )
{
DEM_POLYGON[ Nbases ][ 0 ] = a1 ; DEM_POLYGON[ Nbases ][ 1 ] = b1 ; Nbases + + ;
DEM_POLYGON[ Nbases ][ 0 ] = b1 ; DEM_POLYGON[ Nbases ][ 1 ] = c1 ; Nbases + + ;
findok = true ;
}
if( ( ( a = = b1 ) && ( b = = c1 ) ) || ( ( a = = c1 ) && ( b = = b1 ) ) )
```

```
{
DEM_POLYGON[Nbases][0] = a1; DEM_POLYGON[Nbases][1] = b1; Nbases + +;
DEM_POLYGON[Nbases][0] = a1; DEM_POLYGON[Nbases][1] = c1; Nbases + +;
findok = true;
}
if(findok)
{
for(p = 0; p < Nbases; p + +)
{
m = DEM_POLYGON[p][0]; n = DEM_POLYGON[p][1];
if((m = = a)&&(n = = b))
{
for(q = p + 1; q < Nbases; q + +)
{
DEM_POLYGON[q - 1][0] = DEM_POLYGON[q][0];
DEM_POLYGON[q - 1][1] = DEM_POLYGON[q][1];
}
break;
}
}
Nbases - -; TRIANGLEUSED[k] = 1; goto nextbase;
}
}
}
if(! findok) // 所有三角形已添加完毕;
{
BOOL allok = true; //CString Ch; Ch. Format("共由[%d]条边组成", Nbases); Message-
Box(Ch);
for(j = 0; j < Nbases; j + +)
{
a = DEM_POLYGON[j][0]; b = DEM_POLYGON[j][1];
if(! CompareShapeExist(a,b))
{
//MessageBox(TriName[a] + " - -" + TriName[b], "dsah:");
allok = false; break;
}
}
if(allok) // 已组成闭合环;
```

```
{
Nclose + + ;
CString Ch; Ch. Format("闭合环:[ N = % d]", Nbases); //MessageBox( Ch) ;
// 检查某边是否有往返现象或出现两次,如果有则除去此边,此现象为不合理现象;
int z1 , z2 , z3 , z4 ;
for( i = 0 ; i < Nbases ; i + + )
{
z1 = DEM_POLYGON[ i ][ 0 ] ; z2 = DEM_POLYGON[ i ][ 1 ] ;
for( j = i + 1 ; j < Nbases ; j + + )
{
z3 = DEM_POLYGON[ j ][ 0 ] ; z4 = DEM_POLYGON[ j ][ 1 ] ;
if( ( z1 = = z3 ) && ( z2 = = z4 ) )
{ DEM_POLYGON[ i ][ 0 ] = - 999 ; DEM_POLYGON[ i ][ 1 ] = - 999 ; DEM_POLYGON[ j ]
[ 0 ] = - 999 ; DEM_POLYGON[ j ][ 1 ] = - 999 ; }
if( ( z1 = = z4 ) && ( z2 = = z3 ) )
{ DEM_POLYGON[ i ][ 0 ] = - 999 ; DEM_POLYGON[ i ][ 1 ] = - 999 ; DEM_POLYGON[ j ]
[ 0 ] = - 999 ; DEM_POLYGON[ j ][ 1 ] = - 999 ; }
}
}
//ch = " " ; for( i = 0 ; i < Nbases ; i + + ) ch + = DeleteSpaceBehindName( TriName[ DEM_
POLYGON[ i ][ 0 ] ] ) + " - - " + DeleteSpaceBehindName( TriName[ DEM_POLYGON[ i ]
[ 1 ] ] ) + " \n" ; MessageBox( ch , Ch) ;
CString stationname , nextname ; int mm = 0 ;
for( k = 0 ; k < Nbases ; k + + )// 找到第一个两端均不为零的边为起始边
{
a = DEM_POLYGON[ k ][ 0 ] ; b = DEM_POLYGON[ k ][ 1 ] ; if( ( a < 0 ) | | ( b < 0 ) ) contin-
ue ;
stationname = TriName[ a ] ; nextname = TriName[ b ] ;
TR_checkroute[ mm + + ] = stationname ; TR_checkroute[ mm + + ] = nextname ;
DEM_POLYGON[ k ][ 0 ] = - 999 ; DEM_POLYGON[ k ][ 1 ] = - 999 ;
break ;
}
cont1 :
for( k = 0 ; k < Nbases ; k + + )
{
a = DEM_POLYGON[ k ][ 0 ] ; b = DEM_POLYGON[ k ][ 1 ] ; if( ( a < 0 ) | | ( b < 0 ) ) contin-
ue ;
C = TriName[ a ] ; D = TriName[ b ] ;
```

```
if( nextname = = C) { TR_checkroute[ mm + + ] = D; nextname = D; DEM_POLYGON[ k ]
[ 0 ] = - 999; DEM_POLYGON[ k ][ 1 ] = - 999; goto cont1; }
if( nextname = = D) { TR_checkroute[ mm + + ] = C; nextname = C; DEM_POLYGON[ k ]
[ 0 ] = - 999; DEM_POLYGON[ k ][ 1 ] = - 999; goto cont1; }
}
// 输出相应路线点号信息;
//ch = ""; for( p = 0;p < mm;p + + ) ch + = DeleteSpaceBehindName( TR_checkroute[ p ] )
+ ",";MessageBox( ch,Ch);
for( p = 0;p < 300;p + + )TR_auto[ Nchk ][ p ] = ""; int MM = 0,NO; CString mark = "0",
middlename; BOOL have = false;
for( p = 0;p < mm - 1;p + + )
{
A = TR_checkroute[ p ];C = TR_checkroute[ p + 1 ]; mark = "0";
k = CompareRouteRepeatNumber( A,C); middlename = RepeatName[ 0 ];
if( k > 1 ) { middlename = RepeatName[ CalculateMinPolygonRoute( k, Nchk, MM, p, mm -
1 ) ]; have = true; }
for( q = 0;q < TR_R;q + + )
{
aa = routenamestring. Mid( q * 36 + 0,12);
bb = routenamestring. Mid( q * 36 + 12,12);
cc = routenamestring. Mid( q * 36 + 24,12);
if(( A = = aa)&&( middlename = = bb)&&( C = = cc)) { NO = q; mark = "1"; TR_route-
mark[ q ] = "1";break; }
if(( A = = cc)&&( middlename = = bb)&&( C = = aa)) { NO = q; mark = "2"; TR_route-
mark[ q ] = "1";break; }
}
if( mark = = "0") { MessageBox( "数据有错误,构不成验算路线..." );return 0; }
if( mark = = "1") { for( q = 1;q < TR_Nroute[ NO ];q + + ) TR_auto[ Nchk ][ MM + + ] =
TR_route[ NO ][ q ]; }
if( mark = = "2") { for( q = TR_Nroute[ NO ];q > 1;q - - ) TR_auto[ Nchk ][ MM + + ] =
TR_route[ NO ][ q ]; }
}
if( mark = = "1") TR_auto[ Nchk ][ MM + + ] = TR_route[ NO ][ TR_Nroute[ NO ] ];
if( mark = = "2") TR_auto[ Nchk ][ MM + + ] = TR_route[ NO ][ 1 ];
//if( have) { ch = ""; for( q = 0;q < mm - 1;q + + ) ch + = TR_checkroute[ q ];Message-
Box( ch,"cross:" ); }
//ch = ""; for( q = 0;q < MM;q + + ) ch + = TR_auto[ Nchk ][ q ]; MessageBox( ch,
"point:" );
```

```
Nchk + + ;
}
else // 附合路线;
{
Nsingle + + ;
int mm = 0; CString stationname, nextname;
for( k = 0; k < Nbases; k + + )
{
a = DEM_POLYGON[ k ][ 0 ]; b = DEM_POLYGON[ k ][ 1 ]; C = TriName[ a ]; D = TriName
[ b ];
if( ! CompareShapeExist( a, b ) ) continue; // 虚线边跳转;
if( COMPARE( C ) = = "known" )
{
stationname = C; nextname = D;
TR_checkroute[ mm + + ] = stationname; TR_checkroute[ mm + + ] = nextname;
DEM_POLYGON[ k ][ 0 ] = - 999; DEM_POLYGON[ k ][ 1 ] = - 999; break;
}
if( COMPARE( D ) = = "known" )
{
stationname = D; nextname = C;
TR_checkroute[ mm + + ] = stationname; TR_checkroute[ mm + + ] = nextname;
DEM_POLYGON[ k ][ 0 ] = - 999; DEM_POLYGON[ k ][ 1 ] = - 999; break;
}
}
cont2:
for( k = 0; k < Nbases; k + + )
{
a = DEM_POLYGON[ k ][ 0 ]; b = DEM_POLYGON[ k ][ 1 ]; C = TriName[ a ]; D = TriName
[ b ];
if( ! CompareShapeExist( a, b ) ) continue; // 虚线边跳转;
if( ( a < 0 ) | | ( b < 0 ) ) continue; // 已搜索过的边跳转;
if( COMPARE( nextname ) = = "known" ) break; // MessageBox( nextname, "到达已知点" );
if( nextname = = C ) { TR_checkroute[ mm + + ] = D; nextname = D; DEM_POLYGON[ k ]
[ 0 ] = - 999; DEM_POLYGON[ k ][ 1 ] = - 999; goto cont2; }
if( nextname = = D ) { TR_checkroute[ mm + + ] = C; nextname = C; DEM_POLYGON[ k ]
[ 0 ] = - 999; DEM_POLYGON[ k ][ 1 ] = - 999; goto cont2; }
}
if( COMPARE( TR_checkroute[ mm - 1 ] ) = = "known" ) // 附合导线;
```

```
}
// 输出附合路线点号信息;
//ch = " " ; for( p = 0 ; p < mm ; p + + ) ch + = DeleteSpaceBehindName( TR_checkroute[ p ] )
 + " , " ; MessageBox( ch ) ;
for( p = 0 ; p < 300 ; p + + ) TR_auto[ Nchk ] [ p ] = " " ; int MM = 0 , NO ; CString mark = " 0 " ,
middlename ; BOOL have = false ;
for( p = 0 ; p < mm − 1 ; p + + )
{
A = TR_checkroute[ p ] ; C = TR_checkroute[ p + 1 ] ; mark = " 0 " ;
k = CompareRouteRepeatNumber( A , C ) ; middlename = RepeatName[ 0 ] ;
if( k > 1 ) { middlename = RepeatName [ CalculateMinPolygonRoute ( k , Nchk , MM , p ,
mm − 1 ) ] ; have = true ; }
for( q = 0 ; q < TR_R ; q + + )
{
aa = routenamestring. Mid( q ∗ 36 + 0 , 12 ) ;
bb = routenamestring. Mid( q ∗ 36 + 12 , 12 ) ;
cc = routenamestring. Mid( q ∗ 36 + 24 , 12 ) ;
if( ( A = = aa ) && ( middlename = = bb ) && ( C = = cc ) ) { NO = q ; mark = " 1 " ; TR_route-
mark[ q ] = " 1 " ; break ; }
if( ( A = = cc ) && ( middlename = = bb ) && ( C = = aa ) ) { NO = q ; mark = " 2 " ; TR_route-
mark[ q ] = " 1 " ; break ; }
}
if( mark = = " 0 " ) { MessageBox( " 数据有错误,构不成验算路线... " ) ; return 0 ; }
if( mark = = " 1 " ) { for( q = 1 ; q < TR_Nroute[ NO ] ; q + + ) TR_auto[ Nchk ] [ MM + + ] =
TR_route[ NO ] [ q ] ; }
if( mark = = " 2 " ) { for( q = TR_Nroute[ NO ] ; q > 1 ; q − − ) TR_auto[ Nchk ] [ MM + + ] =
TR_route[ NO ] [ q ] ; }
}
if( mark = = " 1 " ) TR_auto[ Nchk ] [ MM + + ] = TR_route[ NO ] [ TR_Nroute[ NO ] ] ;
if( mark = = " 2 " ) TR_auto[ Nchk ] [ MM + + ] = TR_route[ NO ] [ 1 ] ;
//if( have ) { ch = " " ; for( q = 0 ; q < mm − 1 ; q + + ) ch + = TR_checkroute[ q ] ; Message-
Box( ch , " cross: " ) ; }
//ch = " " ; for ( q = 0 ; q < MM ; q + + ) ch + = TR_auto [ Nchk ] [ q ] ; MessageBox ( ch ,
" point: " ) ;
Nchk + + ;
}
}
overflag = false ;
```

```
        }
if( ! overflag) goto begin;
        }
// 查找尚未组成路线的结点边；
int mmm = 0; CString zzz = " ";
for( i = 0;i < TR_R;i + + )
        {
if( TR_routemark[ i] = = "0" )
        {
mmm + + ;int z = 0; while( TR_route[ i] [ z] ! = " " ) z + + ;
ch = DeleteSpaceBehindName( TR_route[ i] [ 1] ) + " - > " + DeleteSpaceBehindName( TR_
route[ i] [ z - 2] ) ;zzz + = ch + " , " ;
        }
        }
if( mmm > 0)
        {
ch. Format( "已生成[ % d] 个闭合环,[ % d] 条附合路线,尚有[ % d] 条路线未验算,是否继
续?\n\n" + zzz, Nclose, Nsingle, mmm) ;
int MB = MessageBox( ch, "请选择", MB_YESNO) ;
if( MB = = IDYES)
        {
int kkk = 0; int Cancel = 0;
lookfornext:
for( i = 0;i < TR_R;i + + )
        {
if( TR_routemark[ i] = = "0" )
        {
Nchk + = LookForCheckRoute( Nchk) ;
if( kkk + + < 3) goto lookfornext;
else
        {
int z = 0; while( TR_route[ i] [ z] ! = " " ) z + + ;
ch = DeleteSpaceBehindName( TR_route[ i] [ 1] ) + " - - > " +
DeleteSpaceBehindName( TR_route[ i] [ z - 2] ) + " 无法自动组成验算路线";
if( Cancel = = 0)
        {
int NB = MessageBox( ch + " , 是否继续显示?", "提示", MB_YESNO) ;
if( NB = = IDNO) Cancel = 1;
```

```
        }
      }
    }
  }
}
}

return Nchk;

}
```

4.2.12　列误差方程方法

```
// 列误差方程
CShow show9;progressvalue = 45; progresstitle = "正在列角度误差方程..." ;
show9. Create( IDD_SHOW_DIALOG,NULL) ; show9. ShowWindow(1) ;
CString Name0,Nameh,Namej,Namek,Namep; int Noj = 0,Nok = 0,Noh = 0,count = 0;
double
L,L0,K1,K2,K3,K4,H1,H2,H3,H4,AZjk,AZjh,xj,yj,xh,yh,xk,yk,Sjk,Sjh,LL1,LL2;
double p = 206264. 8062,MS;SetWindowText( CurrentFileName) ;
// p matrix
int row1 = TR_Na + TR_Nd,col1 = TR_Na + TR_Nd; double ∗ ∗ MATRIX_P; MATRIX_P =
NULL;
MATRIX_P = new double ∗ [ row1] ; for( xyz = 0;xyz < row1;xyz + + ) MATRIX_P[ xyz] =
new double[ col1] ;
for( uv = 0;uv < row1;uv + + ) for( pq = 0;pq < col1;pq + + )MATRIX_P[ uv] [ pq] = 0;
for( i = 0;i < TR_Na + TR_Nd;i + + )// 定权系数
{
MATRIX_P[ i] [ i] = 1;
if( i > = TR_Na)
{ MS = T_MB ∗ 0. 1 + T_MC ∗ 0. 1 ∗ ( DISTANCE[ i – TR_Na] [ 0] ∗ 0. 001) ;MATRIX_P[ i]
[ i] = T_MA ∗ T_MA/MS/MS;}
//ch. Format( "P% d = % 01. 03f" ,i + 1,MATRIX_P[ i] [ i] ) ; MessageBox( ch) ;
}
// B matrix
int row2 = TR_Na + TR_Nd,col2 = TR_t; double ∗ ∗ MATRIX_B; MATRIX_B = NULL;
MATRIX_B = new double ∗ [ row2] ; for( xyz = 0;xyz < row2;xyz + + ) MATRIX_B[ xyz] =
new double[ col2] ;
for( uv = 0;uv < row2;uv + + ) for( pq = 0;pq < col2;pq + + )MATRIX_B[ uv] [ pq] = 0;
time[ 0] = "角度误差方程: " + GetMyCurrentTime( ) ;
for( i = 0;i < TR_D;i + + )// 角度误差方程
```

```
{
if( TR_direction[ 5 ][ i ] = = " " ) continue; // 测边网
L = atof( TR_direction[ 5 ][ i ] );// 曲率改正后的方向值
if( sqrt( L * L ) < = 0. 00001 ) { Name0 = TR_direction[ 1 ][ i ]; Nameh = Name0; LL1 = L;
continue; }// 零方向
Namej = TR_direction[ 0 ][ i ]; Namek = TR_direction[ 1 ][ i ]; LL2 = atof( TR_direction[ 5 ]
[ i ] );
//MessageBox( Nameh + Namej + Namek );
//if( ( COMPARE ( Namej ) = = " known" ) && ( COMPARE ( Namek ) = = " known" ) &&
( COMPARE( Nameh ) = = "known" ) ) { TR_Na = TR_Na − 1; continue; } // 固定角无效,
没有误差方程
LOOKFORXY( Namej ); xj = XP1; yj = YP1; LOOKFORXY( Namek ); xk = XP1; yk = YP1;
LOOKFORXY( Nameh ); xh = XP1; yh = YP1;
AZjk = KNOWNAZIMUTH( Namej, Namek ); AZjh = KNOWNAZIMUTH( Namej, Nameh );
Sjk = sqrt( ( xj − xk ) * ( xj − xk ) + ( yj − yk ) * ( yj − yk ) ); Sjh = sqrt( ( xj − xh ) * ( xj − xh ) +
( yj − yh ) * ( yj − yh ) );
H1 = sin( DEG( AZjh ) * PI/180 ) * p/100/Sjh; H2 = − cos( DEG( AZjh ) * PI/180 ) * p/100/
Sjh; H3 = − H1; H4 = − H2;
K1 = sin( DEG( AZjk ) * PI/180 ) * p/Sjk/100; K2 = − cos( DEG( AZjk ) * PI/180 ) * p/Sjk/
100; K3 = − K1; K4 = − K2;
//ch. Format( " H1 , H2 , H3 , H4 , K1 , K2 , K3 , K4 = % f, % f, % f, % f, % f, % f, % f, % f" , H1 ,
H2 , H3 , H4 , K1 , K2 , K3 , K4 ); MessageBox( ch );
if( COMPARE( Namej )! = " known" ) { Noj = LookForNumberByFast( Namej ) − TR_N0 + 1;
MATRIX_B[ count ][ 2 * Noj − 2 ] = K1 − H1; MATRIX_B[ count ][ 2 * Noj − 1 ] = K2 − H2; }
//ch. Format( " j% d = % d" , i , Noj ); MessageBox( ch ); }
if( COMPARE( Namek )! = " known" ) { Nok = LookForNumberByFast( Namek ) − TR_N0 + 1;
MATRIX_B[ count ][ 2 * Nok − 2 ] = K3; MATRIX_B[ count ][ 2 * Nok − 1 ] = K4; }
//ch. Format( " k% d = % d" , i , Nok ); MessageBox( ch ); }
if( COMPARE( Nameh )! = " known" ) { Noh = LookForNumberByFast( Nameh ) − TR_N0 + 1;
MATRIX_B[ count ][ 2 * Noh − 2 ] = − H3; MATRIX_B[ count ][ 2 * Noh − 1 ] = − H4; }
//ch. Format( " h% d = % d" , i , Noh ); MessageBox( ch ); }
L0 = DEG( AZjk ) − DEG( AZjh ) − ( DEG( LL2 ) − DEG( LL1 ) ); if( L0 < = − 359 ) L0 = L0 +
360; if( L0 > = 359 ) L0 = L0 − 360;
L0 = L0 * 3600;// 常数项以秒为单位
MATRIX_l[ count ][ 0 ] = L0; count + +; //ch. Format( " L% d = % f" , i , L0 );
MessageBox( Nameh + Namej + Namek + ch , "角度常数项" );
Nameh = Namek; LL1 = LL2;
//ch. Format( " 已完成% d% % , 请稍候. . . " , i * 100/( TR_D + TR_Nd ) ); SetWindowText
```

(ch) ;

} //ch. Format ("TR_Na = % d" , count) ; MessageBox (ch , "角度误差方程") ;

show9. DestroyWindow ( ) ; CShow show10 ; progressvalue = 55 ; progresstitle = " 正在列边长误差方程... " ; show10. Create (IDD_SHOW_DIALOG , NULL) ; show10. ShowWindow (1) ;

time [1] = "边长误差方程: " + GetMyCurrentTime ( ) ;

for (i = 0 ; i < TR_Nd ; i + +) // 边长误差方程

{

Namej = NAMEA [i] ; Namek = NAMEB [i] ; LOOKFORXY (Namej) ; xj = XP1 ; yj = YP1 ;

LOOKFORXY (Namek) ; xk = XP1 ; yk = YP1 ; AZjk = KNOWNAZIMUTH (Namej , Namek) ;

Sjk = sqrt ((xj − xk) * (xj − xk) + (yj − yk) * (yj − yk)) ;

K1 = − (xk − xj) /Sjk ; K2 = − (yk − yj) /Sjk ; K3 = (xk − xj) /Sjk ; K4 = (yk − yj) /Sjk ;

//ch. Format ("K1 , K2 , K3 , K4 = % f , % f , % f , % f" , K1 , K2 , K3 , K4) ; MessageBox (ch) ;

if (COMPARE (Namej) ! = "known") { Noj = LookForNumberByFast (Namej) − TR_N0 + 1 ;

MATRIX_B [count] [2 * Noj − 2] = K1 ; MATRIX_B [count] [2 * Noj − 1] = K2 ; }

if (COMPARE (Namek) ! = "known") { Nok = LookForNumberByFast (Namek) − TR_N0 + 1 ;

MATRIX_B [count] [2 * Nok − 2] = K3 ; MATRIX_B [count] [2 * Nok − 1] = K4 ; }

L0 = (Sjk − DISTANCE [i] [2]) * 100 ; // 常数项以厘米为单位 , 经过高程归化改正计算 , 则用高斯面边长

MATRIX_l [count] [0] = L0 ; count + + ; //ch. Format ("S% d = % fcm" , i , L0) ;

MessageBox (Namej + " − > " + Namek + ch , "边长常数项") ;

//ch. Format ("已完成% d% % , 请稍候... " , (i + TR_D + 1) * 100/ (TR_D + TR_Nd)) ;

SetWindowText (ch) ;

}

4. 2. 13　解算法方程方法

// 解算法方程

show10. DestroyWindow ( ) ; CShow show11 ; progressvalue = 60 ; progresstitle = " 正在解算法方程... " ; show11. Create (IDD_SHOW_DIALOG , NULL) ; show11. ShowWindow (1) ;

int row3 = TR_t , col3 = TR_Na + TR_Nd ; double * * MATRIX_BT ; MATRIX_BT = NULL ;

MATRIX_BT = new double * [row3] ; for (xyz = 0 ; xyz < row3 ; xyz + +) MATRIX_BT [xyz] = new double [col3] ;

for (uv = 0 ; uv < row3 ; uv + +) for (pq = 0 ; pq < col3 ; pq + +) MATRIX_BT [uv] [pq] = 0 ;

for (i = 0 ; i < TR_Na + TR_Nd ; i + +) for (j = 0 ; j < TR_t ; j + +) MATRIX_BT [j] [i] = MA-TRIX_B [i] [j] ;

// BT * P matrix

int row4 = TR_t , col4 = TR_Na + TR_Nd ; double * * MATRIX_BTP ; MATRIX_BTP = NULL ;

MATRIX_BTP = new double * [row4] ; for (xyz = 0 ; xyz < row4 ; xyz + +) MATRIX_BTP

```
[ xyz] = new double[ col4];
for( uv = 0;uv < row4;uv + +)  for( pq = 0;pq < col4;pq + +)MATRIX_BTP[ uv][ pq] = 0;
// 两矩阵相乘
for( iii = 0;iii < TR_t;iii + +)
{
for( jjj = 0;jjj < TR_Na + TR_Nd;jjj + +)
{
sum = 0;
for( kkk = 0;kkk < TR_Na + TR_Nd;kkk + +)
{
sum = sum + MATRIX_BT[ iii][ kkk] * MATRIX_P[ kkk][ jjj];
}
MATRIX_BTP[ iii][ jjj] = sum;
}
}
//释放动态内存空间
for( xyz = row3 - 1;xyz > = 0;xyz - -) delete[ ]MATRIX_BT[ xyz]; delete[ ]MATRIX_BT;
MATRIX_BT = NULL;
// N matrix
int row5 = TR_t,col5 = TR_t; double * *MATRIX_N; MATRIX_N = NULL;
MATRIX_N = new double * [ row5]; for( xyz = 0;xyz < row5;xyz + +) MATRIX_N[ xyz] =
new double[ col5];
for( uv = 0;uv < row5;uv + +)  for( pq = 0;pq < col5;pq + +)MATRIX_N[ uv][ pq] = 0;
for( iii = 0;iii < TR_t;iii + +)
{
for( jjj = 0;jjj < TR_t;jjj + +)
{
sum = 0;
for( kkk = 0;kkk < TR_Na + TR_Nd;kkk + +)
{
sum = sum + MATRIX_BTP[ iii][ kkk] * MATRIX_B[ kkk][ jjj];
}
MATRIX_N[ iii][ jjj] = sum;
}
}
// U matrix
int row14 = TR_t,col14 = 1; double * *MATRIX_U; MATRIX_U = NULL;
MATRIX_U = new double * [ row14]; for( xyz = 0;xyz < row14;xyz + +) MATRIX_U[ xyz] =
```

```
new double[col14];
for(uv=0;uv<row14;uv++) for(pq=0;pq<col14;pq++) MATRIX_U[uv][pq]=0;
// X matrix
int row16=TR_t,col16=1; double **MATRIX_X; MATRIX_X=NULL;
MATRIX_X=new double*[row16]; for(xyz=0;xyz<row16;xyz++) MATRIX_X[xyz]=
new double[col16];
for(uv=0;uv<row16;uv++) for(pq=0;pq<col16;pq++) MATRIX_X[uv][pq]=0;
if(!freenetflag)// 普通网
{
for(iii=0;iii<TR_t;iii++)
{
for(jjj=0;jjj<1;jjj++)
{
sum=0;
for(kkk=0;kkk<TR_Na+TR_Nd;kkk++)
{
sum=sum+MATRIX_BTP[iii][kkk]*MATRIX_l[kkk][jjj];
}
MATRIX_U[iii][jjj]=sum;
}
}
for(i=0;i<TR_t;i++)for(j=0;j<TR_t;j++) MATRIX_A[i][j]=MATRIX_N[i]
[j];
time[3]="求逆矩阵: "+GetMyCurrentTime();
// 求逆矩阵
int i=0,j=0,I=0,J=0,N=TR_t; double factor=0,divide=0; //CString ch;
for(i=0;i<N;i++) {for(j=0;j<N;j++) MATRIX_NE[i][j]=0;MATRIX_NE[i]
[i]=1; }
while(I<N)
{
for(i=I;i<N;i++)
{
divide=MATRIX_A[i][I]; ch.Format(" [%d,%d]=%f",i,i,divide); //MessageBox
(ch);
if(divide==0)
{
if(i>I) continue;// 当主对角线元素为零时与最后一行对换,否则不对换.
for(j=0;j<N;j++)
```

```
{
divide = MATRIX_A[i][j]; MATRIX_A[i][j] = MATRIX_A[N-1][j]; MATRIX_A[N-1]
[j] = divide;
divide = MATRIX_NE[i][j]; MATRIX_NE[i][j] = MATRIX_NE[N-1][j]; MATRIX_
NE[N-1][j] = divide;
}
divide = MATRIX_A[i][I];
}
for(j = J;j < N;j + +){MATRIX_A[i][j] = MATRIX_A[i][j]/divide;}
for(j = 0;j < N;j + +){MATRIX_NE[i][j] = MATRIX_NE[i][j]/divide;}
}
for(i = I + 1;i < N;i + +)
{
if(MATRIX_A[i][I] = =0) continue;
for(j = J;j < N;j + +){MATRIX_A[i][j] = MATRIX_A[i][j] - MATRIX_A[I][j];}
for(j = 0;j < N;j + +){MATRIX_NE[i][j] = MATRIX_NE[i][j] - MATRIX_NE[I]
[j];}
}
I + +; J + +;
}
// – – – – – – – – – – – – –左下角已经全部化为零阵– – – – – – – – – – – –
I = N - 1; J = N;
while(I > 0)
{
for(i = I - 1;i > =0;i - -)
{
factor = - MATRIX_A[i][J - 1];
for(j = 0;j < N;j + +)
{
MATRIX_A[i][j] = MATRIX_A[i][j] + factor * MATRIX_A[I][j];
MATRIX_NE[i][j] = MATRIX_NE[i][j] + factor * MATRIX_NE[I][j];
}
}
I - -; J - -;
}
//CString sh;for(i = 0;i < TR_t;i + +){ sh = " ";for(j = 0;j < TR_t;j + +){ ch. Format
(" %01.02f, ",MATRIXB[i][j]); sh = sh + ch; }MessageBox(sh,"N^:");}
for(iii = 0;iii < TR_t;iii + +)
```

```
{
for( jjj = 0 ; jjj < 1 ; jjj + + )
{
sum = 0 ;
for( kkk = 0 ; kkk < TR_t ; kkk + + )
{
sum = sum - MATRIX_NE[ iii ][ kkk ] * MATRIX_U[ kkk ][ jjj ] ;
}
MATRIX_X[ iii ][ jjj ] = sum ;
//ch. Format( " dx% d = % 01. 03fcm" , iii + 1 , MATRIX_X[ iii ][ 0 ] ) ; MessageBox( ch , TR_
Name[ iii/2 + TR_N0 ] ) ;
}
}
}
```

4.2.14 高程网自动组成验算路线方法

```
//高程网自动组成验算路线方法
int CMainFrame∷CheckRoutH( )
{
CString ch , LeftName , RightName , stationname , nextname , NameA , NameB , NameC , AA , BB ;
BOOL LeftMark , RightMark , LeftCloseMark , RightCloseMark , findok ;
int M , Nchks = 0 , find1 , find2 , points ;
int Nleft , Nright , i , j , k , Number , k1 , k2 , kk , finds , point , z , No , L = 0 , R = 0 , LR = 0 , Mark
[ 500 ] , route[ 300 ] , Route[ 300 ] ;
int mm , p , q , lastnumber , beginnumber ; CString  A , B , C , aa , bb , cc ; int  calmore = 0 ; int
Cancel = 0 ;
// 检查两固定点之间是否有多重路线情况；
for( i = 0 ; i < TR_R ; i + + ) { Mark[ i ] = 0 ; TR_routemark[ i ] = "0" ; } // 标注所有路线尚
未检索过；
for( i = 0 ; i < 500 ; i + + ) for( j = 0 ; j < 300 ; j + + ) TR_auto[ i ][ j ] = "" ;
lookfornext:
for( int r = 0 ; r < TR_R ; r + + )
{
if( TR_routemark[ r ] = = "1" ) continue ; // 已用过此路线
LeftName = TR_route[ r ][ 1 ] ; z = 0 ; while( TR_route[ r ][ z ] ! = "" ) z + + ; RightName =
TR_route[ r ][ z - 2 ] ;
No = r ; Nleft = 0 ; Nright = 0 ; lastname = TR_route[ r ][ z - 3 ] ; findok = false ; BOOL kkflag =
false ;
```

```
LR = 0; for( i = 0; i < 300; i + + ) { Route[ i ] = - 999; route[ i ] = - 999; }
// 支点跳过
if( ( TR_Branch[ LookForNumberByFast( TR_route[ r ][ 1 ] ) ] = = "0" ) | | ( TR_Branch[ Look-
ForNumberByFast( TR_route[ r ][ z - 2 ] ) ] = = "0" ) ) continue;
//MessageBox( LeftName + " = = >" + RightName,"begin" );
// 自行闭合环
if( ( COMPAREH( LeftName ) = = "cross" )&&( LeftName = = RightName ) )
{
points = 0; TR_route[ 495 ][ points + + ] = LeftName; TR_route[ 495 ][ points + + ] = Right-
Name;
Route[ LR + + ] = r; TR_routemark[ r ] = "1"; findok = true;
}
// 两端均为已知点( 已含只有一个已知点的闭合环);
if( ( COMPAREH( LeftName ) = = "known" )&&( COMPAREH( RightName ) = = "known" ) )
{
points = 0; TR_route[ 495 ][ points + + ] = LeftName; TR_route[ 495 ][ points + + ] = Right-
Name;
Route[ LR + + ] = r; TR_routemark[ r ] = "1"; findok = true; //MessageBox( LeftName,
RightName );
kkflag = true;
}
// 向右追踪已知点
if( ( COMPAREH( RightName )! = "known" )&&( ! findok ) )
{
lastnumber = r; beginnumber = r; route[ LR + + ] = r; lastname = LeftName;
//ch. Format( "number = % d",r ); MessageBox( LeftName + " > >" + RightName,ch );
stationname = RightName; point = 0;RightMark = false;RightCloseMark = false;
TR_route[ 497 ][ point + + ] = lastname; TR_route[ 497 ][ point ] = stationname;
rightnextstation:
nextname = LookForNearRoute( stationname,lastnumber,calmore );// 首先最短路线法,然后
最长路线法,最后随机路线法
//ch. Format( "number = % d",CurrentChoiceRoute ); MessageBox( stationname + " > >" +
nextname,ch );
route[ LR + + ] = CurrentChoiceRoute; TR_route[ 497 ][ point + + ] = stationname; TR_route
[ 497 ][ point ] = nextname;
if( COMPAREH( nextname ) = = "known" )RightMark = true;
// 查找本点是否与中间某点闭合
//ch = ""; for( int q = 0;q < point;q + + ) ch + = TR_route[ 497 ][ q ] + ";"; MessageBox
```

```
(ch,nextname);
for(int o = 0;o < point;o + +)
{
if(TR_route[497][o] = = nextname)
{ find1 = o; find2 = point; RightCloseMark = true; break; }
}
if(RightCloseMark) //右端已封闭
{
// 查找本闭合环的所有边是否全部用过,如果是,则跳过进行下一次查找
BOOL compareflag = false;
for(int z = find1;z < find2;z + +)
{
if(TR_routemark[route[z]] = = "0") compareflag = true;
}
if(! compareflag) continue;
//ch = ""; for(int q = 0;q < point + 1;q + +) ch + = TR_route[497][q] + ","; Message-
Box(ch);
//ch. Format("%d %d",find1,find2); MessageBox(ch);
points = 0; LR = 0;
for(int p = find1;p < find2;p + +)
{
//MessageBox(TR_route[497][p]);
TR_route[495][points + +] = TR_route[497][p];
}
for(p = find1;p < find2;p + +)
{
Route[LR + +] = route[p]; TR_routemark[route[p]] = "1";
}
point = points;findok = true;
}
if((! RightCloseMark)&&(! RightMark)) // 未达到已知点,继续运行
{
lastnumber = CurrentChoiceRoute; //lastname = stationname;
stationname = nextname; //MessageBox(lastname + " - > " + stationname);
goto rightnextstation;
}
// 如果右端到达已知点且未自动闭合,把所有点复制过来向左端继续查找
if(RightMark) // 已达到已知点
```

```
{
ch = " " ;
for( int q = 0 ; q < point + 1 ; q + + )
{
TR_route[496][point − q] = TR_route[497][q];
ch + = DeleteSpaceBehindName(TR_route[497][q]) + " − " ;
}
for( i = 0 ; i < LR ; i + + )  Route[i] = route[i];
//MessageBox( ch , "右支线") ;
LeftName = TR_route[496][point]; RightName = TR_route[496][point − 1];
//ch. Format( " % d " , beginnumber ) ; MessageBox( LeftName + " − >" + RightName , ch ) ;
}
}
//ch = " " ; for( i = 0 ; i < LR ; i + + ) { AA. Format( " % d , " , Route[i] ) ; ch + = AA ; } Mes-
sageBox( ch ) ;
// 向左追踪已知点
if( ( ( COMPAREH( LeftName ) ！ = " known " ) && ( ！ RightCloseMark ) ) && ( ！ findok ) )
{
for( i = 0 ; i < LR ; i + + )  route[i] = Route[LR − i − 1];
lastnumber = beginnumber ; stationname = LeftName ; No = r ;
//ch. Format( " number = % d " , r ) ; MessageBox( LeftName + " > >" + RightName , ch ) ;
LeftMark = false ; LeftCloseMark = false ;
leftnextstation :
nextname = LookForNearRoute( stationname , lastnumber , calmore ) ;// 首先最短路线法,然后
最长路线法,最后随机路线法
//ch. Format( " number = % d " , CurrentChoiceRoute ) ; MessageBox( stationname + " > >" +
nextname , ch ) ;
route[LR + +] = CurrentChoiceRoute ; TR_route[496][point + +] = stationname ; TR_route
[496][point] = nextname ;
if( COMPAREH( nextname ) = = " known " ) LeftMark = true ;
// 查找本点是否与中间某点闭合
for( int o = 0 ; o < point ; o + + )
{
if( TR_route[496][o] = = nextname )
{ find1 = o ; find2 = point ; LeftCloseMark = true ; break ; }
}
if( LeftCloseMark )// 已封闭
{
```

```
// 查找本闭合环的所有边是否全部用过,如果是跳过进行下一次查找
BOOL compareflag = false;
for( int z = find1;z < find2;z + + )
{
if( TR_routemark[ route[ z ] ] = = "0" ) compareflag = true;
}
if( ! compareflag) continue;
//ch = " " ; for( int q = 0;q < point + 1;q + + ) ch + = TR_route[ 496 ][ q ] + "," ; Message-
Box( ch ) ;
//ch. Format( "% d % d" ,find1 ,find2 ) ; MessageBox( ch ) ;
points = 0; LR = 0;
for( int p = find1;p < find2;p + + )
{
//MessageBox( TR_route[ 496 ][ p ] ) ;
TR_route[ 495 ][ points + + ] = TR_route[ 496 ][ p ];
}
for( p = find1;p < find2;p + + )
{
Route[ LR + + ] = route[ p ]; TR_routemark[ route[ p ] ] = "1" ;
}
point = points;findok = true;
}
if( ( ! LeftCloseMark )&&( ! LeftMark ) ) // 沿未达到已知点继续运行
{
lastnumber = CurrentChoiceRoute;stationname = nextname;
//MessageBox( lastname + " - > " + stationname ) ;
goto leftnextstation;
}
}
if( ( ( ( LeftMark )&&( ! LeftCloseMark ) ) | | ( COMPAREH( LeftName ) = = " known" ) )&&
( ! findok ) ) //附合路线
{
ch = " " ;
for( i = 0;i < point + 1;i + + )
{
TR_route[ 495 ][ i ] = TR_route[ 496 ][ i ];
ch + = DeleteSpaceBehindName( TR_route[ 496 ][ i ] ) + " = " ;
}
```

```
//MessageBox(ch);
for(i=0;i<LR;i++) {Route[i]=route[i]; TR_routemark[route[i]]="1"; }
point++;findok=true;
}
//ch=""; for(i=0;i<LR;i++) { AA.Format("%d,",Route[i]); ch+=AA; } Mes-
sageBox(ch);
// 输出附合路线点号信息;
for(i=0;i<point;i++)TR_checkroute[i]=TR_route[495][i]; mm=point;
if(kkflag) // 两端均为已知点
{
for(i=0;i<points;i++)TR_checkroute[i]=TR_route[495][i]; mm=points;
}
// 显示路线信息
//ch=""; for(p=0;p<mm;p++) ch+=DeleteSpaceBehindName(TR_checkroute[p])
+",";MessageBox(ch);
int MM=0,NO; CString mark="0"; nextname="";
for(i=0;i<LR;i++)
{
NO=Route[i]; AA=TR_route[NO][1]; BB=TR_route[NO][TR_Nroute[NO]];
mark="0";//MessageBox(AA+">>"+BB);
if(i==0)
{
if((COMPAREH(AA)=="known")&&(COMPAREH(BB)=="known")) // A,B均为
已知点(含只有一个已知点的闭合环)
{
for(q=1;q<TR_Nroute[NO];q++) TR_auto[Nchks][MM++]=TR_route[NO][q];
mark="1";
}
if((COMPAREH(AA)=="known")&&(COMPAREH(BB)=="cross")) // A 为已知
点
{
for(q=1;q<TR_Nroute[NO];q++) TR_auto[Nchks][MM++]=TR_route[NO][q];
nextname=BB;
}
if((COMPAREH(BB)=="known")&&(COMPAREH(AA)=="cross")) // B 为已知
点
{
for(q=TR_Nroute[NO];q>1;q--) TR_auto[Nchks][MM++]=TR_route[NO][q];
```

```
nextname = AA;
}
if((AA = = BB)&&(COMPAREH(AA) = = "cross")) // 自行闭合环
{
for(q = 1;q < TR_Nroute[NO];q + +) TR_auto[Nchks][MM + +] = TR_route[NO][q];
mark = "1";
}
if((AA! = BB) && (COMPAREH(AA) = = "cross") && (COMPAREH(BB) = =
"cross")) // A,B 均为未知点
{
// 寻找本路线与下一条路线的交点,以保证路线顺利传递
CString CC,DD; int x = Route[i + 1];CC = TR_route[x][1]; DD = TR_route[x][TR_
Nroute[x]];
if((BB = = CC)||(BB = = DD)) // 正常
{
for(q = 1;q < TR_Nroute[NO];q + +) TR_auto[Nchks][MM + +] = TR_route[NO][q];
nextname = BB; //MessageBox(AA + " > >" + BB,"0");
}
else
if((AA = = CC)||(AA = = DD)) // 倒过来
{
for(q = TR_Nroute[NO];q > 1;q - -) TR_auto[Nchks][MM + +] = TR_route[NO][q];
nextname = AA; //MessageBox(BB + " > >" + AA,"0");
}
}
}
else
{
if(nextname = = AA) // mark = 1;
{
for(q = 1;q < TR_Nroute[NO];q + +)
TR_auto[Nchks][MM + +] = TR_route[NO][q];//MessageBox(AA + " > >" + BB,
"1");
nextname = BB; mark = "1";continue;
}
else if(nextname = = BB) // mark = 2;
{
for(q = TR_Nroute[NO];q > 1;q - -)
```

```
TR_auto[Nchks][MM++] = TR_route[NO][q];//MessageBox(BB+" >>" +AA,
"2");
nextname = AA; mark = "2";continue;
}
else MessageBox("路线首尾不匹配!");
}
}
if(mark == "1") TR_auto[Nchks][MM++] = TR_route[NO][TR_Nroute[NO]];
if(mark == "2") TR_auto[Nchks][MM++] = TR_route[NO][1];
if(mark == "0") { /* MessageBox(AA+" --" +BB,"无此路线!"); */ return Nchks;
}
//ch = ""; for(q=0;q<mm;q++) ch += DeleteSpaceBehindName(TR_checkroute[q])
+ ",";MessageBox(ch,"cross:");
//ch = ""; for(q=0;q<MM;q++) ch += DeleteSpaceBehindName(TR_auto[Nchks]
[q]) + ",";MessageBox(ch,"point:");
Nchks++;
}
// 查找尚未组成路线的结点边;
for(i=0;i<TR_R;i++)
{
if(TR_routemark[i] == "0")
{
LeftName = DeleteSpaceBehindName(TR_route[i][1]); z=0; while(TR_route[i][z]! =="")
z++;
RightName = DeleteSpaceBehindName(TR_route[i][z-2]);
if(calmore++ <10) goto lookfornext;
else
{
if(Cancel ==0)
{
ch.Format("路线[%s] ->[%s]无法自动组成验算路线",LeftName,RightName);
int NB = MessageBox(ch+", 是否继续显示?","提示",MB_YESNO);
if(NB ==IDNO) Cancel =1;
}
}
}
}
return Nchks;
```

```
}
```

4.2.15 生成清华山维平差文件

```
// 生成清华山维平差文件
void CMyView::OnTraverseAdjustment()
{
if(Nstation < 1) { MessageBox("没有读入数据文件!","提示"); return; }
CMyDoc * pDoc = GetDocument(); CString ch,ch1,ch2,ch0,ch3,ch4,ch5,A,B,C,D,
NA,NB; int i,j,k1,k2,k; BOOL ok;
char szFilter[] = "清华山维平差文件 ( * . msm) | * . msm|"; double qx,qy,qz;
CFileDialog file ( true,". msm", CurrentWorkingFigureName, OFN _ READONLY, szFilter,
NULL);
file. m_ofn. lpstrTitle = "请选择保存文件名(清华山维平差)";
BOOL permit = true;
if(file. DoModal() = = IDOK)
{
PathName = file. GetPathName(); FileName = "[文件名]: " + file. GetFileName();
CStdioFile myfile;
if( myfile. Open( PathName,CFile::modeCreate|CFile::modeWrite,NULL))
{
ch = " < < \n < < \n\n"; myfile. WriteString(ch);
if(! permit) Nstation = 1; int Npermit = 0;
for(i = 0;i < Nstation;i + +)
{
k1 = Station[i]; k2 = Station[i + 1];if(k2 = = k1 + 1) continue;
if(pDoc - > DirectionL[k1][2] = = pDoc - > DirectionL[k2 - 1][2]) k2 - -;
ch0 = pDoc - > DirectionL[k1][0]; NA = ch0. Left(4); ch0 = ch0. Right(ch0. GetLength()
-4);
ch0 + = " "; ch0 = ch0. Left(12);
if(NA! = "[01]") continue; // 只统计第一测回
for(k = k1;k < k2;k + +)
{
ch1 = pDoc - > DirectionL[k][2] + " ";ch1 = ch1. Left(12);
if(k = = k1) ch3 = ch0; else ch3 = " ";
ch4. Format("%01. 04f",atof(pDoc - > DirectionL[k][11]) + 0. 00000); ch4 = ch4. Right
(12);
ch = ch3 + " " + ch1 + "c0" + ch4 + " \n"; myfile. WriteString(ch);
}
```

```
if( ! permit) continue;
for( k = k1;k < k2;k + + )
{
A = pDoc − > DirectionL[ k ][ 0 ]; NA = A. Left(4); A = A. Right( A. GetLength( ) − 4 );
B = pDoc − > DirectionL[ k ][ 2 ]; ok = false;
if( NA! = "[ 01 ]" ) continue; // 只统计第一测回
// 输出每个往测的高差,不考虑往返高差中数;
ch1 = pDoc − > DirectionL[ k ][ 2 ] + " "; ch1 = ch1. Left(12);
ch3 = " ";
ch4. Format( "%01.04f" ,atof( pDoc − > DirectionR[ k ][ 10 ]) + 0. 00000 ); ch4 = ch4. Right
(12);
ch5. Format( "%01.04f" ,atof( pDoc − > DirectionR[ k ][ 11 ]) + 0. 00000 ); ch5 = ch5. Right
(12);
if( atof( ch5) = = 0) continue; // 没测距离,跳过.
ch = ch3 + " " + ch1 + "$0" + ch4 + "\n"; myfile. WriteString( ch );
}
for( k = k1;k < k2;k + + )
{
A = pDoc − > DirectionL[ k ][ 0 ]; NA = A. Left(4); A = A. Right( A. GetLength( ) − 4 );
B = pDoc − > DirectionL[ k ][ 2 ]; ok = false;
if( NA! = "[ 01 ]" ) continue; // 只统计第一测回
ch1 = pDoc − > DirectionL[ k ][ 2 ] + " "; ch1 = ch1. Left(12);
ch3 = " ";
ch4. Format( "%01.04f" ,atof( pDoc − > DirectionR[ k ][ 11 ]) + 0. 00000 ); ch4 = ch4. Right
(12);
if( ! permit) continue;
if( atof( ch4) = = 0) continue; // 没测距离,跳过.
ch = ch3 + " " + ch1 + "d0" + ch4 + "\n"; myfile. WriteString( ch );
}
ch = "\n"; myfile. WriteString( ch );
}
myfile. Close( );
}
MessageBox( PathName,"已生成平差文件" );
}
}
```

4.2.16　碎部点坐标计算

```
//碎部点坐标计算
for( i = 0 ; i < NDirectionL ; i + + )
{
stationname = pDoc - > DirectionL[ i ][ 0 ] ; directionname = pDoc - > DirectionL[ i ][ 1 ] ;
pointname = pDoc - > DirectionL[ i ][ 3 ] ;
x0 = 0 ; y0 = 0 ; x1 = 0 ; y1 = 0 ; //MessageBox( pointname ) ;
if( LookForCoordinate( stationname ) = = "exit" ) return ; else { x0 = XP2 ; y0 = YP2 ; h0 = ZP ;
}
if( LookForCoordinate( directionname ) = = "exit" ) return ; else { x1 = XP2 ; y1 = YP2 ; h1 =
ZP ; }
if( pointname = = directionname )
{
s1 = sqrt( ( x0 - x1 ) * ( x0 - x1 ) + ( y0 - y1 ) * ( y0 - y1 ) ) ;
s2 = atof( pDoc - > DirectionL[ i ][ 6 ] ) ;
if( s2 > 0.01 )
{
s = s1 - s2 ; s = sqrt( s * s ) ; ch.Format( "\n 测站[ % s - - > % s ]:边长较差[ % 01.03fm ] ,
实测边长[ % 01.03fm ] ,反算边长[ % 01.03fm ] \n" , stationname , directionname , ( s2 - s1 ) ,
s2 , s1 ) ;
if( s > atof( set_WS ) * 0.05 )
{
int MB = MessageBox( ch + " \n 定向方向实测与反算边长较差超限[ > 5cm ] ,是否继续计
算?" , "请检查坐标" , MB_YESNO ) ;
SaveErrorInformation( BranchFileName , ch + " 定向方向实测与反算边长较差超限[ >
5cm ]!" + "\n" ) ; // 保存出错信息
if( MB = = IDNO ) { Nknowns - - ; return ; }
}
}
if( set_Check ) // 输出测站点和定向点坐标
{
if( ( x0! = 0 ) && ( y0! = 0 ) )
{
pDoc - > DirectionR[ Npoints ][ 0 ] = stationname ;
ch.Format( "% 01.03f" , y0 ) ; pDoc - > DirectionR[ Npoints ][ 1 ] = ch ;
ch.Format( "% 01.03f" , x0 ) ; pDoc - > DirectionR[ Npoints ][ 2 ] = ch ;
ch.Format( "% 01.03f" , h0 ) ; pDoc - > DirectionR[ Npoints ][ 3 ] = ch ;
```

```
pDoc - > DirectionR[ Npoints][4] = pDoc - > DirectionL[i][8];
Npoints + + ;
}
if( ( x1 !  = 0)&&(y1 !  = 0))
{
pDoc - > DirectionR[ Npoints][0] = directionname;
ch. Format( "%01.03f",y1); pDoc - > DirectionR[ Npoints][1] = ch;
ch. Format( "%01.03f",x1); pDoc - > DirectionR[ Npoints][2] = ch;
ch. Format( "%01.03f",h1); pDoc - > DirectionR[ Npoints][3] = ch;
pDoc - > DirectionR[ Npoints][4] = pDoc - > DirectionL[i][8];
Npoints + + ;
}
// 将定向点作为待定点重新计算
if( s2 >0.01)
{
CALCULATEXY( x1,y1,x0,y0,0,s2); // 如果定向点没测距离则坐标成为了测站点,因
为距离为零值.
pDoc - > DirectionR[ Npoints][0] = "定向点";
ch. Format( "%01.03f",YP2); pDoc - > DirectionR[ Npoints][1] = ch;
ch. Format( "%01.03f",XP2); pDoc - > DirectionR[ Npoints][2] = ch;
ch. Format( "%01.03f",0); pDoc - > DirectionR[ Npoints][3] = ch;
pDoc - > DirectionR[ Npoints][4] = pDoc - > DirectionL[i][8];
Npoints + + ;
}
}
continue;
}
else // 待定点
{
d1 = atof( pDoc - > DirectionL[i][6]); v1 = atof( pDoc - > DirectionL[i][5]);
k1 = atof( pDoc - > DirectionL[i][2]); L1 = atof( pDoc - > DirectionL[i][7]);
findok = false; d2 = 0; dh2 = - 9999;
for( int z = i;z < NDirectionL;z + + )
{
if( ( pointname = = pDoc - > DirectionL[z][0])&&( stationname = = pDoc - > DirectionL
[z][3]))
{
d2 = atof( pDoc - > DirectionL[z][6]); v2 = atof( pDoc - > DirectionL[z][5]);
```

```
k2 = atof( pDoc - > DirectionL[ z][ 2] ) ; L2 = atof( pDoc - > DirectionL[ z][ 7] ) ;
findok = true;break;
}
}
if( d1 = = 0) d1 = d2; // 直觇没测距以反觇为准
if( d2 = = 0) d2 = d1; // 反觇没测距以直觇为准
if( ( d1 = = 0) && ( d2 = = 0) ) // 往返均无测距时此点作废
{
MessageBox( "往返均没有边长!",stationname + " - - " + pointname) ;
SaveErrorInformation( BranchFileName,stationname + " - - " + pointname + " 往返均没有边
长!" + "\n" ) ; // 保存出错信息
}
dh1 = d1 * tan( DEG( v1) /180 * PI) + K1 - L1; dh = dh1; if( ( K1 = = 0) | | ( L1 = = 0) )
dh1 = - 9999;
if( findok) // 反觇存在时
{
dh2 = d2 * tan( DEG( v2) /180 * PI) + K2 - L2; if( ( K2 = = 0) | | ( L2 = = 0) ) dh2 =
- 9999;
}
if( ( dh1! = - 9999) && ( dh2! = - 9999) ) // 直反觇同时存在时
{
dh = dh1 + dh2; if( dh < 0) dh = - dh;
if( dh < 0.10)
{
ch. Format( "闭合差 dh = % 1.3fm",dh) ; dh = ( dh1 - dh2) /2;
//MessageBox( ch,stationname + " - - " + pointname) ;
}
else // 当直反觇超限时,以直觇为准
{
//ch. Format( "d1 = % f,d2 = % f,v1 = % f,v2 = % f,k1 = % f,k2 = % f,L1 = % f,L2 = % f\
ndh1 = % 1.3fm,dh2 = % 1.3fm dh = % 1.3fm",d1,d2,v1,v2,K1,K2,L1,L2,dh1,dh2,
dh1 + dh2) ; dh = dh1;
ch. Format( "h1 = % 1.3fm,h2 = % 1.3fm dh = % 1.3fm",dh1,dh2,dh1 + dh2) ; dh = dh1;
/ * */
if( Cancel = = 1)
{
int MB = MessageBox( ch + " 直反觇超限! 是否继续显示?",stationname + " - - " + point-
name,MB_YESNO) ;
```

```
if( MB = = IDNO) Cancel = 0;
}
SaveErrorInformation( BranchFileName, stationname + " - - " + pointname + " " + ch + "直反
觇超限!" + " \n"); // 保存出错信息
}
}
if( ( dh1！ = - 9999) && ( dh2 = = - 9999)) dh = dh1; //｛ MessageBox( "直觇", point-
name); ｝ // 直觇存在时
if( ( dh1 = = - 9999) && ( dh2！ = - 9999)) // 反觇存在时
{
dh = - dh2; MessageBox( "本点没有直觇高程,以反觇高程为准!", pointname);
SaveErrorInformation( BranchFileName, pointname + " 本点没有直觇高程,以反觇高程为
准!" + " \n"); // 保存出错信息
}
if( ( dh1 = = - 9999) && ( dh2 = = - 9999)) ｛dh = - h0; ｝ // 直反觇均不存在时高程为
0;
h = h0 + dh; XP2 = 0; YP2 = 0; CALCULATEXY( x1, y1, x0, y0, atof( pDoc - > DirectionL
[ i][ 4]), d1);
//ch. Format( "k = % f L = % f d = % f v = % f h0 = % f h = % f", K, L, d, v, h0, h);
MessageBox( ch, pointname);
if( ( XP2！ = 0) && ( YP2！ = 0))
{
pDoc - > DirectionR[ Npoints][ 0] = pointname;
if( set_Check1) // 重排序号
{
//如果点名全为数字则重排序号,否则本点不排,如 A123 - 1,会导致下一站找不到本点
号而要求输入坐标.
if( atoi( pointname) > 0)
{
ch. Format( "% d", NML + + ); pDoc - > DirectionR[ Npoints][ 0] = ch;
}
}
ch. Format( "% 01. 03f", YP2); pDoc - > DirectionR[ Npoints][ 1] = ch;
ch. Format( "% 01. 03f", XP2); pDoc - > DirectionR[ Npoints][ 2] = ch;
ch. Format( "% 01. 03f", h); pDoc - > DirectionR[ Npoints][ 3] = ch;
pDoc - > DirectionR[ Npoints][ 4] = pDoc - > DirectionL[ i][ 8];
Npoints + + ;
c2 = pDoc - > DirectionR[ i][ 5]; c3 = pDoc - > DirectionR[ i][ 6];
```

```
if((c2 + c3! = " ")&&(pointname! = directionname))
{
for(j = 0;j < Nknowns;j + +)
{
if(pDoc - > DirectionR[j][7] = = pointname)
{
MessageBox("提示[" + pointname + "]点名已存在,程序将终止计算!","警告:控制点
重名!");
SaveErrorInformation(BranchFileName,pointname + "点名已存在,程序将终止计算!" + "\
n");// 保存出错信息
goto over;
}
}
pDoc - > DirectionR[Nknowns][7] = pointname;// 放站点
ch. Format("% 01.03f",YP2); pDoc - > DirectionR[Nknowns][8] = ch;
ch. Format("% 01.03f",XP2); pDoc - > DirectionR[Nknowns][9] = ch;
ch. Format("% 01.03f",h); pDoc - > DirectionR[Nknowns][10] = ch;
Nknowns + +;
}
}
}
}
over:
Nrows = 0; for(int q = 0;q < MAX;q + +) pDoc - > Screen[q] = " "; Nputout = 1;
for(i = 0;i < Npoints;i + +)
{
pDoc - > Screen[Nrows + +] = pDoc - > DirectionR[i][0] + " , " + pDoc - > DirectionR[i]
[1] + " , " + pDoc - > DirectionR[i][2] + " , " + pDoc - > DirectionR[i][3] + " , " +
pDoc - > DirectionR[i][4];
}
extern BOOL drawflag; drawflag = false;
CurrentPrintPage = 1; Npages = (Nrows - 1)/Nscreen + 1; PutoutScreen(CurrentPrintPage);
extern CString PopularString;PopularString = " ";
for(i = 0;i < Npoints;i + +)
{
ch = pDoc - > DirectionR[i][0] + " "; ch = ch. Left(12); PopularString + = ch;
ch. Format("% f",atof(pDoc - > DirectionR[i][2])); ch + = " "; ch = ch. Left(12);
PopularString + = ch;
```

```
ch. Format("% f", atof( pDoc - > DirectionR[i][1])); ch + = ""; ch = ch. Left(12);
PopularString + = ch;
}
show7. DestroyWindow(); SetDataInOrder(); DealWithA3A5();
MessageBox("碎部点坐标计算完毕!","提示");
CancelAllPrintOrder(); BranchCalculateFlag = true;
```

4.2.17　串口数据通信技术

```
// 打开端口
BOOL CCOMM::OpenCom()
{
UpdateData(true);
if( m_comm. GetPortOpen()) m_comm. SetPortOpen(FALSE);
short nPortNum = atoi(m_Com);
m_comm. SetCommPort(nPortNum);
if( ! m_comm. GetPortOpen())
{
m_comm. SetPortOpen(TRUE); //打开串口
CString setting = m_Buad + "," + m_Crc + "," + m_Bit + "," + m_Stop;
m_comm. SetSettings( setting ); //波特率9600,无校验,8 个数据位,1 个停止位
m_comm. SetInputMode(1); //1:表示以二进制方式检取数据
m_comm. SetRThreshold(1); //参数1 表示每当串口接收缓冲区中有多于或等于1 个字
符时将引发一个接收数据的 OnComm 事件
m_comm. SetInputLen(0); //设置当前接收区数据长度为0
m_comm. GetInput(); //预读缓冲区,以清除残留数据
return true;
}
else
{
MessageBox("串口打不开,请检查!","提示");
return false;
}
}
// 数据传输
void CCOMM::OnOnCommMscomm1()
{
VARIANT variant_inp; CString ch;
COleSafeArray safearray_inp;
```

LONG len,k;

BYTE rxdata[2048]; //设置 BYTE 数组 An 8 – bit integerthat is not signed.

CString strtemp;

if(m_comm. GetCommEvent( ) = =2) //事件值为 2 表示接收缓冲区内有字符

{

//以下可以根据自己的通信协议加入处理代码

variant_inp = m_comm. GetInput( ); //读缓冲区

safearray_inp = variant_inp; //将 VARIANT 型变量转换为 ColeSafeArray 型变量

len = safearray_inp. GetOneDimSize( ); //得到有效数据长度

for(k =0;k < len;k + +)

safearray_inp. GetElement(&k,rxdata + k);//转换为 BYTE 型数组

for(k =0;k < len;k + +) //将数组转换为 CString 型变量

{

BYTE bt = * (char *)(rxdata + k); //字符型

strtemp. Format("% c",bt); //将字符送入临时变量 strtemp 存放

m_Edit + = strtemp; //加入接收编辑框对应字符串

}

ch. Format("正在接收数据:% s\n",m_Edit. Right(60)); //SetWindowText(ch);

m_list1. DeleteString(0); m_list1. InsertString(0,ch);

}

UpdateData(FALSE); //更新编辑框内容

}

4.2.18　大地坐标正反算方法

4.2.18.1　坐标正算

void BLXY(double u,double v,double w,int q,int Constant,double a0, double f0)// BL 为 DMS 格式

{

double b0,e2,e12,n2,t,V,W,c,M,N,b,l,s,g2; double MO = PI/180,P = 180/PI * 3600;

double A,B,C,D,E,F,G; CString ch; b0 = a0 * (1 –f0);

// 计算常数

e2 = (a0 * a0 – b0 * b0)/a0/a0; e12 = (a0 * a0 – b0 * b0)/b0/b0;

//ch. Format("% f,% f,% 1.20f,% 1.8f",a0,b0,PI,P); AfxMessageBox(ch);

A = 1 +3 * e2/4 + 45 * pow(e2,2)/64 + 175 * pow(e2,3)/256 + 11025 * pow(e2,4)/16384 + 43659 * pow(e2,5)/65536 + 693693 * pow(e2,6)/1048576; // 注意:如果公式中有除号的必须放在最后面,否则出错.

B = 3 * e2/8 + 15 * pow(e2,2)/32 + 525 * pow(e2,3)/1024 + 2205 * pow(e2,4)/4096 + 72765 * pow(e2,5)/131072 + 297297 * pow(e2,6)/524288; // 注意:如果公式中有除号

的必须放在最后面,否则出错.

C = 15 * pow(e2,2)/256 + 105 * pow(e2,3)/1024 + 2205 * pow(e2,4)/16384 + 10395 * pow(e2,5)/65536 +1486485 * pow(e2,6)/8388608; // 注意:如果公式中有除号的必须放在最后面,否则出错.

D = 35 * pow (e2,3)/3072 + 105 * pow (e2,4)/4096 + 10395 * pow (e2,5)/262144 + 55055 * pow(e2,6)/1048576; // 注意:如果公式中有除号的必须放在最后面,否则出错.

E = 315 * pow(e2,4)/131072 +3465 * pow(e2,5)/524288 +99099 * pow(e2,6)/8388608; // 注意:如果公式中有除号的必须放在最后面,否则出错.

F = 693 * pow(e2,5)/1310720 +9009 * pow(e2,6)/5242880; // 注意:如果公式中有除号的必须放在最后面,否则出错.

G = 1001 * pow(e2,6)/8388608; // 注意:如果公式中有除号的必须放在最后面,否则出错.

//ch. Format("%1.18f,%1.18f,%1.18f,%1.18f,%1.18f,%1.18f,%1.18f",A,B,C,D, E,F,G); AfxMessageBox(ch);

// 计算子午线弧长

b = DEG(u) * MO; l = (DEG(v) − DEG(w)) * MO; g2 = e12 * cos(b) * cos(b);

s = a0 * (1 − e2) * (A * b − B * sin(2 * b) + C * sin(4 * b) − D * sin(6 * b) + E * sin(8 * b) − F * sin(10 * b) + G * sin(12 * b));

//ch. Format("%1.18f",s); AfxMessageBox(ch);

// 其他变量

n2 = e12 * cos(b) * cos(b); t = tan(b); V = sqrt(1 + n2); W = sqrt(1 − e2 * sin(b) * sin (b)); N = a0/W;

//ch. Format("%1.18f,%1.18f,%1.18f,%1.18f",t,N,b,l); AfxMessageBox(ch);

double x1,x2,x3,x4,y1,y2,y3,y4;

x1 = t * N * pow(cos(b),2) * l * l/2; // 注意:如果公式中有除号的必须放在最后面,否则出错.

x2 = t * N * pow(cos(b),4) * (5 − t * t +9 * n2 +4 * n2 * n2) * pow(l,4)/24; // 注意:如果公式中有除号的必须放在最后面,否则出错.

x3 = t * N * pow(cos(b),6) * (61 − 58 * t * t + t * t * t * t + 270 * n2 −330 * t * t * n2) * pow(l,6)/720; // 注意:如果公式中有除号的必须放在最后面,否则出错.

x4 = t * N * pow(cos(b),8) * (1385 −3111 * t * t +543 * pow(t,4) − pow(t,6)) * pow(l, 8)/40320; // 注意:如果公式中有除号的必须放在最后面,否则出错.

y1 = N * cos(b) * l;

y2 = 1 * N * pow(cos(b),3) * (1 − t * t +n2) * pow(l,3)/6; // 注意:如果公式中有除号的必须放在最后面,否则出错.

y3 = 1 * N * pow(cos(b),5) * (5 − 18 * t * t + pow(t,4) + 14 * n2 − 58 * t * t * n2) * pow (l,5)/120; // 注意:如果公式中有除号的必须放在最后面,否则出错.

y4 = 1 * N * pow(cos(b),7) * (61 − 479 * t * t + 179 * pow(t,4) − pow(t,6)) * pow(l,

7)/5040;// 注意:如果公式中有除号的必须放在最后面,否则出错.

C_X = s + x1 + x2 + x3 + x4;

C_Y = y1 + y2 + y3 + y4;

C_Y = C_Y + Constant;

//ch. Format("%1. 18f,%1. 18f,%1. 18f,%1. 18f\n%1. 18f,%1. 18f,%1. 18f,%1. 18f",

x1,x2,x3,x4,y1,y2,y3,y4); AfxMessageBox(ch);

double p = 206264. 8062471,p2 = p * p,p4 = p2 * p2; l = l * p;

// 高斯平面子午线收敛角

C_r = l * sin(b) * (1 + l * l * cos(b) * cos(b) * (1 + 3 * g2 + 2 * g2 * g2)/3/p2 + l * l *

l * l * pow(cos(b),4) * (2 - t * t)/15/p4);

C_r = DBLDMS(C_r/3600);//ch. Format("r = %f",C_r); AfxMessageBox(ch);

if(q = =3) C_J = (int)(DEG(w)/3);

if(q = =6) C_J = (int)((DEG(w) -3)/6) +1;

if(q = =0) C_J =0;

}

4.2.18.2　坐标反算

void XYBL(double u,double v,double w,int q,int Constant,double L0,double a0, double f0)

{

double b0,e2,e12,n2,t,V,W,c,M,N,b,l,s,g2,L0,z; double M0 = PI/180,P = 180/PI * 3600;

double A,B,C,D,E,F,G,B0,Bi,Bf,FB,FB1,dB,y,t2,t4,t6; CString ch;b0 = a0 * (1 - f0);int words =0;

// 计算常数

e2 = (a0 * a0 - b0 * b0)/a0/a0; e12 = (a0 * a0 - b0 * b0)/b0/b0;

//ch. Format("%f,%f,%1. 20f,%1. 8f",a0,b0,PI,P); AfxMessageBox(ch);

A = 1 + 3 * e2/4 + 45 * pow(e2,2)/64 + 175 * pow(e2,3)/256 + 11025 * pow(e2,4)/16384 +43659 * pow(e2,5)/65536 + 693693 * pow(e2,6)/1048576;// 注意:如果公式中有除号的必须放在最后面,否则出错.

B = 3 * e2/8 + 15 * pow(e2,2)/32 + 525 * pow(e2,3)/1024 + 2205 * pow(e2,4)/4096 + 72765 * pow(e2,5)/131072 +297297 * pow(e2,6)/524288;// 注意:如果公式中有除号的必须放在最后面,否则出错.

C = 15 * pow(e2,2)/256 + 105 * pow(e2,3)/1024 + 2205 * pow(e2,4)/16384 + 10395 * pow(e2,5)/65536 + 1486485 * pow(e2,6)/8388608;// 注意:如果公式中有除号的必须放在最后面,否则出错.

D = 35 * pow(e2,3)/3072 + 105 * pow(e2,4)/4096 + 10395 * pow(e2,5)/262144 + 55055 * pow(e2,6)/1048576;// 注意:如果公式中有除号的必须放在最后面,否则出错.

E = 315 * pow(e2,4)/131072 + 3465 * pow(e2,5)/524288 + 99099 * pow(e2,6)/8388608;// 注意:如果公式中有除号的必须放在最后面,否则出错.

F = 693 * pow(e2,5)/1310720 + 9009 * pow(e2,6)/5242880; // 注意:如果公式中有除号的必须放在最后面,否则出错.

G = 1001 * pow(e2,6)/8388608; // 注意:如果公式中有除号的必须放在最后面,否则出错.

// 计算底点纬度

B0 = u/(a0 * (1 - e2) * A);

next:

FB = a0 * (1 - e2) * (A * B0 - B * sin(2 * B0) + C * sin(4 * B0) - D * sin(6 * B0) + E * sin(8 * B0) - F * sin(10 * B0) + G * sin(12 * B0));

FB1 = a0 * (1 - e2) * (A - 2 * B * cos(2 * B0) + 4 * C * cos(4 * B0) - 6 * D * cos(6 * B0) + 8 * E * cos(8 * B0) - 10 * F * cos(10 * B0) + 12 * G * cos(12 * B0));

Bi = B0 + (u - FB)/FB1; dB = Bi - B0; if(dB < 0) dB = - dB;

if(dB > 0.000000000001) { B0 = Bi; if(words + + < 9999) goto next; else { AfxMessageBox("计算底点纬度失败,请检查数据!"); return; } }

Bf = B0; //ch.Format("%1.18f\n%1.18f",Bi,B0); AfxMessageBox(ch);

// 其他变量

n2 = e12 * cos(Bf) * cos(Bf); t = tan(Bf); t2 = t * t; t4 = t2 * t2; t6 = t2 * t4;

V = sqrt(1 + n2); W = sqrt(1 - e2 * sin(Bf) * sin(Bf)); N = a0/W; M = a0/W; y = v - Constant;

if(LO > =0) L0 = LO;

else

{

if(q = =3) L0 = (float)(3 * w);

if(q = =6) L0 = (float)(6 * w - 3);

if(q = =0) L0 = 0;

}

C_B = Bf + t * (-1 - n2) * y * y/(2 * N * N) + t * (5 + 3 * t2 + 6 * n2 - 6 * t2 * n2 - 3 * n2 * n2 - 9 * t2 * n2 * n2) * y * y * y * y/(24 * pow(N,4)) + t * (-61 - 90 * t2 - 45 * t4 - 107 * n2 + 162 * t2 * n2 + 45 * t4 * n2) * pow(y,6)/(720 * pow(N,6)) + t * (1385 + 3633 * t2 + 4095 * t4 + 1575 * t6) * pow(y,8)/(40320 * pow(N,8));

C_L = y/(N * cos(Bf)) + (-1 - 2 * t2 - n2) * pow(y,3)/(6 * pow(N,3) * cos(Bf)) + (5 + 28 * t2 + 24 * t4 + 6 * n2 + 8 * t2 * n2) * pow(y,5)/(120 * pow(N,5) * cos(Bf)) + (-61 - 662 * t2 - 1320 * t4 - 720 * t6) * pow(y,7)/(5040 * pow(N,7) * cos(Bf));

z = (C_B/MO); C_B = DBLDMS(z); C_BS = STRDMS(C_B,8); // 字符串形式

z = (C_L/MO + DEG(L0)); C_L = DBLDMS(z); C_LS = STRDMS(C_L,8); // BL 为 DMS 格式

//AfxMessageBox(C_LS);

}

4.2.19 抵偿坐标转换方法

4.2.19.1 抵偿坐标转换参数计算

```
extern int C_J,CoordinateSystemValue;extern double C_X,C_Y,C_B,C_L; extern double E_
a,E_f,E_a1,E_f1,E_a2,E_f2; // 椭球长半轴及扁率
double C_R,C_E2,C_C;
if(m_SYSTEM = = "1954 北京坐标系")
{
E_a = 6378245; E_f = 1/298.3; //CoordinateSystemValue = 1954;
Rm = AskRm(C_B,E_a,E_f);
}
if(m_SYSTEM = = "1980 西安坐标系")
{
E_a = 6378140; E_f = 1/298.257; //CoordinateSystemValue = 1980;
Rm = AskRm(C_B,E_a,E_f);
}
if(m_SYSTEM = = "2000 国家大地坐标系")
{
E_a = 6378137; E_f = 1/298.257222101; //CoordinateSystemValue = 1980;
Rm = AskRm(C_B,E_a,E_f);
}
XYBL(Xo,Yo,J,TAPE,Constant, -999,E_a,E_f);extern double C_B,C_L; extern CString
C_BS,C_LS;
y0 = Yo - Constant; Hc = y0 * y0/(2 * Rm); Ho = Hm + hm - Hc; q = Ho/Rm;
ch1. Format("%f",Rm);ch2. Format("%f",Ho); m_Rm = ch1; m_Ho = ch2;
//ch1. Format("%f",C_B); ch2. Format("%f",C_L); m_B = ch1; m_L = ch2;
ch1. Format("%s",C_BS); ch2. Format("%s",C_LS); m_B = ch1; m_L = ch2;
UpdateData(false);
```

4.2.19.2 低偿坐标转换源代码

```
XO = atof(xcyc. m_Xo);
YO = atof(xcyc. m_Yo);yo = atof(xcyc. m_Yo) - atoi(xcyc. m_Constant);Hm = atof(xcyc.
m_Hm);hm = atof(xcyc. m_hm);Rm = atof(xcyc. m_Rm);
Hc = yo * yo/2/Rm; Ho = Hm + hm - Hc; q = Ho/Rm;//CString ch; ch. Format("Ho = %f q = %
f",Ho,q); MessageBox(ch);
method = xcyc. m_METHOD; Yconstant = xcyc. m_Constant;
if(method = = "统一坐标化算为抵偿坐标")
{
X1 = atof(xcyc. m_X1); Y1 = atof(xcyc. m_Y1); J1 = atoi(xcyc. m_J1);
```

```
X2 = X1 + q * ( X1 - XO) ; Y2 = Y1 + q * ( Y1 - YO) ; J2 = J1 ;
XM = X1 ; YM = Y1 ; XN = X2 ; YN = Y2 ; //CString ch ; ch. Format( "% f % f % f % f" ,X1 ,
Y1 ,X2 ,Y2) ;
MessageBox( ch) ;
CoordinateSystem = xcyc. m_SYSTEM ; CoordinateMethod = xcyc. m_METHOD ;
}
if( method = = "抵偿坐标化算为统一坐标")
{
X1 = atof( xcyc. m_X1) ; Y1 = atof( xcyc. m_Y1) ; J1 = atoi( xcyc. m_J1) ;
X2 = X1 - q * ( X1 - XO) ; Y2 = Y1 - q * ( Y1 - YO) ; J2 = J1 ;
XM = X1 ; YM = Y1 ; XN = X2 ; YN = Y2 ; //CString ch ; ch. Format( "% f % f % f % f" ,X1 ,
Y1 ,X2 ,Y2) ; MessageBox( ch) ;
CoordinateSystem = xcyc. m_SYSTEM ; CoordinateMethod = xcyc. m_METHOD ;
}
```

4.2.20　平面相似变换方法

4.2.20.1　计算转换参数

```
void CConversion∷OnCommonCalculate( )
{
int N = m_common. GetRows( ) - 1 ; // 0,1 原始旧坐标,2,3 旧坐标,4,5 新坐标,6,7 备份
新坐标,8,9 检查坐标;
int NN = 0 ,MM = 0 ;
for( int ii = 0 ;ii < N ;ii + + )
{
if( m_common. GetTextMatrix( ii + 1 ,2) = = "√") NN + + ;
}
//CString cc ; cc. Format( "N = % d" ,NN) ; MessageBox( cc ,"公共点") ;
if( NN < 2) { MessageBox( "公共点数不够,最少为两个点!" ,"提示" ,MB_OK I MB_ICON-
STOP) ; return ; }
double * * Array ; Array = NULL ; Array = new double * [N] ; for( int z = 0 ;z < N ;z + + )
Array[ z] = new double[ 10] ;
double mx ,my ,MX ,MY ,kcosa ,ksina ,P ,Q ,a ,b ,c ,d ,e ,f ,k ,A ; // X ,Y 为旧坐标 ,x ,y 为新
坐标.
CString chs ,ch1 ,ch2 ,ch3 ,ch ;
// 提取原始数据
for( int i = 0 ;i < N ;i + + )
{
if( m_common. GetTextMatrix( i + 1 ,2) = = " × ") continue ; // 没有被选中,跳出.
```

Array[MM][2] = atof(m_common. GetTextMatrix(i + 1,3)); Array[MM][0] = Array[MM][2];

Array[MM][3] = atof(m_common. GetTextMatrix(i + 1,4)); Array[MM][1] = Array[MM][3];

Array[MM][4] = atof(m_common. GetTextMatrix(i + 1,5)); Array[MM][6] = Array[MM][4];

Array[MM][5] = atof(m_common. GetTextMatrix(i + 1,6)); Array[MM][7] = Array[MM][5];

MM + + ;

}

mx = 0; my = 0; MX = 0; MY = 0;

for(i = 0;i < MM;i + +)

{

mx + = Array[i][4]; my + = Array[i][5]; MX + = Array[i][2]; MY + = Array[i][3];

}

mx = mx/MM; my = my/MM; MX = MX/MM; MY = MY/MM;

for(i = 0;i < MM;i + +)

{

Array[i][4] = Array[i][4] - mx; Array[i][5] = Array[i][5] - my; Array[i][2] = Array[i][2] - MX; Array[i][3] = Array[i][3] - MY;

}

a = 0; b = 0; c = 0; d = 0; e = 0; f = 0; //

for(i = 0;i < MM;i + +)

{

a + = Array[i][4] * Array[i][2]; b + = Array[i][5] * Array[i][3];

c + = Array[i][5] * Array[i][2]; d + = Array[i][4] * Array[i][3];

e + = Array[i][2] * Array[i][2]; f + = Array[i][3] * Array[i][3];

}

kcosa = (a + b)/(e + f);

ksina = (c - d)/(e + f);

P = mx - kcosa * MX + ksina * MY;

Q = my - kcosa * MY - ksina * MX;

k = sqrt(kcosa * kcosa + ksina * ksina);

A = atan(ksina/kcosa); A = A * 180/3. 14159265358979; A = DMS(A);

KcosA = kcosa; KsinA = ksina; PP = P; QQ = Q;

// 备份数据,实现高精度转换.

KCOSA = kcosa; KSINA = ksina;

// 为了保证计算精度保留 18 位小数.

```
ch. Format("%1.18f",k);m_K = ch;
ch. Format("%1.18f",A);m_A = ch;
ch. Format("%1.15f",P);m_P = ch;
ch. Format("%1.15f",Q);m_Q = ch; UpdateData(false);NN = 0;
// 重合精度检查
for(i = 0;i < N;i + + )
{
if(m_common. GetTextMatrix(i + 1,2) = = " × ")
{
m_common. SetTextMatrix(i + 1,7," * * * * * ");  // 残差项
m_common. SetTextMatrix(i + 1,8," * * * * * ");  // 残差项
continue;  // 没有被选中,跳出.
}
Array[NN][8] = P + kcosa * Array[NN][0] - ksina * Array[NN][1];
Array[NN][9] = Q + kcosa * Array[NN][1] + ksina * Array[NN][0];
ch. Format("%1.3f",Array[NN][6] - Array[NN][8]); m_common. SetTextMatrix(i + 1,
7,ch);
ch. Format("%1.3f",Array[NN][7] - Array[NN][9]); m_common. SetTextMatrix(i + 1,
8,ch);
NN + +;
}
//释放动态内存空间
for(z = N - 1;z > = 0;z - - )delete[ ]Array[z]; delete[ ]Array; Array = NULL;
// 功能调用限制
m_saveref. EnableWindow(true);
m_translate. EnableWindow(true);
}
```

4.2.20.2　坐标转换源代码

```
// 转换新坐标
void CConversion::OnNewTranslate()
{
if(m_P. GetLength() = = 0) { MessageBox("请先计算或导入转换参数!","提示",MB_
OK|MB_ICONSTOP); return; }
double xx,yy,hh,aa,bb,kcosa,ksina,P,Q; CString name,ch; m_new. SetRows(20000); int
N = 0;
UpdateData(true); double mk,ma; mk = atof(m_K);
ma = DEG(atof(m_A))/180 * 3.14159265358979;  // 化成弧度
kcosa = mk * cos(ma); ksina = mk * sin(ma); P = atof(m_P); Q = atof(m_Q);
```

```
//ch. Format("%1.18f,%1.18f",kcosa,ksina); MessageBox(ch);
```

// 用高精度数据,以提高转换精度.

```
kcosa = KCOSA; ksina = KSINA;
m_new. SetCols(8); m_new. SetTextMatrix(0,5,"△X(m)"); m_new. SetTextMatrix(0,6,
"△Y(m)"); m_new. SetTextMatrix(0,7,"△H(m)");
for(int i = 1;i < m_old. GetRows();i + +)
{
name = m_old. GetTextMatrix(i,1); xx = atof(m_old. GetTextMatrix(i,2)); yy = atof(m_old.
GetTextMatrix(i,3)); hh = atof(m_old. GetTextMatrix(i,4));
aa = P + kcosa * xx − ksina * yy;bb = Q + kcosa * yy + ksina * xx;
//aa = PP + KcosA * xx − KsinA * yy;bb = QQ + KcosA * yy + KsinA * xx; // 原始计算参
数：KcosA = kcosa; KsinA = ksina; PP = P; QQ = Q;
ch. Format("%d",N + 1); m_new. SetTextMatrix(i,0,ch); // no;
m_new. SetTextMatrix(i,1,name);
ch. Format("%1.3f",aa); m_new. SetTextMatrix(i,2,ch); // xx
ch. Format("%1.3f",bb); m_new. SetTextMatrix(i,3,ch); // yy
if(m_old. GetTextMatrix(i,4). GetLength() >0)// hh
{
ch. Format("%1.3f",hh); m_new. SetTextMatrix(i,4,ch);
}
else m_new. SetTextMatrix(i,4,"");
```

// 显示差值

```
ch. Format("%1.3f",atof(m_new. GetTextMatrix(i,2)) − atof(m_old. GetTextMatrix(i,
2)));
m_new. SetTextMatrix(i,5,ch);
ch. Format("%1.3f",atof(m_new. GetTextMatrix(i,3)) − atof(m_old. GetTextMatrix(i,
3)));
m_new. SetTextMatrix(i,6,ch);
ch. Format("%1.3f",atof(m_new. GetTextMatrix(i,4)) − atof(m_old. GetTextMatrix(i,
4)));
m_new. SetTextMatrix(i,7,ch);
N + +;
}
m_new. SetRows(N + 1);
}
```

4.2.20.3 粗差检查源代码

// 重合点粗差检查

```
void CConversion::OnCheck()
```

```
}
int M = m_common. GetRows( ) ; int N = 5 ; double s1,s2,ss,min = 99999999 ; CString ch ; int
star ; int MM = 0 ;
double * * Array ; Array = NULL ; Array = new double * [ M ] ; for( int z = 0 ; z < M ; z + + )
Array[ z ] = new double[ N ] ;
// 提取原始数据
for( int i = 0 ; i < M − 1 ; i + + )
{
if( m_common. GetTextMatrix( i + 1,2) = = " × " ) continue ; // 没有被选中,跳出.
Array[ MM ] [ 1 ] = atof( m_common. GetTextMatrix( i + 1,3) ) ; // 旧 X
Array[ MM ] [ 2 ] = atof( m_common. GetTextMatrix( i + 1,4) ) ; // 旧 Y
Array[ MM ] [ 3 ] = atof( m_common. GetTextMatrix( i + 1,5) ) ; // 新 X
Array[ MM ] [ 4 ] = atof( m_common. GetTextMatrix( i + 1,6) ) ; // 新 Y
MM + + ;
}
// 检查方法:依次计算每个点与其他点的距离,然后将新旧坐标进行比较,差值累加,1
cm 算一个,看哪个点的差值最多,并减去最小值,按每 50cm 画一个星号,标在点名后面,
以示区别.
for( i = 0 ; i < MM ; i + + )
{
Array[ i ] [ 0 ] = 0 ;
for( int j = 0 ; j < MM ; j + + )
{ s1 = sqrt( ( Array[ i ] [ 1 ] − Array[ j ] [ 1 ] ) * ( Array[ i ] [ 1 ] − Array[ j ] [ 1 ] ) + ( Array[ i ]
[ 2 ] − Array[ j ] [ 2 ] ) * ( Array[ i ] [ 2 ] − Array[ j ] [ 2 ] ) ) ;
s2 = sqrt( ( Array[ i ] [ 3 ] − Array[ j ] [ 3 ] ) * ( Array[ i ] [ 3 ] − Array[ j ] [ 3 ] ) + ( Array[ i ]
[ 4 ] − Array[ j ] [ 4 ] ) * ( Array[ i ] [ 4 ] − Array[ j ] [ 4 ] ) ) ;
ss = s1 − s2 ; if( ss < 0) ss = − ss ; Array[ i ] [ 0 ] + = ss ;
}
//ch. Format( " % f " ,Array[ i ] [ 0 ] ) ; MessageBox( ch ) ;
}
// 查最小值,然后减去最小值;
for( i = 0 ; i < MM ; i + + )
{
if( Array[ i ] [ 0 ] < min) min = Array[ i ] [ 0 ] ;
}
// 减去最小值.
for( i = 0 ; i < MM ; i + + )
{
```

```
Array[i][0] - = min;
}
BOOL ok = true;
// 计算星号数.
for(i = 0;i < MM;i + + )
{
star = Array[i][0]/0.50; // 每50cm算一个星号;
if(star > 0) { ok = false; break; }
}
if(! ok)// 发现粗差,更新标志.
{
m_common. SetCols(10); m_common. SetTextMatrix(0,9,"粗差等级"); int PP = 0;
for(i = 0;i < M - 1;i + + )
{
if(m_common. GetTextMatrix(i + 1,2) = = " × ")
{
m_common. SetTextMatrix(i + 1,9," - - - - - - - "); // 没有参与粗差计算
continue; // 没有被选中,跳出.
}
star = Array[PP][0]/0.50; ch = ""; // 每50cm算一个星号;
if(star > 20) star = 20; // 为了防止死机,限定只显前20个.
for(int j = 0;j < star;j + + ) ch + = " * ";
m_common. SetTextMatrix(i + 1,9,ch);
PP + + ;
}
}
else
{
MessageBox("公共点符合要求,没有发现明显粗差!","提示");
m_common. SetCols(9); // 去掉粗差一栏.
}
//释放动态内存空间
for(z = M - 1;z > = 0;z - - )delete[ ]Array[z]; delete[ ]Array; Array = NULL;
}
```

4.2.21　布尔莎模型坐标转换方法

4.2.21.1　转换参数计算

```
void CConversionXYZ::OnCommonCalculate( )
```

```
{
int i,j,k,NN = m_common. GetRows( ) - 1;// 0,1,2 原始坐标高程,3,4,5 新坐标高程;
int PP = 0,MM = 0;
for( int ii = 0;ii < NN;ii + + )
{
if( m_common. GetTextMatrix( ii + 1,2) = = "√") PP + + ;
}
//CString cc;cc. Format("N = % d",PP); MessageBox( cc,"公共点");
if( PP < 3) { MessageBox("公共点数不够,最少为三个点!","提示",MB_OK|MB_ICON-
STOP); return; }
UpdateData( true);
if(( m_L1. GetLength( ) = = 0) || ( m_L2. GetLength( ) = = 0)) { MessageBox("请输入中
央子午线经度! 或参见计算说明!","提示",MB_OK|MB_ICONSTOP); return; }
double * * Array; Array = NULL; Array = new double * [NN]; for( int z = 0;z < NN;
z + + ) Array[z] = new double[6];
double * * xyh; xyh = NULL; xyh = new double * [NN]; for( z = 0;z < NN;z + + ) xyh[z] =
new double[6];// 0,1,2 旧点 xyh,3,4,5 新点 xyh;
double * * BLH; BLH = NULL; BLH = new double * [NN]; for( z = 0;z < NN;z + + )
BLH[z] = new double[6];// 0,1,2 旧点 BLH,3,4,5 新点 BLH;
double * * XYZ; XYZ = NULL; XYZ = new double * [NN]; for( z = 0;z < NN;z + + )
XYZ[z] = new double[6];// 0,1,2 旧点 XYZ,3,4,5 新点 XYZ;
double * * MxMyMz; MxMyMz = NULL; MxMyMz = new double * [NN]; for( z = 0;z <
NN;z + + ) MxMyMz[z] = new double[3];// 残差点中误差;
CString chs,ch1,ch2,ch3,ch;
double L1,L2,Constant1,Constant2,N,a,e2,e12,b,pi = 3. 1415926535897932,H;
extern double C_X,C_Y,C_B,C_L,C_r; extern double E_a,E_f,E_a1,E_f1,E_a2,E_f2;//
椭球长半轴及扁率//extern int CoordinateSystemValue;
// 提取原始数据
for( i = 0;i < NN;i + + )
{
if( m_common. GetTextMatrix( i + 1,2) = = "×") continue; // 没有被选中,跳出.
// 原数据
Array[MM][0] = atof( m_common. GetTextMatrix( i + 1,3));
Array[MM][1] = atof( m_common. GetTextMatrix( i + 1,4));
Array[MM][2] = atof( m_common. GetTextMatrix( i + 1,5));
// 新数据
Array[MM][3] = atof( m_common. GetTextMatrix( i + 1,6));
Array[MM][4] = atof( m_common. GetTextMatrix( i + 1,7));
```

```
Array[MM][5] = atof(m_common. GetTextMatrix(i + 1,8));
MM + +;
}
//CString cc; cc. Format("N = % d",MM); MessageBox(cc,"公共点");
// 原数据为高斯平面坐标
if(MarkFlag1 = = "xy")
{
// 根据高斯平面坐标反算经纬度
L1 = atof(m_L1); L2 = atof(m_L2); Constant1 = atof(m_C1); Constant2 = atof(m_C2); E_
a = E_a1; E_f = E_f1; //CoordinateSystemValue = CoordinateSystemValue1;
for(i = 0;i < MM;i + +)
{
if(Array[i][1] > 999999) { MessageBox("原横坐标不要加带号!","提示"); return; }
XYBL(Array[i][0],Array[i][1],37,3,Constant1,L1,E_a,E_f); BLH[i][0] = C_B;
BLH[i][1] = C_L; BLH[i][2] = Array[i][2];
//ch. Format("B = % 1. 12f,L = % 1. 12f,H = % f",BLH[i][0],BLH[i][1],BLH[i]
[2]); MessageBox(ch);
}
}
// 原数据为 BLH
if(MarkFlag1 = = "BLH")
{
for(i = 0;i < MM;i + +)
{
BLH[i][0] = Array[i][1];
BLH[i][1] = Array[i][0];
BLH[i][2] = Array[i][2];
}
}
// 原数据为 BLH,计算空间直角坐标 XYZ
if((MarkFlag1 = = "xy")||(MarkFlag1 = = "BLH"))
{
a = atof(m_A1); b = a * (1 - 1/atof(m_B1)); Constant1 = atof(m_C1); e2 = (a * a - b *
b)/a/a;
for(i = 0;i < MM;i + +)
{
//BLH[i][0] = 44. 59599999; BLH[i][1] = 45; BLH[i][2] = 999999. 9987;
N = a/(sqrt(1 - e2 * sin(DEG(BLH[i][0])/180 * pi) * sin(DEG(BLH[i][0])/180 *
```

```
pi))); H = BLH[i][2];
XYZ[i][0] = (N + H) * cos(DEG(BLH[i][0])/180 * pi) * cos(DEG(BLH[i][1])/
180 * pi);
XYZ[i][1] = (N + H) * cos(DEG(BLH[i][0])/180 * pi) * sin(DEG(BLH[i][1])/180 *
pi);
XYZ[i][2] = (N * (1 - e2) + H) * sin(DEG(BLH[i][0])/180 * pi);
//ch. Format("X = % f, Y = % f, Z = % f, B = % f, L = % f, H = % f", XYZ[i][0], XYZ[i]
[1], XYZ[i][2], BLH[i][0], BLH[i][1], BLH[i][2]); MessageBox(ch);
}
}
// 原数据为空间直角坐标
if(MarkFlag1 = = "XYZ")
{
for(i = 0; i < MM; i + +)
{
XYZ[i][0] = Array[i][0];
XYZ[i][1] = Array[i][1];
XYZ[i][2] = Array[i][2];
}
}
// 新数据为高斯平面坐标
if(MarkFlag2 = = "xy")
{
// 根据高斯平面坐标反算经纬度
L1 = atof(m_L1); L2 = atof(m_L2); Constant1 = atof(m_C1); Constant2 = atof(m_C2); E_
a = E_a2; E_f = E_f2;
//CoordinateSystemValue = CoordinateSystemValue2;
for(i = 0; i < MM; i + +)
{
if(Array[i][4] > 999999) { MessageBox("新横坐标不要加带号!", "提示"); return; }
XYBL(Array[i][3], Array[i][4], 37, 3, Constant1, L1, E_a, E_f); BLH[i][3] = C_B;
BLH[i][4] = C_L; BLH[i][5] = Array[i][5];
//ch. Format("B = % 1. 12f, L = % 1. 12f, H = % f", BLH[i][3], BLH[i][4], BLH[i]
[5]); MessageBox(ch);
}
}
// 新数据为 BLH
if(MarkFlag2 = = "BLH")
```

```
{
for(i = 0;i < MM;i + + )
{
BLH[i][3] = Array[i][4];
BLH[i][4] = Array[i][3];
BLH[i][5] = Array[i][5];
}
}
// 新数据为 BLH,计算空间直角坐标 XYZ
if((MarkFlag2 = = "xy")||(MarkFlag2 = = "BLH"))
{
a = atof(m_A2); b = a * (1 - 1/atof(m_B2)); Constant2 = atof(m_C2); e2 = (a * a - b *
b)/a/a;
for(i = 0;i < MM;i + + )
{
N = a/(sqrt(1 - e2 * sin(DEG(BLH[i][3])/180 * pi) * sin(DEG(BLH[i][3])/180 *
pi)));
H = BLH[i][5];
XYZ[i][3] = (N + H) * cos(DEG(BLH[i][3])/180 * pi) * cos(DEG(BLH[i][4])/180 *
pi);
XYZ[i][4] = (N + H) * cos(DEG(BLH[i][3])/180 * pi) * sin(DEG(BLH[i][4])/180 *
pi);
XYZ[i][5] = (N * (1 - e2) + H) * sin(DEG(BLH[i][3])/180 * pi);
//ch. Format("%1.12f,%1.12f,%1.12f",BLH[i][3],BLH[i][4],BLH[i][5]); Mes-
sageBox(ch);
}
}
// 新数据为空间直角坐标
if(MarkFlag2 = = "XYZ")
{
for(i = 0;i < MM;i + + )
{
XYZ[i][3] = Array[i][3];
XYZ[i][4] = Array[i][4];
XYZ[i][5] = Array[i][5];
}
}
// 进入间接平差阶段.
```

// 对各参数赋初值

```
TR_HO[0] = XYZ[0][3] - XYZ[0][0];// dx0;
TR_HO[1] = XYZ[0][4] - XYZ[0][1];// dy0;
TR_HO[2] = XYZ[0][5] - XYZ[0][2];// dz0;
TR_HO[3] = 0;// Wx;
TR_HO[4] = 0;// Wy;
TR_HO[5] = 0;// Wz;
TR_HO[6] = 0;// K;
//ch. Format("%f,%f,%f",TR_HO[0],TR_HO[1],TR_HO[2]); MessageBox(ch);
int adjustwords = 0;
adjust:
```

//动态分配空间

```
int xyz,uv,pq; double sum; int iii,jjj,kkk,TR_t = 7,TR_Nd = MM * 3,TR_N0 = 0,TR_N =
MM * 3;
```

// A matrix

```
int row6 = TR_t,col6 = TR_t; double * * MATRIX_A; MATRIX_A = NULL;
MATRIX_A = new double * [row6]; for(xyz = 0;xyz < row6;xyz + +) MATRIX_A[xyz] =
new double[col6];
for(uv = 0;uv < row6;uv + +) for(pq = 0;pq < col6;pq + +)MATRIX_A[uv][pq] = 0;
```

// NE matrix

```
int row7 = TR_t,col7 = TR_t; double * * MATRIX_NE; MATRIX_NE = NULL;
MATRIX_NE = new double * [row7]; for(xyz = 0;xyz < row7;xyz + +) MATRIX_NE[xyz] =
new double[col7];
for(uv = 0;uv < row7;uv + +) for(pq = 0;pq < col7;pq + +)MATRIX_NE[uv][pq] = 0;
```

// l matrix

```
int row18 = TR_Nd,col18 = 1; double * * MATRIX_l; MATRIX_l = NULL;
MATRIX_l = new double * [row18]; for(xyz = 0;xyz < row18;xyz + +) MATRIX_l[xyz] =
new double[col18];
for(uv = 0;uv < row18;uv + +) for(pq = 0;pq < col18;pq + +)MATRIX_l[uv][pq] = 0;
```

// 列误差方程

```
CString Name0,Nameh,Namej,Namek,Namep; int Noj = 0,Nok = 0,Noh = 0,count = 0;
double L,L0,K1,K2,K3,K4,H1,H2,H3,H4,AZjk,AZjh,xj,yj,xh,yh,xk,yk,Sjk,Sjh;
double p = 206264.8062,MS;
```

// p matrix

```
int row1 = TR_Nd,col1 = TR_Nd; double * * MATRIX_P; MATRIX_P = NULL;
MATRIX_P = new double * [row1]; for(xyz = 0;xyz < row1;xyz + +) MATRIX_P[xyz] =
new double[col1];
for(uv = 0;uv < row1;uv + +) for(pq = 0;pq < col1;pq + +)MATRIX_P[uv][pq] = 0;
```

```
for(i=0;i<TR_Nd;i++)// 定权系数
{
MATRIX_P[i][i]=1; // 权
}
// B matrix
int row2 = TR_Nd,col2 = TR_t; double * * MATRIX_B; MATRIX_B = NULL;
MATRIX_B = new double * [row2]; for(xyz=0;xyz<row2;xyz++) MATRIX_B[xyz] =
new double[col2];
for(uv=0;uv<row2;uv++) for(pq=0;pq<col2;pq++)MATRIX_B[uv][pq]=0;
for(i=0;i<MM;i++)// 误差方程
{
// x
MATRIX_B[count][0]=1; MATRIX_B[count][1]=0; MATRIX_B[count][2]=0;
MATRIX_B[count][3]=0;
MATRIX_B[count][4]=-XYZ[i][2]; MATRIX_B[count][5]=XYZ[i][1]; MATRIX_B
[count][6]=XYZ[i][0];
L0=(XYZ[i][0]-XYZ[i][3])*1.000;// 常数项以米为单位
MATRIX_l[count][0] = L0 + TR_HO[0]; count++;//ch. Format ( " H% d = %
01.00fmm",i,L0);
MessageBox(Namej+" - > "+Namek+ch,"边长常数项");
// y
MATRIX_B[count][0]=0; MATRIX_B[count][1]=1; MATRIX_B[count][2]=0;
MATRIX_B[count][3]=XYZ[i][2];
MATRIX_B[count][4]=0; MATRIX_B[count][5]=-XYZ[i][0]; MATRIX_B[count]
[6]=XYZ[i][1];
L0=(XYZ[i][1]-XYZ[i][4])*1.000;// 常数项以米为单位
MATRIX_l[count][0] = L0 + TR_HO[1]; count++;//ch. Format ( " H% d = %
01.00fmm",i,L0); MessageBox(Namej+" - > "+Namek+ch,"边长常数项");
// z
MATRIX_B[count][0]=0; MATRIX_B[count][1]=0; MATRIX_B[count][2]=1;
MATRIX_B[count][3]=-XYZ[i][1];
MATRIX_B[count][4]=XYZ[i][0]; MATRIX_B[count][5]=0; MATRIX_B[count]
[6]=XYZ[i][2];
L0=(XYZ[i][2]-XYZ[i][5])*1.000;// 常数项以米为单位
MATRIX_l[count][0] = L0 + TR_HO[2]; count++;//ch. Format ( " H% d = % 01.00
fmm",i,L0); MessageBox(Namej+" - > "+Namek+ch,"边长常数项");
}
// CString sh;for(i=0;i<TR_Nd;i++){ sh="";for(j=0;j<TR_t;j++){ ch. Format
```

```
("%01.03f, ",MATRIX_B[i][j]); sh = sh + ch; } ch. Format(" %01.03f",MATRIX_l
[i][0]); sh = sh + ch; MessageBox(sh,"B:L");}
```

// 解算法方程
// BT matrix
```
int row3 = TR_t,col3 = TR_Nd; double * * MATRIX_BT; MATRIX_BT = NULL;
MATRIX_BT = new double * [row3]; for(xyz = 0;xyz < row3;xyz + +) MATRIX_BT[xyz] =
new double[col3];
for(uv = 0;uv < row3;uv + +) for(pq = 0;pq < col3;pq + +)MATRIX_BT[uv][pq] = 0;
for(i = 0;i < TR_Nd;i + +)for(j = 0;j < TR_t;j + +)MATRIX_BT[j][i] = MATRIX_B[i]
[j];
```
// BT * P matrix
```
int row4 = TR_t,col4 = TR_Nd; double * * MATRIX_BTP; MATRIX_BTP = NULL;
MATRIX_BTP = new double * [row4]; for(xyz = 0;xyz < row4;xyz + +) MATRIX_BTP
[xyz] = new double[col4];
for(uv = 0;uv < row4;uv + +) for(pq = 0;pq < col4;pq + +)MATRIX_BTP[uv][pq] = 0;
```
// 两矩阵相乘
```
for(iii = 0;iii < TR_t;iii + +)
{
for(jjj = 0;jjj < TR_Nd;jjj + +)
{
sum = 0;
for(kkk = 0;kkk < TR_Nd;kkk + +)
{
sum = sum + MATRIX_BT[iii][kkk] * MATRIX_P[kkk][jjj];
}
MATRIX_BTP[iii][jjj] = sum;
}
}
```
//释放动态内存空间
```
for(xyz = row3 - 1;xyz > = 0;xyz - -) delete[ ]MATRIX_BT[xyz]; delete[ ]MATRIX_BT;
MATRIX_BT = NULL;
```
// N matrix
```
int row5 = TR_t,col5 = TR_t; double * * MATRIX_N; MATRIX_N = NULL;
MATRIX_N = new double * [row5]; for(xyz = 0;xyz < row5;xyz + +) MATRIX_N[xyz] =
new double[col5];
for(uv = 0;uv < row5;uv + +) for(pq = 0;pq < col5;pq + +)MATRIX_N[uv][pq] = 0;
for(iii = 0;iii < TR_t;iii + +)
{
```

```
for( jjj = 0 ; jjj < TR_t ; jjj + + )
{
sum = 0 ;
for( kkk = 0 ; kkk < TR_Nd ; kkk + + )
{
sum = sum + MATRIX_BTP[ iii ][ kkk ] * MATRIX_B[ kkk ][ jjj ] ;
}
MATRIX_N[ iii ][ jjj ] = sum ;
}
}
//CString sh ; for( i = 0 ; i < TR_t ; i + + ) { sh = "" ; for( j = 0 ; j < TR_t ; j + + ) { ch. Format
( "%01.02f, " , MATRIX_N[ i ][ j ] ) ; sh = sh + ch ; } MessageBox( sh , "N:" ) ; }
// U matrix
int row14 = TR_t, col14 = 1 ; double * * MATRIX_U ; MATRIX_U = NULL ;
MATRIX_U = new double * [ row14 ] ; for( xyz = 0 ; xyz < row14 ; xyz + + ) MATRIX_U[ xyz ] =
new double[ col14 ] ;
for( uv = 0 ; uv < row14 ; uv + + ) for( pq = 0 ; pq < col14 ; pq + + ) MATRIX_U[ uv ][ pq ] = 0 ;
// X matrix
int row16 = TR_t, col16 = 1 ; double * * MATRIX_X ; MATRIX_X = NULL ;
MATRIX_X = new double * [ row16 ] ; for( xyz = 0 ; xyz < row16 ; xyz + + ) MATRIX_X[ xyz ] =
new double[ col16 ] ;
for( uv = 0 ; uv < row16 ; uv + + ) for( pq = 0 ; pq < col16 ; pq + + ) MATRIX_X[ uv ][ pq ] = 0 ;
for( iii = 0 ; iii < TR_t ; iii + + )
{
for( jjj = 0 ; jjj < 1 ; jjj + + )
{
sum = 0 ;
for( kkk = 0 ; kkk < TR_Nd ; kkk + + )
{
sum = sum + MATRIX_BTP[ iii ][ kkk ] * MATRIX_l[ kkk ][ jjj ] ;
}
MATRIX_U[ iii ][ jjj ] = sum ;
}
}
for( i = 0 ; i < TR_t ; i + + ) for( j = 0 ; j < TR_t ; j + + ) MATRIX_A[ i ][ j ] = MATRIX_N[ i ]
[ j ] ;
//CString sh ; for( i = 0 ; i < TR_t ; i + + ) { sh = "" ; for( j = 0 ; j < TR_t ; j + + ) { ch. Format
( "%01.02f, " , MATRIX_N[ i ][ j ] ) ; sh = sh + ch ; } MessageBox( sh , "N:" ) ; }
```

```
// 求逆矩阵
i = 0; j = 0; int I = 0, J = 0, NM = TR_t; double factor = 0, divide = 0; //CString ch;
for(i = 0; i < NM; i + +) {for(j = 0; j < NM; j + +) MATRIX_NE[i][j] = 0; MATRIX_NE
[i][i] = 1; }
while(I < NM)
{
for(i = I; i < NM; i + +)
{
divide = MATRIX_A[i][I]; ch. Format("[% d,% d] = % f", i, i, divide); //MessageBox
(ch);
if(divide = = 0)
{
if(i > I) continue;// 当主对角线元素为零时与最后一行对换,否则不对换.
for(j = 0; j < NM; j + +)
{
divide = MATRIX_A[i][j]; MATRIX_A[i][j] = MATRIX_A[NM - 1][j]; MATRIX_A
[NM - 1][j] = divide;
divide = MATRIX_NE[i][j]; MATRIX_NE[i][j] = MATRIX_NE[NM - 1][j]; MATRIX_
NE[NM - 1][j] = divide;
}
divide = MATRIX_A[i][I];
}
for(j = J; j < NM; j + +) {MATRIX_A[i][j] = MATRIX_A[i][j]/divide; }
for(j = 0; j < NM; j + +) {MATRIX_NE[i][j] = MATRIX_NE[i][j]/divide; }
}
for(i = I + 1; i < NM; i + +)
{
if(MATRIX_A[i][I] = = 0) continue;
for(j = J; j < NM; j + +) {MATRIX_A[i][j] = MATRIX_A[i][j] - MATRIX_A[I][j]; }
for(j = 0; j < NM; j + +) {MATRIX_NE[i][j] = MATRIX_NE[i][j] - MATRIX_NE[I]
[j]; }
}
I + +; J + +;
}
// - - - - - - - - - - - - -左下角已经全部化为零阵- - - - - - - - - - -
I = NM - 1; J = NM;
while(I > 0)
{
```

```
for( i = I − 1 ;i > = 0 ;i − − )
{
factor = − MATRIX_A[ i ] [ J − 1 ] ;
for( j = 0 ;j < NM ;j + + )
{
MATRIX_A[ i ] [ j ] = MATRIX_A[ i ] [ j ] + factor * MATRIX_A[ I ] [ j ] ;
MATRIX_NE[ i ] [ j ] = MATRIX_NE[ i ] [ j ] + factor * MATRIX_NE[ I ] [ j ] ;
}
}
I − − ; J − − ;
}
for( iii = 0 ;iii < TR_t ;iii + + )
{
for( jjj = 0 ;jjj < 1 ;jjj + + )
{
sum = 0 ;
for( kkk = 0 ;kkk < TR_t ;kkk + + )
{
sum = sum − MATRIX_NE[ iii ] [ kkk ] * MATRIX_U[ kkk ] [ jjj ] ;
}
MATRIX_X[ iii ] [ jjj ] = sum ;
//ch. Format( " dx% d = % 01. 03fcm" , iii + 1 , MATRIX_X[ iii ] [ 0 ] ) ; MessageBox( ch , TR_
Name[ iii + TR_N0 ] ) ;
}
}
//CString sh ;for( i = 0 ;i < TR_t ;i + + ) { sh = " " ;for( j = 0 ;j < TR_t ;j + + ) { ch. Format
( "% 01. 02f, " , MATRIX_N[ i ] [ j ] ) ; sh = sh + ch ; } MessageBox( sh , "N:" ) ;}
for( xyz = row6 − 1 ;xyz > = 0 ;xyz − − ) delete[ ] MATRIX_A[ xyz ] ; delete[ ] MATRIX_A ;
MATRIX_A = NULL ;
for( xyz = row14 − 1 ;xyz > = 0 ;xyz − − ) delete[ ] MATRIX_U[ xyz ] ; delete[ ] MATRIX_U ;
MATRIX_U = NULL ;
// V matrix
int row15 = TR_Nd ,col15 = 1 ; double * * MATRIX_V ; MATRIX_U = NULL ;
MATRIX_V = new double * [ row15 ] ; for ( xyz = 0 ;xyz < row15 ;xyz + + ) MATRIX_V
[ xyz ] = new double[ col15 ] ;
for( uv = 0 ;uv < row15 ;uv + + ) for( pq = 0 ;pq < col15 ;pq + + )MATRIX_V[ uv ] [ pq ] = 0 ;
// 精度评定
for( iii = 0 ;iii < TR_Nd ;iii + + )
```

```
{
for( jjj = 0 ; jjj < 1 ; jjj + + )
{
sum = 0 ;
for( kkk = 0 ; kkk < TR_t ; kkk + + )
{
sum = sum + MATRIX_B[ iii ][ kkk ] * MATRIX_X[ kkk ][ jjj ] ;
}
MATRIX_V[ iii ][ jjj ] = sum ;
}
}
for( xyz = row2 - 1 ; xyz > = 0 ; xyz - - ) delete[ ] MATRIX_B[ xyz ] ; delete[ ] MATRIX_B ;
MATRIX_B = NULL ;
BOOL checkflag = true ;
for( i = 0 ; i < TR_Nd ; i + + )
{
MATRIX_V[ i ][ 0 ] + = MATRIX_l[ i ][ 0 ] ; //ch. Format( " V% d = % 01. 03f" , i , MATRIX_
V[ i ][ 0 ] ) ; MessageBox( ch ) ;
}
CString u ; double Qxx , Qyy , Qxy , Qk , PVV = 0 , MO ;
for( i = 0 ; i < TR_Nd ; i + + ) PVV = PVV + MATRIX_P[ i ][ i ] * MATRIX_V[ i ][ 0 ] *
MATRIX_V[ i ][ 0 ] ;
for( xyz = row1 - 1 ; xyz > = 0 ; xyz - - ) delete[ ] MATRIX_P[ xyz ] ; delete[ ] MATRIX_P ;
MATRIX_P = NULL ;
// 单位权中误差
MO = sqrt( PVV/( TR_Nd - TR_t ) ) ; u. Format( "单位权中误差:[ pvv ] = % 01. 09f, r = % d,
u = + / - % 01. 09f" , PVV , TR_Nd - TR_t , MO ) ;
//MessageBox( u ) ;
// MX matrix
int row17 = TR_t , col17 = 1 ; double * * MATRIX_MX ; MATRIX_MX = NULL ;
MATRIX_MX = new double * [ row17 ] ; for( xyz = 0 ; xyz < row17 ; xyz + + ) MATRIX_MX
[ xyz ] = new double[ col17 ] ;
for( uv = 0 ; uv < row17 ; uv + + ) for( pq = 0 ; pq < col17 ; pq + + ) MATRIX_MX[ uv ][ pq ] = 0 ;
for( i = 0 ; i < TR_t ; i = i + 1 )
{
MATRIX_MX[ i ][ 0 ] = MO * sqrt( MATRIX_NE[ i ][ i ] ) ;// 未知数中误差
//ch. Format( " M% d = % 01. 3fm" , i + 1 , MATRIX_MX[ i ][ 0 ] ) ; MessageBox( ch ) ;
}
```

```
for(xyz = row7 - 1;xyz > = 0;xyz - -) delete[ ]MATRIX_NE[xyz]; delete[ ]MATRIX_NE;
MATRIX_NE = NULL;
// 求各参数最或然值
for(i = 0;i < 7;i + +)
{
TR_H[i] = TR_HO[i] + MATRIX_X[i][0];// * 0.001;
MX[i] = MATRIX_X[i][0]; // 记录备用
//ch. Format("X%d = %01.18f,dx = %f",i + 1,TR_H[i],MATRIX_X[i][0]); Message-
Box(ch);
}
//释放动态内存空间
for(xyz = row15 - 1;xyz > = 0;xyz - -) delete[ ]MATRIX_V[xyz]; delete[ ]MATRIX_V;
MATRIX_V = NULL;
for(xyz = row16 - 1;xyz > = 0;xyz - -) delete[ ]MATRIX_X[xyz]; delete[ ]MATRIX_X;
MATRIX_X = NULL;
for(xyz = row17 - 1;xyz > = 0;xyz - -) delete[ ]MATRIX_MX[xyz]; delete[ ]MATRIX_
MX; MATRIX_MX = NULL;
for(xyz = row18 - 1;xyz > = 0;xyz - -) delete[ ]MATRIX_l[xyz]; delete[ ]MATRIX_l;
MATRIX_l = NULL;
// 如果改正数太大,重新平差.
for(i = 0;i < 7;i + +)
{
sum = MX[i]; if(sum < 0) sum = - sum;
if(sum > 5)
{
for(j = 0;j < 7;j + +) TR_HO[i] = TR_H[i]; // 重新计算概略高程,再平差一次.
if(adjustwords + + < 2) goto adjust;
}
}
// 显示各改正数值
//chs = ""; for(i = 0;i < 7;i + +) {ch. Format("%f,%f\n",TR_H[i],MX[i]); chs + =
ch;}MessageBox(chs);
// 为了保证计算精度保留 18 位小数.
ch. Format("%1.15f",TR_H[0]);m_DX = ch;
ch. Format("%1.15f",TR_H[1]);m_DY = ch;
ch. Format("%1.15f",TR_H[2]);m_DZ = ch;
// 将弧度化成秒来显示
ch. Format("%1.18f",TR_H[3] * 180/PI * 3600);m_WX = ch;
```

```
ch. Format("%1.18f",TR_H[4] * 180/PI * 3600);m_WY = ch;
ch. Format("%1.18f",TR_H[5] * 180/PI * 3600);m_WZ = ch;
ch. Format("%1.18f",TR_H[6]);m_K = ch;
// 重合精度检查
double dx,dy,dz,wx,wy,wz,dm,tgb,tgb0,tgb2,X,Y,Z,B0,BB,LL,HH,Q,N0,H0;
dx = TR_H[0]; dy = TR_H[1]; dz = TR_H[2]; wx = TR_H[3]; wy = TR_H[4]; wz =
TR_H[5]; dm = TR_H[6];
// 此处为新系统,原坐标经过公式计算换算成新系统对应数据.
a = atof(m_A2); b = a * (1 - 1/atof(m_B2)); Constant2 = atof(m_C2); e2 = (a * a - b *
b)/a/a; e12 = (a * a - b * b)/b/b;E_a = E_a2; E_f = E_f2;
//CoordinateSystemValue = CoordinateSystemValue2;
PP = 0;
for(i = 0;i < NN;i + + )
{
if(m_common. GetTextMatrix(i + 1,2) = = " × ")
{
m_common. SetTextMatrix(i + 1,9," * * * * * ") ; // 残差项
m_common. SetTextMatrix(i + 1,10," * * * * * ") ; // 残差项
m_common. SetTextMatrix(i + 1,11," * * * * * ") ; // 残差项
continue; // 没有被选中,跳出.
}
// 提取左边已知数据,不管何种形式都已转换为空间直角坐标. XYZ[i][0],XYZ[i]
[1],XYZ[i][2];
// 按新参数重新计算新系统内空间直角坐标.
xyh[PP][0] = dx + (1 + dm) * XYZ[PP][0] + XYZ[PP][1] * wz - XYZ[PP][2] * wy;
// x
xyh[PP][1] = dy + (1 + dm) * XYZ[PP][1] - XYZ[PP][0] * wz + XYZ[PP][2] * wx;
// y
xyh[PP][2] = dz + (1 + dm) * XYZ[PP][2] + XYZ[PP][0] * wy - XYZ[PP][1] * wx;
// z
//ch. Format("X = %f,Y = %f,Z = %f\nX = %f,Y = %f,Z = %f\n\nX = %f,Y = %f,Z = %
f",XYZ[i][0],XYZ[i][1],XYZ[i][2],XYZ[i][3],XYZ[i][4],XYZ[i][5],xyh[i]
[0],xyh[i][1],xyh[i][2]); MessageBox(ch);
if(MarkFlag2 = = "XYZ") //空间直角坐标
{
ch. Format("%1.3f",Array[PP][3] - xyh[PP][0]); m_common. SetTextMatrix(i + 1,9,
ch);
MxMyMz[PP][0] = Array[PP][3] - xyh[PP][0];
```

ch. Format(" % 1. 3f", Array[PP][4] − xyh[PP][1]); m_common. SetTextMatrix(i + 1,10,
ch);

MxMyMz[PP][1] = Array[PP][4] − xyh[PP][1];

ch. Format(" % 1. 3f", Array[PP][5] − xyh[PP][2]); m_common. SetTextMatrix(i + 1,11,
ch);

MxMyMz[PP][2] = Array[PP][5] − xyh[PP][2];

}

else // 不是空间直角坐标时一律反算经纬度.

{

// 由空间直角坐标转换为大地坐标

X = xyh[PP][0]; Y = xyh[PP][1]; Z = xyh[PP][2];

//X = 3694472. 463; Y = 3694472. 463; Z = 5194534. 413; CoordinateSystemValue = 1954;

// 此公式计算正确,可作为验证.

Q = atan(Z ∗ a/b/sqrt(X ∗ X + Y ∗ Y));

BB = atan((Z + e12 ∗ b ∗ sin(Q) ∗ sin(Q) ∗ sin(Q))/(sqrt(X ∗ X + Y ∗ Y) − e2 ∗ a ∗
cos(Q) ∗ cos(Q) ∗ cos(Q)));

N = a/sqrt(1 − e2 ∗ sin(BB) ∗ sin(BB)); HH = sqrt(X ∗ X + Y ∗ Y)/cos(BB) − N; BB =
DBLDMS(BB/pi ∗ 180);

LL = atan(Y/X)/pi ∗ 180; if(LL < 0) LL + = 180; LL = DBLDMS(LL);

//ch. Format(" B = % 1. 8f, L = % 1. 8f, H = % f, x = % f, y = % f, z = % f", BB, LL, HH, X, Y,
Z); MessageBox(ch);

if(MarkFlag2 = = "BLH") // 大地坐标

{

ch. Format(" % 1. 8f", DBLDMS(DEG(Array[PP][4]) − DEG(BB)));

m_common. SetTextMatrix(i + 1,10, ch); MxMyMz[PP][0] = DBLDMS(DEG(Array[PP]
[4]) − DEG(BB));

ch. Format(" % 1. 8f", DBLDMS(DEG(Array[PP][3]) − DEG(LL)));

m_common. SetTextMatrix(i + 1,9, ch); MxMyMz[PP][1] = DBLDMS(DEG(Array[PP]
[3]) − DEG(LL));

ch. Format(" % 1. 3f", Array[PP][5] − HH);

m_common. SetTextMatrix(i + 1,11, ch); MxMyMz[PP][2] = Array[PP][5] − HH;

}

else // 高斯平面坐标

{

BLXY(BB, LL, L2,3, Constant2, E_a, E_f); // 3 度带

ch. Format(" % 1. 3f", Array[PP][3] − C_X); m_common. SetTextMatrix(i + 1,9, ch);

MxMyMz[PP][0] = Array[PP][3] − C_X;

ch. Format(" % 1. 3f", Array[PP][4] − C_Y); m_common. SetTextMatrix(i + 1,10, ch);

MxMyMz[PP][1] = Array[PP][4] – C_Y;

ch. Format("%1.3f", Array[PP][5] – HH); m_common. SetTextMatrix(i + 1, 11, ch);

MxMyMz[PP][2] = Array[PP][5] – HH;

}

}

PP + + ;

}

// 计算残差中误差

X = 0; Y = 0; Z = 0;

for(i = 0; i < MM; i + +) { X + = MxMyMz[i][0] * MxMyMz[i][0]; Y + = MxMyMz[i][1] * MxMyMz[i][1]; Z + = MxMyMz[i][2] * MxMyMz[i][2]; }

X = sqrt(X/(MM – 1)); Y = sqrt(Y/(MM – 1)); Z = sqrt(Z/(MM – 1));

ch. Format("%1.3fm", X); m_XX = ch; ch. Format("%1.3fm", Y); m_YY = ch; ch. Format("%1.3fm", Z); m_ZZ = ch;

if(MarkFlag2 = = "BLH")

{

ch. Format("%1.8f", X); m_XX = ch; ch. Format("%1.8f", Y); m_YY = ch;

}

//释放动态内存空间

for(z = NN – 1; z > = 0; z – –)delete[ ]Array[z]; delete[ ]Array; Array = NULL;

for(z = NN – 1; z > = 0; z – –)delete[ ]xyh[z]; delete[ ]xyh; xyh = NULL;

for(z = NN – 1; z > = 0; z – –)delete[ ]BLH[z]; delete[ ]BLH; BLH = NULL;

for(z = NN – 1; z > = 0; z – –)delete[ ]XYZ[z]; delete[ ]XYZ; XYZ = NULL;

for(z = NN – 1; z > = 0; z – –)delete[ ]MxMyMz[z]; delete[ ]MxMyMz; MxMyMz = NULL;

UpdateData(false); //ch. Format("NN = %d", NN); MessageBox(ch);

// 重新标示选择项目

if(MarkFlag1 = = "xy") { m_check1. SetCheck(1); m_check2. SetCheck(0); m_check3. SetCheck(0); }

if(MarkFlag1 = = "BLH") { m_check1. SetCheck(0); m_check2. SetCheck(1); m_check3. SetCheck(0); }

if(MarkFlag1 = = "XYZ") { m_check1. SetCheck(0); m_check2. SetCheck(0); m_check3. SetCheck(1); }

if(MarkFlag2 = = "xy") { m_check4. SetCheck(1); m_check5. SetCheck(0); m_check6. SetCheck(0); }

if(MarkFlag2 = = "BLH") { m_check4. SetCheck(0); m_check5. SetCheck(1); m_check6. SetCheck(0); }

if(MarkFlag2 = = "XYZ") { m_check4. SetCheck(0); m_check5. SetCheck(0); m_check6. SetCheck(1); }

// 功能调用限制

m_saveref. EnableWindow(true) ;

m_translate. EnableWindow(true) ;

}

4.2.21.2　坐标转换源代码

// 转换新坐标

void CConversionXYZ∷OnNewTranslate( )

{

if(m_DX. GetLength( ) = =0) { MessageBox("请先计算或导入椭球转换参数!","提示",
MB_OK|MB_ICONSTOP) ; return; }

double xx, yy, hh, aa, bb, cc, dx, dy, dz, wx, wy, wz, dm; CString name; m_new. SetRows
(20000) ; int NN = m_old. GetRows( ) −1, MM =0;

double * * Array; Array = NULL; Array = new double * [NN]; for(int z =0; z < NN; z + +)
Array[z] = new double[3] ;

double * * xyh; xyh = NULL; xyh = new double * [NN]; for(z =0; z < NN; z + +) xyh
[z] = new double[3] ; // 0,1,2 旧点 xyh ;

double * * BLH; BLH = NULL; BLH = new double * [NN]; for(z =0; z < NN; z + +)
BLH[z] = new double[3] ; // 0,1,2 旧点 BLH ;

double * * XYZ; XYZ = NULL; XYZ = new double * [NN]; for(z =0; z < NN; z + +)
XYZ[z] = new double[3] ; // 0,1,2 旧点 XYZ ;

CString chs, ch1, ch2, ch3, ch;

double L1, L2, Constant1, Constant2, N, a, e2, e12, b, pi = 3. 1415926535897932, H, X, Y, Z,
Q, BB, LL, HH;

extern double C_X, C_Y, C_B, C_L, C_r; extern double E_a, E_f, E_a1, E_f1, E_a2, E_f2; //
椭球长半轴及扁率// extern int CoordinateSystemValue;

UpdateData(true) ; dx = atof(m_DX) ; dy = atof(m_DY) ; dz = atof(m_DZ) ; wx = atof(m_
WX) ; wy = atof(m_WY) ; wz = atof(m_WZ) ; dm = atof(m_K) ;

// 把秒化成弧度来计算.

wx = wx/3600/180 * PI;

wy = wy/3600/180 * PI;

wz = wz/3600/180 * PI;

///////////////////////////////

L1 = atof(m_L1) ; L2 = atof(m_L2) ; Constant1 = atof(m_C1) ; Constant2 = atof(m_C2) ;

// 提取原始数据

for(int i =0; i < NN; i + +)

{

// 原数据

Array[i][0] = atof(m_old. GetTextMatrix(i +1,2)) ;

```
Array[i][1] = atof(m_old. GetTextMatrix(i + 1,3));
Array[i][2] = atof(m_old. GetTextMatrix(i + 1,4));
}
// 原数据为高斯平面坐标
if(MarkFlag1 = = "xy")
{
// 根据高斯平面坐标反算经纬度
E_a = E_a1; E_f = E_f1; //CoordinateSystemValue = CoordinateSystemValue1;
for(i = 0; i < NN; i + +)
{
XYBL(Array[i][0],Array[i][1],37,3,Constant1,L1,E_a,E_f); BLH[i][0] = C_B;
BLH[i][1] = C_L; BLH[i][2] = Array[i][2];
}
}
// 原数据为 BLH
if(MarkFlag1 = = "BLH")
{
for(i = 0; i < NN; i + +)
{
BLH[i][0] = Array[i][1];
BLH[i][1] = Array[i][0];
BLH[i][2] = Array[i][2];
}
}
// 原数据为 BLH,计算空间直角坐标 XYZ
if((MarkFlag1 = = "xy")||(MarkFlag1 = = "BLH"))
{
a = atof(m_A1); b = a * (1 - 1/atof(m_B1)); Constant1 = atof(m_C1); e2 = (a * a - b *
b)/a/a;
for(i = 0; i < NN; i + +)
{
N = a/(sqrt(1 - e2 * sin(DEG(BLH[i][0])/180 * pi) * sin(DEG(BLH[i][0])/180 *
pi))); H = BLH[i][2];
XYZ[i][0] = (N + H) * cos(DEG(BLH[i][0])/180 * pi) * cos(DEG(BLH[i][1])/180 *
pi);
XYZ[i][1] = (N + H) * cos(DEG(BLH[i][0])/180 * pi) * sin(DEG(BLH[i][1])/180 *
pi);
XYZ[i][2] = (N * (1 - e2) + H) * sin(DEG(BLH[i][0])/180 * pi);
```

```
}
}
// 原数据为空间直角坐标
if( MarkFlag1 = = " XYZ" )
{
for( i = 0 ; i < NN ; i + + )
{
XYZ[ i ][ 0 ] = Array[ i ][ 0 ] ;
XYZ[ i ][ 1 ] = Array[ i ][ 1 ] ;
XYZ[ i ][ 2 ] = Array[ i ][ 2 ] ;
}
}
// 此处为新系统,原坐标经过公式计算换算成新系统对应数据.
a = atof( m_A2 ) ; b = a * ( 1 − 1/atof( m_B2 ) ) ; Constant2 = atof( m_C2 ) ; e2 = ( a * a − b *
b )/a/a ; e12 = ( a * a − b * b )/b/b ; E_a = E_a2 ; E_f = E_f2 ;
//CoordinateSystemValue = CoordinateSystemValue2 ;
//ch. Format( " %f,%f,%f,%f" ,a,b,E_a,E_f ) ; MessageBox( ch ) ;
// 如果转换为同一类型的新坐标后面增加 3 列,显示新旧差值.
m_new. SetCols( 5 ) ; // 默认为不计算差值.
if( MarkFlag1 = = MarkFlag2 )
{
m_new. SetCols( 8 ) ;
if( MarkFlag2 = = " XYZ" ) //空间直角坐标
{
m_new. SetTextMatrix( 0,5," △X( m )" ) ; m_new. SetTextMatrix( 0,6," △Y( m )" ) ; m_
new. SetTextMatrix( 0,7," △Z( m )" ) ;
}
if( MarkFlag2 = = " BLH" ) // 大地坐标
{
m_new. SetTextMatrix( 0,6," △B" ) ; m_new. SetTextMatrix( 0,5," △L" ) ; m_new. SetText-
Matrix( 0,7," △H" ) ;
}
if( MarkFlag2 = = " xy" ) //高斯平面坐标
{
m_new. SetTextMatrix( 0,5," △X( m )" ) ; m_new. SetTextMatrix( 0,6," △Y( m )" ) ; m_
new. SetTextMatrix( 0,7," △H( m )" ) ;
}
}
```

```
for( i = 0 ; i < NN ; i + + )
{
name = m_old. GetTextMatrix( i + 1 ,1 ) ;
```

// 提取左边已知数据,不管何种形式都已转换为空间直角坐标. XYZ[i] [0] , XYZ[i]
[1] , XYZ[i] [2] ;

// 按新参数重新计算新系统内空间直角坐标.

```
xyh[ i ] [ 0 ] = dx + ( 1 + dm) * XYZ[ i ] [ 0 ] + XYZ[ i ] [ 1 ] * wz - XYZ[ i ] [ 2 ] * wy ; // x
xyh[ i ] [ 1 ] = dy + ( 1 + dm) * XYZ[ i ] [ 1 ] - XYZ[ i ] [ 0 ] * wz + XYZ[ i ] [ 2 ] * wx ; // y
xyh[ i ] [ 2 ] = dz + ( 1 + dm) * XYZ[ i ] [ 2 ] + XYZ[ i ] [ 0 ] * wy - XYZ[ i ] [ 1 ] * wx ; // z
//ch. Format( "X = %f,Y = %f,Z = %f\nX = %f,Y = %f,Z = %f\n\nX = %f,Y = %f,Z = %
f" ,XYZ[ i ] [ 0 ] ,XYZ[ i ] [ 1 ] ,XYZ[ i ] [ 2 ] ,XYZ[ i ] [ 3 ] ,XYZ[ i ] [ 4 ] ,XYZ[ i ] [ 5 ] ,xyh[ i ]
[ 0 ] ,xyh[ i ] [ 1 ] ,xyh[ i ] [ 2 ] ) ;
MessageBox( ch ) ;
if( MarkFlag2 = = " XYZ" ) //空间直角坐标
{
ch. Format( " %1.3f" ,xyh[ i ] [ 0 ] ) ; m_new. SetTextMatrix( i + 1 ,2 ,ch ) ;
ch. Format( " %1.3f" ,xyh[ i ] [ 1 ] ) ; m_new. SetTextMatrix( i + 1 ,3 ,ch ) ;
ch. Format( " %1.3f" ,xyh[ i ] [ 2 ] ) ; m_new. SetTextMatrix( i + 1 ,4 ,ch ) ;
if( MarkFlag1 = = " XYZ" ) //空间直角坐标
{
ch. Format( " %1.3f" ,atof( m_new. GetTextMatrix( i + 1 ,2 ) ) - atof( m_old. GetTextMatrix
( i + 1 ,2 ) ) ) ;
m_new. SetTextMatrix( i + 1 ,5 ,ch ) ; ch. Format( " %1.3f" ,atof( m_new. GetTextMatrix( i + 1 ,
3 ) ) - atof( m_old. GetTextMatrix( i + 1 ,3 ) ) ) ;
m_new. SetTextMatrix( i + 1 ,6 ,ch ) ; ch. Format( " %1.3f" ,atof( m_new. GetTextMatrix( i + 1 ,
4 ) ) - atof( m_old. GetTextMatrix( i + 1 ,4 ) ) ) ;
m_new. SetTextMatrix( i + 1 ,7 ,ch ) ;
}
}
else // 不是空间直角坐标时一律反算经纬度.
{
```

// 由空间直角坐标转换为大地坐标

```
X = xyh[ i ] [ 0 ] ; Y = xyh[ i ] [ 1 ] ; Z = xyh[ i ] [ 2 ] ;
```

// 此公式计算正确,可作为验证.

```
Q = atan( Z * a/b/sqrt( X * X + Y * Y ) ) ;
BB = atan( ( Z + e12 * b * sin( Q ) * sin( Q ) * sin( Q ) )/( sqrt( X * X + Y * Y ) - e2 * a *
cos( Q ) * cos( Q ) * cos( Q ) ) ) ;
N = a/sqrt( 1 - e2 * sin( BB ) * sin( BB ) ) ; HH = sqrt( X * X + Y * Y )/cos( BB ) - N ; BB =
```

DBLDMS(BB/pi ∗ 180) ;

LL = atan(Y/X)/pi ∗ 180 ; if(LL < 0) LL + = 180 ; LL = DBLDMS(LL) ;

//ch. Format("B = %1. 8f,L = %1. 8f,H = %f,x = %f,y = %f,z = %f,L2 = %f,Constant = %
f" ,BB,LL,HH,X,Y,Z,L2,Constant2) ; MessageBox(ch) ;

if(MarkFlag2 = = "BLH") // 大地坐标

{

ch. Format("%1. 8f" ,BB) ; m_new. SetTextMatrix(i + 1,3,ch) ;

ch. Format("%1. 8f" ,LL) ; m_new. SetTextMatrix(i + 1,2,ch) ;

ch. Format("%1. 3f" ,HH) ; m_new. SetTextMatrix(i + 1,4,ch) ;

if(MarkFlag1 = = "BLH") //大地坐标

{ ch. Format("%1. 8f" ,DBLDMS(DEG(atof(m_new. GetTextMatrix(i + 1,3))) − DEG(atof
(m_old. GetTextMatrix(i + 1,3))))) ;

m_new. SetTextMatrix(i + 1,6,ch) ;

ch. Format("%1. 8f" ,DBLDMS(DEG(atof(m_new. GetTextMatrix(i + 1,2))) − DEG(atof
(m_old. GetTextMatrix(i + 1,2))))) ;

m_new. SetTextMatrix(i + 1,5,ch) ;

ch. Format("%1. 8f" ,atof(m_new. GetTextMatrix(i + 1,4)) − atof(m_old. GetTextMatrix
(i + 1,4))) ; m_new. SetTextMatrix(i + 1,7,ch) ;

}

}

else // 高斯平面坐标

{

BLXY(BB,LL,L2,3,Constant2,E_a,E_f) ;// 3 度带

ch. Format("%1. 3f" ,C_X) ;

m_new. SetTextMatrix(i + 1,2,ch) ;//ch. Format("%f,%f,%f,%f" ,a,b,E_a,E_f) ;

MessageBox(ch) ;

ch. Format("%1. 3f" ,C_Y) ; m_new. SetTextMatrix(i + 1,3,ch) ;

ch. Format("%1. 3f" ,HH) ;m_new. SetTextMatrix(i + 1,4,ch) ;

if(MarkFlag1 = = "xy") //高斯平面坐标

{ ch. Format("%1. 3f" ,atof(m_new. GetTextMatrix(i + 1,2)) − atof(m_old. GetTextMatrix
(i + 1,2))) ;

m_new. SetTextMatrix(i + 1,5,ch) ;

ch. Format("%1. 3f" ,atof(m_new. GetTextMatrix(i + 1,3)) − atof(m_old. GetTextMatrix
(i + 1,3))) ;

m_new. SetTextMatrix(i + 1,6,ch) ;

ch. Format("%1. 3f" ,atof(m_new. GetTextMatrix(i + 1,4)) − atof(m_old. GetTextMatrix
(i + 1,4))) ; m_new. SetTextMatrix(i + 1,7,ch) ;

}

```
}
}
ch. Format("% d",MM +1); m_new. SetTextMatrix(i +1,0,ch); // no;
m_new. SetTextMatrix(i +1,1,name);
MM + +;
}
m_new. SetRows(MM +1);
//释放动态内存空间
for(z = NN -1;z > =0;z - - )delete[ ]Array[z]; delete[ ]Array; Array = NULL;
for(z = NN -1;z > =0;z - - )delete[ ]xyh[z]; delete[ ]xyh; xyh = NULL;
for(z = NN -1;z > =0;z - - )delete[ ]BLH[z]; delete[ ]BLH; BLH = NULL;
for(z = NN -1;z > =0;z - - )delete[ ]XYZ[z]; delete[ ]XYZ; XYZ = NULL;
}
```

4.2.21.3　粗差检查模块源代码

```
// 重合点粗差检查
void CConversionXYZ::OnCheck()
{
int i,j,k,NN = m_common. GetRows() -1; int MM =0; // 0,1,2 原始旧坐标高程,3,4,5
新坐标高程;
if(NN <3){ MessageBox("公共点数不够,最少为三个点!","提示",MB_OK|MB_ICON-
STOP); return;}
UpdateData(true);
if((m_L1. GetLength() = =0)||(m_L2. GetLength() = =0)){ MessageBox("请输入中
央子午线经度! 或参见计算说明!","提示",MB_OK|MB_ICONSTOP); return;}
double * * Array; Array = NULL; Array = new double * [NN]; for(int z =0;z < NN;z + +)
Array[z] = new double[6];
double * * xyh; xyh = NULL; xyh = new double * [NN]; for( z =0;z < NN;z + +) xyh[z] =
new double[6];// 0,1,2 旧点 xyh, 3,4,5 新点 xyh;
double * * BLH; BLH = NULL; BLH = new double * [NN]; for( z =0;z < NN;z + +)
BLH[z] = new double[6];// 0,1,2 旧点 BLH, 3,4,5 新点 BLH;
double * * XYZ; XYZ = NULL; XYZ = new double * [NN]; for( z =0;z < NN;z + +)
XYZ[z] = new double[6];// 0,1,2 旧点 XYZ, 3,4,5 新点 XYZ;
double * * MxMyMz; MxMyMz = NULL; MxMyMz = new double * [NN]; for( z =0;z <
NN;z + +) MxMyMz[z] = new double[1];// 残差;
CString chs,ch1,ch2,ch3,ch;
double L1,L2,Constant1,Constant2,N,a,e2,e12,b,pi =3. 1415926535897932,H;
extern double C_X,C_Y,C_B,C_L,C_r; extern double E_a,E_f,E_a1,E_f1,E_a2,E_f2; //
椭球长半轴及扁率//extern int CoordinateSystemValue;
```

```
// 提取原始数据
for( i = 0 ; i < NN ; i + + )
{
if( m_common. GetTextMatrix( i + 1 ,2) = = " × " ) continue ; // 没有被选中,跳出.
// 原数据
Array[ MM ][ 0 ] = atof( m_common. GetTextMatrix( i + 1 ,2) ) ;
Array[ MM ][ 1 ] = atof( m_common. GetTextMatrix( i + 1 ,3) ) ;
Array[ MM ][ 2 ] = atof( m_common. GetTextMatrix( i + 1 ,4) ) ;
// 新数据
Array[ MM ][ 3 ] = atof( m_common. GetTextMatrix( i + 1 ,5) ) ;
Array[ MM ][ 4 ] = atof( m_common. GetTextMatrix( i + 1 ,6) ) ;
Array[ MM ][ 5 ] = atof( m_common. GetTextMatrix( i + 1 ,7) ) ;
MM + + ;
}
// 原数据为高斯平面坐标
if( MarkFlag1 = = " xy" )
{
// 根据高斯平面坐标反算经纬度
L1 = atof( m_L1) ; L2 = atof( m_L2) ; Constant1 = atof( m_C1) ; Constant2 = atof( m_C2) ; E_
a = E_a1 ; E_f = E_f1 ; //CoordinateSystemValue = CoordinateSystemValue1 ;
for( i = 0 ; i < MM ; i + + )
{
XYBL( Array[ i ][ 0 ] ,Array[ i ][ 1 ] ,37 ,3 ,Constant1 ,L1 ,E_a ,E_f) ; BLH[ i ][ 0 ] = C_B ;
BLH[ i ][ 1 ] = C_L ; BLH[ i ][ 2 ] = Array[ i ][ 2 ] ;
//ch. Format( " B = % 1. 12f ,L = % 1. 12f ,H = % f" ,BLH[ i ][ 0 ] ,BLH[ i ][ 1 ] ,BLH[ i ]
[ 2 ]) ;
MessageBox( ch) ;
}
}
// 原数据为 BLH
if( MarkFlag1 = = " BLH" )
{
for( i = 0 ; i < MM ; i + + )
{
BLH[ i ][ 0 ] = Array[ i ][ 1 ] ;
BLH[ i ][ 1 ] = Array[ i ][ 0 ] ;
BLH[ i ][ 2 ] = Array[ i ][ 2 ] ;
}
```

```
}
// 原数据为 BLH,计算空间直角坐标 XYZ
if((MarkFlag1 = = "xy")||(MarkFlag1 = = "BLH"))
{
a = atof(m_A1); b = a * (1 - 1/atof(m_B1)); Constant1 = atof(m_C1); e2 = (a * a - b *
b)/a/a;
for(i = 0;i < MM;i + +)
{
//BLH[i][0] = 44.59599999; BLH[i][1] = 45; BLH[i][2] = 999999.9987;
N = a/(sqrt(1 - e2 * sin(DEG(BLH[i][0])/180 * pi) * sin(DEG(BLH[i][0])/180 *
pi)));
H = BLH[i][2];
XYZ[i][0] = (N + H) * cos(DEG(BLH[i][0])/180 * pi) * cos(DEG(BLH[i][1])/180 *
pi);
XYZ[i][1] = (N + H) * cos(DEG(BLH[i][0])/180 * pi) * sin(DEG(BLH[i][1])/180 *
pi);
XYZ[i][2] = (N * (1 - e2) + H) * sin(DEG(BLH[i][0])/180 * pi);
//ch.Format("X = % f,Y = % f,Z = % f,B = % f,L = % f,H = % f",XYZ[i][0],XYZ[i]
[1],XYZ[i][2],BLH[i][0],BLH[i][1],BLH[i][2]); MessageBox(ch);
}
}
// 原数据为空间直角坐标
if(MarkFlag1 = = "XYZ")
{
for(i = 0;i < MM;i + +)
{
XYZ[i][0] = Array[i][0];
XYZ[i][1] = Array[i][1];
XYZ[i][2] = Array[i][2];
}
}
// 新数据为高斯平面坐标
if(MarkFlag2 = = "xy")
{
// 根据高斯平面坐标反算经纬度
L1 = atof(m_L1); L2 = atof(m_L2); Constant1 = atof(m_C1); Constant2 = atof(m_C2);E_
a = E_a2; E_f = E_f2;
//CoordinateSystemValue = CoordinateSystemValue2;
```

```
for( i = 0 ; i < MM ; i + + )
{
XYBL( Array[ i ][ 3 ] , Array[ i ][ 4 ] , 37 , 3 , Constant1 , L1 , E_a , E_f ) ; BLH[ i ][ 3 ] = C_B;
BLH[ i ][ 4 ] = C_L; BLH[ i ][ 5 ] = Array[ i ][ 5 ] ;
//ch. Format( " B = % 1. 12f, L = % 1. 12f, H = % f" , BLH[ i ][ 3 ] , BLH[ i ][ 4 ] , BLH[ i ]
[ 5 ] ) ;
MessageBox( ch ) ;
}
}
// 新数据为 BLH
if( MarkFlag2 = = " BLH" )
{
for( i = 0 ; i < MM ; i + + )
{
BLH[ i ][ 3 ] = Array[ i ][ 4 ] ;
BLH[ i ][ 4 ] = Array[ i ][ 3 ] ;
BLH[ i ][ 5 ] = Array[ i ][ 5 ] ;
}
}
// 新数据为 BLH,计算空间直角坐标 XYZ
if( ( MarkFlag2 = = " xy" ) | | ( MarkFlag2 = = " BLH" ) )
{
a = atof( m_A2 ) ; b = a * ( 1 - 1/atof( m_B2 ) ) ; Constant2 = atof( m_C2 ) ; e2 = ( a * a - b *
b )/a/a;
for( i = 0 ; i < MM ; i + + )
{
N = a/( sqrt( 1 - e2 * sin( DEG( BLH[ i ][ 3 ] )/180 * pi) * sin( DEG( BLH[ i ][ 3 ] )/180 *
pi) ) ) ;
H = BLH[ i ][ 5 ] ;
XYZ[ i ][ 3 ] = ( N + H) * cos( DEG( BLH[ i ][ 3 ] )/180 * pi) * cos( DEG( BLH[ i ][ 4 ] )/180 *
pi) ;
XYZ[ i ][ 4 ] = ( N + H) * cos( DEG( BLH[ i ][ 3 ] )/180 * pi) * sin( DEG( BLH[ i ][ 4 ] )/180 *
pi) ;
XYZ[ i ][ 5 ] = ( N * ( 1 - e2 ) + H) * sin( DEG( BLH[ i ][ 3 ] )/180 * pi) ;
//ch. Format( " % 1. 12f, % 1. 12f, % 1. 12f" , BLH[ i ][ 3 ] , BLH[ i ][ 4 ] , BLH[ i ][ 5 ] ) ; Mes-
sageBox( ch ) ;
}
}
```

```
// 新数据为空间直角坐标
if( MarkFlag2 = = "XYZ" )
{
for( i = 0;i < MM;i + + )
{
XYZ[ i ][ 3 ] = Array[ i ][ 3 ];
XYZ[ i ][ 4 ] = Array[ i ][ 4 ];
XYZ[ i ][ 5 ] = Array[ i ][ 5 ];
}
}
```

// 检查方法:依次计算每个点与其他点的距离,然后将新旧坐标进行比较,差值累加,1cm
算一个,看哪个点的差值最多,并减去最小值,按每 50cm 画一个星号,标在点名后面,以
示区别.

```
double s1 ,s2 ,ss ,min = 99999999;int star;
for( i = 0;i < MM;i + + )
{
MxMyMz[ i ][ 0 ] = 0;
for( int j = 0;j < MM;j + + )
{
s1 = sqrt(( XYZ[ i ][ 0 ] – XYZ[ j ][ 0 ] ) * ( XYZ[ i ][ 0 ] – XYZ[ j ][ 0 ] ) + ( XYZ[ i ][ 1 ] –
XYZ[ j ][ 1 ] ) * ( XYZ[ i ][ 1 ] – XYZ[ j ][ 1 ] ) + ( XYZ[ i ][ 2 ] – XYZ[ j ][ 2 ] ) * ( XYZ[ i ]
[ 2 ] – XYZ[ j ][ 2 ] ));
s2 = sqrt(( XYZ[ i ][ 3 ] – XYZ[ j ][ 3 ] ) * ( XYZ[ i ][ 3 ] – XYZ[ j ][ 3 ] ) + ( XYZ[ i ][ 4 ] –
XYZ[ j ][ 4 ] ) * ( XYZ[ i ][ 4 ] – XYZ[ j ][ 4 ] ) + ( XYZ[ i ][ 5 ] – XYZ[ j ][ 5 ] ) * ( XYZ[ i ]
[ 5 ] – XYZ[ j ][ 5 ] ));
ss = s1 – s2; if( ss < 0 ) ss = – ss; MxMyMz[ i ][ 0 ] + = ss;
}
//ch. Format( "% f" ,MxMyMz[ i ][ 0 ] ); MessageBox( ch );
}
// 查最小值,然后减去最小值;
for( i = 0;i < MM;i + + )
{
if( MxMyMz[ i ][ 0 ] < min ) min = MxMyMz[ i ][ 0 ];
}
// 减去最小值.
for( i = 0;i < MM;i + + )
{
MxMyMz[ i ][ 0 ] – = min; //ch. Format( "% f" ,MxMyMz[ i ][ 0 ] ); MessageBox( ch );
```

```
}
BOOL ok = true;
// 计算星号数.
for( i = 0; i < MM; i + + )
{
star = MxMyMz[ i ][ 0 ]/0.50; // 每 50cm 算一个星号;
if( star > 0 ) { ok = false; break; }
}
if( ! ok) // 发现粗差,更新标志.
{
m_common. SetCols( 13 ); m_common. SetTextMatrix( 0,12,"粗差等级" ) ; int PP = 0;
for( i = 0; i < NN; i + + )
{
if( m_common. GetTextMatrix( i + 1,2 ) = = " × " )
{
m_common. SetTextMatrix( i + 1,12," - - - - - - - " ) ; // 没有参与粗差计算
continue; // 没有被选中,跳出.
}
star = MxMyMz[ PP ][ 0 ]/0.50; ch = " " ; // 每 50cm 算一个星号;
if( star > 20 ) star = 20; // 为了防止死机,限定只显前 20 个.
for( int j = 0; j < star; j + + ) ch + = " * " ;
m_common. SetTextMatrix( i + 1,12,ch );
PP + + ;
}
}
else
{
MessageBox( "公共点符合要求,没有发现明显粗差!"," 提示" );
m_common. SetCols( 12 ) ; // 去掉粗差一栏.
}
//释放动态内存空间
for( z = NN - 1; z > = 0; z - - )delete[ ]Array[ z ]; delete[ ]Array; Array = NULL;
for( z = NN - 1; z > = 0; z - - )delete[ ]xyh[ z ]; delete[ ]xyh; xyh = NULL;
for( z = NN - 1; z > = 0; z - - )delete[ ]BLH[ z ]; delete[ ]BLH; BLH = NULL;
for( z = NN - 1; z > = 0; z - - )delete[ ]XYZ[ z ]; delete[ ]XYZ; XYZ = NULL;
for( z = NN - 1; z > = 0; z - - )delete[ ]MxMyMz[ z ]; delete[ ]MxMyMz; MxMyMz = NULL;
}
```

4.2.22　图幅理论面积计算

```
// 图幅理论面积计算
void CMainFrame::OnMapTheorySquare()
{
double pi = 3.1415926536,e2,e4,e6,e8,A,B,C,D,E,ym,Bm,B1,B2,L1,L2,dB,dL,P,
Rm,e12;
double k,AA,BB,a1,a2,c0,d0,y1,y2,da1,da2,dc,ddd,B0,L0,Lo,db,dl,l1,l2,l3,P1,
P2;
int aa,bb,cc,dd,M,z1,z2,z3,nn; CString number,ch,sign,ch1,ch2,ch3,ch4;
//
next:
CEditData ed;extern CString PopularValue,PopularTitle;
PopularTitle = "请输入[X,J,Y,System,M]或[B,L,M]"; if(PopularValue.GetLength() = =
0) PopularValue = "3678000.123,37,520345.256,1980,10000";
if(ed.DoModal() = = IDOK)
{
ch = ed.m_Edit; PopularValue = ch;
// 分离字符串
CString c,ccc,ch,myline,lastmyline,show,data[500];char cha[20] = "",buff[512]; int j,
zz = 0,space[256],xx = 0,nn = 0,kk = 0,row = 1;
myline = PopularValue; kk = 0; for(int z = 0;z < 255;z + +) data[z] = ""; // 每次读入前
必须清空,防止前面读入的数据被后面读入的数据误用.
myline = DeleteSpaceBehindName(myline); //MessageBox(" * " + myline + " * ");
lastmyline = myline; zz = 1; space[0] = -1;
for(j = 0;j < myline.GetLength();j + +)
{
c = myline.Mid(j,1);if(c = = ",") { space[zz + +] = j; }
}
space[zz + +] = myline.GetLength(); nn = zz;
for(j = 0;j < nn - 1;j + +)
{
if(space[j + 1] - space[j] = = 1) ccc = " ";
else ccc = myline.Mid(space[j] + 1,space[j + 1] - space[j] - 1);
data[kk + +] = ccc; //MessageBox(" * " + cc + " * ");
}
if(kk = = 3)
{
```

```
B0 = atof( data[0]) ; L0 = atof( data[1]) ; M = atoi( data[2]) ;
}
else
if( kk = = 5)
{
double X1,Y1,E_a,E_f; int J1,t,System;
X1 = atof( data[0]) ; J1 = atoi( data[1]) ; Y1 = atof( data[2]) ; System = atoi( data[3]) ; M =
atoi( data[4]) ;
if( J1 > 24) t = 3; else t = 6; // 带号,如果值大于 24 则为 3 度带,否则为 6 度带;
E_a = 6378140; E_f = 1/298. 257; // 默认为 1980 西安坐标系.
if( System = = 1954) { E_a = 6378245; E_f = 1/298. 3; }
if( System = = 1980) { E_a = 6378140; E_f = 1/298. 257; }
if( System = = 2000) { E_a = 6378137; E_f = 1/298. 257222101; }
XYBL( X1,Y1,J1,t,500000, -999,E_a,E_f) ;
B0 = atof( C_BS) ; L0 = atof( C_LS) ;
//CString ch; ch. Format( "%1. 10f,%1. 10f",B0,L0) ; MessageBox( ch) ;
}
else
{
MessageBox( "数据有误或格式不符,请核对数据!" ,"提示" ,MB_OK | MB_ICONSTOP) ; re-
turn;
}
switch( M)
{
case 500000: db = 2. 00; dl = 3. 00; sign = "B" ; break; // 1:500000
case 250000: db = 1. 00; dl = 1. 30; sign = "C" ; break; // 1:250000
case 100000: db = 0. 20; dl = 0. 30; sign = "D" ; break; // 1:100000
case 50000:db = 0. 10; dl = 0. 15; sign = "E" ; break; // 1:50000
case 25000:db = 0. 05; dl = 0. 0730; sign = "F" ; break; // 1:25000
case 10000:db = 0. 0230; dl = 0. 0345; sign = "G" ; break; // 1:10000
case 5000: db = 0. 0115; dl = 0. 01525; sign = "H" ; break; // 1:5000
default: db = 0. 0230; dl = 0. 0345; sign = "G" ; M = 10000; break; // 默认为 1:10000
}
// 根据图幅内任一点计算图幅号
aa = ( DEG( B0)/4) +1; bb = ( DEG( L0)/6) +31;
// 任意点在 1:1000000 图中编号通用计算公式
// cc = 4/db - [ ( B0/4)/db]; dd = [ ( L0/6)/dl] +1; [ ]为商取整,( )为商取余.
z1 = DEG( B0)/4; z3 = 4/DEG( db) ; l1 = DEG( B0) - z1 * 4; cc = l1/DEG( db) ; cc = z3 -
```

cc；

//ch. Format(" % d,% f,% d" ,z3,DMS(l1) ,cc) ; MessageBox(ch) ;

z2 = DEG(L0)/6；l2 = DEG(L0) − z2 ∗ 6；dd = l2/DEG(dl)；dd = dd + 1；// 注意：取整必须单独计算，不能与浮点数一起计算，否则出错！

// 图幅号

number. Format(" % c% d% s% 03d% 03d" , aa + 64 , bb , sign , cc , dd) ; //MessageBox(number) ;

// 求图幅西南角经纬度

B1 = (aa − 1) ∗ 4 + (4/DEG(db) − cc) ∗ DEG(db)；L1 = (bb − 31) ∗ 6 + (dd − 1) ∗ DEG(dl)；B2 = B1 + DEG(db)；L2 = L1 + DEG(dl)；

B1 = DMS(B1)；L1 = DMS(L1)；B2 = DMS(B2)；L2 = DMS(L2)；//ch. Format(" % f,% f" ,B1,L1) ; MessageBox(ch) ;

ch1. Format(" \n 左下角经纬度 B = % f, L = % f, 经差 dL = % f, 纬差 dB = % f\n" , B1 , L1 , dl , db) ; //MessageBox(ch1) ;

// 1954 北京坐标系

P2 = TrapeziumSquare(B1 , L2 , B2 , L2 , L1 ,6378245 ,1/298. 3) ;

ch2. Format(" \n1954 北京坐标系：图幅理论面积 P = % f 平方米\n" , P2) ; //MessageBox(ch3) ;

// 1980 西安坐标系

P2 = TrapeziumSquare(B1 , L2 , B2 , L2 , L1 ,6378140 ,1/298. 257) ;

ch3. Format(" \n1980 西安坐标系：图幅理论面积 P = % f 平方米\n" , P2) ; //MessageBox(ch3) ;

// 2000 国家大地坐标系

P2 = TrapeziumSquare(B1 , L2 , B2 , L2 , L1 ,6378137 ,1/298. 257222101) ;

ch4. Format(" \n2000 国家大地坐标系：图幅理论面积 P = % f 平方米\n" , P2) ; //MessageBox(ch3) ;

ch. Format(" \n 比例尺 1:% d, 图幅号% s\n" , M , number) ; MessageBox(ch + ch1 + ch2 + ch3 + ch4 ,"输入数据:" + PopularValue) ;

goto next；

}

}

4.2.23　椭球面上任意梯形图块面积计算

// 椭球面上任意梯形图块面积计算

double CMainFrame∷TrapeziumSquare(double B1 , double L1 , double B2 , double L2 , double L0 , double a , double f)

{

double b, a54 , afa54 , b54 , a80 , afa80 , b80 , pi = 3. 1415926536 , e2 , e4 , e6 , e8 , A , B , C , D , E , ym,Bm,dB,dL,P,Rm,e12;

//a54 = 6378245; afa54 = 1/298.3; b54 = 6356863.02; a80 = 6378140; afa80 = 1/298.257;
b80 = 6356755.29;

b = a * (1 − f);

e2 = (a * a − b * b)/a/a; e4 = e2 * e2; e6 = e2 * e4; e8 = e4 * e4; e12 = (a * a − b * b)/b/b;

A = 1 + 3 * e2/6 + 30 * e4/80 + 35 * e6/112 + 630 * e8/2304;

B = e2/6 + 15 * e4/80 + 21 * e6/112 + 420 * e8/2304;

C = 3 * e4/80 + 7 * e6/112 + 180 * e8/2304;

D = e6/112 + 45 * e8/2304;

E = 5 * e8/2304;

Bm = (DEG(B1) + DEG(B2))/2/180 * pi; dB = (DEG(B2) − DEG(B1))/180 * pi; dL = ((DEG(L2) + DEG(L1))/2 − DEG(L0))/180 * pi;

P = 2 * b * b * dL * (A * sin(dB * 1/2) * cos(Bm) − B * sin(3 * dB/2) * cos(3 * Bm) + C * sin(5 * dB/2) * cos(5 * Bm) − D * sin(7 * dB/2) * cos(7 * Bm) + E * sin(9 * dB/2) * cos(9 * Bm));

if(P < 0) P = − P;

// 规定逆时针为正,否则为负.

if(B2 > B1) P = P; else P = − P;

return P;
}

4.2.24　凸多边形裁剪任意多边形

// 凸多边形裁剪任意多边形
double CMyView::ConvexPolygonCutPolygon(int MM, int NN)
{
CMyDoc * pDoc = GetDocument();
double XA,YA,XB,YB,SS,X1,Y1,X2,Y2,x1,y1,x2,y2,x3,y3,angle;
int M,Q = 0,i,j,k; Ncutpolygon = 0; CString flag1,flag2,chs,ch;
// pDoc − > PolygonX3[MM],裁剪多边形,事实证明必须是凸多边形,否则会出现失误现象.
// pDoc − > PolygonX4[NN],被裁剪多边形,多边形形状不限.
// 规定两个多边形均以逆时针方向旋转.
pDoc − > PolygonX3[MM] = pDoc − > PolygonX3[0]; pDoc − > PolygonY3[MM] = pDoc − > PolygonY3[0]; M = NN; CString cc;
// 把初始多边形赋值给当前多边形,因为当前多边形每次被裁剪时,均会发生变化.
for(i = 0; i < NN; i + +) // 被裁剪多边形.
{

pDoc - > PolygonX[i] = pDoc - > PolygonX4[i]; pDoc - > PolygonY[i] = pDoc - > PolygonY4[i];

}

for(j = 0; j < MM; j + +) // 单边裁剪:每次用一条边去裁剪多边形.生成新多边形,继续裁剪,直到裁完.

{

Q = 0; pDoc - > PolygonX[M] = pDoc - > PolygonX[0]; pDoc - > PolygonY[M] = pDoc - > PolygonY[0];

// 判断所有边是否与第一条边有交点,或同时位于左侧,或同时位于右侧,如果分布两侧则有交点.

for(k = 0; k < M; k + +)

{

// 判断第一条边的两个端点是否位于两侧.

flag1 = CompareBeside(pDoc - > PolygonX3[j], pDoc - > PolygonY3[j], pDoc - > PolygonX3[j + 1], pDoc - > PolygonY3[j + 1], pDoc - > PolygonX[k], pDoc - > PolygonY[k]);

flag2 = CompareBeside(pDoc - > PolygonX3[j], pDoc - > PolygonY3[j], pDoc - > PolygonX3[j + 1], pDoc - > PolygonY3[j + 1], pDoc - > PolygonX[k + 1], pDoc - > PolygonY[k + 1]);

// 处理共线的情况

if((flag1 = = "mid") && (flag2 = = "mid")) // 两点同时位于线上,则同时标为前进方向左侧,不再计算交点.

{

flag1 = "left"; flag2 = "left";

}

else

if(flag1 = = "mid") { flag1 = flag2; } // 如果一个点在线上,另一个点不在线上,则标示本点和另一个点同侧.

else

if(flag2 = = "mid") { flag2 = flag1; } // 如果一个点在线上,另一个点不在线上,则标示本点和另一个点同侧.

///////////////

if((flag1 = = "left") && (flag2 = = "left")) // 两点同时位于可见侧,即前进方向左侧.

{

pDoc - > Polygonx[Q] = pDoc - > PolygonX[k]; pDoc - > Polygony[Q] = pDoc - > PolygonY[k];

//cc. Format("j = % d, k = % d, % f, % f", j, k, pDoc - > Polygonx[Q], pDoc - > Polygony[Q]); MessageBox(cc, "可见侧");

Q + +; continue;

```
}
else  // flag1 为后边点,flag2 为前进点
{
if((flag1 = = "right")&&(flag2 = = "right")) continue;  // 两点同时位于不可见侧,即前
进方向右侧.
else
{
// 分别位于线两侧,前进方向在左侧,后边点在右侧,为"入点"
if((flag1 = = "right")&&(flag2 = = "left"))
{
X1 = pDoc - >PolygonX3[j + 1]; Y1 = pDoc - >PolygonY3[j + 1]; X2 = pDoc - >Poly-
gonX3[j]; Y2 = pDoc - >PolygonY3[j];
XA = pDoc - >PolygonX[k + 1]; YA = pDoc - >PolygonY[k + 1]; XB = pDoc - >PolygonX
[k]; YB = pDoc - >PolygonY[k];
CalculateCrossPoint(XA,YA,XB,YB,X1,Y1,X2,Y2);
//cc. Format("j = % d,k = % d\n% f,% f,% f,% f\n% f,% f,% f,% f\n% f,% f",j,k,XA,
YA,XB,YB,X1,Y1,X2,Y2,CrossX2,CrossY2); MessageBox(cc,"入点");
pDoc - >Polygonx[Q] = CrossX2; pDoc - >Polygony[Q] = CrossY2;
//cc. Format("j = % d,k = % d, % f,% f",j,k,pDoc - >Polygonx[Q],pDoc - >Polygony
[Q]); MessageBox(cc,"入点");
Q + + ;continue;
}
// 分别位于线两侧,前进方向在右侧,后边点在左侧,为"出点"
if((flag1 = = "left")&&(flag2 = = "right"))
{
pDoc - >Polygonx[Q] = pDoc - >PolygonX[k]; pDoc - >Polygony[Q] = pDoc - >Poly-
gonY[k];
//cc. Format("j = % d,k = % d, % f,% f",j,k,pDoc - >Polygonx[Q],pDoc - >Polygony
[Q]); MessageBox(cc,"出点 1");
Q + + ;
X1 = pDoc - >PolygonX3[j + 1]; Y1 = pDoc - >PolygonY3[j + 1]; X2 = pDoc - >Poly-
gonX3[j]; Y2 = pDoc - >PolygonY3[j];
XA = pDoc - >PolygonX[k + 1]; YA = pDoc - >PolygonY[k + 1]; XB = pDoc - >PolygonX
[k]; YB = pDoc - >PolygonY[k];
CalculateCrossPoint(XA,YA,XB,YB,X1,Y1,X2,Y2);
//cc. Format("j = % d,k = % d\n% f,% f,% f,% f\n% f,% f,% f,% f\n% f,% f",j,k,XA,
YA,XB,YB,X1,Y1,X2,Y2,CrossX2,CrossY2); MessageBox(cc,"入点");
pDoc - >Polygonx[Q] = CrossX2; pDoc - >Polygony[Q] = CrossY2;
```

```
//cc. Format("j = % d,k = % d, % f,% f",j,k,pDoc - > Polygonx[Q],pDoc - > Polygony
[Q]); MessageBox(cc,"出点 2");
Q + +;continue;
}
}
}
}
M = Q;
for(k = 0;k < M;k + +)
{
pDoc - > PolygonX[k] = pDoc - > Polygonx[k];pDoc - > PolygonY[k] = pDoc - > Poly-
gony[k];
}
//CString chs,ch; chs = ""; for(k = 0;k < M;k + +) { ch. Format("% f,% f\n",pDoc - >
PolygonX[k],pDoc - > PolygonY[k]); chs + = ch; } MessageBox(chs);
}
M = Q; // 裁剪后的多边形,所有边已经被单边裁剪完了,已经生成最终结果.
//chs = ""; for(k = 0;k < M;k + +) { ch. Format("% f,% f\n",pDoc - > PolygonX[k],
pDoc - > PolygonY[k]); chs + = ch; } MessageBox(chs,"最终结果");
for(k = 0;k < M;k + +)
{
pDoc - > PolygonX[k] = pDoc - > Polygonx[k];pDoc - > PolygonY[k] = pDoc - >
Polygony[k];
}
for(k = 0;k < M;k + +) // 计算面积用.
{
pDoc - > MultiX[k] = pDoc - > PolygonX[k];pDoc - > MultiY[k] = pDoc - > Poly-
gonY[k];
}
Ncutpolygon = M; pDoc - > MultiX[M] = pDoc - > MultiX[0]; pDoc - > MultiY[M] =
pDoc - > MultiY[0];
SS = CalculateMultiangleSquare(M,"MultiXY"); if(SS < 0) SS = - SS;
//CString ch; ch. Format("N = % d M = % f",M,SS);MessageBox(ch);
//CString chs,ch; chs = ""; for(k = 0;k < M;k + +) { ch. Format("% f,% f\n",pDoc - >
PolygonX[k],pDoc - > PolygonY[k]); chs + = ch; } MessageBox(chs);
return SS;
}
```

4.2.25　任意多边形裁剪任意多边形

// 任意多边形裁剪任意多边形

double CMyView::PolygonCutPolygon(int MM, int NN)

{

CMyDoc * pDoc = GetDocument( ); double XA, YA, XB, YB, square, X1, Y1, X2, Y2, x1, y1, x2, y2, x3, y3, angle;

int M, Q = 0, i, j, k; Ncutpolygon = 0; CString flag1, flag2, chs, ch; // 凸 convex, 凹 concave

// 存储凹多边形坐标

double * * ConcaveX; ConcaveX = NULL; ConcaveX = new double * [200]; for(int z = 0; z < 200; z + +) ConcaveX[z] = new double[300];

double * * ConcaveY; ConcaveY = NULL; ConcaveY = new double * [200]; for(z = 0; z < 200; z + +) ConcaveY[z] = new double[300];

// 存储凹多边形顶点数

int * Npolygon; Npolygon = NULL; Npolygon = new int [200]; int QQ = 0; // 凹多边形个数

// pDoc - > PolygonX1[MM], 裁剪多边形, 事实证明必须是凸多边形, 否则会出现失误现象. ! ! ! ! ! ! ! ! ! ! !

// pDoc - > PolygonX2[NN], 被裁剪多边形, 多边形形状不限.

// 判断两个多边形是否逆时针旋转, 否则要调换.

for(i = 0; i < MM; i + +)

{

pDoc - > MultiX[i] = pDoc - > PolygonX1[i]; pDoc - > MultiY[i] = pDoc - > PolygonY1[i];

}

if(CalculateMultiangleSquare(MM, "MultiXY") > 0) // 顺时针为正值, 逆时针为负值;

{

for(i = 0; i < MM; i + +) // 转换成逆时针方向

{

pDoc - > PolygonX1[i] = pDoc - > MultiX[MM - 1 - i];

pDoc - > PolygonY1[i] = pDoc - > MultiY[MM - 1 - i];

}

}

for(i = 0; i < NN; i + +)

{

pDoc - > MultiX[i] = pDoc - > PolygonX2[i]; pDoc - > MultiY[i] = pDoc - > PolygonY2[i];

}

if(CalculateMultiangleSquare(NN, "MultiXY") > 0) // 顺时针为正值, 逆时针为负值;

{

```
for(i=0;i<NN;i++) // 转换成逆时针方向
{
pDoc->PolygonX2[i]=pDoc->MultiX[NN-1-i];
pDoc->PolygonY2[i]=pDoc->MultiY[NN-1-i];
}
}
//chs="";for(i=0;i<MM;i++) { ch.Format("%1.3f,%1.3f\n",pDoc->Poly-
gonX1[i],pDoc->PolygonY1[i]); chs+=ch; } MessageBox(chs,"X1");
//chs="";for(i=0;i<NN;i++) { ch.Format("%1.3f,%1.3f\n",pDoc->Poly-
gonX2[i],pDoc->PolygonY2[i]); chs+=ch; } MessageBox(chs,"X2");
// 如果裁剪多边形不是纯凸多边形,则需要把凹多边形分解成若干个凸多边形,再进行
逐个裁剪.
// 解决办法:首先查找第一个凸多边形顶点,判断标准为外角是否大于180度,然后逐个
向前检验,是否为凹进去的顶点,如果是则记录此顶点.
// 继续判断下一个顶点,当其变成凸多边形顶点时,则用直线连接此两个凸多边形顶点,
凹进去的部分被分成新的凸多边形,而裁剪多边形此时又变成新的多边形,如此循环分出
所有的凹多边形,直到裁剪为凸多边形。
// 面积计算方法:经过一系列变换后,最终的凸多边形裁剪面积减去生成的多个小的凹
多边形裁剪面积就是最后的面积。
//////////////////////////////////////////////////////////////////////
check:
// 查找第一个为凸多边形的顶点,然后重新排序.
int now=0,cur=0;
for(i=0;i<MM;i++)
{
if(i==0) {x1=pDoc->PolygonX1[MM-1];y1=pDoc->PolygonY1[MM-1];}else
{ x1=pDoc->PolygonX1[i-1];y1=pDoc->PolygonY1[i-1]; }
x2=pDoc->PolygonX1[i];y2=pDoc->PolygonY1[i];
if(i==MM-1){x3=pDoc->PolygonX1[0];y3=pDoc->PolygonY1[0];}else { x3
=pDoc->PolygonX1[i+1];y3=pDoc->PolygonY1[i+1]; }
angle=Angle(x3,y3,x2,y2,x1,y1); // 计算扇形夹角
if(angle>180) // 凸多边形顶点
{
now=i; break; // 已找到
}
}
// 重新排序,使第一个点为凸多边形顶点
for(i=0;i<MM;i++)
{
```

```
pDoc - > MultiX[i] = pDoc - > PolygonX1[i];pDoc - > MultiY[i] = pDoc - > PolygonY1
[i];
}
for(i = now;i < MM;i + + )
{
pDoc - > PolygonX1[cur] = pDoc - > MultiX[i]; pDoc - > PolygonY1[cur] = pDoc - >
MultiY[i]; cur + + ;
}
for(i = 0;i < now;i + + )
{
pDoc - > PolygonX1[cur] = pDoc - > MultiX[i]; pDoc - > PolygonY1[cur] = pDoc - >
MultiY[i]; cur + + ;
}
// 从第一个顶点开始查找凹多边形顶点.
BOOL findok = false;int begin = 0,end = 0;
for(i = 0;i < MM;i + + )
{
if(i = = 0) {x1 = pDoc - > PolygonX1[MM - 1]; y1 = pDoc - > PolygonY1[MM - 1]; }else
{ x1 = pDoc - > PolygonX1[i - 1]; y1 = pDoc - > PolygonY1[i - 1]; }
x2 = pDoc - > PolygonX1[i]; y2 = pDoc - > PolygonY1[i];
if(i = = MM - 1){x3 = pDoc - > PolygonX1[0]; y3 = pDoc - > PolygonY1[0]; }else { x3 =
pDoc - > PolygonX1[i + 1]; y3 = pDoc - > PolygonY1[i + 1]; }
angle = Angle(x3,y3,x2,y2,x1,y1); // 计算扇形夹角
if(angle > = 180) // 凸多边形顶点
{
if(! findok) { begin = i; continue; } // 开始点
else { end = i; break; } // 结束点
}
else // 凹多边形顶点
{
findok = true; continue; // 已找到
}
}
// 已经找到开始点和结束点,开始分离多边形.
if(findok)
{
// 分离凹多边形.
int uvw = 0;
// 如果 end 为第一个点,则加 MM;
```

```
if( end = = 0) end = MM; int pei = 0;
for( i = begin;i < = end;i + + )
{
pei = end – ( i – begin) ; if( pei = = MM) pei = 0;
ConcaveX[QQ][i – begin] = pDoc – > PolygonX1[pei];
ConcaveY[QQ][i – begin] = pDoc – > PolygonY1[pei];uvw + + ; // 倒过来赋值为的是保
证逆时针旋转.
}
Npolygon[QQ + + ] = uvw;
// 生成新多边形
for( i = end;i < MM;i + + )
{
pDoc – > PolygonX1[begin + (i – end) + 1] = pDoc – > PolygonX1[i];
pDoc – > PolygonY1[begin + (i – end) + 1] = pDoc – > PolygonY1[i];
}
MM = MM – (end – begin) + 1; // 中间凹进去部分用直线连起来,生成新多边形,继续进
行判断.
goto check;
}
//ch. Format( "QQ = % d,Npolygon = % d",QQ,Npolygon[0]); MessageBox( ch);
// 显示生成的最终凸多边形.
//chs = ""; for( i = 0;i < MM;i + + ) { ch. Format( "% 1. 3f,% 1. 3f\n",pDoc – > Poly-
gonX1[i],pDoc – > PolygonY1[i]); chs + = ch; } MessageBox( chs,"最终凸多边形");
// 显示中间过程生成的多个凹多边形,并当做新多边形参与裁剪.
for( i = 0;i < QQ;i + + )
{
//chs = ""; for( j = 0;j < Npolygon[i];j + + ) { ch. Format( "% f,% f\n",ConcaveX[i]
[j],ConcaveY[i][j]); chs + = ch; } MessageBox( chs,"中间凹多边形");
}
// 用大多边形裁剪凹多边形
for( i = 0;i < MM;i + + )
{
pDoc – > PolygonX3[i] = pDoc – > PolygonX1[i];pDoc – > PolygonY3[i] = pDoc – > Poly-
gonY1[i];
}
for( i = 0;i < NN;i + + )
{
pDoc – > PolygonX4[i] = pDoc – > PolygonX2[i];pDoc – > PolygonY4[i] = pDoc – > Poly-
gonY2[i];
```

```
square = ConvexPolygonCutPolygon( MM,NN); // 用凸多边形裁剪任意多边形
//ch. Format("M = % f,Npolygon = % d",square,Npolygon[0]); MessageBox(ch);
// 用裁剪新生成的小多边形裁剪凹多边形
for( z = 0;z < QQ;z + + )
{
for( i = 0;i < Npolygon[z];i + + )
{
pDoc − > PolygonX3[i] = ConcaveX[z][i];pDoc − > PolygonY3[i] = ConcaveY[z][i];
}
//chs = " "; for( i = 0;i < Npolygon[z];i + + ) { ch. Format( "% 1. 3f,% 1. 3f\n",pDoc −
>PolygonX3[i],pDoc − > PolygonY3[i]); chs + = ch;} MessageBox(chs,"小凸多边形");
for( i = 0;i < NN;i + + ) // 被裁剪任意大多边形
{
pDoc − > PolygonX4[i] = pDoc − > PolygonX2[i];pDoc − > PolygonY4[i] = pDoc − > Poly-
gonY2[i];
}
//chs = " "; for( i = 0;i < NN;i + + ) { ch. Format( " % 1. 3f,% 1. 3f \ n",pDoc − > Poly-
gonX2[i],pDoc − >PolygonY2[i]); chs + = ch;} MessageBox(chs,"被裁剪任意大多边
形");
square − = ConvexPolygonCutPolygon( Npolygon[z],NN); // 凸多边形裁剪任意多边形
//ch. Format("M = % f",square); MessageBox(ch);
}
// 最后进行多边形相减,用大多边形依次减去小多边形的共用面积部分,才是最终结果
// 方法:小多边形的某一边肯定与大多边形的某边重合,或被包含在大多边形边的中间
部分,判断两直线是否重合,找到后,共用边部分减去,大多边形拐点重新发生变化,依次
判断即可
// 判断两直线是否重合,可用四边形面积是否为零来判断
// 释放动态内存空间
for( z = 200 − 1;z > = 0;z − − ) delete[ ] ConcaveX[z]; delete[ ] ConcaveX; ConcaveX =
NULL;
for( z = 200 − 1;z > = 0;z − − ) delete[ ] ConcaveY[z]; delete[ ] ConcaveY; ConcaveY =
NULL;
delete[ ]Npolygon; Npolygon = NULL;
///////////////////////////////////
return square;
}
```

第 5 章　文件结构

5.1　图层管理

为了用户方便和适应多方面需要,对图形数据采用分层管理,用户可以任意添加或删除图层,修改图层颜色和填充颜色,达到统改图层要素的目的。设置图层如图 5-1 所示。设置图层功能及字段名称含义如下:

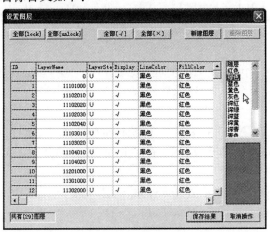

图 5-1　设置图层

ID 为序号,不重复,当本层被删除时 ID 号一并删除;

LayerName 为图层名称,可为汉字,不得重复使用;

LayerState 为图层状态,∪ 为打开,∩ 为关闭;

Display 为显示开关,√ 为打开,× 为关闭;

LineColor 为线划颜色,可修改,双击自动更新为当前右边框内选择的颜色;

FillColor 为填充颜色,影响面文件,可修改,双击自动更新为当前右边框内选择的颜色。

5.2　色标库

色标库是每个作图软件必不可少的功能,系统除提供标准色标库外,还允许用户自定义色标库,以适应不同项目的需要。

5.2.1　标准色标库

系统默认的标准色标库有 16 种颜色,标准 VGA 图形方式中能识别,并与此相配套,颜色分量为标准的 RGB 分量。分别是:深红 RGB(128,0,0),红色 RGB(255,0,0),深绿色 RGB(0,128,0),绿色 RGB(0,255,0),深蓝 RGB(0,0,128),蓝色 RGB(0,0,255),深黄 RGB(128,128,0),黄色 RGB(255,255,0),深青 RGB(0,128,128),青色 RGB(0,255,255),紫色 RGB(128,0,128),粉红 RGB(255,0,255),黑 RGB(0,0,0),深灰 RGB(128,128,128),灰色 RGB(192,192,192),白 RGB(255,255,255)。设置颜色如图 5-2 所示。

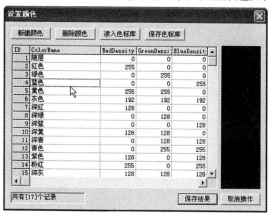

图 5-2　设置颜色

字段含义说明:

ID 为序号,不重复;

ColorName 为颜色名称,可为汉字或英文;

RedDensity 为红色密度,取值范围:0~255;

GreenDensity 为绿色密度,取值范围:0~255;

BlueDensity 为蓝色密度,取值范围:0~255;

修改颜色时,在需要修改密度的栏内双击打开对话框,输入新的密度值即可。

5.2.2　自定义色标库

用户自定义色标库方法:打开左上角新建颜色按钮,输入新建颜色名称,然后在上面框内双击打开修改各颜色分量值对话框,输入适当的数值,然后按确定即可。点击鼠标左键在颜色名称处(第一列),颜色预览效果在右面框内显示。编辑颜色分量如图 5-3 所示。

随层颜色说明,如果图层颜色设置为随层颜色,在输出图形时,调用相应图层设置的颜色进行输出,否则按本要素颜色输出。

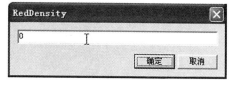

图 5-3　编辑颜色分量

5.3　文件结构

所有图形数据均按层分别存储在各自的表中,每个图层文件均包含有图层表、颜色库、点要素表、线要素表、面要素表、面数据要素表、坐标要素表和其他要素表。

5.3.1　点要素表

点要素数据结构如图5-4所示。

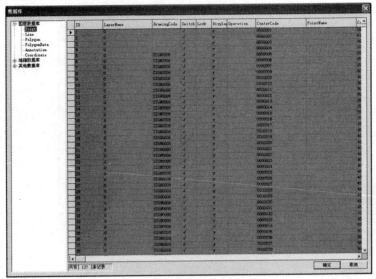

图 5-4　点要素数据结构

5.3.2　线要素表

线要素数据结构如图5-5所示。

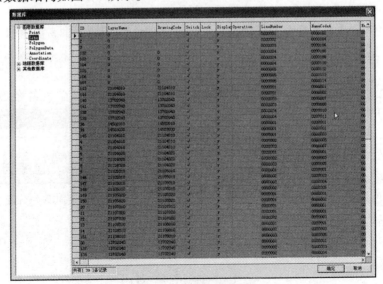

图 5-5　线要素数据结构

5.3.3　面要素表

面要素数据结构如图 5-6 所示,面数据要素数据结构如图 5-7 所示。

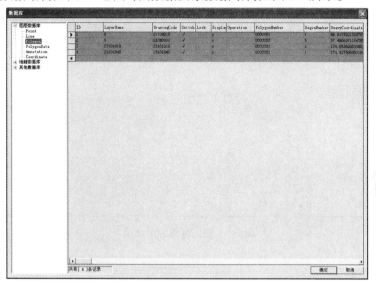

图 5-6　面要素数据结构

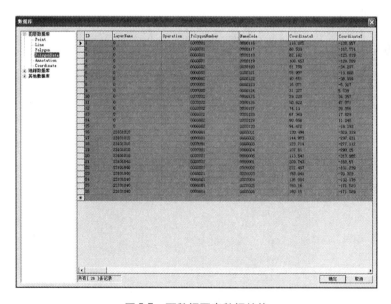

图 5-7　面数据要素数据结构

5.3.4　注记要素表

注记要素数据结构如图 5-8 所示。

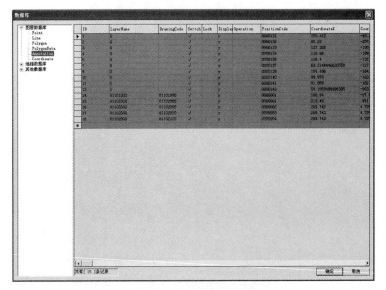

图 5-8　注记要素数据结构

5.3.5　坐标要素表

点、线、面注记的坐标统一管理,是本系统的特色。所有点、线、面注记文件坐标统一使用编号和地址,不会导致混乱。如果修改某一点坐标值,则与此相连的所有点均会变化,这样保证了拓扑关系不变。另外,由于数据量巨大,坐标表只包括基本要素,以减小文件大小。坐标要素数据结构如图 5-9 所示。

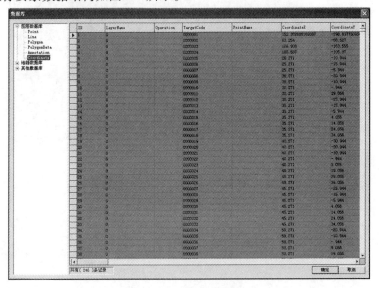

图 5-9　坐标要素数据结构

5.4　绘图编码

　　系统绘图采用内部编码形式,开放绘图命令,编码分类统一为 8 位数,从 10000000 ~ 99999999,或者自定义形式,如 POINT001,LINE0001,TEXT0001,SIGN0001。按照地形图图式中的分类并参照成都市地籍测量入库标准设计,允许用户修改编码。绘图命令采用文本形式读入,用户可修改和自定义符号。编码属性库(mdb)和绘图命令(txt)文件均统一放在应用程序目录下,绘图编码和绘图命令一一对应,如果有相应绘图编码而没有对应的绘图命令则无法显示符号,只能显示简单的点、线等符号。分类与代码如图 5-10 所示。

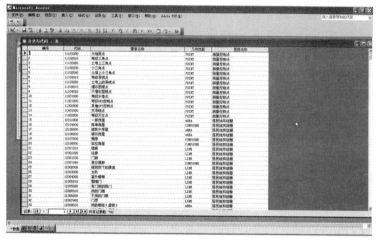

图 5-10　分类与代码

5.5　绘图命令

　　绘图命令以文本文件形式存放在本系统目录下,每次打开本系统时自动读入绘图编码和绘图命令文件,如果表名被修改或文件被删除,则会显示相应的提示信息。每个绘图命令都可拆分为点、线、弧、圆、面来表示,用户可任意组合设计,颜色可选择,圆和面可分为填充或不填充两种,如油库符号需要填充下半部分。绘图命令编写注意事项如下。

　　(1)绘图命令:可自行修改,标注"//"符号的行为注释行,空行和注释行均不识别,除注记命令外,其他命令可重复使用,不计顺序。同一条命令必须在一行内输入完毕,不得换行。

　　(2)单位长度:重复绘出符号的最小长度单位。长度单位:以 0.1 mm 为单位(打印),屏幕显示时按一定比例显示。

　　(3)坐标系统:数学坐标系,坐标原点为符号的中心位置,向右(东)为 X 轴,向上(北)为 Y 轴。线状符号从原点开始沿 X 轴向右绘出一个单位长度。

　　(4)系统颜色:可识别 16 种颜色,输入英文字母或数字或汉字均可。如果名称错误,识别不出,一律默认为黑色。

①black,0,黑色;②red,255,红色;③green,32768,绿色;④yellow,65535,黄色;⑤blue,16711680,蓝色;⑥purple,8388736,紫色;⑦gray,8421504,灰色;⑧white,16777215,白色;⑨darkred,128,深红;⑩olive,32896,橄榄;⑪navyblue,8388608,藏青;⑫cyan,8421376,青色;⑬argent,12632256,银色;⑭lightgreen,65280,浅绿;⑮amaranth,16711935,紫红;⑯lightblue,16776960,浅蓝。

(5)注记符号:字体(Arial,Courier),字高(8~50,按照字体大小标准,如18K宋体),字宽(字宽为0时,Windows系统自动匹配),风格(Normal,Bold,Bold Itlic,Itlic),旋转角度(0°~360°),颜色。

(6)绘图命令格式说明如下:

①代码:*编号,长度,宽度;编号为绘图编码,8位数字,自定义点符号以POINT开头,线状符号以LINE开头,注记符号以TEXT开头,植被注记以SIGN开头。点:长、宽均为0,线:长为1个单位实际长度,宽度为0,如果线有两端点(如语录牌),则宽度为1。

②画点:POINT,X,Y,LineColor;LineColor线条颜色。

③画线:LINE,X1,Y1,X2,Y2,LineColor;LineColor线条颜色。

④画弧:ARC,X,Y,R,angle1,angle2,LineColor;angle1起始方向,以X轴正向为0(逆时针),angle2扫描角度,LineColor线条颜色。

⑤画圆:CIRCLE,X,Y,R,Fill,LineColor,FillColor;Fill=1填充,0不填充,LineColor线条颜色,FillColor填充颜色。

⑥画面:POLYGON,Fill,LineColor,FillColor,N,X1,Y1,…,Xn,Yn;Fill=1填充,Fill=0不填充,LineColor线条颜色,FillColor填充颜色,N拐点总数。

⑦注记:TEXT,Style,Height,Width,Italic,Rotate,Color;Style字体风格,Height字高,Width字宽,Italic斜体,Rotate旋转角度,Color颜色。

(7)点、线符号只允许使用画点、画线、画弧、画圆、画面命令,不允许使用注记命令。注记符号只允许使用注记命令,不得使用其他命令。

(8)线状符号:如果有两端符号的宽度设置为1,左端符号X坐标必须全部小于零,右端点符号X坐标全部大于最大单位长度,以示区别。如吊车轨道、宣传语录牌、桥符号等。

(9)字体风格可识别以下15种格式:DONTCARE, THIN, EXTRALIGHT, ULTRA-LIGHT, LIGHT, NORMAL, REGULAR, MEDIUM, SEMIBOLD, DEMIBOLD, BOLD, EXTRABOLD,ULTRABOLD,BLACK,HEAVY。

例如:
// ###################自定义点状符号###################
// 小圆圈
* POINT001,0,0
CIRCLE, -0.0,0.0,5.0,0,黑色,黑色
// 小黑块
* POINT002,0,0
POLYGON,1,黑色,黑色,4, -5.0,5.0,5.0,5.0,5.0, -5.0, -5.0, -5.0

////////////// 自定义线状符号

//实线

＊LINE0001,50,0

LINE,0,0,50,0,black

//虚线

＊LINE0002,30,0

LINE,0,0,20,0,black

//地类界

＊LINE0003,16,0

CIRCLE,0,0,3,1,black,black

///##################自定义注记符号##################

//混凝土

＊TEXT0001,0,0

TEXT,NORMAL,12,0,Normal,0,black

//砖

＊TEXT0002,0,0

TEXT,NORMAL,12,0,Normal,0,black

//混

＊TEXT0003,0,0

TEXT,NORMAL,12,0,Normal,0,black

//木

＊TEXT0004,0,0

TEXT,NORMAL,12,0,Normal,0,black

//厕

＊TEXT0005,0,0

TEXT,NORMAL,12,0,Normal,0,black

///##################自定义点状植被符号##################

//稻田

＊SIGN0001,0,0

LINE,-0.2,14.9,-0.1,-14.9,黑色

LINE,-5.1,-10.0,-0.1,-14.9,黑色

LINE,-0.1,-14.8,5.0,-10.0,黑色

//旱地

＊SIGN0002,0,0

LINE,-10.1,-4.9,9.8,-4.9,黑色

LINE,-4.1,-4.9,-4.1,5.1,黑色

LINE,4.0,-4.9,4.0,5.1,黑色

//水生经济作物地

＊SIGN0003,0,0

LINE,－14.9,9.0,－0.0,－8.9,黑色

LINE,－0.0,－8.9,14.9,9.0,黑色

//菜地

＊SIGN0004,0,0

LINE,－7.3,－9.9,7.8,－9.9,黑色

LINE,－7.4,－2.1,－0.0,－9.9,黑色

LINE,－0.0,－9.9,10.0,9.9,黑色

//####################系统定义点状符号####################

//等级三角点

＊11102010,0,0

POINT,－0,0,黑色

POLYGON,0,黑色,白色,3,－0,15,－15,－8,15,－8

//土堆上三角点

＊11102020,0,0

POINT,－0.0,0.1,黑色

POLYGON,0,黑色,白色,3,－0.0,14.9,－15.1,－8.7,15.1,－8.7

LINE,5.6,6.2,9.3,8.7,黑色

LINE,9.4,0.2,12.6,2.3,黑色

LINE,－8.3,8.9,－8.3,8.9,黑色

LINE,－8.4,8.9,－5.2,6.9,黑色

LINE,－12.5,1.6,－9.7,－0.1,黑色

LINE,－4.8,－8.6,－4.8,－12.3,黑色

LINE,5.6,－8.6,5.6,－12.4,黑色

//小三角点

＊11102030,0,0

POINT,－0,0,黑色

POLYGON,0,黑色,白色,3,－15,8,15,8,0,－15

//####################系统定义线状符号####################

//檐廊

＊12301010,30,0

LINE,－0.1,0.1,19.9,0.1,黑色

//柱廊

＊12301020,30,0

LINE,－0.1,0.1,19.9,0.1,黑色

//门廊

＊12301030,30,0

LINE,－0.1,0.1,19.9,0.1,黑色

// 建筑物下的通道
＊12302000,30,0
LINE,－0.1,0.1,19.9,0.1,黑色
// 台阶
＊12303000,30,0
LINE,－0.0,0.0,30.0,0.0,黑色
// ###################系统定义注记符号####################
// 控制点点号注记
＊81101000,0,0
TEXT,NORMAL,13,0,Normal,0,black
// 控制点高程注记
＊81102000,0,0
TEXT,BOLD,13,0,Normal,0,black
// 房屋性质注记
＊81201010,0,0
TEXT,NORMAL,13,0,Normal,0,black
// 幢号
＊81201020,0,0
TEXT,NORMAL,13,0,Normal,0,black
// 房屋说明注记
＊81201030,0,0
TEXT,NORMAL,13,0,Normal,0,black
// 垣栅注记
＊81202000,0,0
TEXT,NORMAL,13,0,Normal,0,black
###################其他自定义符号,由用户完善###################

第 6 章　绘图技术

6.1　基本理论

6.1.1　数据快速检索方法

　　检索数据的方法是否科学影响图形显示速度的快慢,如果方法不科学,就不能提高效率。常用的检索方法是对所有点、线、面注记坐标进行判断,看其是否在窗口内,对落在窗口内的要素进行计算屏幕坐标,然后显示在窗口内。判断方法:对每个坐标点进行比较,如果在窗口内或有一端在窗口内,就认为符合条件。假设 X0,Y0 是窗口左下角坐标,X1,Y1 是窗口右上角坐标,条件:X0≤X≤X1 并且 Y0≤Y≤Y1,快速判断方法:不论纵坐标或横坐标,只要有一项不在窗口内,就不再判断其余坐标。X≤X0 或 X≥X1 或 Y≤Y0 或 Y≥Y1。

6.1.2　屏幕坐标和打印坐标计算方法

　　测量坐标系与计算机中屏幕坐标和打印坐标有着本质的区别,即所谓的设备坐标系。每个绘图文件均包括若干点线面和注记要素,要想在屏幕上显示图形,必须进行坐标转换。屏幕坐标系原点为左下角,向上为 Y 轴,向上为正,向下为负,向右为 X 轴,向右为正,向左为负。打印坐标系原点在纸的左上角,向右为 X 坐标轴,向右为正,向左为负;向下为 Y 轴,规定向下为正,向上为负。

　　源代码如下:

```
//计算屏幕坐标 Xscreen = factor * (yy - Ymin); Yscreen = factor * (Xmax - xx);
for(int k = 0;k < Ndrawings;k + +)
{
DrawingXY[k][2] = factor * (DrawingXY[k][1] - Ymin);
DrawingXY[k][3] = factor * (Xmax - DrawingXY[k][0]);
//记录缩放系数,以便计算点要素在 XY 方向长度
DrawingXY[k][6] = factor;
if((DrawingXY[k][0] > = Xmin)&&(DrawingXY[k][0] < = Xmax)&&(DrawingXY[k]
    [1] > = Ymin)&&(DrawingXY[k][1] < = Ymax))
{DrawingMark[k] = "y"; n + +; }
}
//计算打印坐标,首先放在屏幕坐标中进行中转,然后计算旋转坐标后再放到打印坐标
   中
// Xprint = factor * (yy - YPmin); Yprint = factor * (xx - XPmax);
for(int k = 0;k < Nprintings;k + +)
```

```
{
PrintingXY[k][2] = factor * (PrintingXY[k][1] - YPmin);
PrintingXY[k][3] = factor * (PrintingXY[k][0] - XPmax);
//记录缩放系数,以便计算点要素在 XY 方向长度
PrintingXY[k][6] = factor;
if((PrintingXY[k][0] > = Xmin)&&(PrintingXY[k][0] < = Xmax)&&(PrintingXY[k]
[1] > = Ymin)&&(PrintingXY[k][1] < = Ymax)) PrintingMark[k] = "y";
}
```

6.1.3　双缓冲显示技术

　　双缓冲显示技术用于加快图形显示速度,并且处理图形闪烁现象。其原理:首先创建一个画布,把图形显示在画布上,最后再拷贝到屏幕上,此项命令可以在后台执行。在用户看当前屏幕时,后台已悄悄执行绘图命令,详细代码如下:

```
CDC * pDC1 = GetWindowDC();
//CDC dc;
udc1. DeleteDC();//删除原有图像,重绘,否则出错
CBitmap bm;
CRect rc1;
GetClientRect(&rc1);
//Step 1:为屏幕 DC 创建兼容的内存 DC :CreateCompatibleDC()
udc1. CreateCompatibleDC(pDC1);
//Step 2:创建位图:CreateCompatibleBitmap()
bm. CreateCompatibleBitmap(pDC1,DrawWidth,DrawHeight);
//Step 3:把位图选入设备环境:SelectObject(),可以理解为选择画布
udc1. SelectObject(&bm);
//CClientDC dc(this);
udc1. SelectStockObject(WHITE_BRUSH);udc1. Rectangle(3,3,DrawWidth - 3,DrawHeight -
3); udc1. SelectStockObject(NULL_BRUSH);
//添加绘图命令
udc1. Rectangle(0,0,DrawWidth + 5,DrawHeight + 5);//pDC1 - > BitBlt(0,0,rc1. Width
(),rc1. Height(),&udc1,0,0,SRCCOPY);
udc1. DeleteDC();
bm. DeleteObject();
```

　　这样就完成了双缓冲显示技术。

6.2　创建与编辑

6.2.1　文件操作

　　文件操作包括文件创建、文件编辑、复制粘贴、剪切、保存、删除、拖动与放大等命令。

6.2.1.1　文件创建

创建文件命令,首先创建 Access 文件,然后创建图层表,色标库,点、线、面注记表及坐标表。创建文件后,文件就被默认是当前工作文件,文件名被保存,任何添加或修改均在备份文件中进行,当执行保存命令时,才把备份文件复制并保存。

6.2.1.2　文件编辑

文件编辑可进行画线、展点、注记等命令。当文件被打开或被创建时,各要素自动统计最大编号,如果再进行添加,则新添加的要素有其专用地址,依次向后排列,如果要删除某要素,其地址编号会被保留,不会被删除,以防止回退和地址混乱引起系统崩溃。

对于点、线、面注记添加时自动添加各要素到相应表中。

6.2.1.3　复制粘贴

复制粘贴图形文件时,首先用框选复制内容,凡被框选的所有要素均被标出标识,再在屏幕上点击选择粘贴位置,然后依次把涉及的点、线、面注记要素添加到新的位置,地址依次累加,坐标也相应增加,因此不属于同一点位。

6.2.1.4　剪切

剪切图形时,首先用框选范围,凡是落在本框内的所有要素均要被剪切。点和注记要素直接剪切,线要素剪切时要重新计算交叉点坐标,落在框内的那段被剪掉,框外有效,重新更新数据库,有的线可能会被剪切变成两段线,要分开进行添加。对于面文件剪切情况比较复杂,不同形状的图形,剪切位置不同,剪切结果就不同,相当于裁剪多边形,这是一个复杂的问题,有专门文章论述,在此不作详细论述。

6.2.1.5　保存

文件操作时,只在备份文件中进行,如果不执行保存命令,则编辑无效。但是,如果忘了选择保存,也不要紧,目录下就是当前工作文件,即 c:\windows\temp\workingfile.mdb,可以进行复制后改名另存。系统退出时不删除此文件,只删除创建的文件夹 c:\windows\temp\mdb。

6.2.1.6　删除

执行删除文件命令时,该文件就被彻底删除,而且在回收站中没有记录,也无法恢复。

6.2.1.7　拖动与放大

首先点击拖动图形,按住图形向任意方向拖动图形,用右键开窗可放大窗口内图形。另外,在任意位置转动鼠标中间轮子也可放大或缩小图形。放大位置在鼠标点击处。

6.2.2　操作与回退

在编辑过程中,不可避免地出现回退操作,为了能实现回退操作,在设计时要记录每步操作内容,在需要回退的地方可一键操作,直接回到指定位置。实现方法:每一步重要操作在相应目录下备份工作文件,最多备份十个,只记录最后十个文件,如果需要恢复操作,直接用相应备份文件还原工作文件即可。

6.2.3　点线捕捉方法

在编辑及管理使用过程中,不可避免地要查询某点坐标或点名或其他属性信息,如何快速有效地捕捉相应点位,是非常关键的。本系统点捕捉方法为:首先记录鼠标位置,并计算出真实坐标,然后对打开的所有图层计算所有坐标点与此点的距离,距离最小者为要捕捉的点位,以此距离为查询条件,查询坐标数据库,并取得相应编号地址,再根据唯一地址提取该点的其他属性信息。线捕捉稍微有点麻烦,捕捉方法:首先记录鼠标位置,并计算真实坐标,再计算所有线段与此点的垂直距离,距离最短者即为要捕捉的直线。另外,捕捉半径默认为 200 m,超出此范围无效,不再进行搜索。

6.2.4　面域捕捉方法

面域捕捉常用于查询宗地属性等,捕捉方法:首先记录鼠标当前位置,并计算出实际坐标,然后逐个计算此点与所有面域重心坐标,距离最小值并且此点在此面域内,即为所要捕捉的面,如果在面域边缘捕捉,并不能保证捕捉的面有效,必须再判断此点是否在面域内,否则提示捕捉失败,并显示请在面域重心位置捕捉。

6.3　常用工具

6.3.1　批量展点

批量展点是最常用的工具,用于进行控制点管理、查询、统计等。读入数据文件自动添加到数据库中,展点时图层、字体大小、类型、颜色按默认值,如果想改变参数,首先在上边快捷方式状态中设置好图层、字体、颜色、大小等,然后读入。读入后刷新屏幕即可显示展绘结果。批量展点如图 6-1 所示。

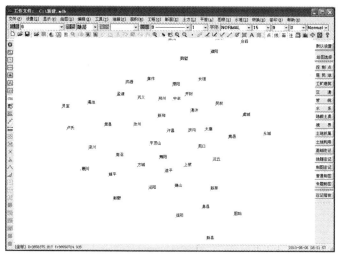

图 6-1　批量展点

6.3.2　批量画线

批量画线用于批量连线使用,可首先编辑好文本数据,图层按当前图层,线型按默认的参数。用文本文件编辑好要画线的两端点名和坐标即可,中间用逗号隔开,如图 6-2 所示。读入完毕,刷新即可。

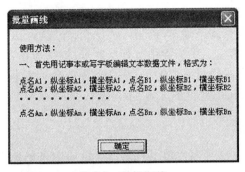

图 6-2　批量画线

6.3.3　查找定位

查找定位用于图根计算出错时,根据点名可以查找所需要的点名,并自动把图形移动到屏幕中间位置,用虚线圆表示当前位置;用于分析周围图根点分布情况,以确定测站和定向点名称是否正确。根据距离也可以判断点位,方法:把坐标数据库中所有数据读入临时开辟单元中,以加快检索速度。然后按照输入的距离进行匹配,计算两点之间的距离与输入距离进行比较,误差不超过 10 m 时记录两端点信息。最后对剩余的距离按从小到大进行排序,供用户参考。

6.3.3.1　由点名查找定位

输入要查找的点名,自动查找定位,如果查找成功则自动移动图形,把当前点放在屏幕中心位置。否则,显示没有查到此点。根据点名查找定位如图 6-3 所示。

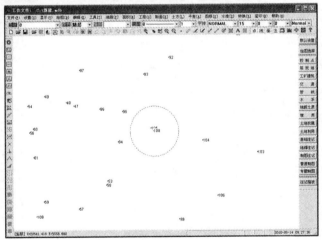

图 6-3　根据点名查找定位

6.3.3.2　由距离查找点名

输入设定的距离值,自动进行匹配查找处理,并按误差范围(默认为 0.5 m)依次输出两点距离值,供用户参考,如图 6-4 所示。多用于外业碎部测量,点号看不清而又不知是哪个点时,只要测出两已知点间的距离,可用此功能来辨别确认。

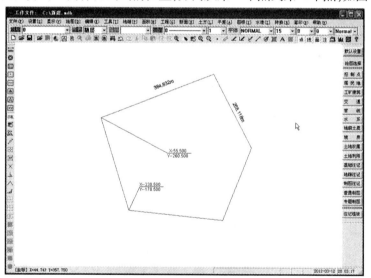

图 6-4　根据距离查找定位

6.3.4　标注坐标与距离

图上标注坐标与距离方便管理数据。标注坐标方法：首先用鼠标左键捕捉当前点位，取得坐标后记录，按住左键在屏幕上拖动，到达指定位置时松开，即为标注坐标的位置。把捕捉的坐标作为注记要素添加到数据库中，再刷新当前屏幕即可显示。标注距离时，首先捕捉第一个点，然后捕捉第二个点，系统会自动反算距离，再在需要标注的地方点击标注位置，即自动把反算的距离标注到当前位置，方向从第一个点到第二个点，如图 6-5 所示。

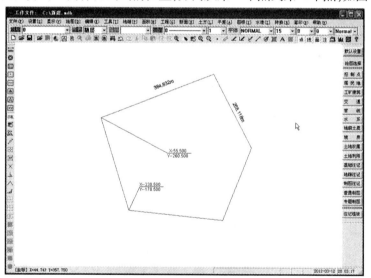

图 6-5　标注坐标与距离

6.4　图块操作

图块操作是绘图软件必不可少的工具，如何操作图块也是本系统的特色，基本功能包括插入图块、制作保存图块等功能。

6.4.1　插入图块

在插入图块前，首先要设置好图层，有两种方法可供选择：一种是新插入的图块对应的图层名称如果已存在,则放到对应图层中,如果原文件不存在此图层名称,则新建一个图层,然后插入图层;另一种方法是把所有要素均插入到当前层中,再由用户进行后续编辑。插入图块如图6-6所示。

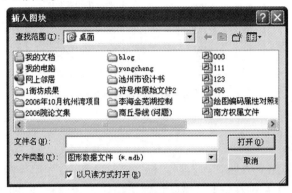

图 6-6　插入图块

6.4.2　制作、保存图块

制作图块方法是用鼠标左键按住并在屏幕上拖动,直到合适位置再松开鼠标左键,制作范围就已确定。接下来就是进行方框裁剪了,按点、线、面注记要素分别对图框内的所有要素逐一进行裁剪,方法见前面章节中方框裁剪内容。保存图块的方法就是把裁剪后的图形保存成一个新的图形文件,如图6-7所示。

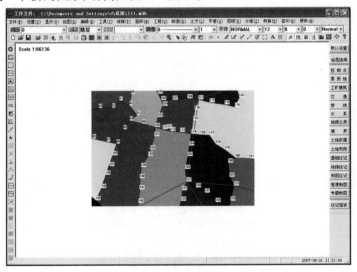

图 6-7　保存图块

6.5　数据交换

为了达到和别的软件进行数据共享的目的,本系统能和常用软件进行数据交换,如南方 CASS 软件、MAPGIS 软件等。每种软件数据格式虽然不同,但一般都提供交换标准,常用的交换格式为文本形式,由一个软件生成,由另一个软件读入。

6.5.1　导入数据

本系统除基本功能外,还提供了导入其他数据格式的功能,如导入南方 CASS 交换文件,导入南方 CASS 权属文件,导入矿业权核查数据库文件,导入空间数据处理系统文件。

6.5.1.1　导入南方 CASS 交换文件

南方 CASS 交换文件如图 6-8 所示。

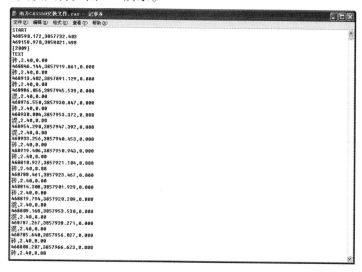

图 6-8　南方 CASS 交换文件

转换后生成图形如图 6-9 所示。

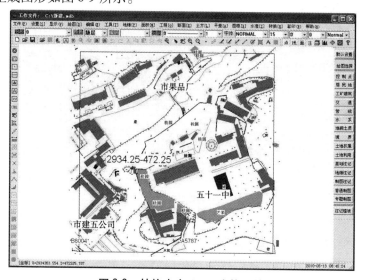

图 6-9　转换南方 CASS 交换文件

6.5.1.2　导入南方 CASS 权属文件

南方 CASS 权属文件如图 6-10 所示。

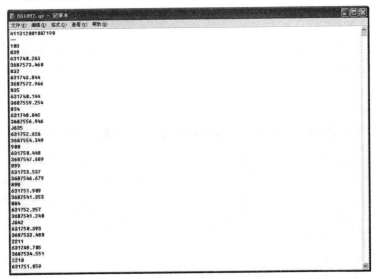

图 6-10　南方 CASS 权属文件

转换后生成图形如图 6-11 所示。

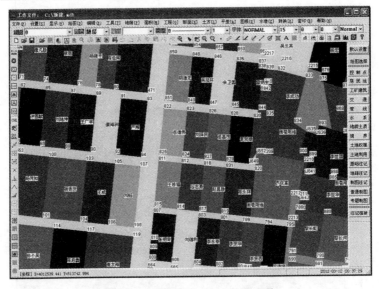

图 6-11　转换南方 CASS 权属文件

6.5.1.3　导入矿业权核查数据库文件

导入矿业权核查数据库 – 采矿权如图 6-12 所示。导入矿业权核查数据库 – 探矿权如图 6-13 所示。

转换后生成图形如图 6-14 所示。

图 6-12　导入矿业权核查数据库 - 采矿权

图 6-13　导入矿业权核查数据库 - 探矿权

图 6-14　转换矿业权核查数据库

6.5.1.4 导入空间数据处理系统文件

空间数据处理系统文件格式如图 6-15 所示。

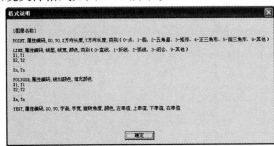

图 6-15 空间数据处理系统文件格式

6.5.2 导出数据

导出数据提供以下五种格式：①南方 CASS 系列明码文件；②AutoCAD2002 脚本文件；③MAPGIS6. X明码文件；④ARCGIS9. 2 地理坐标；⑤空间数据处理系统文件。

6.5.2.1 南方 CASS 系列明码文件

导出的南方 CASS 交换文件如图 6-16 所示。

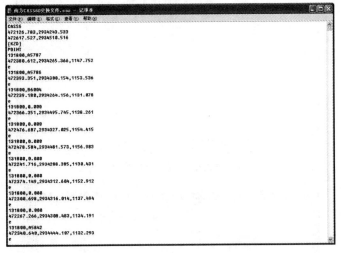

图 6-16 导出的南方 CASS 交换文件

6.5.2.2 AutoCAD2002 脚本命令

本系统可将绘图文件转换成 AutoCAD2002，转换方法：打开转换菜单，选择转成 AutoCAD文件。导出的 AutoCAD2002 脚本命令如图 6-17 所示。

6.5.2.3 MAPGIS6. X 明码文件

导出的 MAPGIS6. X 明码文件如图 6-18 所示。

6.5.2.4 ARCGIS9. 2 地理坐标

生成 ARCGIS9. 2 软件可识别的点和线大地坐标，单位为 DEG 格式，直接由 ARCGIS 读入并绘图。导出的 ARCGIS 点文件如图 6-19 所示。导出的 ARCGIS 线文件如图 6-20 所示。导出的 ARCGIS 图形文件如图 6-21 所示。

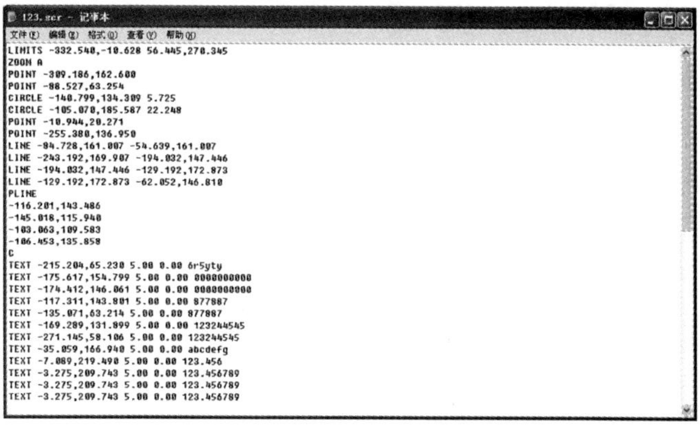

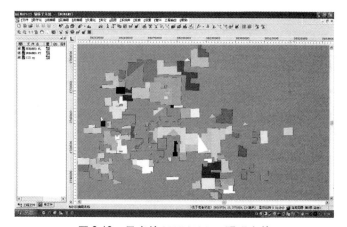

图 6-17　导出的 AutoCAD2002 脚本文件

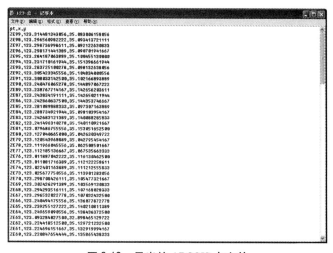

图 6-18　导出的 MAPGIS6.X 明码文件

图 6-19　导出的 ARCGIS 点文件

6.5.2.5　空间数据处理系统文件

导出的空间数据处理系统文件如图 6-22 所示。

```
id,pt,x,y
suanli1,ZE63,123.093284027500,32.898465129722
suanli1,YY11,123.156880782500,35.002694819167
suanli2,YY11,123.156880782500,35.002694819167
suanli2,Z140,123.072769825556,32.941187717222
suanli3,Z140,123.072769825556,32.941187717222
suanli3,JZ11,123.147847886389,32.875558210278
suanli4,CSJ1,123.376392258889,35.004125970278
suanli4,Z129,123.392996821667,35.040311165833
suanli5,Z129,123.392996821667,35.040311165833
suanli5,Z128,123.368349087778,35.049774241944
suanli6,Z128,123.368349087778,35.049774241944
suanli6,Z127,123.369142370556,35.045396967222
suanli7,Z127,123.369142370556,35.045396967222
suanli7,Z130,123.367740654167,35.040822969722
suanli8,Z130,123.367740654167,35.040822969722
suanli8,Z129,123.392996821667,35.040311165833
suanli9,ZP01,123.258319317500,35.027899205833
suanli9,Z129,123.392996821667,35.040311165833
suanli10,LBZ1,123.160440929722,35.082276189167
suanli10,ZE77,123.112185136667,35.067535663333
suanli11,ZP01,123.258319317500,35.027899205833
suanli11,Z113,123.289040105556,35.087871360556
suanli12,ZP01,123.258319317500,35.027899205833
suanli12,Z100,123.312920291667,35.084959006389
suanli13,RDCB,123.199184791667,35.057341016111
suanli13,ZE27,123.304768292778,35.204043848333
suanli14,Z143,123.272070539722,35.102160070000
suanli14,ZE62,123.224418512500,35.129721232500
suanli15,RDCB,123.199184791667,35.057341016111
suanli15,Z143,123.272070539722,35.102160070000
suanli16,Z143,123.272070539722,35.102160070000
suanli16,ZE21,123.210737526389,35.109325088056
suanli17,RDCB,123.199184791667,35.057341016111
suanli17,ZE17,123.205580524444,35.110582562500
suanli18,LBZ1,123.160440929722,35.082276189167
suanli18,Z145,123.055922380000,35.203601852500
suanli19,LBZ1,123.160440929722,35.082276189167
```

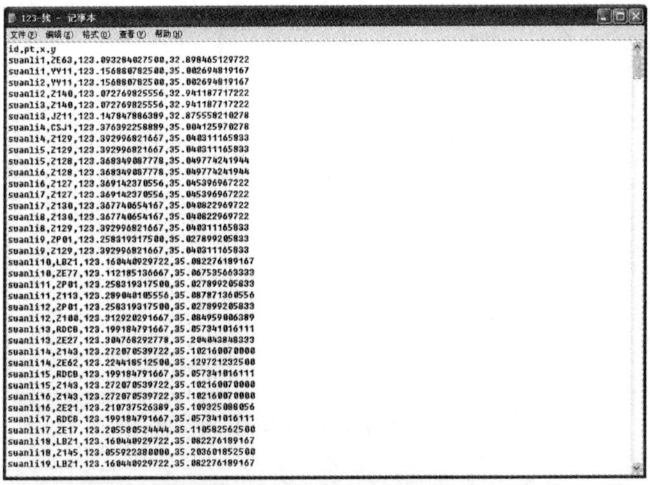

图 6-20　导出的 ARCGIS 线文件

图 6-21　导出的 ARCGIS 图形文件

```
[0]
POINT,,30299.733,40049.668,0.000,0.000,1
POINT,,30299.733,40170.414,0.000,0.000,1
POINT,,30049.824,40292.980,1.000,1.000,1
POINT,,30052.219,40349.630,1.000,1.000,1
POINT,,30082.470,40322.681,1.000,1.000,1
LINE,,,1,黑色,9
30299.733,40049.668
30299.733,40170.414
LINE,,,1,黑色,9
30107.679,40350.059
30052.219,40349.630
LINE,,,1,黑色,9
30052.219,40349.630
30049.824,40292.980
POLYGON,,红色,红色
30299.733,40049.668
30299.733,40170.414
30299.747,40179.014
30252.386,40178.947
30252.358,40170.419
30252.379,40098.812
30224.219,40098.812
30224.210,40049.646
TEXT,,30263.096,40124.467,12,0,0,黑色,,,,天河中学
TEXT,,30222.933,40117.984,12,0,0,黑色,,,,广州购书中心
TEXT,,30138.308,40127.395,12,0,0,黑色,,,,天河宾馆
TEXT,,30078.482,40114.520,12,0,0,黑色,,,,天河区人民医院
TEXT,,30241.246,40213.598,12,0,0,黑色,,,,天河体育中心
TEXT,,30226.261,40300.134,12,0,0,黑色,,,,天河火车站
```

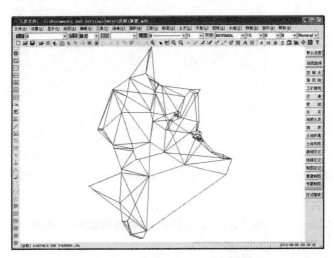

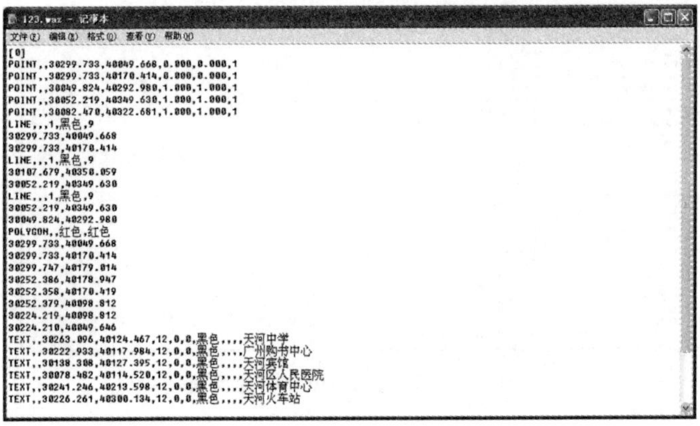

图 6-22　导出的空间数据处理系统文件

6.6 页面设置

在打印之前,用户可自行进行页面设置,比如纸张大小、方向。如果图形不合适,也可对图形进行旋转打印,旋转角度由用户自选,也可把图形居中打印等。页面设置如图6-23所示。

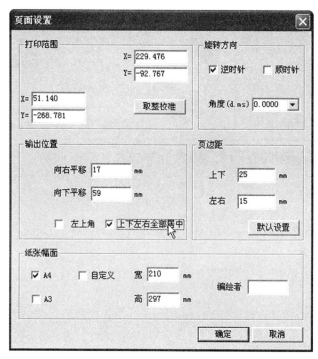

图6-23 页面设置

6.7 预览与打印

打印图形是本系统最基本的功能。用户要打印某一块图形,首先用鼠标左键选择打印范围,再点击预览就可显示打印效果(见图6-24),如果看不到图形,则可能是比例尺没有设置好,系统默认比例尺为1:500。另外,还可以把图形调到图纸中间进行打印,并可对图形进行旋转后再打印。如果不想打印彩色图形,可选择关闭面文件,只打印边框范围。

打印使用的命令:MFC通过CView类支持文档的打印和打印预览功能。CView类提供了一系列的打印和打印预览虚函数,以完成一个打印过程。打印预览就是利用设备描述表在屏幕上模拟打印机的输出过程。本系统打印过程没有在CView::OnDraw()中实现,而是重新添加打印函数。打印之前,页数控制和数据预处理在CView::OnPrepare-

Printing（）中进行。

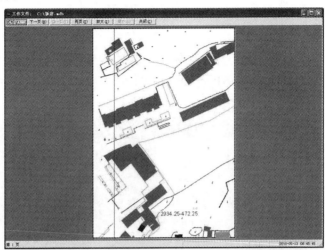

图6-24　打印预览

第 7 章　地籍入库

7.1　设置地籍面积参数

按《第二次全国土地调查技术规程》(TD/T 1014—2007)要求,宗地号前必须冠省、市、县代码,计算各图斑 80 系椭球面积,默认省、市、县代码均为两位数,不可更改,街道号、街坊号和宗地号位数可由用户自定义。

其他设置:注记界址边长,在生成宗地图时,自动标注相邻界址点边长;标注相邻单位名称,生成宗地图时,标注相邻单位名称;自动保存宗地图,每生成一个宗地图,按宗地号为文件名,自动生成文件,供后续编辑使用。设置地籍面积参数如图 7-1 所示。

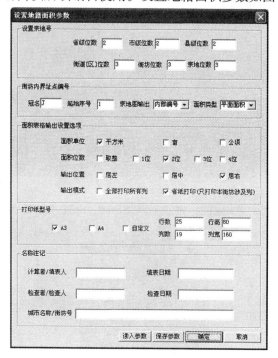

图 7-1　设置地籍面积参数

7.2　创建地籍数据库

地籍测量数据管理首先要建立地籍数据库,没有数据库支持就不能有效管理数据,而创建数据库关键是创建表,设计好字段内容及大小、数据类型。表分三个:界址点属性表、界址线属性表、宗地属性表。如果地籍数据库已存在,则此功能为无效状态,如果不存在,则可以创建数据库。创建数据库时,同时创建界址点、界址线、宗地属性数据库。

7.3　导入南方权属文件

建立地籍数据库最有效的方法是实现数据共享,读入南方 CASS 权属文件,生成街坊宗地图,进行后续数据处理。南方权属文件格式如图 7-2 所示。

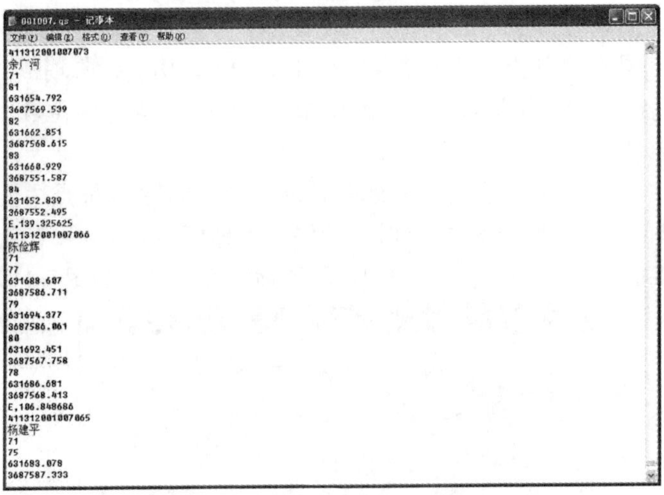

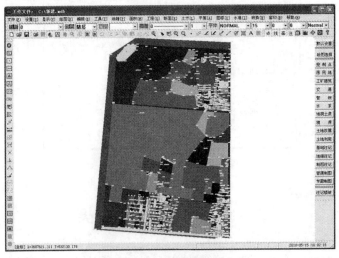

图 7-2　南方权属文件格式

按行读入数据,分类进行处理,并把所有信息直接保存到地籍数据库,界址点点名坐标保存到界址点属性中,权利人名称、地类、宗地号保存到宗地属性中。导入南方权属文件如图 7-3 所示。导入完毕显示街坊总图。

图 7-3　导入南方权属文件

7.4　界址点属性管理

界址点属性管理可对界址点点名、坐标、类别等属性进行管理,按条件查询,统计,提取数据,生成统计表格,用数据库管理可加快查询速度。用鼠标点击直接显示属性及坐标,也可修改界址点属性(见图7-4),然后重新生成各宗地权属文件。

7.5　界址线属性管理

界址线属性包括界址线位置,反算边长与实测边长等,在界址线附近点击可直接捕捉该线属性,显示该线相关信息等。修改界址线属性如图7-5所示。

图7-4　修改界址点属性

图7-5　修改界址线属性

7.6　宗地属性管理

宗地属性包括权利人名称、宗地编号、土地类别、日期等 56 项内容,在宗地面域内双击可直接显示该宗地各项属性等信息,也可直接修改宗地属性的各项信息,如图7-6所示。

图7-6　修改宗地属性

7.7 输出宗地图方法

输出宗地图,可用于调查表中示意图使用,比例尺根据纸张大小自动确定,界址边长可查询界址线数据库,宗地名称可查询宗地属性数据库,可单独绘出一宗地,也可批量绘出。批量绘出宗地图的方法是根据宗地属性中数据库记录提取每宗地的宗地编号,然后由系统自动生成各宗地图,并以宗地编号为文件名保存在相应目录下。

首先选择输出宗地图功能(见图7-7),然后在需要输出宗地图的重心坐标附近双击自动打开本宗地图,可打印输出(见图7-8)。如果方向不合适,可以进行旋转至合适位置。

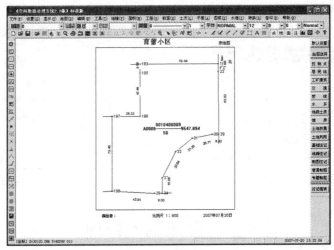

图 7-7 输出宗地图

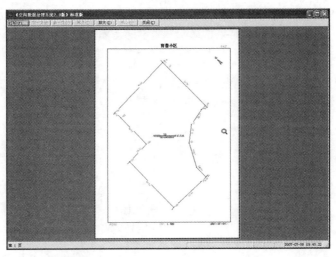

图 7-8 打印宗地图

7.8　输出宗地面积表格

输出宗地面积表格如图 7-9 所示。

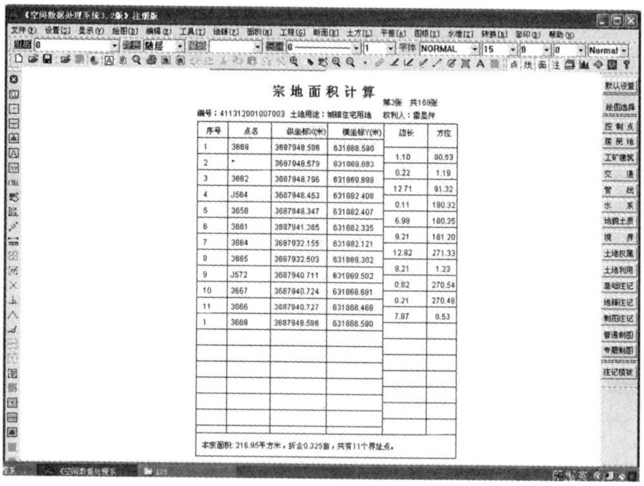

宗 地 面 积 计 算

第3张　共169张

编号：411312001007003 土地用途：城镇住宅用地　权利人：雷显件

序号	点名	纵坐标X(米)	横坐标Y(米)	边长	方位
1	3669	3687948.596	631868.590		
2	*	3687948.579	631869.693	1.10	90.53
3	3662	3687948.796	631869.698	0.22	1.19
4	J564	3687948.453	631882.408	12.71	91.32
5	3658	3687948.347	631882.407	0.11	180.32
6	3661	3687941.365	631882.335	6.98	180.35
7	3664	3687932.155	631882.121	9.21	181.20
8	3665	3687932.503	631869.302	12.82	271.33
9	J572	3687940.711	631869.502	8.21	1.23
10	3667	3687940.724	631868.681	0.82	270.54
11	3666	3687940.727	631868.469	0.21	270.48
1	3669	3687948.596	631868.590	7.87	0.53

本宗面积：216.95平方米，折合0.325亩，共有11个界址点。

图 7-9　输出宗地面积表格

7.9　输出文本宗地面积表格

输出文本宗地面积表格如图 7-10 所示。

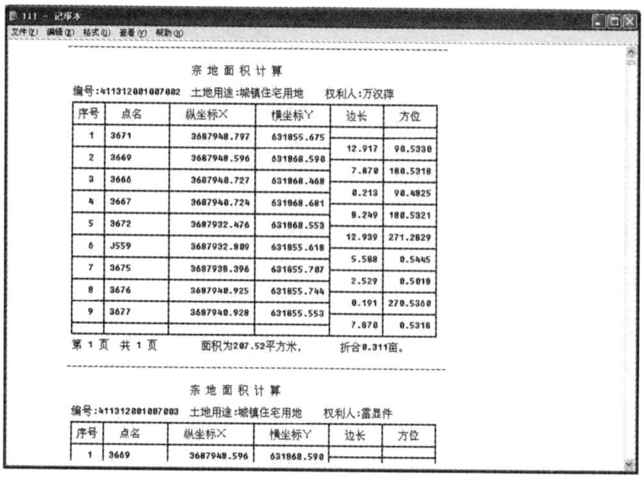

宗 地 面 积 计 算

编号:411312001007002　土地用途:城镇住宅用地　权利人:万汉萍

序号	点名	纵坐标X	横坐标Y	边长	方位
1	3671	3687948.797	631855.675		
2	3669	3687948.596	631868.590	12.917	90.5330
3	3666	3687940.727	631868.468	7.870	180.5318
4	3667	3687940.724	631868.681	0.213	90.4825
5	3672	3687932.476	631868.553	8.249	180.5321
6	J559	3687932.809	631855.618	12.939	271.2829
7	3675	3687938.396	631855.707	5.588	0.5445
8	3676	3687940.925	631855.744	2.529	0.5018
9	3677	3687940.928	631855.553	0.191	270.5360
				7.870	0.5318

第 1 页　共 1 页　面积为207.52平方米，　折合0.311亩。

宗 地 面 积 计 算

编号:411312001007003　土地用途:城镇住宅用地　权利人:雷显件

序号	点名	纵坐标X	横坐标Y	边长	方位
1	3669	3687948.596	631868.590		

图 7-10　输出文本宗地面积表格

7.10　输出街坊界址点成果表

输出街坊界址点成果表的方法:对本街坊所有界址点统一编号,按页生成文本文件。

每个街坊全部从 1 开始编号。输出街坊界址点成果表如图 7-11 所示。

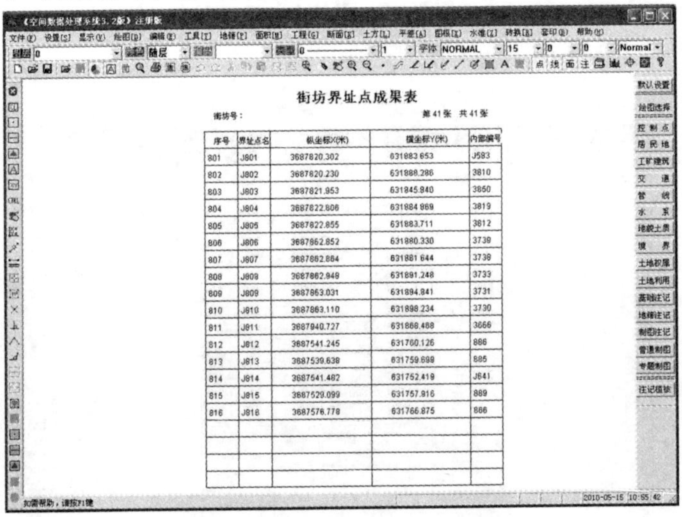

街坊界址点成果表

街坊号：　　　　　　第 41 张　共 41 张

序号	界址点名	纵坐标X(米)	横坐标Y(米)	内部编号
801	J801	3687820.302	631883.653	J583
802	J802	3687820.230	631888.286	3810
803	J803	3687821.953	631845.840	3850
804	J804	3687822.806	631884.869	3819
805	J805	3687822.855	631883.711	3812
806	J806	3687862.852	631880.330	3739
807	J807	3687862.884	631881.644	3738
808	J808	3687862.948	631891.248	3733
809	J809	3687863.031	631894.841	3731
810	J810	3687863.110	631898.234	3730
811	J811	3687940.727	631868.488	3666
812	J812	3687541.245	631760.126	886
813	J813	3687539.638	631759.699	885
814	J814	3687541.482	631752.419	J641
815	J815	3687529.099	631757.916	889
816	J816	3687576.778	631766.875	866

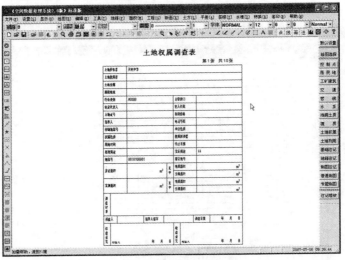

图 7-11　输出街坊界址点成果表

7.11　输出权属调查表

输出权属调查表如图 7-12 所示。

图 7-12　输出权属调查表

7.12　输出界址调查表

输出界址调查表如图 7-13 所示。

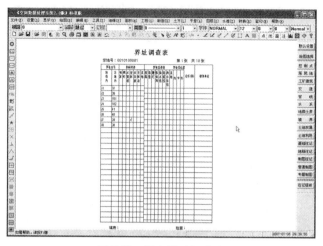

图 7-13　输出界址调查表

7.13　拓扑关系检查

拓扑关系检查用于检查界址点捕捉不准而造成的面积重合现象。检查原理:把所有界址点依次放在每个宗地中去判断,看其是否落在本宗地内,如果有某点落在本宗地内,那么此点就被记录下来,生成错误文件,供用户检查核实。

拓扑关系检查用于南方 CASS 软件捕捉界址点不准时造成的面积不闭合问题,很多情况下,由于捕捉不准,同一个界址点坐标不一致,进行拓扑关系检查可帮您查出此类问题。方法:首先读入南方权属文件,再点击拓扑关系检查,系统开始对每个界址点进行拉网式排查,判断所有界址点是否落入其他宗地范围内,如果落入其他宗地内则被标记,并生成错误文件,检查完毕显示检查结果。拓扑关系检查如图 7-14 所示。拓扑关系检查结果如图 7-15 所示。

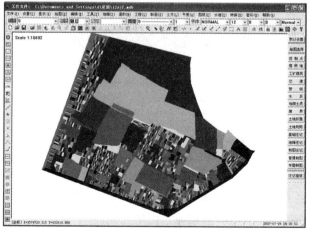

图 7-14　拓扑关系检查

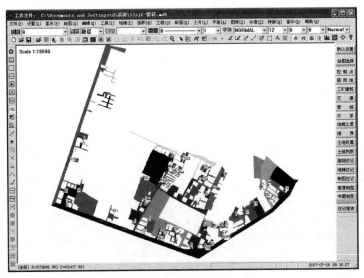

图 7-15　拓扑关系检查结果

7.14　面积不闭合检查

对于遗漏宗地的情况,拓扑关系无法查出,只是面积会小于街坊总面积,但是用面积闭合检查就可以查出。原理:每个界址点均被使用两次,包括街坊外围的界址点。统计界址点出现的频率,如果只出现一次,那么肯定至少一宗地与此界址点有关,标出所有此类界址点,并生成小圆圈,生成南方 CASS 交换文件,展绘到图上一目了然。

面积不闭合检查(见图 7-16)用来检查街坊面积不闭合情况,拓扑检查只能检查界址点落入别的宗地的情况,但是,对于两相邻宗地有裂隙的情况则检查不出来,在进行拓扑检查没有问题,而街坊面积又不能完全闭合时,可进行此项检查。检查结果生成南方 CASS5.1 或 CASS6.1 文换文件,然后展到图上一目了然,再进行修改或抓虚宗处理。

图 7-16　面积不闭合检查

把系统生成的 CASS 交换文件展到南方 CASS 图上,在错误的地方有一个白色圆圈,提示用户进行修改。如果没有问题,则显示街坊控制面积,各宗地面积之和。生成的南方 CASS 展点文件如图 7-17 所示。

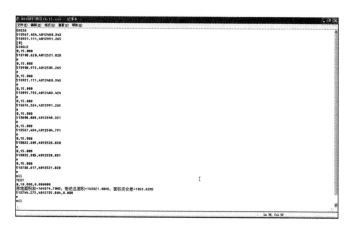

图 7-17 生成南方 CASS 展点文件

7.15 南方权属检查

南方权属检查是为了提取界址点和统计界址线及宗地信息而设计的,直接读入 DXF 明码格式文件,提取有用信息,然后生成文本文件,如图 7-18 所示。读取 DXF 文件时,因该文件行数太多,几十万行很常见,所以找到有用的信息标识开始读,如果没用就直接跳过,只把有用信息读入临时开辟的内存中,然后去逐行提取所需数据即可。自动提取界址点、界址线、宗地信息等。

图 7-18 南方权属检查

(1)读入南方 CASS 软件生成的 DXF 文件,如图 7-19~图 7-21 所示,方法:首先冻结界址点和界址线层,然后删除其他图层,并选择清理[以上全部]和[编组],另存为 DXF 文件。

图 7-19 南方权属检查方法

图 7-20 南方权属检查进度框

（2）自动提取宗地属性数据，如图 7-22 所示。

（3）自动提取界址点属性，如图 7-23 所示。

如果界址点有问题，则显示共有多少个点坐标相同（见图 7-24），并生成结果文件如图 7-25 所示。

图 7-21　南方权属检查完毕提示

图 7-22　南方权属检查－提取宗地属性

图 7-23　南方权属检查－提取界址点属性

图 7-24　南方权属检查－界址点检查结果

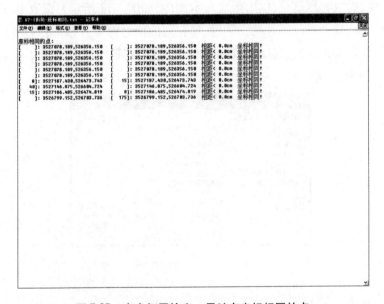

图 7-25　南方权属检查－界址点坐标相同的点

如果界址点没有问题，则自动生成界址点属性表，如图 7-26 所示。

（4）自动提取界址线属性。如果 DXF 格式没有问题，则生成界址线属性表，如图 7-27 所示。

（5）自动提取界标类型。提取界标属性如图 7-28 所示。提取完毕显示统计结果，如图 7-29 所示。

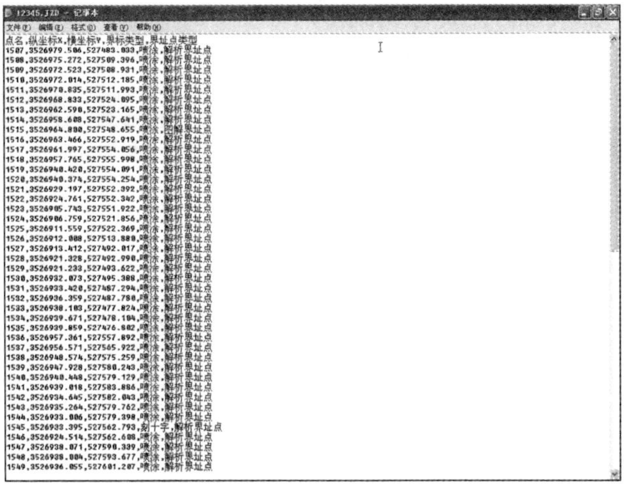

图 7-26　南方权属检查 - 统计界址点属性

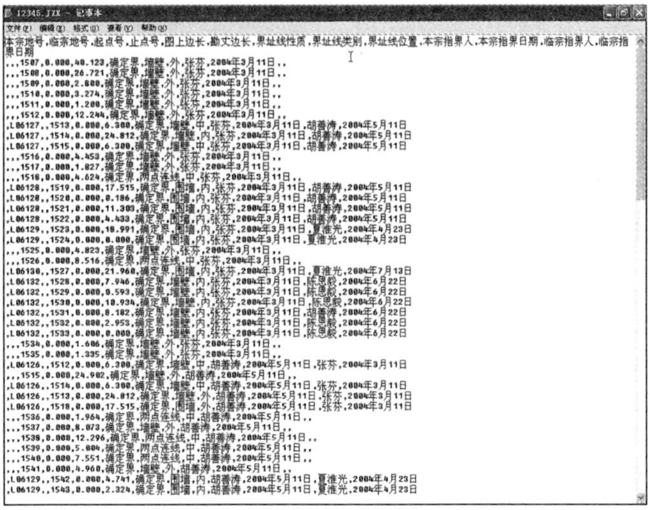

图 7-27　南方权属检查 - 统计界址线属性

图 7-28　南方权属检查 - 提取界标属性　　　　图 7-29　南方权属检查 - 输出统计结果

（6）属性提取完毕，自动生成地籍数据库，如图7-30所示。

（7）检查完毕显示结束标志，如图7-31所示。

图7-30　南方权属检查－生成地籍数据库

图7-31　南方权属检查－检查完毕提示

第8章 面积汇总

8.1 选择面积汇总类型

面积汇总有两种类型,地籍和规划。不同的种类表格不尽相同,要求也不相同,用途也不相同。地籍类面积汇总在国内有统一的表格模式,包括分类汇总和按性质汇总。规划类面积汇总则为征地补偿服务,表格相对简单,要求汇总到村民小组,不按城市来汇总,满足特殊要求。不管何种汇总方法,基本原理是一样的,方法类同。

8.2 设置地籍面积参数

设置地籍面积参数如图 8-1 所示。面积表格中面积单位、小数位数、输出位置可在设置中修改。打印纸张大小可自行调节,每页输出行数、列数及行高、列宽可修改。计算者、检查者名字可以修改,默认为空,城市名称可在方框内修改。如果要生成电子表格汇总文件,则必须首先选中生成汇总电子表格功能,默认为不生成。

图 8-1 设置地籍面积参数

8.3 宗地面积计算方法

宗地面积计算方法有多种,本系统采用多边形面积计算方法,计算公式见第二章相关内容。实现方法:打开展点图形,按顺时针或逆时针方向顺序捕捉本宗地各拐点坐标,不允许打结,捕捉完毕后,再重新捕捉第一个点,即自动闭合,生成宗地面文件,提示输入本宗地相关信息。不同的类型有不同的要求。

(1)地籍测量。地籍测量信息输入如图 8-2 所示。

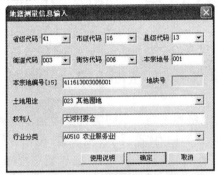

图 8-2　地籍测量信息输入

(2)规划征地。规划征地信息输入如图 8-3 所示。

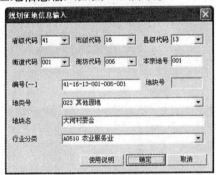

图 8-3　规划征地信息输入

(3)生成面文件,并显示结果,如图 8-4 所示。

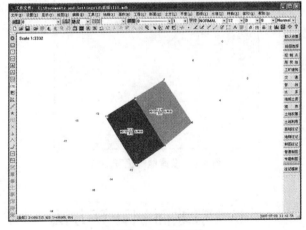

图 8-4　生成面文件

(4)计算宗地面积,并保存入库。

8.4　自动生成宗地方法

自动生成宗地的方法:读入路线信息,统计路线数,构建三角网,合并三角形,生成宗地信息,输出面文件。具体步骤为:

(1)读入界址路线信息。自动生成宗地－编号原则如图 8-5 所示。

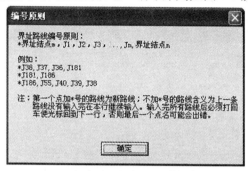

图 8-5　自动生成宗地－编号原则

(2)读入界址点坐标。自动生成宗地－界址点坐标格式如图 8-6 所示。

(3)自动计算面积。自动组成宗地如图 8-7 所示。

图 8-6　自动生成宗地－界址点坐标格式

图 8-7　自动组成宗地

(4)生成权属文件。自动生成宗地－生成权属文件如图 8-8 所示。

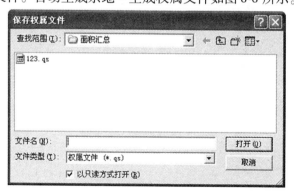

图 8-8　自动生成宗地－生成权属文件

(5)生成权属文件后,权利人名称、地类号均需要补充修改完善。

8.5　南方权属转换方法

　　开发面积汇总模块主要是为了第二次全国土地调查服务,读入南方 CASS 格式权属文件,然后重新计算各宗地面积,再进行配赋,直接生成面积汇总表格。方法:依次读入各宗地信息,包括权利人名称,地类,面积,界址点坐标。重新计算面积,生成面积汇总数据库文件。南方权属文件转换成面积汇总文件的使用说明如图 8-9 所示。

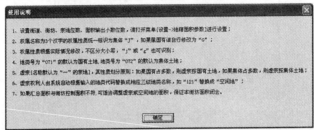

图 8-9　南方权属文件转换成面积汇总文件的使用说明

8.6　读入面积汇总文件

　　面积汇总文件格式如图 8-10 所示。

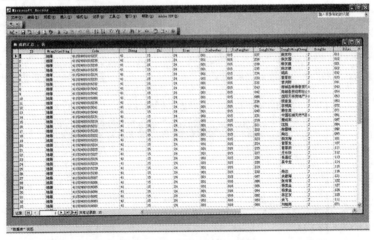

图 8-10　面积汇总文件格式

8.7　按分类汇总面积

　　面积汇总表格有三套,按街坊、街道、城镇汇总,另外就是按国有和集体分别汇总。各宗地面积计算表、街坊界址点成果表,汇总时,先统计各宗地的面积,再按宗地号统计各街坊面积,如果属于同一街坊的直接进行累加。输出表格如图 8-11 ~ 图 8-16 所示。

图 8-11　按城镇汇总面积

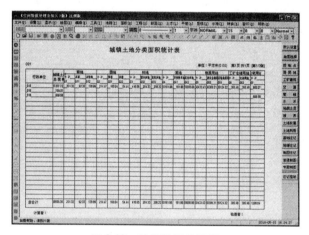

图 8-12　按街道汇总面积

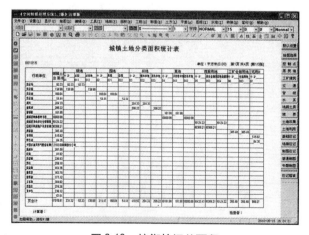

图 8-13　按街坊汇总面积

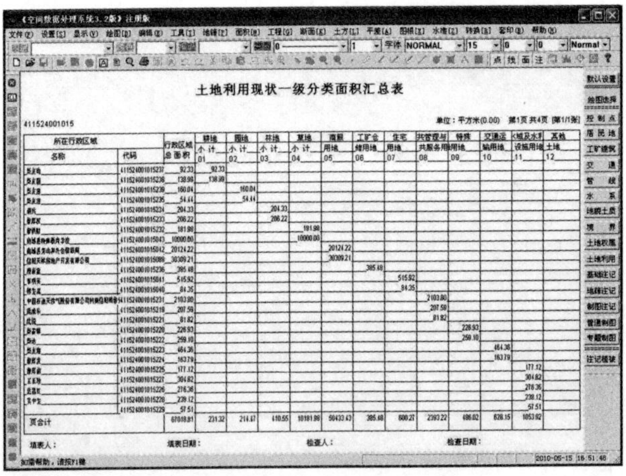

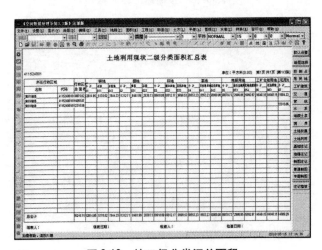

图 8-14　按一级分类汇总面积

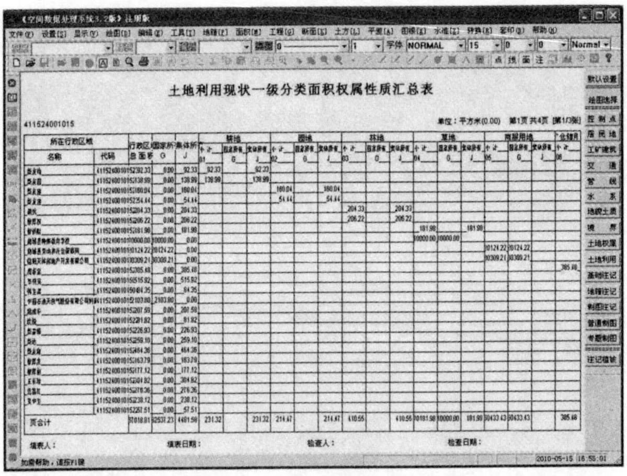

图 8-15　按一级分类汇总权属面积

图 8-16　按二级分类汇总面积

8.8　按权属汇总面积

自动生成面积汇总表格,关键是要计算本街坊涉及的地类总数,由用户设置打印列数及每页纸张幅面大小,再计算需要的纸张数,按顺序排列。每页打印内容及位置事先存放在相应单元格内,再根据需要打印的页码确定打印哪些内容。输出表格如图 8-17 所示。

图 8-17　按权属汇总面积输出表格

8.9　生成电子表格文件

生成电子表格技术就是把面积汇总表格内容按电子表格形式输出,再保存成文件(见图 8-18),供用户使用,提交成果。

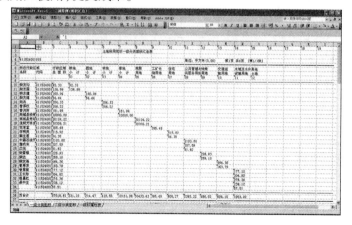

图 8-18　生成电子表格面积汇总文件

第 9 章　工程计算

9.1　工程曲线测设方法

　　工程测量道路(铁路和公路)放样常见的曲线类型有平面直线、圆曲线、缓和曲线、竖直线、竖曲线等。计算方法可用计算器来计算,也可编程序来计算,如果用计算器来计算,需要计算出各种曲线要素,然后按公式来计算,如果用软件来计算,则相对简单,只要知道各特征点的坐标和圆半径及缓和曲线长度,按数学上的方法计算出圆心坐标及任意桩号坐标计算公式,就可编程来实现。

　　一般来说,公路放样时,公路设计院会将相关要素给施工单位,由施工单位的测量放线人员来具体放样到实地,给出的控制线坐标也不尽相同,有的是以路中心为控制线,自己计算道路边桩坐标和高程,有的则以道路一边作为控制线,由施工单位根据情况自己计算放样坐标,放样完毕,则交予监理单位进行复查,准确无误后才能进行施工。

9.2　计算组曲线

　　组曲线含义是一组曲线,包括直线、圆曲线、缓和曲线等。由设计院给出道路设计端点坐标及拐点坐标、圆曲线半径、缓和曲线长度,然后用软件来一次性计算出所有桩号及特征点的坐标和高程。按类型可分为平面组曲线和高程组曲线。计算组曲线 – 设置曲线要素数据如图 9-1 所示。

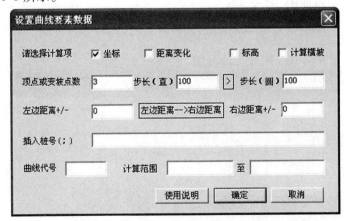

图 9-1　计算组曲线 – 设置曲线要素数据

　　平面组曲线用于自动计算路线上各桩号及边桩坐标。只需要两端点及转点坐标,圆心半径,缓和曲线设计长度,道路宽度。计算方法:先计算出直圆点、圆直点、直缓点、缓直点坐标、各特征点的准确桩号,然后分段计算。

计算高程组曲线,相对于把竖曲线平放到平面上,桩号为横轴,标高为纵轴,按平面组曲线计算方法计算标高。同理,计算各特征点的坐标和高程,最后还原为桩号和标高。

计算方法是分段来计算,对应不同的类型按不同方法来计算。

根据不同要求,选择计算坐标或者计算标高,按提示要求输入完毕自动计算即可。平面组曲线计算结果如图 9-2 所示。

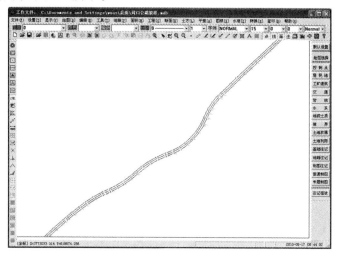

图 9-2   平面组曲线计算结果

高程组曲线计算结果如图 9-3 所示。

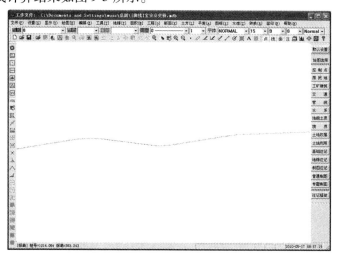

图 9-3   高程组曲线计算结果

9.3   计算平面直线

工程计算常用于道路施工放线,指导工程施工,实际作业中由测量人员放出桩号和标高。工程计算是不可避免的,直线段计算时根据控制线坐标和道路宽度计算边桩坐标,具体计算方法是按支导线计算直线段两端点边桩坐标,再按桩号直线内差法计算各边桩坐标。计算平面直线的参数设置如图9-4所示。计算平面直线图形如图9-5所示。

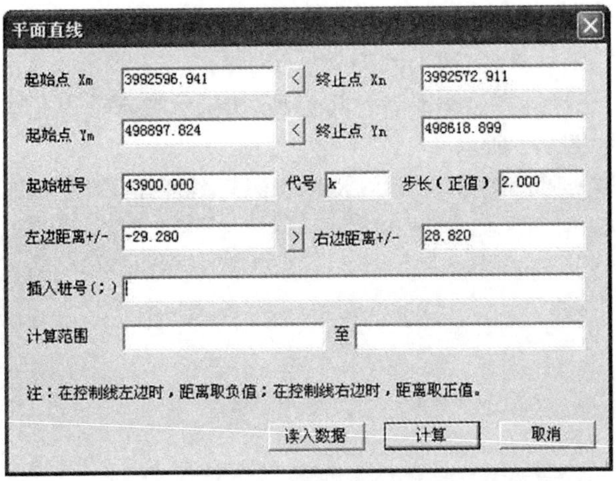

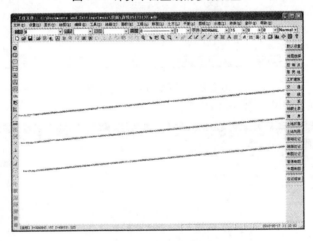

图9-4　计算平面直线的参数设置

图9-5　计算平面直线图形

9.4　计算平面圆曲线

　　计算平面圆曲线是道路工程中常见的,计算方法一般是先确定圆心坐标和起始点坐标(直缓点、缓直点、直圆点、圆直点),用支导线法计算边桩坐标,包括左边桩和右边桩,步长按设计步长反算夹角值,圆心点作为起算点,起始点作为定向方向。注意:控制线一般在道路中心,也有不在道路中心的,对于圆曲线段来说,两边桩算出的距离与控制线算出的距离不一致,这是因为边线和控制线半径不一致。内边桩小于外边桩。如 K1 + 200 与 K1 + 210 表示控制线弧长是 10 m。计算平面圆曲线的参数设置如图9-6所示。计算平面圆曲线图形如图9-7所示。

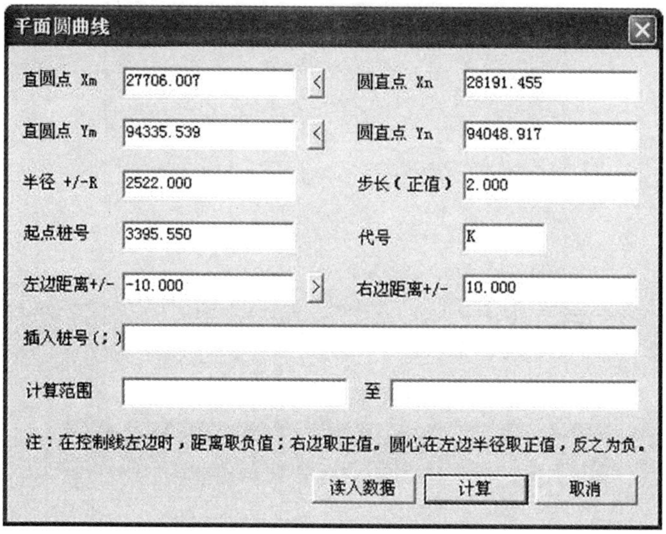

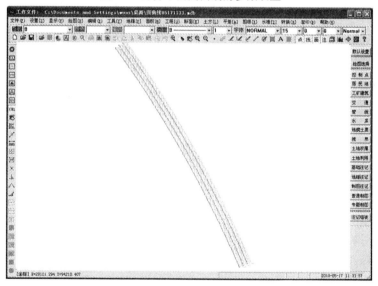

图 9-6　计算平面圆曲线的参数设置

图 9-7　计算平面圆曲线图形

9.5　计算平面缓和曲线

　　缓和曲线是连接直线段和圆曲线段的过渡曲线,又称(贝塞尔)曲线,起到平稳过渡作用。半径从无穷大逐渐过渡到圆曲线半径,计算公式复杂。计算关键技术是先计算控制线上各桩号坐标,然后稍许移动一点点,如 5 mm。再计算一次,作为定向方向,用支导线计算出两边桩坐标,这样才能保证两边桩连线垂直于控制线。

　　计算平面缓和曲线的参数设置如图 9-8 所示。计算平面缓和曲线图形如图 9-9 所示。

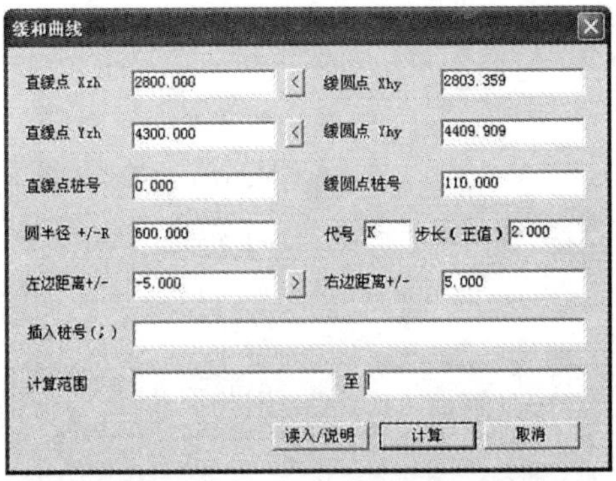

图 9-8　计算平面缓和曲线的参数设置

图 9-9　计算平面缓和曲线图形

9.6　计算竖直线

竖直线计算常用于连接桥梁部分,标高随着桩号不同而变化,计算方法和平面直线相似,把桩号和标高作为纵、横坐标,使用内差方法求出其他桩号的标高。

计算竖直线标高的参数设置如图 9-10 所示。计算竖直线标高图形如图 9-11 所示。

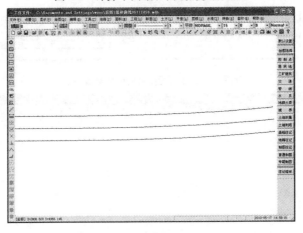

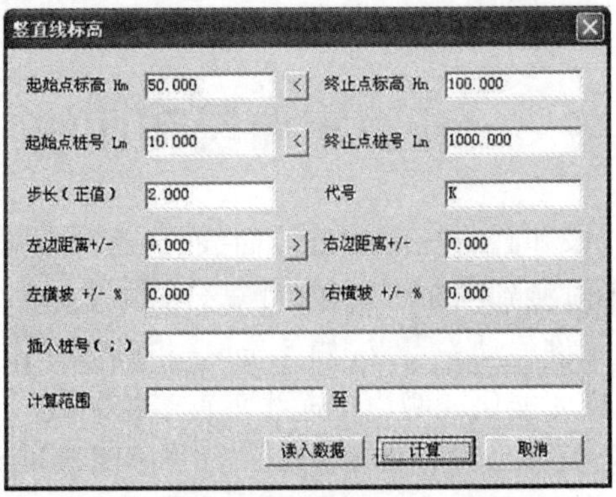

图 9-10　计算竖直线标高的参数设置

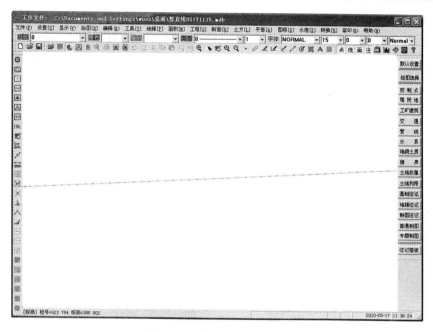

图 9-11 计算竖直线标高图形

9.7 计算竖曲线

计算竖曲线方法:把桩号视为 X,标高视为 Y,用平面圆曲线计算方法来计算,同理,先计算控制线标高,再计算边桩标高。计算竖曲线标高的参数设置如图 9-12 所示,计算竖曲线标高图形如图 9-13 所示。

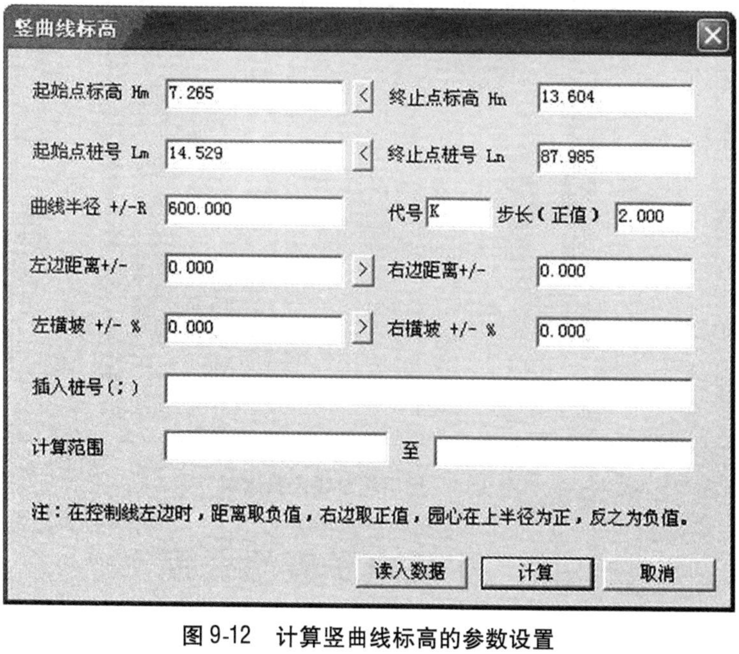

竖曲线标高				✕
起始点标高 Hm	7.265	<	终止点标高 Hn	13.604
起始点桩号 Lm	14.529	<	终止点桩号 Ln	87.985
曲线半径 +/-R	600.000		代号 K 步长(正值)	2.000
左边距离+/-	0.000	>	右边距离+/-	0.000
左横坡 +/- %	0.000	>	右横坡 +/- %	0.000
插入桩号(;)				
计算范围		至		

注:在控制线左边时,距离取负值,右边取正值,园心在上半径为正,反之为负值。

读入数据　计算　取消

图 9-12 计算竖曲线标高的参数设置

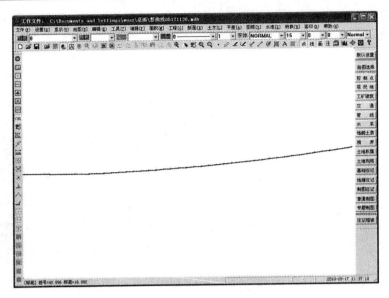

图 9-13　计算竖曲线标高图形

9.8　输出计算结果

在计算所有桩号和坐标、标高,边桩坐标及边桩标高时,生成数据库,便于生成电子表格成果(见图 9-14),也可以显示成图形(见图 9-15),以检查计算是否正确。

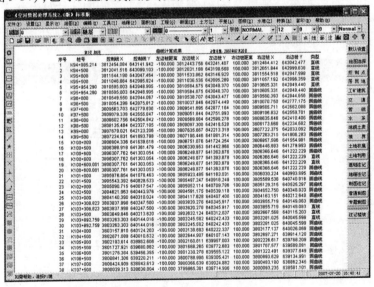

图 9-14　输出组曲线计算结果

9.9　生成电子表格数据

生成电子表格计算结果如图 9-16 所示。

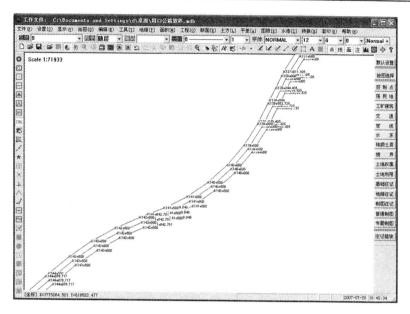

图 9-15　输出组曲线计算图形

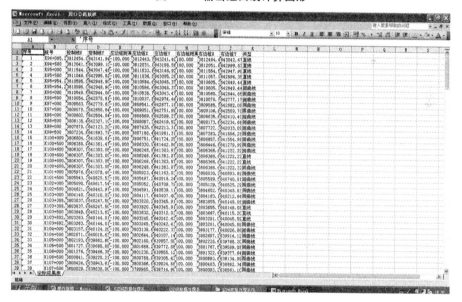

图 9-16　生成电子表格计算结果

9.10　横坡计算

在设计道路时,一般会考虑流水方向,在立交桥匝道上往往有变换坡度,理论上,坡度从 −2% 变化到 2%,标高不是呈直线变化,而是呈正弦曲线变化,不能用内差法计算标高,只能用正切公式来计算。横坡计算的参数设置如图 9-17 所示。本功能可计算任意桩号的横坡。

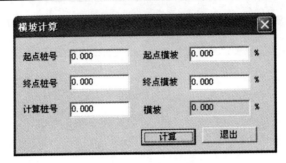

图 9-17　横坡计算的参数设置

第 10 章　纵横断面

10.1　绘制纵横断面原理

一般来说,纵横断面是公路初测和定测时常见的内容,用于计算工程量和道路选线设计时参考。绘制纵横断面的常见方法有:

(1)沿线均匀采集一定数量的碎部点,构成三角网,然后在图上选线或读入路线坐标生成纵横断面。

(2)只采集特定线路的碎部点,在中线附近或横断面线附近按一定间隔或有变化的地方采集碎部点,然后纠正到标准位置,直接进行展点,绘出纵横断面图形。

(3)首先测图,然后在图上选定路线,再逐个提取相关点坐标和高程数据,进而用软件生成纵横断面图。

10.2　设置纵横断面参数

纵横断面参数设置如图 10-1 所示。

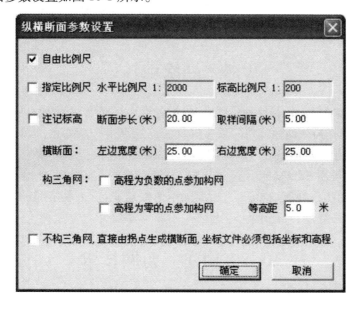

图 10-1　纵横断面参数设置

根据用户的不同要求,可以设置相关参数,如纵横断面比例尺,采样间隔与步长等。

10.3　读入碎部点数据

碎部点数据的读入如图 10-2 所示。

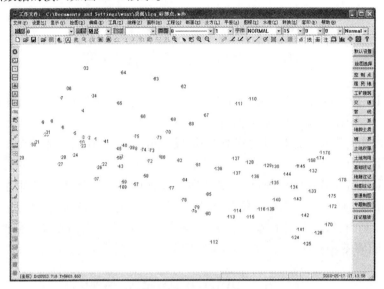

图 10-2　碎部点数据的读入

读入碎部点数据之后,所有碎部点会显示在屏幕上,并自动调整显示比例尺。如果碎部点重点,即坐标完全相同,系统会自动进行检查。如果出现两个坐标完全一样的碎部点,会影响构网速度,有可能会导致判断出错。

10.4　描绘地性线

根据野外记录资料,用描绘地性线功能,把各点连接起来,以生成自由横断面文件,如图 10-3 所示。选择描绘地性线功能后在屏幕上连续点击一系列点,本条线描绘完毕,可用鼠标右键退出当前功能或重新选择描绘地性线功能菜单进入下一条。

描绘过程中可用 ESC 功能后退一步,或者选择删除线段功能,然后在要删除的线附近点击,即可自动捕捉到该线段,再选中删除本组线功能,点击确定即可删除本线段。所有地性线均为单一线段,只记录两点号坐标,不属于复合线。

10.5　构建三角网技术

构建三角网的目的是准确计算各特征点高程。构建三角网方式有很多,不同的构网模型效率不同,本系统构建三角网理论模型是把所有碎部点进行分格,并把碎部点首尾相接,大大提高检索效率,具体方法参见第 11 章 11.4 构建三角网技术的相关内容。构建三角网的结果如图 10-4 所示。

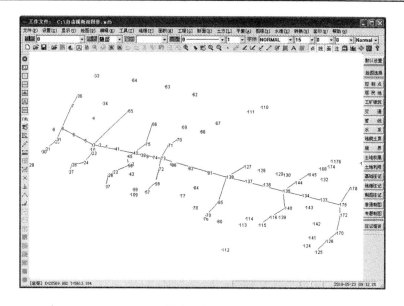

图 10-3 描绘地性线

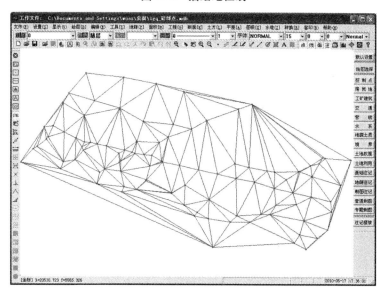

图 10-4 构建三角网

10.6 图上选择路线

构建三角网完成后,可以在图上选择纵断面路线。方法:首先选择图上选择路线功能,然后直接用鼠标在图上点击一系列点,自动采集当前点位坐标并构成路线信息,用 ESC 可退一步。路线选择完毕后,会显示在屏幕上,用折线连接起来,如图 10-5 所示。

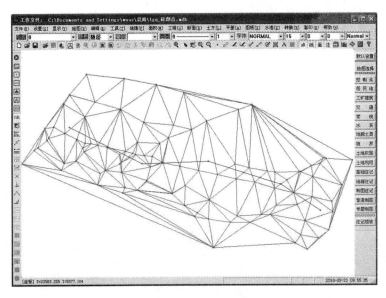

图 10-5　图上选择路线

10.7　读入路线坐标

如果是线路测量,为了方便输入或准确指定纵断面路线位置,则可把路线中心坐标编辑成文本文件形式直接读入,此时每个坐标点绘一个断横面,断面名称为本点名称,如果没有名称则用默认值。路线坐标数据格式如图 10-6 所示。

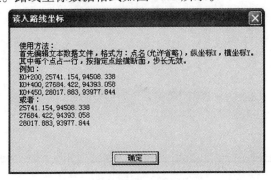

图 10-6　路线坐标数据格式

读入路线后,按设计步长计算各特征点坐标,包括横断面上各特征点坐标。有了具体位置就可以计算各点的高程。

10.8　绘自由横断面

如果在参数设置中选中绘自由横断面功能,则该功能会自动变为有效,可直接读入用户编辑好的自由横断面坐标数据文件,自动建立数据库。特点是横断面宽度自由设置,不要求统一,不构建三角网。绘自由横断面说明如图 10-7 所示。自由横断面数据格式如图 10-8 所示。

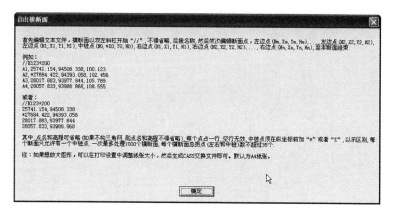

图 10-7　绘自由横断面说明

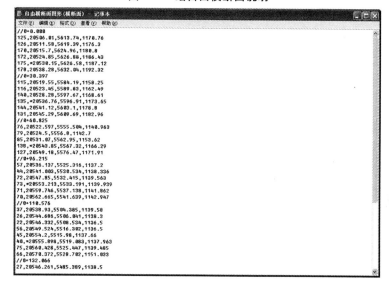

图 10-8　自由横断面数据格式

如果每个中桩点名需要修改,直接修改即可。标注有 ∗ 号的为中桩。

10.9　建立纵横断面数据库

为了管理方便,把各特征点坐标和高程建立数据库,加快检索速度,也可以保存,为下次再次使用提供方便,不用再重新构网,提高效率。建立纵横断面数据库如图 10-9 所示。

建立数据库的关键步骤是计算各特征点和按步长计算各拐点坐标和高程,凡是与三角网相交的地方均要计算坐标和高程。

10.10　输出纵断面

输出纵断面,就是把纵断面上各特征点转绘到平面上,供设计施工使用。从起始点开始,线路长度作为横坐标,各点高程作为纵坐标,绘出纵断面图。输出的纵断面如图 10-10 所示。

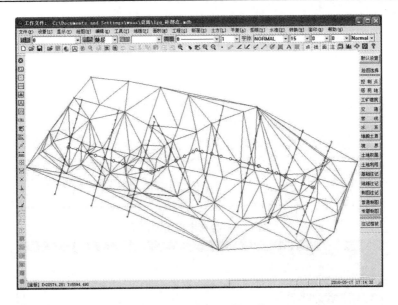

图 10-9　建立纵横断面数据库

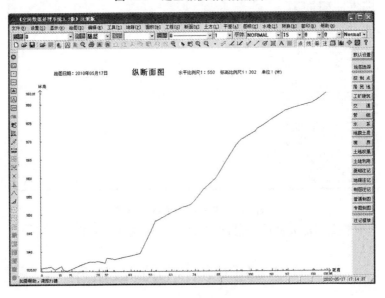

图 10-10　输出的纵断面

10.11　输出横断面

横断面就是按一定步长或指定位置生成的与纵断面垂直的断面,从线路前进方向的左端开始向右,线路长度作为横坐标,高程作为纵坐标,绘出各桩号的横断面。有时,对于自由横断面,由于宽度有变化,可单独输出,但是默认为等宽格式。输出的横断面如图 10-11 所示。

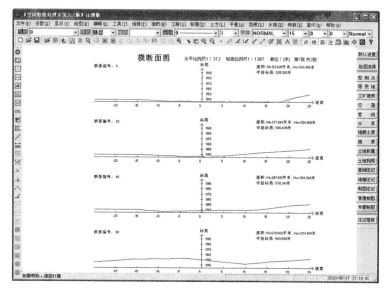

图 10-11　输出的横断面

10.12　生成 CASS 交换文件

有时,为了工作方便,用户需要把纵横断面图转换成其他软件通用格式,直接提取纵横断面数据转换成文本文件输出即可。生成的 CASS 交换文件如图 10-12 所示。

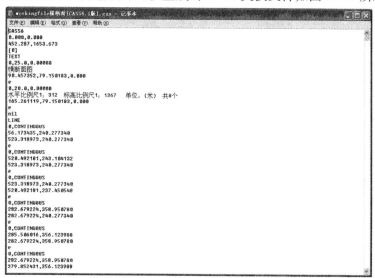

图 10-12　生成的 CASS 交换文件

10.13　生成文本数据文件

有的设计院有其特殊的数据格式要求,不但要提交纵横断面,而且还要提交断面数据,即中桩标高及桩号,离中桩距离,高差或高程,等等。生成的文本数据文件如图 10-13 所示。

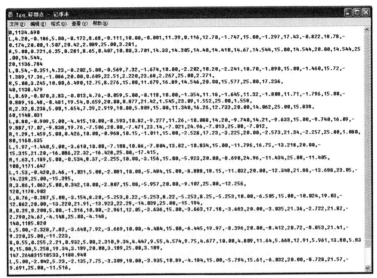

图 10-13 生成的文本数据文件

第 11 章　土方量计算

11.1　土方量计算方法

　　土方量计算方法有多种,有断面法、方格网法、等高线法、DEM 法等。每种方法都有其优越性,当然精度也不尽相同,不同的软件计算方法也不一样。本系统计算土方量的方法为方格网法,即对所有控制点构建三角网。每个三角形的顶点均有高程。任意点根据其位置坐标查找落在哪个三角形内,再按内分法计算其高程。

　　内分法计算原理:假设 D 点在三角形 ABC 内,通过 D 点与 C 点连线,与 AB 边交于 E 点,E 点的标高可根据 A、B 点高程来确定,同理,D 点的标高可根据 C、E 点来确定。AB 直线段内的任何点标高可按与 A 点的距离来内分,首先计算 AB 距离,再计算 AE 距离,用 AE 距离除以 AB 距离,得出系数,再乘以 AB 的高差,然后加上 A 点高程即为 E 点高程。

　　任意点标高计算:根据三角网计算每个方格的四个角点的高程,为了计算方便,取其中心点作为基准点,其高程取四个角点的平均数,这样就把每个方格分成了四个小三角形。可以根据坐标求出此点落在哪个三角形内,进而求出其高程。在实际计算时,为了更准确地计算填挖方量,对用户设置的方格网再分成 100 份,即横向 10 份,纵向 10 份,每个小格单独计算工程量,并确定正符号。分开统计填挖方量。

11.2　设置边界及格网单位

　　在计算填挖方量或场地平整之前,首先要确定计算范围及方格网单位,不足满格的地方要按实际面积进行计算填方或挖方工程量。另外,方格网大小也直接影响工程量的准确性,格网越小越准确,但是计算时间也越长;反之,越快。方格网单位最小为 1 m×1 m (实际计量为 0.1 m×0.1 m),最大单位为 20 m×20 m。系统默认格网大小为 10 m,如果不合适可自行设置调整。用户也可自行设置格网单位。注意:方格网设置过小会成倍增加计算时间,合适即可。设置边界及格网单位如图 11-1 所示。

　　说明:边界必须是一个封闭的多边形,各拐点方向可以为顺时针方向,也可以为逆时针方向,由系统自动区分。拐点不得打结,像 8 字形。格网划分单位,按拐点坐标取整,便于管理和显示方便。

11.3　读入碎部点数据

　　在计算填挖土方量之前,要先读入碎部点坐标及高程,以便构建三角网,计算方格网标高,进行土方量计算。在读入时,要保证不能重点,即坐标和高程完全相同,只是点名不

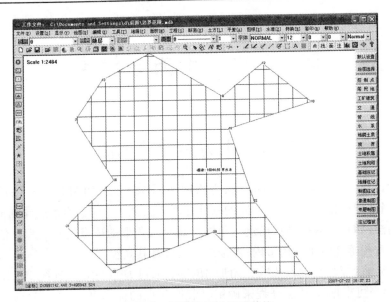

图 11-1　设置边界及格网单位

同。而实际工作中往往会出现这种情况,影响构建三角网,因此在读入每个点之前均要进行判断是否存在此点。读入形式可识别文本文件,自动分拣数据。如果要计算填挖方量,要分别读入挖前数据和挖后数据,如果是场地平整的,则只需读入挖前数据即可。读入挖前标高如图 11-2 所示。

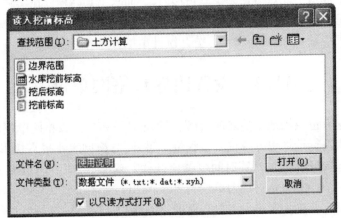

图 11-2　读入挖前标高

数据格式可识别三种,即 *.txt,*.dat,*.xyh 格式。

11.4　构建三角网技术

构建三角网有很多方法,有的实用,有的不实用,如果数据量很大,如何快速检索与判断是构建三角网的关键技术。本系统构建三角网采用分块方法,实现快速检索,可以高速构建三角网。方法如下:

首先确定格网单位大小,把所有碎部点依坐标值投放到各个方格内,并把本方格内的点首尾相接,实现快速检索。

　　构建三角网的方法:从最短边开始作为基础边,查找下一个碎部点,构成第一个三角形,查找方法是第一条边坐标中数为圆心,从小到大按逆时针方向依次搜索各方格内的点,看是否满足构三角形的条件,如果能满足,则此点为有效点,构成第一个三角形,以新增加的两条边为基础边,依次向外扩展,直到所有碎部点均被构成网。

　　格网完毕,要保存所有三角网信息,如果有地性线,被地性线切割的三角形要删除,并重新生成新的三角形,以达到特定要求。

11.5　计算格网标高

　　在构成三角网后,地面高程模型就被建立了,每个方格网的四个角点均可以计算出挖前标高或挖后标高,以计算出本方格内任意一点的高程。计算填挖方量时,分别统计每个方格的填方工程量和挖方工程量,分别合计即可。

11.6　计算填挖方量

　　填挖方量计算原理:根据挖前和挖后控制点,或者说设计控制点,分别构建三角网,计算挖前格网和挖后格网的标高,再分别统计各方格网的填挖方量,最后得出整个工程的填挖方工程量。

11.7　计算场地平整

　　场地平整计算的原理是,用一个设计平面反复去切割原来的三角网模型,并计算填挖方工程量,找到平衡点,如果填挖方量平衡,误差不超过限值,比如 $0.01\ \text{m}^3$,即实现了场地平整,此点高程就是最终高程,按此标高去平整场地,工程量最少。如果要考虑斜坡、流水方向,事先计算出每个方格四个角点的理论高程即可。平整场地坡度设置如图 11-3 所示。计算方法同填挖方量的计算方法。

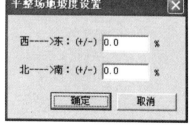

图 11-3　平整场地坡度设置

11.8　输出格网工程量

　　填挖方量计算完毕后,可生成电子表格形式文件,也可生成图形文件,分别用不同颜色标注在图上。如果是场地平整计算,也可以根据平衡点的标高生成一条等高线,填方的用蓝色、挖方的用黑色打印工程量,一目了然。

　　(1)输出格网工程量如图 11-4 所示。

　　(2)输出电子表格格网工程量如图 11-5 所示。

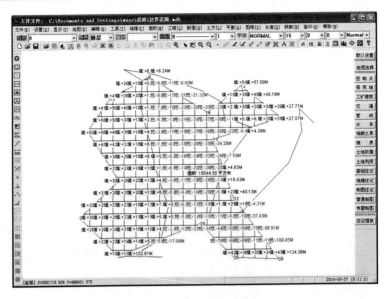

图 11-4　输出格网工程量

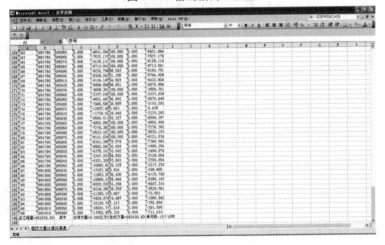

图 11-5　输出电子表格格网工程量

第 12 章 测量平差

12.1 平面控制网平差

平面控制网平差,可平差三角网、导线网、测边网、混合网及秩亏自由网。为了实现与其他平差软件共享数据,系统可根据文件后缀自动识别。平面网不允许重名,路线自动组成,各点不需要编号,支持汉字名称,支导线一起平差。平面控制网间接平差如图 12-1 所示。

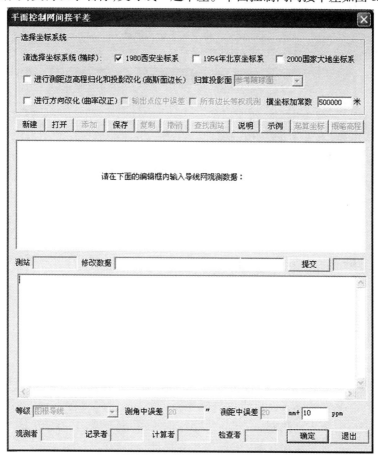

图 12-1 平面控制网间接平差

12.1.1 读入原始记录

本系统可识别四种格式平差数据,文本格式、清华山维格式、武测科傻格式、电子表格格式。

（1）文本格式,必须在本系统下打开编辑,如图 12-2 所示。

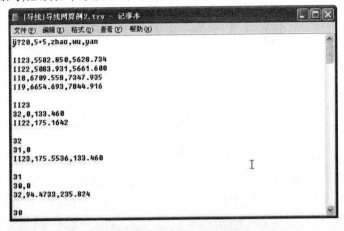

图 12-2　读入文本格式数据

（2）清华山维格式,如图 12-3 所示。

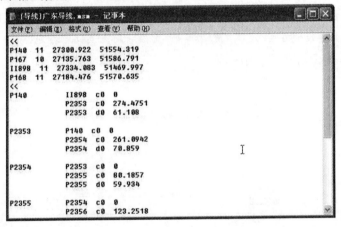

图 12-3　读入清华山维格式数据

（3）武测科傻格式,如图 12-4 所示

（4）电子表格格式,如图 12-5 所示。

12.1.2　计算概略坐标方法

在平差前,需要先计算各待定点的概略坐标,然后才能列误差方程,计算各项系数和常数项。实际上,由于实地限制,布网的情况各种各样,五花八门,有的能顺利计算概略坐标,有的则无法按正常方法来计算,比如在井下测量时,只有洞口有一个已知点,井下实测若干方位角,按正常情况无法平差,无定向线性锁是以前常规布网方式,现在很少采用,还有无定向导线网,各种方向交会方法等。正常情况下,按支导线一步步计算出各待定点坐标,其他情况各有不同方法计算概略坐标。以下列举出各种可能使用的方法是如何计算概略坐标的。

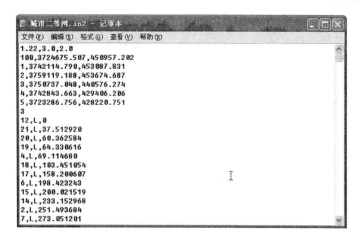

图 12-4　读入武测科傻格式数据

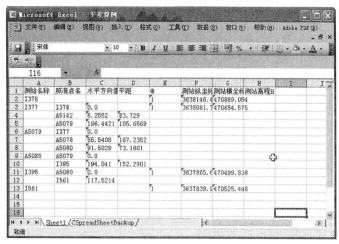

图 12-5　读入电子表格格式数据

12.1.2.1　无定向导线网

计算无定向导线网时,首先从任一个已知点开始,依次选择前进路线,直至到达另一个已知点,然后先假定第一条边的坐标方位角为零度或任意值,依次推算出其余点的坐标。当然最后一个点是已知坐标,推算出的假定坐标和已知坐标一般是不一致的,再计算出这两个坐标与起始点的坐标方位角,两者差值就是坐标方位角修正值,反符号加在刚才假定的起始方位角上,重新再次推算出各待定点坐标值。然后在此基础上,按支导线方法计算其他待定点坐标值。

12.1.2.2　纯测边网

测边网坐标计算归根到底就是用距离交会法计算待定点坐标,但必须满足距离之和大于起算边,否则无解。另外,如果用两个距离解算会出现两组坐标,如果用三个距离来交会,则可自动判断正确坐标。解算方法可用数学方法推算,也可用正弦公式解算出夹角,再用余切公式解算坐标。

12.1.2.3　方向交会

方向交会法计算坐标,使用余切公式即可解算,如果两个已知点不是互为观测方向,则首先要进行变换,然后用余切公式进行计算。

12.1.2.4　无定向线性锁

对于线性锁解算,首先要解算出各三角形内角,然后假定与已知点相连的第一个三角形任一边长和方位角,再推算出各边的坐标增量,最后推算出另一已知点的假定坐标,再反算出伸缩系数与旋转量,反符号加到第一条边上,第一条边再乘以伸缩系数,即可正确解算出各待定点坐标。

12.1.2.5　一个起算点加测若干起算方位角

首先选择观测起算方位解的任一边任一端点坐标值,再用支导线形式推算出洞口已知点坐标,计算平移量,反符号加到刚才假定的已知点上,重新推算出各点坐标即可。

12.1.3　自动组成验算路线

自动组成验算路线分为以下七个步骤。

12.1.3.1　统计有效结点数

首先统计已知点数及结点数,凡一个测站观测方向数超过三个的即为结点。结点统计完毕,下一步要统计伪结点,即在此结点上发展出去的路线末端点全部为待定点,相当于支导线,不能作为结点,此路线标注为支线,此支线标为无效路线,发展此路线的测站方向总数减去一个,再重新判断结点,如此循环,查出所有伪结点。

12.1.3.2　统计路线数

首先统计已知点到已知点之间的路线,其次统计已知点与结点之间的路线,最后统计结点与结点之间的路线。

12.1.3.3　构建三角网

把所有已知点及结点作为基础,构建三角网,构网方法参考土方计算章节。

12.1.3.4　查找封闭多边形

从第一个三角形开始,查找三角形边是否存在,判断标准为路线是否存在,若存在则为有效边,若不存在则删除此边,并命名为虚线边,添加与此边共用的下一个三角形,再继续查找新增的两条边是否存在,直到没有虚线边。

12.1.3.5　组成验算路线

把添加的所有三角形边依次首尾相接便自动组成了验算路线,即闭合环,再计算闭合差及限差、路线长度等。

12.1.3.6　附合路线

对于无法组成闭合环的路线,再查找两端点是否为已知点,如果是则为附合导线,计算闭合差及限差,如果有一端是已知点另一端不是,则继续查找与此相连的下一条路线,直到另一端为已知点。如果两端点都是结点,则按左拐法或右拐法查找下一条边,直到已知点。

12.1.3.7　无法验算的路线

对于某种特殊网,某条路线可能无法组成验算路线,如某网像一个带枝的苹果,下面一圈自动组成封闭路线,上面一段则无法组成,像这种情况就无法自动组成路线,应作为遗留问题处理。

12.1.4　手工选择验算路线

验算路线时,如果出现超限情况,也可采用手工选择路线,人工干涉选择。实现方法:首先把所有路线读入内存,在下拉框中供用户选择,初次选择时,下拉框内包括所有路线,供用户选择,在选择任意一条后,下拉框内只剩余与本结点有关的路线,供用户选择,一旦选择路线自行封闭或两端均到达已知点,则下一条功能按钮自动变灰,同时确定按钮自动有效,点击便自动计算所选路线的闭合差及限差。手工验算路线选择如图 12-6 所示。

图 12-6　手工验算路线选择

(1)如果想继续验算附合路线,选择"是"则显示,如图 12-7 所示的选项卡。

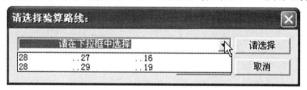

图 12-7　下拉框选择验算路线

在下拉框中选择各条路线,当到达已知点时确定键被激活并显示验算结果,如图 12-8 所示。

图 12-8　验算路线结束

(2)如果想继续验算闭合环,选择"否"则显示,如图 12-9 所示的选项卡。

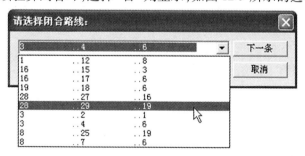

图 12-9　所有验算路线清单

在下拉框中选择起始结点名称,依次按提示选择各结点名称,当路线闭合时确定键被激活显示验算结果。

（3）如果想退出验算,选择"取消"则退出验算,显示如图 12-10 所示的提示。

图 12-10　验算完毕退出验算路线

12.1.5　列误差方程

列误差方程的关键技术是角度与距离分开列误差方程,并确定定权公式,如果定权不合适,会影响平差成果质量。角度平差列方程是按方位角计算公式,然后两个方向相减,确定各项系数及常数项。距离列误差方程相对简单,直接计算各项系数及常数项。定权方法如下:按照传统的定权方法定权,测角中误差为 μ,角度的权为 $Pa = u \cdot u/(u \cdot u) = 1$（无单位）;边长的权为 $Ps = u \cdot u/(mL \cdot mL)$,单位为（s · s/cm · cm）。其中 $mL = A + B \cdot S(\mathrm{km})$,$A$ 为固定误差以 mm 为单位,B 为比例误差以 ppm（即 mm/km）为单位,S 以 km 为单位。注意选择合理的匹配关系,定权是否合理,若不合理则影响平差精度。本系统提供等权平差,由于现在测边精度都非常高,不会由于边长不一样误差很大,而采用等权平差较为合理。

另外,需要说明的是:固定角平差时是否需要列出误差方程,值得探讨。从理论上说,固定角是已知方向,没有误差,不需要平差,不算多余观测量。实际上,的确有固定角情况出现,如果有这种情况照常列出,只是各项系数为零,只是常数项不为零,算一个多余观测量。

12.1.6　解算法方程

解算法方程的关键技术是运用矩阵来计算,坐标改正数及精度评定都需要提取其中数据,怎么正确求出逆矩阵而不出现错误才是重点。求逆矩阵方法可采用消元法,左边放置法方程矩阵,右边放置单位矩阵,逐行进行变换,如果主对角线出现零值或接近零值,就要进行换行,直到主对角线不为零,然后继续变换,最后求出逆矩阵。

12.1.7　精度评定

精度评定相对简单,要求出各待定点的误差,并且还要求出相对误差,公式参见第 2 章:在打印输出时,因数据量大,只需打印出两相邻点相对误差即可。没有联系的方向不计算。精度评定项目包括:测角中误差,最弱点中误差,相邻点位中误差,边长中误差,方位角中误差,误差椭圆参数等。

12.1.8　输出平差结果

平面控制网平差完毕后,各项数据可打印输出,也可生成数据库或电子表格,平差结果如图 12-11、图 12-12 所示。

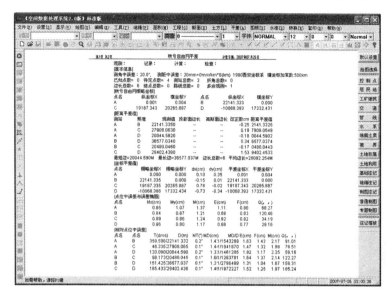

图 12-11　输出平差结果 1

图 12-12　输出平差结果 2

12.1.9　生成网图

如果平差没有问题,系统会自动生成网图,并保存成绘图文件放到电脑桌面上,直接用本系统打开即可显示,打印时用框选打印范围,设置好比例尺即自动打印输出。对于面文件因填充有颜色,如果不是彩色打印机,或者想取消打印面文件直接打印边框,勾掉彩色打印功能即可。生成网图的关键技术是按观测方向依次添加点、线、注记文件,如果组成闭合路线,则自动添加面文件,已知点可设置成红色,待定点设置成黑色,以示区别。三角网平差获得的网图如图 12-13 所示。导线网平差获得的网图如图 12-14 所示。

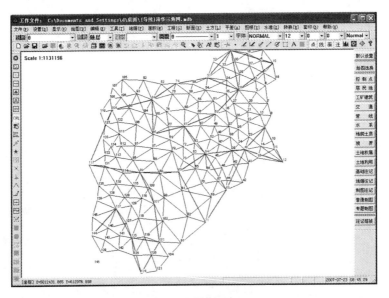

图 12-13　三角网平差

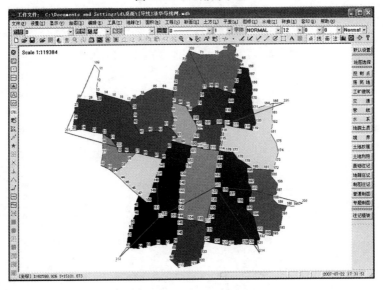

图 12-14　导线网平差

12.1.10　平差算例

现有一边角网如图 12-15 所示,网中 $A,B,$
C,D,E 是已知点(起算数据见表 12-1),P_1,P_2
是待定点。同精度观测了九个角度 $\alpha_1,\alpha_2,\cdots,$
α_9,测角中误差为 $\pm 2.5''$,测量了五个边长 $L_1,$
$L_2,\cdots,L_5$,其观测值及中误差见表 12-2,并按
间接平差法求待定点 P_1 及 P_2 的坐标平差值和坐标中误差。

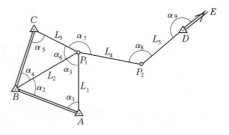

图 12-15　边角网

表 12-1　起算数据表

点名	坐标(m)		边 长(m)	坐标方位角
	X	Y		
A	3 143. 327	5 260. 334		
B	4 609. 361	5 025. 696	1 484. 781	350°54′27. 0″
C	7 657. 661	5 071. 897	3 048. 650	0°52′06. 0″
D	4 157. 197	8 853. 254		
E	3 488. 625	10 738. 197		109°31′44. 9″

表 12-2　观测值及中误差

角				边		
编号	观测值 α	编号	观测值 α	编号	观测值 L(m)	中误差(cm)
1	44°05′44. 8″	6	74°22′55. 1″	1	2 185. 070	±3. 3
2	93°10′43. 1″	7	127°25′56. 1″	2	1 522. 853	±2. 3
3	42°43′27. 2″	8	201°57′34. 0″	3	3 082. 621	±4. 6
4	76°51′40. 7″	9	168°01′45. 2″	4	1 500. 017	±2. 2
5	28°45′20. 9″			5	1009. 021	±1. 5

在空间数据处理系统中输入起算数据,如图 12-16 所示。统计控制网信息如图 12-17 所示。验算闭合差如图 12-18 ~ 图 12-22 所示。输出平差结果如图 12-23、图 12-24 所示。间接平差法和空间数据处理系统的平差结果比较如表 12-3 所示。

图 12-16　输入起算数据

图 12-17　统计控制网信息

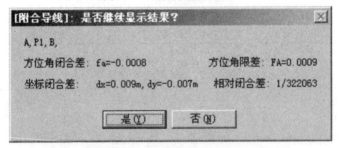

图 12-18　显示闭合差信息 1

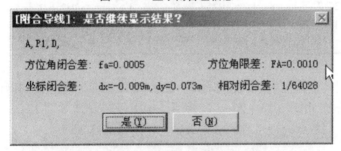

图 12-19　显示闭合差信息 2

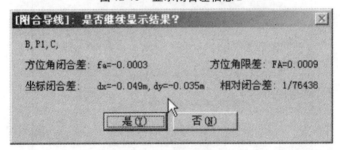

图 12-20　显示闭合差信息 3

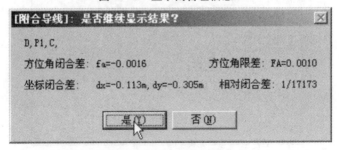

图 12-21　显示闭合差信息 4

图 12-22 闭合差超限时自动进行检查

图 12-23 输出平差结果 1

图 12-24 输出平差结果 2

表 12-3　平差结果比较

类别	间接平差法的平差结果	空间数据处理系统的平差结果	差值
单位权中误差 μ	5.4″	5.33″	0.07″
P_1 点平差坐标 X	4 933.038	4 933.038	0
P_1 点平差坐标 Y	6 513.767	6 513.768	0.001 m
P_2 点平差坐标 X	4 684.394	4 684.393	0.001 m
P_2 点平差坐标 Y	7 992.960	7 992.960	0
M_{xp1}	1.9 cm	1.88 cm	0.02 cm
M_{yp1}	2.4 cm	2.39 cm	0.01 cm
P_1 点中误差 M_{p1}	3.1 cm	3.04 cm	0.06 cm
M_{xp2}	1.8 cm	1.77 cm	0.03 cm
M_{yp2}	2.6 cm	2.57 cm	0.03 cm
P_2 点中误差 M_{p2}	3.2 cm	3.12 cm	0.08 cm
$P_1 - P_2$ 相对点位中误差	无	3.6 cm	

12.2　高程控制网平差

　　如图 12-25 所示,高程控制网平差可平差水准网、三角高程网及秩亏自由网,数据格网可识别三种格式:清华山维格式、武测科傻格式、电子表格格式。所有点不用编号,系统

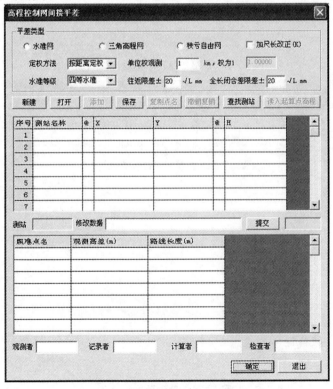

图 12-25　高程控制网间接平差

自动组成验算路线，但是不允许分块，所有块必须连成一体，最少有一条边相连，并能构成推算路线。允许平差支线点。

12.2.1　读入原始记录

平差数据文件格式支持三种格式，即清华山维格式、武测科傻格式、电子表格格式。

(1)清华山维格式如图 12-26 所示。

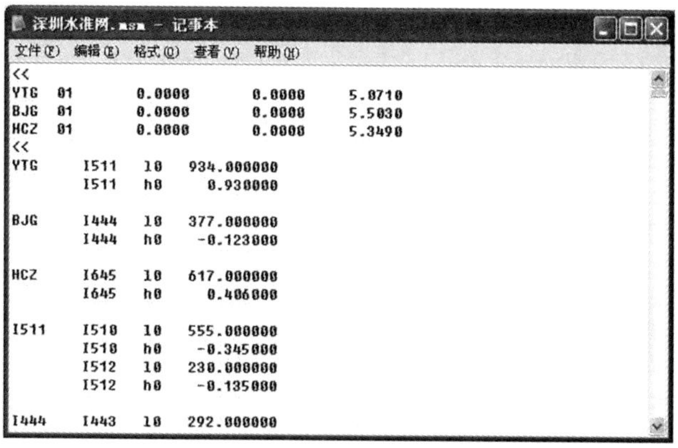

```
深圳水准网.msm - 记事本
文件(F) 编辑(E) 格式(O) 查看(V) 帮助(H)
<<
YTG  01       0.0000       0.0000     5.0710
BJG  01       0.0000       0.0000     5.5030
HCZ  01       0.0000       0.0000     5.3490
<<
YTG       I511   10   934.000000
          I511   h0     0.930000

BJG       I444   10   377.000000
          I444   h0    -0.123000

HCZ       I645   10   617.000000
          I645   h0     0.406000

I511      I510   10   555.000000
          I510   h0    -0.345000
          I512   10   230.000000
          I512   h0    -0.135000

I444      I443   10   292.000000
```

图 12-26　读入清华山维格式数据

(2)武测科傻格式如图 12-27 所示。

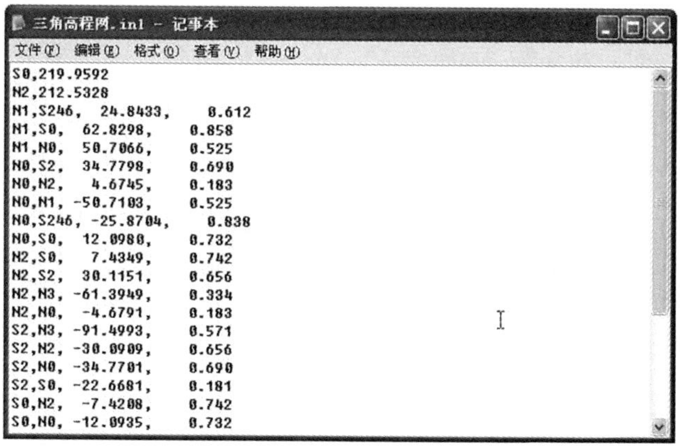

```
三角高程网.in1 - 记事本
文件(F) 编辑(E) 格式(O) 查看(V) 帮助(H)
S0,219.9592
N2,212.5328
N1,S246,  24.8433,    0.612
N1,S0,  62.8298,    0.858
N1,N0,  50.7066,    0.525
N0,S2,  34.7798,    0.690
N0,N2,   4.6745,    0.183
N0,N1, -50.7103,    0.525
N0,S246, -25.8704,    0.838
N0,S0,  12.0980,    0.732
N2,S0,   7.4349,    0.742
N2,S2,  30.1151,    0.656
N2,N3, -61.3949,    0.334
N2,N0,  -4.6791,    0.183
S2,N3, -91.4993,    0.571
S2,N2, -30.0909,    0.656
S2,N0, -34.7701,    0.690
S2,S0, -22.6681,    0.181
S0,N2,  -7.4208,    0.742
S0,N0, -12.0935,    0.732
```

图 12-27　读入武测科傻格式数据

(3)电子表格格式如图 12-28 所示。

以上三种格式可供用户选择使用。

12.2.2　计算概略高程方法

概略高程计算方法简单，从任意一个已知点起算，计算所有待定点概略高程。如果是秩亏自由网，则不需要计算概略高程，直接沿用上一次计算的概略高程就行。

12.2.3　自动组成验算路线

高程网自动组成验算路线方法的步骤如下所述。

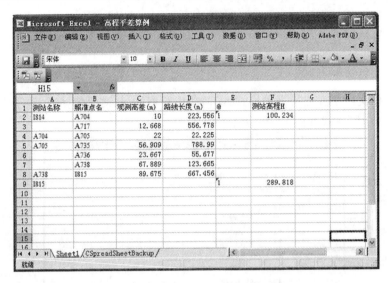

图 12-28　读入电子表格格式数据

12.2.3.1　统计有效结点数

首先根据观测路线两端点名称统计结点数,凡与本点相连的路线数超过两个以上者即为结点,支线为无效路线。

12.2.3.2　统计有效路线数

统计有效路线及两端点名称。首先统计已知点之间,其次统计已知点与待定点之间,最后统计待定点与待定点之间的路线。

12.2.3.3　组成验算路线

从第一条路线开始,如果两端点都是已知点,则此路线为附合路线,计算闭合差及限差。如果一端为已知点,另一端是待定点,则从此待定点开始,按优先级依次查找已知点,如果没有已知点,再查找尚没验算过的路线,如果本点相连的所有路线均已验算,则查找路线长度最短的路线,依次闭合或到达另一已知点结束。

12.2.3.4　特殊路线

如果网内存在支线,则无法自动组成验算路线。

12.2.4　手工选择验算路线

如果高程控制网验算超限,可采用手工选择验算路线,和平面网一样,所有路线均被记录。首次选择时,在下拉框内显示全部路线,供用户选择,一旦选择了第一条路线,在下拉框内仅显示与此点相连的其他验算路线,如果路线封闭,或另一端点到达已知点上,确定按钮自动变为有效,点击显示验算结果。

图 12-29　选择手工验算路线

如果选择人工验算路线,则显示如图 12-29 所示信息。

(1)如果想继续验算附合路线,选择"是",则显示如图 12-30 所示的选项卡。

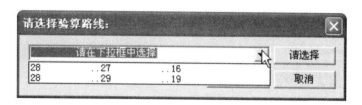

图 12-30 下拉框选择验算路线

在下拉框中选择各条路线,当到达已知点时确定键被激活并显示验算结果,如图 12-31 所示。

图 12-31 验算路线选择结束

(2)如果想继续验算闭合环,选择"否",则显示如图 12-32 所示的选项卡。

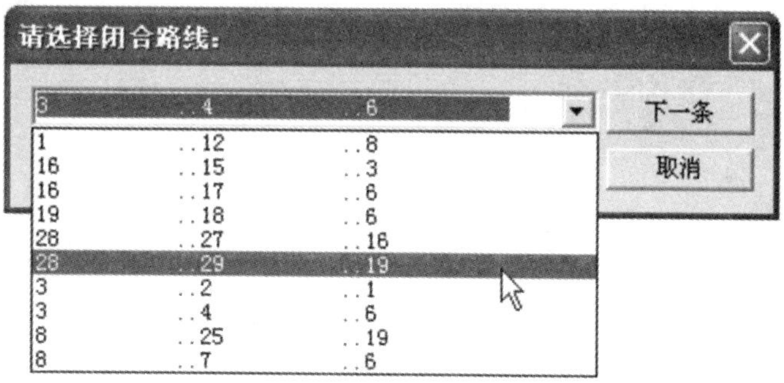

图 12-32 所有验算路线清单

在下拉框中选择起始结点名称,依次按提示选择各结点名称,当路线闭合时确定键被激活显示验算结果。

(3)如果想退出验算,选择"取消",则退出验算。

12.2.5 列误差方程

列误差方程只需要列出所有观测边的误差方程。定权公式按距离的倒数进行定权,三角高程定权时可采用距离的平方倒数来定权。总之,定权目的只是合理分配误差。

定权方法:按照传统的定权方法定权。水准网:每千米单位权中误差为 1,每条路线的权为 $P_i = 1/S_{km}$。三角高程网:边长为 1 km 的权为单位权,各边定权方法为 $P_i = 1\ km \times 1\ km/(S_{km} \times S_{km})$。

12.2.6 解算法方程

解算法方程同样用矩阵来解算,关键问题是正确求出逆矩阵。求逆矩阵的方法有很多,本系统求逆矩阵的方法是进行约化法,左边放置原矩阵,右边放置一个单位阵,然后一起进行约化,等到左边的矩阵化成单位阵之后,右边的矩阵就已经是逆矩阵了。

12.2.7 精度评定

精度评定是衡量一个控制网观测质量的重要指标。方法:首先计算单位权中误差,然后求出协方差矩阵的对角线元素,再计算每个待定点的高程中误差及高差中误差。精度评定包括每千米高程中误差、待定点高程中误差、高差中误差等。

12.2.8 输出平差结果

控制网平差完毕,可直接输出平差结果,有几种方法可选择:①直接打印输出。②生成文本文件。③输出待定点高程成果表,并按点名自动排序。

(1)直接打印输出,结果如图 12-33、图 12-34 所示。

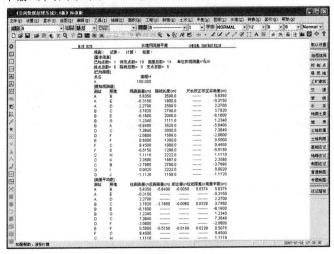

图 12-33 输出高程平差结果 1

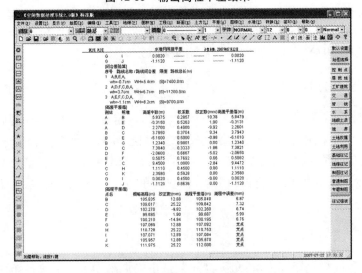

图 12-34 输出高程平差结果 2

(2)生成文本文件,结果如图 12-35 所示。

[高程]四等水准网 - 记事本

文件(F)　编辑(E)　格式(O)　查看(V)　帮助(H)

观测:　　记录:　　计算:　　检查:

[基本信息]

已知点数= 1　待定点数= 10　高差总数= 14　单位权观测量=1km

结点总数= 6　路线总数= 9　支点总数= 5

[已知高程]

点名	高程H
A	100.000

[原始观测值]

测站	照准	观测高差(m)	路线长度(m)	尺长改正	改正后高差(m)
A	B	5.8350	3500.0	-------	5.8350
A	E	-0.3150	1900.0	-------	-0.3150
A	D	2.2700	2500.0	-------	2.2700
B	C	3.7820	2700.0	-------	3.7820
B	E	-6.1600	2000.0	-------	-6.1600
B	G	1.2340	1111.0	-------	1.2340
B	A	-5.8400	3520.0	-------	-5.8400
D	C	7.3840	3000.0	-------	7.3840
D	F	-2.0600	1500.0	-------	-2.0600
E	F	0.5000	1300.0	-------	0.5000
F	C	9.4500	1000.0	-------	9.4500
F	E	-0.5150	1288.0	-------	-0.5150
C	H	1.1110	2222.0	-------	1.1110
C	K	2.3580	1687.0	-------	2.3580
C	B	-3.7880	2700.0	-------	-3.7880
G	I	0.0020	2222.0	-------	0.0020
G	J	-1.1120	1158.0	-------	-1.1120

[高差平均数]

测站	照准	往测高差(m)	返测高差(m)	闭合差(m)	往返限差(m)	高差中数(m)
A	B	5.8350	-5.8400	-0.0050	0.0374	5.8375
A	E	-0.3150	--------	--------	--------	-0.3150
A	D	2.2700	--------	--------	--------	2.2700
B	C	3.7820	-3.7880	-0.0060	0.0329	3.7850
B	E	-6.1600	--------	--------	--------	-6.1600
B	G	1.2340	--------	--------	--------	1.2340

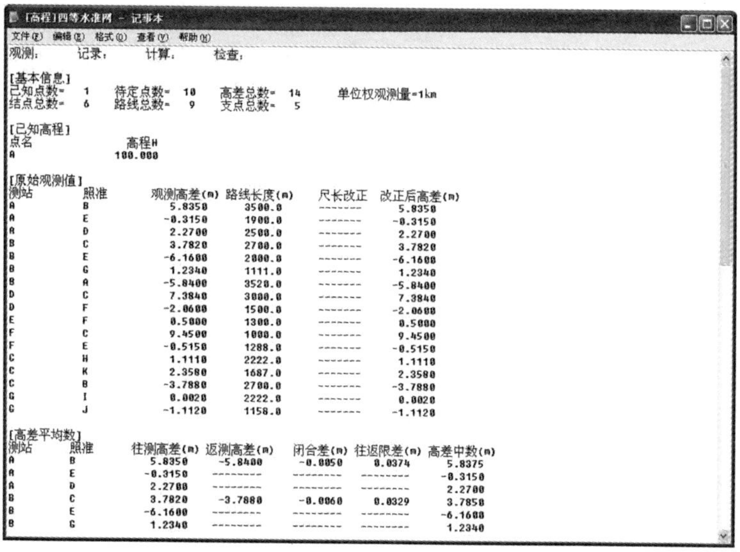

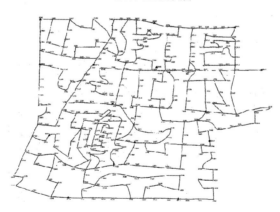

图 12-35　输出文本平差结果

12.2.9　水准网平差略图

水准网平差略图如图 12-36 所示。

图 12-36　水准网平差略图

第 13 章　图根计算

13.1　野外采集数据方式

野外采集数据常见方式有斜距模式和坐标模式,两种方式各有优缺点。采用斜距模式直接采集原始记录需要后续计算,如果已知点坐标错误可重新计算,采用坐标模式在测站直接采集坐标,如果测站点坐标或定向点坐标出错,则无法识别,不能后续处理坐标。因此,较为稳妥的方法是采用斜距模式。目前常用的全站仪有拓普康、徕卡、索佳、尼康等。各种全站仪数据格式不尽相同。

13.2　设置测站限差

不同的等级有不同的限差要求,在检查数据前需要设置各项限差,以对测站数据进行检查,如果出现超限情况,随时生成超限检查文件,供用户参考。设置测站限差如图 13-1所示。

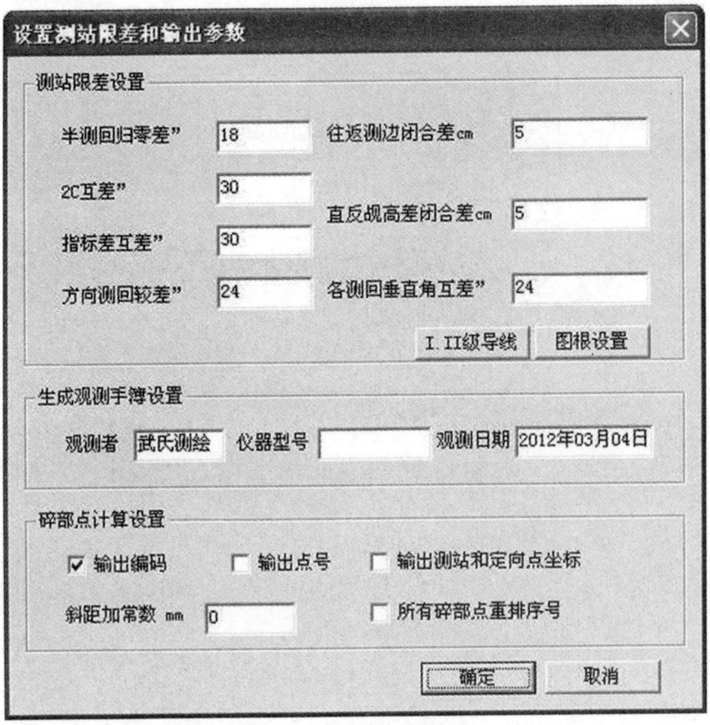

图 13-1　设置测站限差

13.3　全站仪数据传输

　　数据传输是非常实用又必不可少的功能,在用户购买仪器时,会有配套的传输软件,并需要安装驱动程序。其实,实现传输数据也很简单,本系统提供一个通用串口传输软件,为用户提供极大的方便,只要用户按接收即可,通信参数会自动保存到注册表中,在下次打开时,会自动复原。并且,根据当前日期,系统会自动创建一个目录,保存当天的文件,实行分类管理。多功能串口通信的参数设置窗口如图 13-2 所示。

图 13-2　多功能串口通信的参数设置窗口

13.4　读入拓普康原始记录

　　读入拓普康原始记录如图 13-3 所示。

```
导线2测回.tpn - 记事本
文件(F)  编辑(E)  格式(O)  查看(V)  帮助(H)
GTS-700 v3.0
STN       A010,1.461,
BS        A011,1.995,
SD        359.59590,89.48140,336.3340
SS        A011,1.995,
SD        179.59540,270.11400,336.3370
SS        B81,1.995,
SD        258.24460,90.02400,264.0210
SS        B81,1.995,
SD        78.24530,269.57140,264.0210
STN       A010,1.461,
BS        A011,1.995,
SD        90.00040,89.48180,336.3390
SS        A011,1.995,
SD        269.59580,270.11470,336.3380
SS        B81,1.995,
SD        348.24550,90.02290,264.0220
SS        B81,1.995,
SD        168.24570,269.57210,264.0200
STN       B81,1.439,
BS        A010,2.145,
```

图 13-3　读入拓普康原始记录

13.5　读入尼康原始记录

读入尼康原始记录如图 13-4 所示。

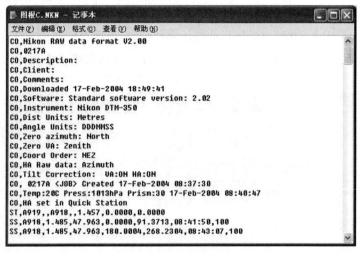

图 13-4　读入尼康原始记录

13.6　读入徕卡原始记录

读入徕卡原始记录如图 13-5 所示。

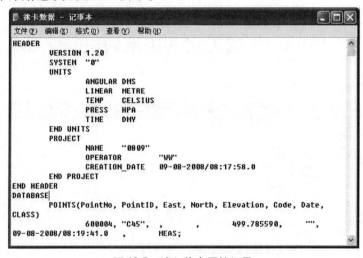

图 13-5　读入徕卡原始记录

13.7　读入索佳原始记录

读入索佳原始记录如图 13-6 所示。

```
索佳0810A - 记事本
文件(F) 编辑(E) 格式(O) 查看(V) 帮助(H)
¬
00NMSDR33 V04-04.02      01-Jan-02 00:00 113111
10NMJOB310A          121111
06NM1.00000000
01NM:SET210K V41-07  206127SET210K V41-07  20612731
          0.000
02TP           TF5313835005.886     456351.717      134.776
1.666
11KI           TF531            TF5320.00000

07TP           TF531            TF5320.00000          0.00000
03NM1.680
09F1           TF531            TF532                 89.30472
0.00000
09F1           TF531            TF53384.882           89.30667
359.99333
03NM4.020
09F1           TF531                152.078           87.90556
4.36944         SQA1
09F1           TF531                242.937           86.71806
4.81806         SQA1
```

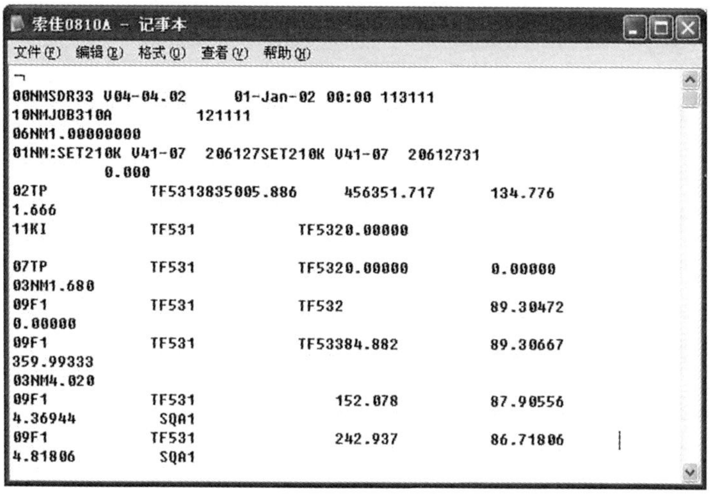

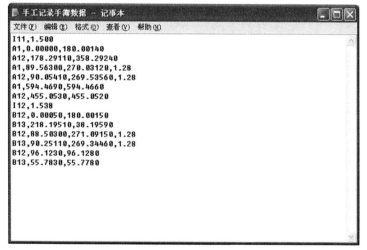

图 13-6　读入索佳原始记录

13.8　读入手工记录

读入手工记录如图 13-7 所示。

```
手工记录手簿数据 - 记事本
文件(F) 编辑(E) 格式(O) 查看(V) 帮助(H)
I11,1.500
A1,0.00000,180.00140
A12,178.29110,358.29240
A1,89.56300,270.03120,1.28
A12,90.05410,269.53560,1.28
A1,594.4690,594.4660
A12,455.0530,455.0520
I12,1.538
B12,0.00050,180.00150
B13,218.19510,38.19590
B12,88.50300,271.09150,1.28
B13,90.25110,269.34460,1.28
B12,96.1230,96.1280
B13,55.7830,55.7780
```

图 13-7　读入手工记录

13.9　测站数据检查

图根测量时,测站数据总会有超限的情况出现,若要准确查出超限数据,有多种方法。首先读入原始记录,如果有多个测回,要在测站名称前加标注,以区别每测回不同数据,然后按方向值对盘左各方向进行排序,再检查是否有归零方向,如果有归零方向比较是否超限,再根据盘左方向名称对盘右方向进行一一匹配,删除多余观测方向,如果某一个方向有超过一次观测,且不是零方向,则取第二次观测值,然后计算 2C 互差,如果超过一个测回则还要比较方向值互差。如果存在往返观测,判断标准是测站名称和照准方向相互颠倒，则计算往返高差值和限差值。

13.10　生成观测手簿

读入全站仪原始记录，经过测站数据检查，如果没有超限的情况，就要进一步生成观测手簿，以提交甲方，作为原始资料随成果一起保存。根据不同的用户需要，生成两种格式的手簿，一种是比较简明的表格形式，另一种是纯文本文件，比较节省纸张，节约成本。生成手簿的代码比较简单，源代码省略。生成的手簿格式如图 13-8、图 13-9 所示。

导线2测回 - 记事本

文件(F)　编辑(E)　格式(O)　查看(V)　帮助(H)

观测：武氏测绘　　日期：2012年03月04日　　仪器：Topcon GTS-700

测站：A010　　第 1 测回　　仪器高：1.461

【水平角】

照准点	盘左	盘右	2C	方向值	平均值
A011 B81	359 59 59 258 24 46	179 59 54 78 24 53	+5″ -7″	0 00 00 258 24 53	0 00 00 258 24 54

【垂直角】

照准点	盘左	盘右	指标差	垂直角	镜高
A011 B81	89 48 14 90 02 40	270 11 40 269 57 14	-3″ -3″	+0 11 43 -0 02 42	1.995 1.995

【斜距】　　单位：米

照准点	读数	读数	读数	读数	平均值
A011 B81	336.3340 264.0210	336.3370 264.0210			336.3355 264.0210

图 13-8　生成观测手簿 1

导线2测回 - 记事本

文件(F)　编辑(E)　格式(O)　查看(V)　帮助(H)

```
观测：武氏测绘     日期：2012年03月04日     仪器：Topcon GTS-700

-------------------------------------------------------------------
测站：A010        第 1 测回           仪器高：1.461          觇标高
A011       359 59 59    179 59 54       +5″    0 00 00    0 00 00
B81        258 24 46     78 24 53       -7″  258 24 53  258 24 54
A011        89 48 14    270 11 40       -3″   +0 11 43      1.995
B81         90 02 40    269 57 14       -3″   -0 02 42      1.995
A011        336.3340     336.3370                          336.3355
B81         264.0210     264.0210                          264.0210
测站：A010        第 2 测回           仪器高：1.461          觇标高
A011        90 00 04    269 59 58       +6″    0 00 00    0 00 00
B81        348 24 55    168 24 57       -2″  258 24 55  258 24 54
A011        89 48 18    270 11 47       +3″   +0 11 46      1.995
B81         90 02 29    269 57 21       -5″   -0 02 33      1.995
A011        336.3390     336.3380                          336.3385
B81         264.0220     264.0200                          264.0210
测站：B81         第 1 测回           仪器高：1.439          觇标高
A010       359 59 59    180 00 02       -3″    0 00 00    0 00 00
B82        192 52 37     12 52 37        0″  192 52 37  192 52 35
```

图 13-9　生成观测手簿 2

13.11　生成平差文件

实行图根测量的最终目的是进行平差和碎部点计算。生成平差文件有三种格式：第一种是清华山维格式的平差文件，第二种是武测科傻格式的平差文件，第三种是南方平差易文件，示例如下所示：

（1）清华山维格式的平差文件如图 13-10 所示。

```
<<
<<

A010        A011        c0          0.0000
            B81         c0        258.2454
            A011        $0          0.6140
            B81         $0         -0.7380
            A011        d0        336.3350
            B81         d0        264.0255

B81         A010        c0          0.0000
            B82         c0        192.5235
            A010        $0          0.7110
            B82         $0         -0.4590
            A010        d0        264.0255
            B82         d0        423.6750

B82         B81         c0          0.0000
            B83         c0        179.3112
            B86         c0        268.4846
```

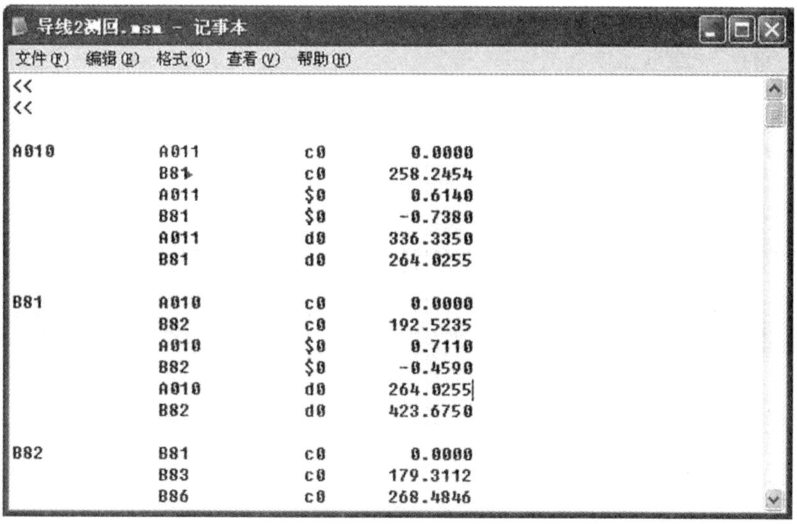

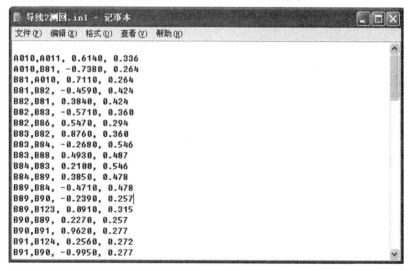

图 13-10　生成清华山维格式的平差文件

（2）武测科傻格式的平差文件如图 13-11、图 13-12 所示。

```
A010,A011, 0.6140, 0.336
A010,B81, -0.7380, 0.264
B81,A010, 0.7110, 0.264
B81,B82, -0.4590, 0.424
B82,B81, 0.3840, 0.424
B82,B83, -0.5710, 0.360
B82,B86, 0.5470, 0.294
B83,B82, 0.8760, 0.360
B83,B84, -0.2680, 0.546
B83,B88, 0.4930, 0.487
B84,B83, 0.2100, 0.546
B84,B89, 0.3850, 0.478
B89,B84, -0.4710, 0.478
B89,B90, -0.2390, 0.257
B89,B123, 0.0910, 0.315
B90,B89, 0.2270, 0.257
B90,B91, 0.9620, 0.277
B91,B124, 0.2560, 0.272
B91,B90, -0.9950, 0.277
```

图 13-11　生成武测科傻格式的平差文件 - 高差

（3）南方平差易文件如图 13-13 所示。

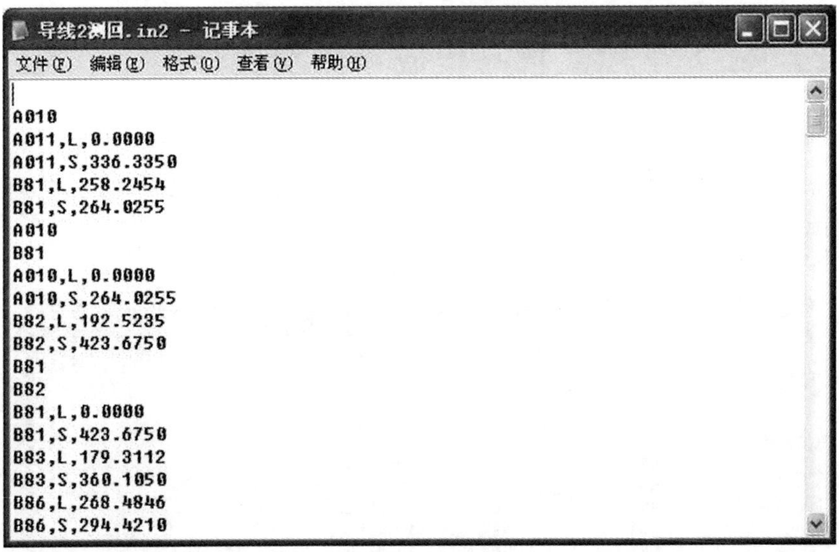

图 13-12　生成武测科傻平差文件 – 水平方向

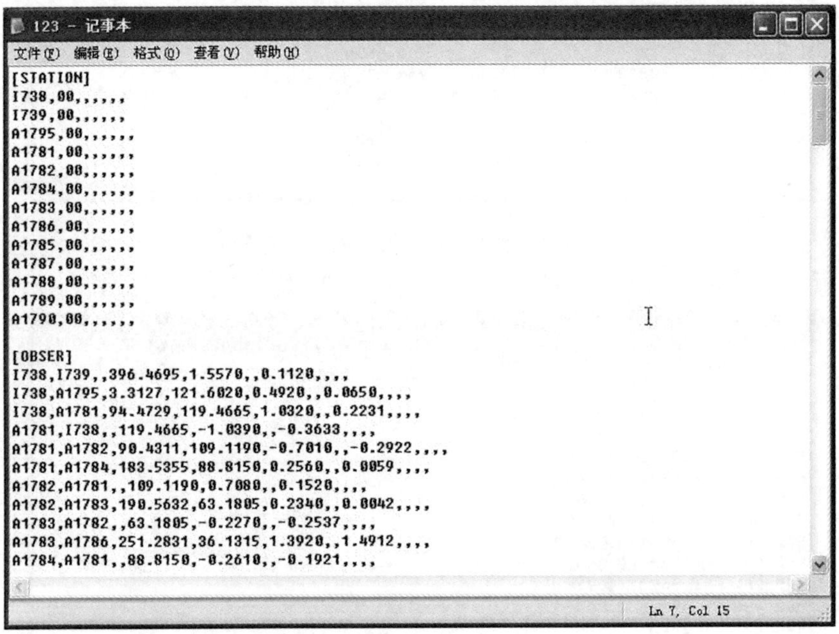

图 13-13　生成南方平差易文件

13.12　读入碎部点数据

　　在计算碎部点坐标之前,需要先读入碎部点观测数据和已知点坐标,原始数据格式如图 13-14 所示,升级版可直接读入全站仪原始记录,系统自动转换,如果出现点名输入错误的情况,也不会自动提示。最好的办法是统一转换标准格式的原始记录,再进行碎部计算。

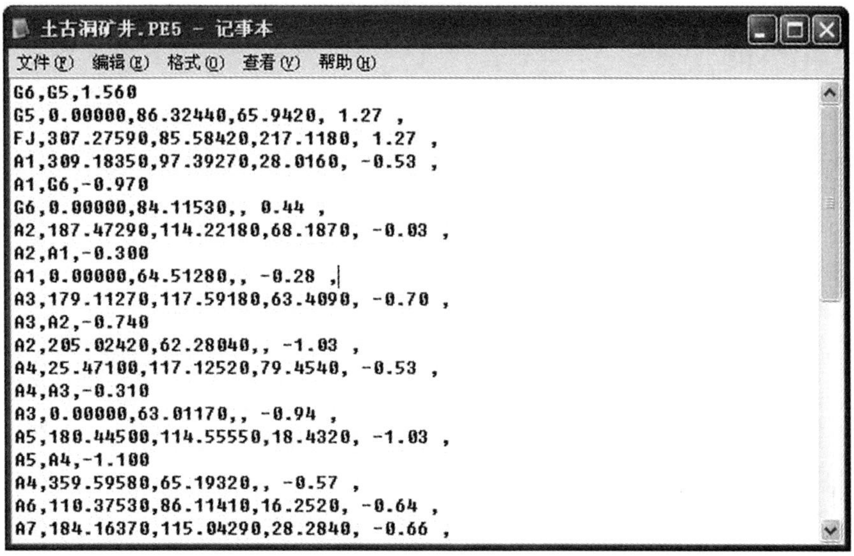
土古洞矿井.PE5 - 记事本
文件(F) 编辑(E) 格式(O) 查看(V) 帮助(H)

```
G6,G5,1.560
G5,0.00000,86.32440,65.9420, 1.27 ,
FJ,307.27590,85.58420,217.1180, 1.27 ,
A1,309.18350,97.39270,28.0160, -0.53 ,
A1,G6,-0.970
G6,0.00000,84.11530,, 0.44 ,
A2,187.47290,114.22180,68.1870, -0.03 ,
A2,A1,-0.300
A1,0.00000,64.51280,, -0.28 ,
A3,179.11270,117.59180,63.4090, -0.70 ,
A3,A2,-0.740
A2,205.02420,62.28040,, -1.03 ,
A4,25.47100,117.12520,79.4540, -0.53 ,
A4,A3,-0.310
A3,0.00000,63.01170,, -0.94 ,
A5,180.44500,114.55550,18.4320, -1.03 ,
A5,A4,-1.100
A4,359.59580,65.19320,, -0.57 ,
A6,110.37530,86.11410,16.2520, -0.64 ,
A7,184.16370,115.04290,28.2840, -0.66 ,
```

图 13-14　读入碎部点文件的原始数据

13.13　碎部点坐标计算

碎部点计算相对简单,但也有技巧,首先把所有用到的已知点坐标和高程读入,放到一个临时开辟的存储器,再依次计算各测站各方向坐标和高程。如果零方向有观测距离,则对此距离进行检查,用坐标反算边长和观测距离进行比较。对于放站的测站,如果在此基础上继续发展,检索已知点时要逆序进行,不但可以防止出错,而且还能加快速度。如果用户的测站数据出现问题,要随时提示用户,比如定向点立错位置,结果肯定是错误的。

13.14　简码成图技术

不同的作业单位有不同的作业习惯,输入编码有助于自动成图。目前,多数单位使用南方 CASS 软件成图,编码属于开放式,可修改及添加,如果输出编码为加号或减号,可通过软件自动连线,因此软件要具备此项功能,为了作业输入编码方便,重新开始一个新的地物时可用编号 1,后续编号为 2,一直不变,直到此地物全部测量完毕。以下是某单位经过长期使用并改进的比较科学的编码方法,本系统会自动识别并绘图。

13.14.1　简码成图编码方法

//以左斜杠开头的行默认为注释内容,空行无效

//代码名称用户可以根据需要修改和添加,但不能重复,如果重复则默认首先查到的地类编码

//第一列为地物别名,第二列为内部编码,第三列为注解

//控制点

SJD,11102010,三角点

DSD,11103010,导线点

TGD,11104010,埋石图根点

GPS,11301000,GPS 控制点

// ＊＊＊线状地物＊＊＊

//居民地层

F,12101000,一般房屋

F2,LINE0005,混房屋

F3,LINE0005,混房屋

F4,LINE0005,混房屋

F5,LINE0005,混房屋

F6,LINE0005,混房屋

F7,LINE0005,混房屋

F8,LINE0005,混房屋

F9,LINE0005,混房屋

JF,12104000,简单房屋

PF,12107000,棚房

WQ,12402011,依比例围墙

LG,12403000,栅栏、栏杆

LBA,12404000,篱笆

TSW,12406000,铁丝网

//管线

GYG,15101011,地面上高压输电线

DYG,15102011,地面上低压配电线

TXG,15201011,地面上高压通信线

//水系

CT,16301020,有坎池塘

SYX,16401010,水库水边线

SQ,LINE0006,双线沟

SG,LINE0007,单线沟

//地貌

DK,17602010,未加固陡坎

JK,17602020,加固陡坎

XP,17601010,未加固斜坡

JXP,17601020,加固斜坡

//交通

L,14402010,依比例乡村路实线

XL,14403000,小路

//植被与土质

TG,LINE0004,田埂

HS,SIGN0026,行道树

DL,LINE0003,地类

// ＊＊＊点状地物 ＊＊＊＊

//居民地

MZ,12305020,不依比例门墩

//独立地物

LD,SIGN0042,路灯

GT,13402052,岗亭

ST,13104052,水塔

YC,13104072,烟囱

SB,13107020,露天设备

LMD,13108032,龙门吊

TD,13108033,天吊

LDD,13108042,漏斗符号

DB,SIGN0043,地磅

TDM,13506020,不依比例土地庙

WS,SIGN0044,温室、花房

FC,13206020,风车

YYC,13302030,游泳池

DLF,13305032,独立坟

SF,13305033,散坟

B,13402013,碑

DS,SIGN0046,雕塑

QG,13402071,旗杆

//水系

SJ,16602020,水井

//地貌

H,17301000,一般高程点

//交通

LCB,14505030,里程碑

LB,14505020,路标

P,14602000,停泊场

//管线

DG,15103010,电杆

DT,15103032,不依比例电线塔

FM,15301091,阀门

RQJ,15303060,天然气检修井

RLJ,15306060,热力检修井

DLJ,15103050,电力检修井

SLT,15301071,水龙头

WSB,15302052,污水箅子长形

DXJ,15201052,电信手孔

WSJ,SIGN0045,污水井盖

//植被

H.DT,SIGN0001,单个稻田符号

H.HD,SIGN0002,单个旱地符号

H.CD,SIGN0004,单个菜地符号

H.GY,SIGN0005,单个果园符号

H.SY,SIGN0006,单个桑园符号

H.SS,SIGN0019,单个疏林符号

H.WCL,SIGN0020,单个未成林符号

H.MP,SIGN0022,单个苗圃符号

H.ZL,SIGN0032,独立竹丛

H.LD,SIGN0010,单个有林地符号

自动连码使用说明如图 13-15 所示。

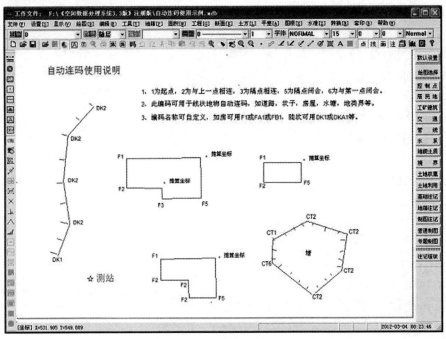

图 13-15　自动连码使用说明

13.14.2　简码成图效果

简码成图效果如图 13-16 所示。

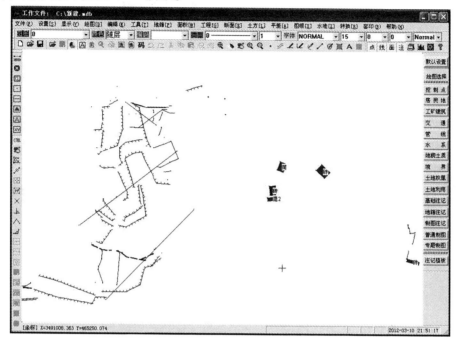

图 13-16　简码成图效果

从图上可以看出,大批量代码已经自动成图,根据层数自动判断房屋性质,并标注层数,陡坎自动绘出,极大地提高了作业效率,减轻了作业组长的压力,也可以转换成南方 CASS 能识别的数据格式。

第 14 章　水准测量

14.1　串口数据通信技术

串口数据通信技术用于传输全站仪数据或 PC – E500 数据,打开此功能设置好通信参数(见图 14-1),按提示操作,各项设置系统会自动保存在注册表中,下次打开会自动恢复设置。

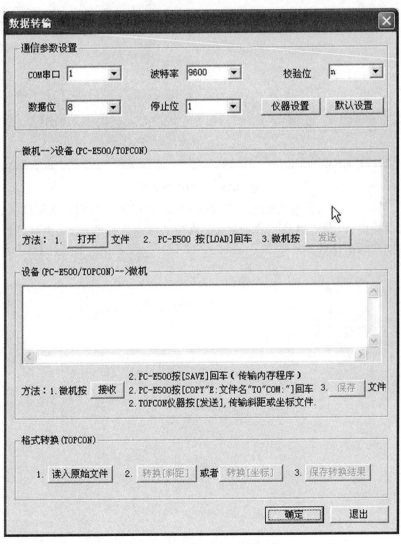

图 14-1　串口数据通信参数设置

14.2　读入 PC‑E500 记录

由 PC‑E500 记录的数据经过加密处理成字符串,采用十八进制对数据处理,然后转换成字符串,防止作业人员擅自修改数据,由本系统读入后自动还原为原始数据。PC‑E500 数据格式如图 14-2 所示。

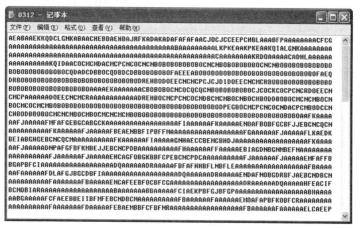

图 14-2　PC‑E500 数据格式

每行 80 个字符,禁止修改数据,否则无法还原。

14.3　读入 PDA 水准记录

PDA 数据由作者开发,适用于掌上电脑、RTK 手簿、MOBILE 手机等平台,用于替换 PC‑E500 记录水准,数据文件经过加密转换后输出成文本文件,数据变换方法采用行变换、列变换、对角线变换的方法对数据进行处理,处理后的数据格式如图 14-3 所示。

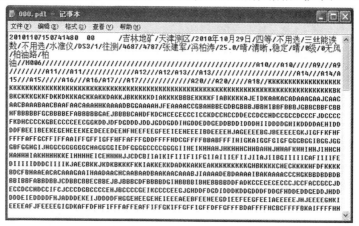

图 14-3　PDA 水准记录数据格式

14.4　读入安卓水准记录

安卓水准记录格式如图 14-4 所示。

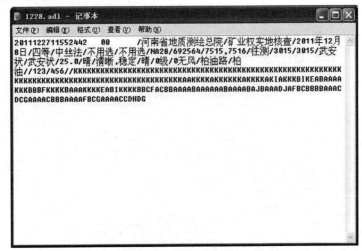

图 14-4　安卓水准记录格式

14.5　读入手工水准记录

手工水准记录格式如图 14-5 所示。

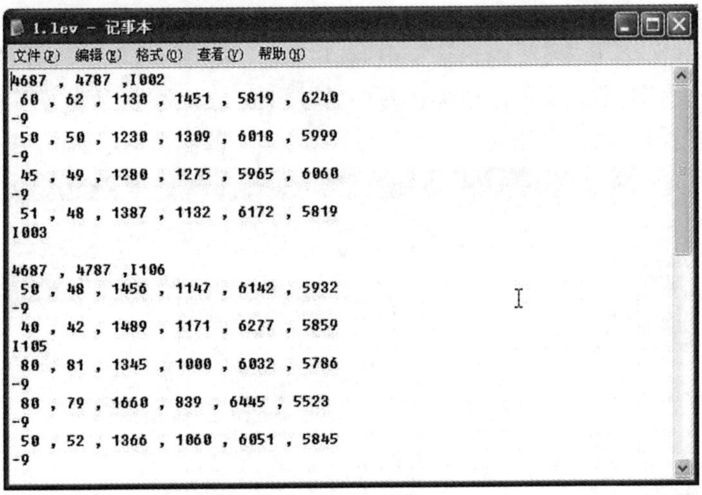

图 14-5　手工水准记录格式

14.6　读入天宝/蔡司水准记录

天宝/蔡司水准记录格式如图 14-6 所示。

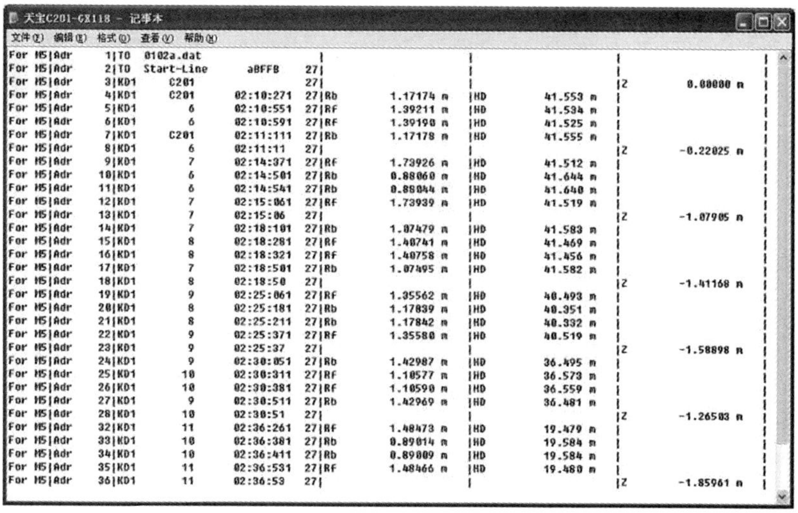

```
天宝C201-GX118 - 记事本
文件(F) 编辑(E) 格式(O) 查看(V) 帮助(H)
For M5|Adr     1|TO  0102a.dat                  |                          |                  |                    |
For M5|Adr     2|TO  Start-Line      aBFFB    27|                          |                  |                    |
For M5|Adr     3|KD1     C201                 27|                          |                  |Z        0.00000 m  |
For M5|Adr     4|KD1     C201      02:10:271  27|Rb        1.17174 m      |HD        41.553 m |                    |
For M5|Adr     5|KD1        6      02:10:551  27|RF        1.39211 m      |HD        41.534 m |                    |
For M5|Adr     6|KD1        6      02:10:591  27|RF        1.39190 m      |HD        41.525 m |                    |
For M5|Adr     7|KD1     C201      02:11:111  27|Rb        1.17178 m      |HD        41.555 m |                    |
For M5|Adr     8|KD1        6      02:11:11   27|                          |                  |Z       -0.22025 m  |
For M5|Adr     9|KD1        7      02:14:371  27|RF        1.73926 m      |HD        41.512 m |                    |
For M5|Adr    10|KD1        6      02:14:501  27|Rb        0.88060 m      |HD        41.644 m |                    |
For M5|Adr    11|KD1        6      02:14:541  27|Rb        0.88044 m      |HD        41.640 m |                    |
For M5|Adr    12|KD1        7      02:15:061  27|RF        1.73939 m      |HD        41.519 m |                    |
For M5|Adr    13|KD1        7      02:15:06   27|                          |                  |Z       -1.07905 m  |
For M5|Adr    14|KD1        7      02:18:101  27|Rb        1.07479 m      |HD        41.583 m |                    |
For M5|Adr    15|KD1        8      02:18:281  27|RF        1.40741 m      |HD        41.469 m |                    |
For M5|Adr    16|KD1        8      02:18:321  27|RF        1.40758 m      |HD        41.456 m |                    |
For M5|Adr    17|KD1        7      02:18:501  27|Rb        1.07495 m      |HD        41.582 m |                    |
For M5|Adr    18|KD1        8      02:18:50   27|                          |                  |Z       -1.41168 m  |
For M5|Adr    19|KD1        9      02:25:061  27|RF        1.35562 m      |HD        40.493 m |                    |
For M5|Adr    20|KD1        8      02:25:181  27|Rb        1.17839 m      |HD        40.351 m |                    |
For M5|Adr    21|KD1        8      02:25:211  27|Rb        1.17842 m      |HD        40.332 m |                    |
For M5|Adr    22|KD1        9      02:25:371  27|RF        1.35580 m      |HD        40.519 m |                    |
For M5|Adr    23|KD1        9      02:25:37   27|                          |                  |Z       -1.58898 m  |
For M5|Adr    24|KD1        9      02:30:051  27|Rb        1.42987 m      |HD        36.495 m |                    |
For M5|Adr    25|KD1       10      02:30:311  27|RF        1.10577 m      |HD        36.573 m |                    |
For M5|Adr    26|KD1       10      02:30:381  27|RF        1.10590 m      |HD        36.559 m |                    |
For M5|Adr    27|KD1        9      02:30:511  27|Rb        1.42969 m      |HD        36.481 m |                    |
For M5|Adr    28|KD1       10      02:30:51   27|                          |                  |Z       -1.26503 m  |
For M5|Adr    32|KD1       11      02:36:261  27|RF        1.48473 m      |HD        19.479 m |                    |
For M5|Adr    33|KD1       10      02:36:381  27|Rb        0.89014 m      |HD        19.584 m |                    |
For M5|Adr    34|KD1       10      02:36:411  27|Rb        0.89009 m      |HD        19.584 m |                    |
For M5|Adr    35|KD1       11      02:36:531  27|RF        1.48466 m      |HD        19.480 m |                    |
For M5|Adr    36|KD1       11      02:36:53   27|                          |                  |Z       -1.85961 m  |
```

图 14-6　天宝/蔡司水准记录格式

14.7　读入徕卡水准记录

徕卡水准记录格式如图 14-7 所示。

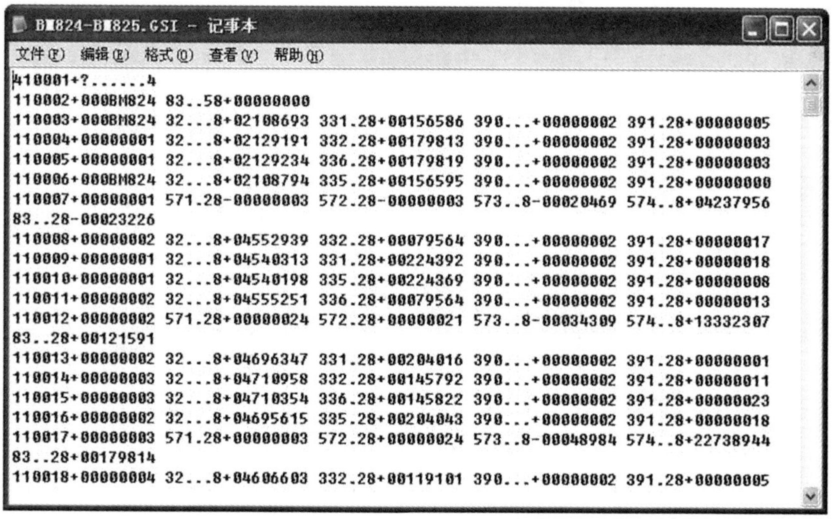

```
BM824-BM825.GSI - 记事本
文件(F) 编辑(E) 格式(O) 查看(V) 帮助(H)
410001+?......4
110002+000BM824 83..58+00000000
110003+000BM824 32...8+02108693 331.28+00156586 390...+00000002 391.28+00000005
110004+00000001 32...8+02129191 332.28+00179813 390...+00000002 391.28+00000003
110005+00000001 32...8+02129234 336.28+00179819 390...+00000002 391.28+00000003
110006+000BM824 32...8+02108794 335.28+00156595 390...+00000002 391.28+00000000
110007+00000001 571.28-00000003 572.28-00000003 573..8-00020469 574..8+04237956
83..28-00023226
110008+00000002 32...8+04552939 332.28+00079564 390...+00000002 391.28+00000017
110009+00000001 32...8+04540313 331.28+00224392 390...+00000002 391.28+00000018
110010+00000001 32...8+04540198 335.28+00224369 390...+00000002 391.28+00000008
110011+00000002 32...8+04555251 336.28+00079564 390...+00000002 391.28+00000013
110012+00000002 571.28+00000024 572.28+00000021 573..8-00034309 574..8+13332307
83..28+00121591
110013+00000002 32...8+04696347 331.28+00204016 390...+00000002 391.28+00000001
110014+00000003 32...8+04710958 332.28+00145792 390...+00000002 391.28+00000011
110015+00000003 32...8+04710354 336.28+00145822 390...+00000002 391.28+00000023
110016+00000002 32...8+04695615 335.28+00204043 390...+00000002 391.28+00000018
110017+00000003 571.28+00000003 572.28+00000024 573..8-00048984 574..8+22738944
83..28+00179814
110018+00000004 32...8+04606603 332.28+00119101 390...+00000002 391.28+00000005
```

图 14-7　徕卡水准记录格式

14.8　读入拓普康水准记录

拓普康水准记录格式如图 14-8 所示。

0729A.dll - 记事本

文件(F) 编辑(E) 格式(O) 查看(V) 帮助(H)

```
A,01,Z,
c,27,0729A,2,1.0,,,,,,,,,,,,,GPS2103,+5201460,1007290825,,,,_,
g,B7,+13179,+803,,3,1,GPS2103,GPS2103,0826,B,
h,B7,+13179,+803,,3,0,GPS2103,GPS2103,0826,B,
i,B7,+28953,+981,+5185686,3,0,1,GPS2103,0829,6,
j,B7,+28953,+981,+5185686,3,0,1,GPS2103,0829,7,
g,B7,+3913,+633,,3,1,1,GPS2103,0835,0,
h,B7,+3912,+633,,3,0,1,GPS2103,0835,N,
i,B7,+24332,+452,+5165267,3,1,2,GPS2103,0836,[,
j,B7,+24333,+452,+5165265,3,0,2,GPS2103,0836,Z,
g,B7,+3055,+515,,3,0,2,GPS2103,0839,0,
h,B7,+3056,+515,,3,1,2,GPS2103,0839,R,
i,B7,+27862,+605,+5140460,3,0,3,GPS2103,0841,V,
j,B7,+27862,+606,+5140459,3,1,3,GPS2103,0841,!,
g,B7,+4011,+531,,3,0,3,GPS2103,0844,C,
h,B7,+4012,+531,,3,0,3,GPS2103,0844,E,
i,B7,+25425,+464,+5119046,3,0,4,GPS2103,0845,],
j,B7,+25425,+464,+5119046,3,0,4,GPS2103,0846,_,
g,B7,+1641,+572,,3,0,4,GPS2103,0847,R,
h,B7,+1641,+572,,3,0,4,GPS2103,0847,S,
i,B7,+21919,+592,+5098768,3,0,5,GPS2103,0849,9,
```

图 14-8　拓普康水准记录格式

14.9　读入中纬水准记录

中纬水准记录格式如图 14-9 所示。

中纬G4-GPSE26.mdt - 记事本

文件(F) 编辑(E) 格式(O) 查看(V) 帮助(H)

PtID	Order	Height	Distance	StaffType	ReducedLevel	Type
@106	4	0.0000	0.000	2	0.0000	106
G4	B	1.0823	81.012	2	32.1460	106
G4	B	1.0827	81.013	2	32.1460	106
1	F	1.5951	83.029	2	32.1460	106
1	F	1.5951	83.052	2	32.1460	106
1	B	1.4317	83.852	2	31.6333	106
1	B	1.4345	83.879	2	31.6333	106
2	F	1.3581	84.853	2	31.6333	106
2	F	1.3586	84.834	2	31.6333	106
2	B	1.8185	96.840	2	31.7081	106
2	B	1.8188	96.934	2	31.7081	106
3	F	1.2977	97.476	2	31.7081	106
3	F	1.2957	97.421	2	31.7081	106
3	B	1.4908	95.305	2	32.2300	106
3	B	1.4895	95.333	2	32.2300	106
4	F	1.1681	99.970	2	32.2300	106
4	F	1.1677	99.988	2	32.2300	106
4	B	1.5304	58.727	2	32.5523	106
4	B	1.5294	58.715	2	32.5523	106
5	F	1.4931	61.061	2	32.5523	106

图 14-9　中纬水准记录格式

14.10　测站数据自动检查

对于电子水准仪原始记录数据可进行测站检查,用于无法编程控制限差的水准仪记录。检查范围按城市测量规范要求进行。首先设置好各项限差,再读入电子水准仪原始数据,程序自动对各项数据进行是否超限检查,并生成超限记录,供用户进行改正。系统默认为四等水准,如果当前水准等级不是四等可点击图 14-10 中右下面等级按钮进行选择,如果限差不同于设计书或规范,可进行修改,然后保存。检查方法:从每段第一站开始,提取全部数据依次计算累积差、前后视距差、高差等数值,然后与设计值进行比较。

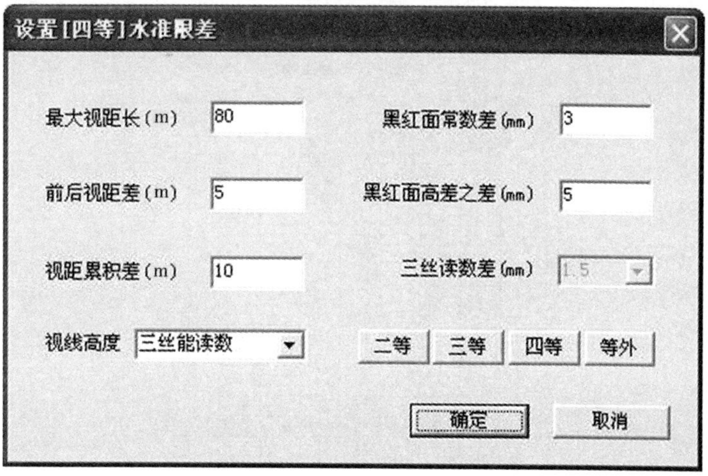

图 14-10　数据自动检查设置

14.11　生成水准手簿

生成水准手簿的方法由本系统直接生成,并可直接分页打印输出,画线和字体由系统指定,不可更改。二等电子水准测量记录手簿如图 14-11 所示。四等水准观测手簿如图 14-12 所示。

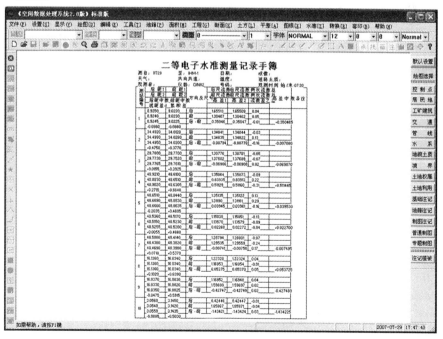

图 14-11　二等电子水准测量记录手簿

图 14-12　四等水准观测手簿

14.12　生成电子表格

有时,应甲方要求,提供电子表格形式的原始记录,本系统可自动生成电子表格形式的手簿。方法:创建一个空白表格,依次在相应位置输出原始记录,并能分页打印输出。格式如图 14-13 所示。

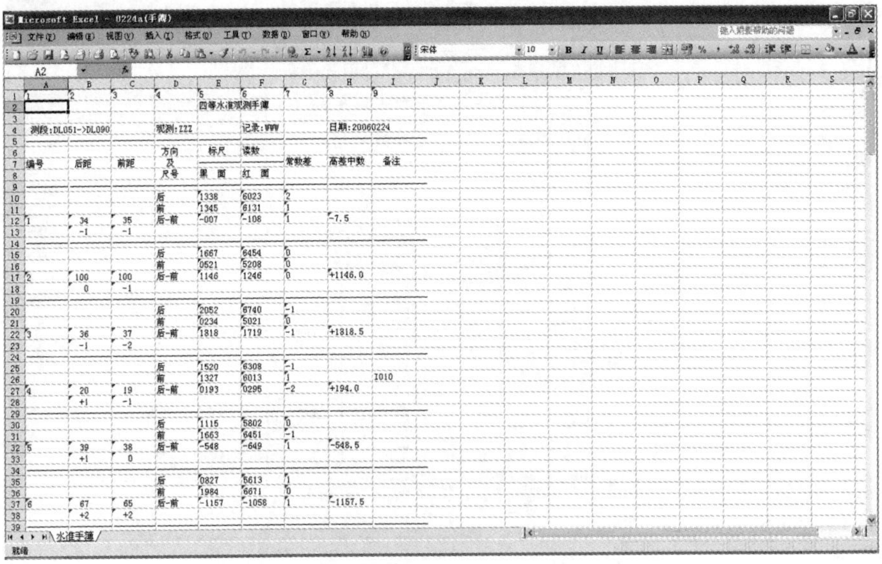

图 14-13　生成电子表格水准记录手簿

14.13　生成平差文件

本系统可生成三种格式平差文件:①清华山维格式平差文件;②武测科傻格式平差文件;③南方平差易文件。

(1)清华山维格式平差文件如图 14-14 所示。

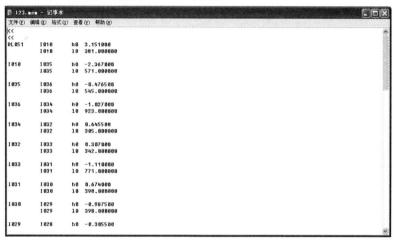

图 14-14　生成清华山维格式平差文件

(2)武测科傻格式平差文件如图 14-15 所示。

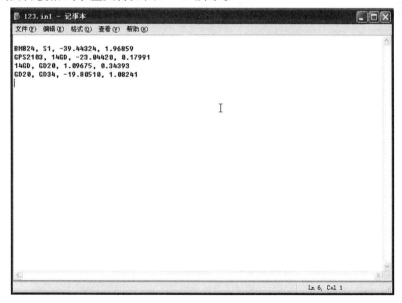

图 14-15　生成武测科傻格式平差文件

(3)南方平差易文件如图 14-16 所示。

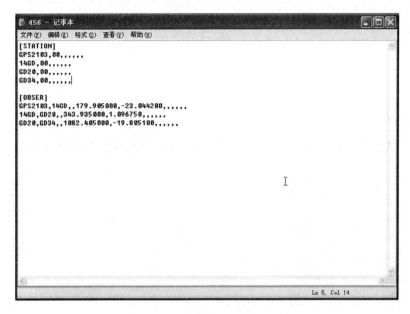

图 14-16　生成南方平差易文件

第 15 章　数据转换

15.1　大地坐标正反算及换带计算

大地坐标正算是指把大地经纬度转换成高斯平面坐标;反之,则为反算。换带是把某点在本带上坐标转换到邻带上,不同的椭球模型有不同的椭球参数,不管是哪种椭球,转换公式是一样的,根据转换精度要求不同,可舍去高次项,坐标系统有 1954 年北京坐标系、1980 西安坐标系、2000 国家大地坐标系。目前,最高转换精度可达到 0.01 mm,即正反算误差,具体界面如图 15-1 所示。

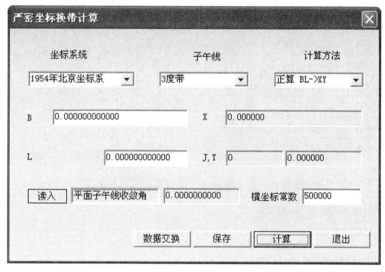

图 15-1　大地坐标正反算及换带

15.2　城市抵偿面坐标归算

在城市测量过程中,为了施工方便,要求若地面实测两点边长与经过两次投影后的高斯面反算边长误差不超过 2.5 cm/km,就不用考虑,若超过 2.5 cm/km 则必须进行坐标转换,即可抵偿面坐标归算,转换方法有三种,首选的是移动高程投影面,其次是移动投影子午线,最后是前两种方法合并进行。移动高程投影面的方法:在城市中心选择一个理论上的点,此点作为基准点,变形为零,距离本点越远的地方变形则越大,再选择城市平均高程面,最后计算缩放系数。移动中央子午线方法:把控制点坐标反算成大地经纬度,再选择投影的中央经度,算出经差,最后计算出新坐标。对于某些地方,比如处在带的边缘地区,用换带的方法不足以抵偿长度变形,必须合并使用两种方法才能基本消除,转换方法需分步进行。

　　系统可进行坐标系统归化以抵偿长度变形。设计根据《城市导线测量》(顾孝烈、杨子龙、都彩生等著)中导线测量成果的归算的有关理论公式进行。算例详见表 15-1、表 15-2。所有参数自动计算,输入 3 度带或 6 度带或地方带成果均可,反算纬度,然后计算地球平均曲率半径。抵偿坐标转换的参数设置如图 15-2 所示。

表 15-1　统一坐标系统化算为抵偿坐标系统

已知数据	$x_o = 3\,321\,824.895, \lambda = 120°35', H_m + h_m = 5 \text{ m}$ $y_o = 40\,556\,129.416, \psi = 30°00', R_m = 6\,368 \text{ km}$				
点号	x	$x - x_o$	$q(x - x_o)$	x_c	缩放系数计算
	y	$y - y_o$	$q(y - y_o)$	y_c	
1	16 356.490	− 5 468.405	+ 0.208	16 356.698	
	53 833.760	− 2 295.656	+ 0.087	53 833.847	
2	17 963.874	− 3 861.021	+ 0.147	17 964.021	$H_c = \dfrac{y_o^2}{2R_m} = \dfrac{56.13^2}{2 \times 6\,368} \times 1\,000 = 247(\text{m})$
	63 957.575	+ 7 828.159	− 0.297	63 957.278	
3	23 988.874	+ 2 163.979	− 0.082	23 988.792	$H_o = H_m + h_m - H_c = 5 - 247 = -242(\text{m})$
	61 295.980	+ 5 166.564	− 0.196	61 295.784	
4	27 041.706	+ 5 216.811	− 0.198	27 041.508	$q = \dfrac{H_o}{R_m} = -\dfrac{0.242}{6\,368} = -0.000\,038\,0$
	55 834.923	− 294.493	+ 0.011	55 834.934	
5	22 021.427	+ 196.532	− 0.007	22 021.420	
	48 374.248	− 7 755.168	+ 0.295	48 374.543	

表 15-2　抵偿坐标系统化算为统一坐标系统

已知数据	$x_o = 3\,321\,824.895, \lambda = 120°35', H_m + h_m = 5 \text{ m}$ $y_o = 40\,556\,129.416, \psi = 30°00', R_m = 6\,368 \text{ km}$				
点号	x_c	$x_c - x_o$	$-q(x_c - x_o)$	x	缩放系数计算
	y_c	$y_c - y_o$	$-q(y_c - y_o)$	y	
1	16 356.698	− 5 468.197	− 0.208	16 356.490	
	53 833.847	− 2 295.569	− 0.087	53 833.760	
2	17 964.021	− 3 860.874	− 0.147	17 963.874	$H_c = \dfrac{y_o^2}{2R_m} = \dfrac{56.13^2}{2 \times 6\,368} \times 1\,000 = 247(\text{m})$
	63 957.278	+ 7 827.862	+ 0.297	63 957.575	
3	23 988.792	+ 2 163.897	+ 0.082	23 988.874	$H_o = H_m + h_m - H_c = 5 - 247 = -242(\text{m})$
	61 295.784	+ 5 166.368	+ 0.196	61 295.980	
4	27 041.508	+ 5 216.613	+ 0.198	27 041.706	$q = \dfrac{H_o}{R_m} = -\dfrac{0.242}{6\,368} = -0.000\,038\,0$
	55 834.934	− 294.482	− 0.011	55 834.923	
5	22 021.420	+ 196.525	+ 0.007	22 021.427	
	48 374.543	− 7 754.873	− 0.295	48 374.248	

图 15-2　抵偿坐标转换的参数设置

15.3　马路红线坐标计算

　　马路红线坐标计算用于地籍测量中计算街坊面积,马路在设计时均有设计宽度,而实际上大部分邻马路边建设的房屋多多少少都会占据规划红线,在测绘宗地时要一律扣除,并在图上标绘出马路红线位置。马路红线坐标计算并不复杂,只要计算出两直线的交点坐标即可,但是大量的计算就比较复杂,用程序来算相对简单,其原理是首先根据马路中心的坐标和马路宽度,计算出马路边线的坐标方程,依次求出所有路边线方程,再逐个计算出马路红线交点坐标,如图 15-3 所示。

　　具体计算过程:首先,统计各结点方向数,如果结点方向数为 1,则为端点号,如果本结点方向数超过 2 个,则为转点,按方位角排序;其次,按道路中心线控制点连线向外移动半个路宽,作平行线,再求平行线的交点,记录坐标值;再次,按向左法或向右法自动搜索所有边,自动构成街坊范围线,计算街坊面积;最后,输出各拐点坐标和街坊面积值。

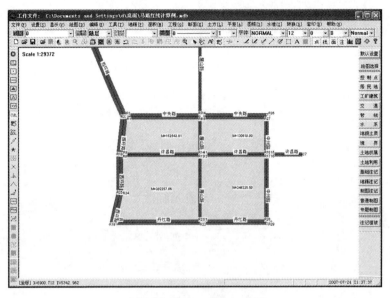

图 15-3　马路红线坐标计算

15.4　平面相似变换

平面相似变换用来转换两个不同坐标系的坐标,运用相似变换求解出两坐标转换四参数,可用于面积比较小的地区,所有公共点的重心坐标是转换中心位置,其核心技术是对公共点列出误差方程,然后进行间接平差,最后再转换其他参考点的坐标。具体界面如图 15-4 所示。

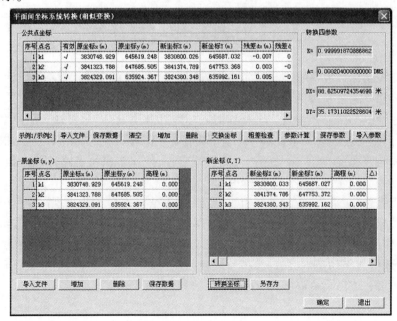

图 15-4　平面相似变换

15.5　布尔莎模型坐标转换

布尔莎模型转换用于转换两个不同椭球之间坐标关系,俗称七参数转换,包括三个定位参数,三个轴旋转参数和尺度比参数。转换前提是旋转量非常小,转换的核心技术是最小二乘法平差,再求出转换七参数。列误差方程要求用空间直角坐标系来表达。不同格式数据最终转换成空间直角坐标后才能计算常数项,方法为以七参数作为未知数,列出误差方程,然后组成法方程,求出七参数最或然值。布尔莎模型坐标系统转换如图 15-5所示。

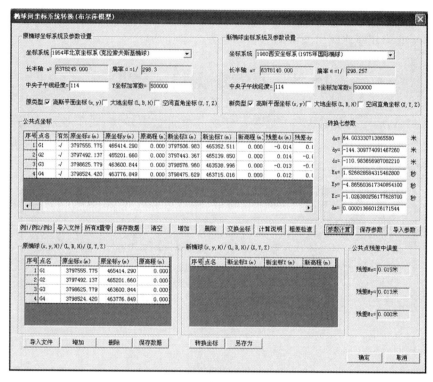

图 15-5　布尔莎模型坐标系统转换

15.6　整图坐标换带计算

有时候,由于某种特殊需要,要把全图进行换带计算,比如矿业权整合时需要合并矿区,矿业权数据库中的坐标均为 3 度带,进行整合时要在 MAPGIS 中进行编辑,而 MAPGIS作 1∶5万图时默认为 6 度带,就产生了换带计算的问题。本模块功能可自动把数据从一个带转换到相邻带中,并根据横坐标值自动进行判断,凡是横坐标小于 500 km 的均自动归算到左带上,否则一律归算到右带上,最后输出 MAPGIS 格式数据,然后由 MAPGIS 导入即可实现。

15.7　图幅理论面积与图幅号计算

图幅理论面积计算用于地籍测量中控制图斑面积,计算公式是用大地经纬度来计算椭球面上的理论面积。图幅号计算是用于计算国家标准比例尺地形图图幅号的,比例尺为 1∶100 万 ~1∶5 000,只要输入经纬度或大地坐标,均可计算出任意图幅、任意比例尺的标准图幅号及该图幅经差、纬差、图幅西南角坐标。计算图幅号的公式如下:

aa = (DEG(B0)/4) +1; bb = (DEG(L0)/6) +31;

// 任意点在 1∶1 000 000 图中编号通用计算公式

cc =4/db – [(B0/4)/db]; dd = [(L0/6)/dl] +1; [ ]为商取整,( )为商取余

其中,db 和 dl 为相应比例尺图幅的纬差和经差。

15.8　万能数据格式转换

如图 15-6 所示,万能数据格式转换用于文本文件数据转换,对于各列数据可以任意选择是否添加,也可以进行排序处理,排序方法按自然数排列,如 1,2,3,…,9,10,11,…,99,100,…名称前代号可自动识别。

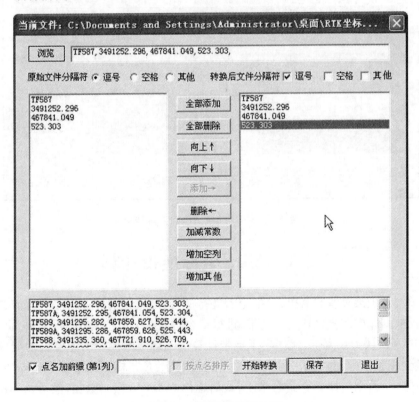

图 15-6　万能数据格式转换

第 16 章　矿业权管理

16.1　创建矿业权数据库

　　读入探矿权或采矿权信息后,为了管理方便与科学化管理,必须建立数据库,方便查询。本系统采用 Access 数据库作为后台支持,能满足中小型用户的需要,管理非常简单有效,查询非常方便实用,在读入数据库信息的同时能将其自动保存到本系统创建的数据文件中,也可以变更与查询,显示与绘图,查找重叠部分,打印与输出相关信息。

　　设置矿业权查询图层如图 16-1 所示。

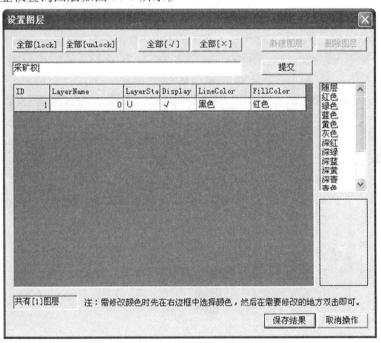

图 16-1　设置矿业权查询图层

16.2　读入探矿权经纬度

　　探矿权证上坐标是以经纬度形式表示的,要想把某地区的探矿权标到图上进行统一管理,首先必须把经纬度转换成平面坐标,并转换到某一指定带上,这样才能形象地显示各探矿权在图上的范围,方便用户进行管理与查询。转换经纬度是按大地坐标正算公式进行换算的,指定中央子午线经度,统一投影到指定带上。如果以全省为单位展绘,有可能跨带,这时要统一到一个带上。如果分布范围呈东西向,如我国内蒙古自治区,可采用分块投影,划定某一界线,或按矿区分布情况划定分界线。如果不分带,则会出现变形失真,距离中央子午线越远的地方,形状变化越大。本系统读入探矿权坐标信息可识别MDB 后缀的数据库文件,自动进行投影计算,如果出现不同带号的探矿权,系统会提示让用户选择。读入探矿权数据库如图 16-2 所示。探矿权转换结果如图 16-3 所示。

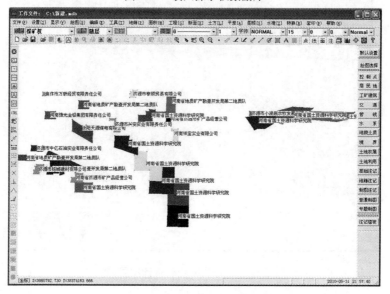

图 16-2 读入探矿权数据库

图 16-3 探矿权转换结果

16.3 读入采矿权坐标

采矿权坐标以高斯平面坐标形式表示,可能分布在不同带上,可按地区进行展绘,也可按全省统一展绘,按目前的情况,有 3 度带、6 度带,市县级国土局发证部门有的工作不规范,发证范围与实地不符,不便于管理。把采矿权范围标注到图上,可提高管理效率,查出重叠范围、重叠面积大小,实行科学管理。本系统可自动识别 MDB 后缀的数据库文件,自动进行归算,如果出现不同的带号,系统会自动提示让用户选择。读入采矿权数据库如图 16-4 所示。采矿权转换结果如图 16-5 所示。

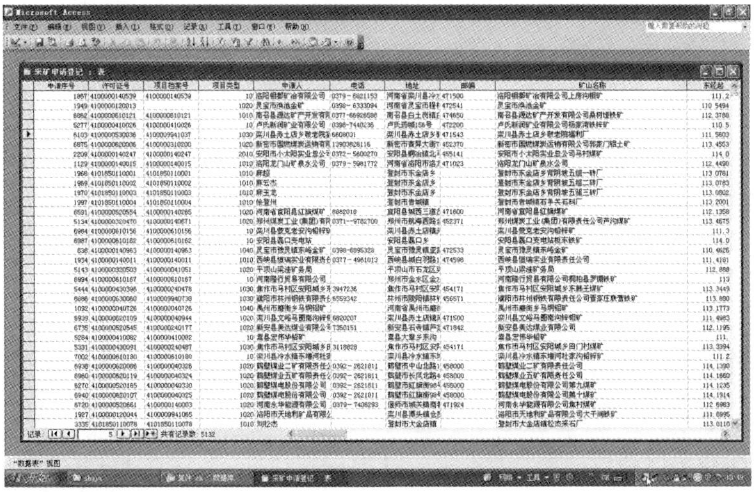

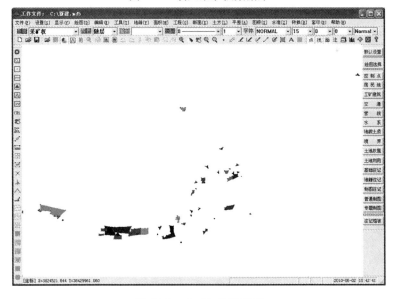

图 16-4　读入采矿权数据库

图 16-5　采矿权转换结果

16.4　矿业权信息管理

矿业权信息管理可实现模糊查询、条件查找、分类统计、排序、筛选、生成电子表格等简单功能,把抽象的数据转换成图形进行管理,并对不同矿种填充不同的颜色,使用户一目了然,双击可自动定位,并可修改数据,然后导入其他数据库,实现数据共享。

矿业权信息查询如图 16-6 所示。按数值查询矿业权如图 16-7 所示。按字符串查询矿业权如图 16-8 所示。显示矿业权查询结果如图 16-9 所示。

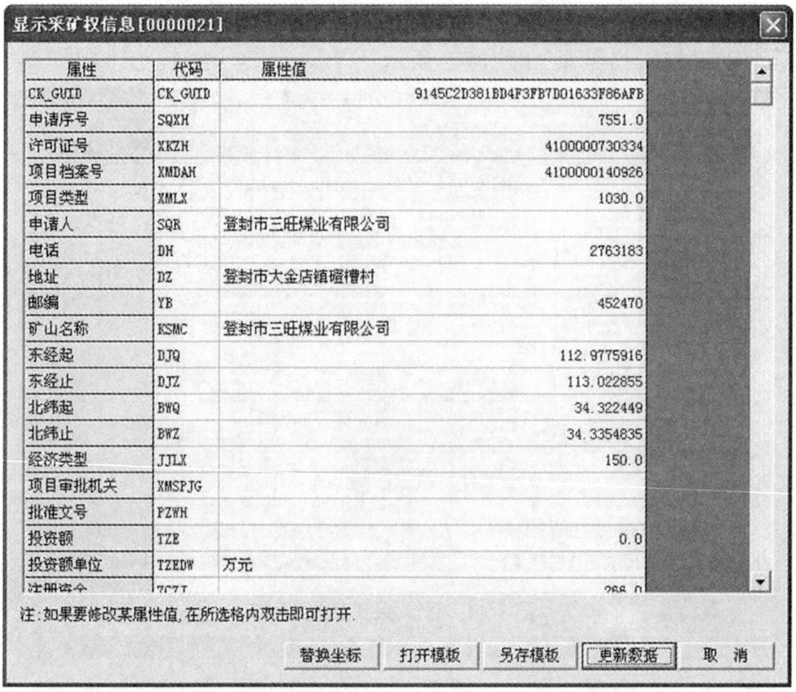

图 16-6　矿业权信息查询

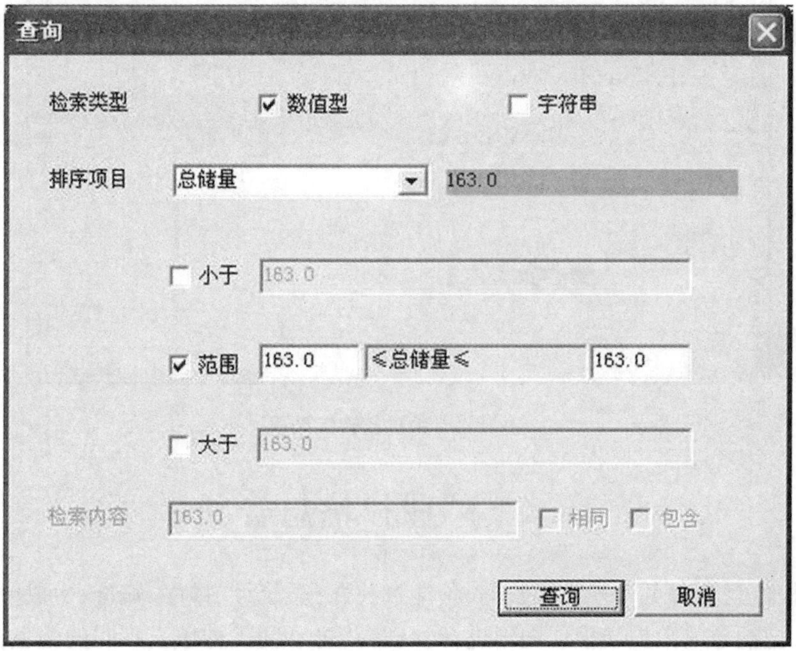

图 16-7　按数值查询矿业权

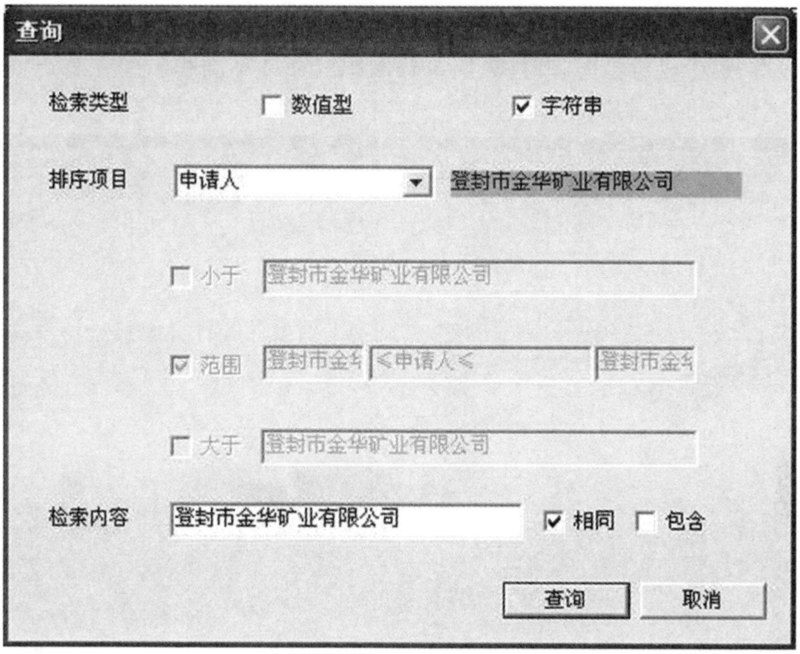

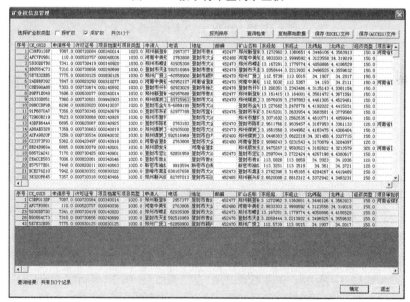

图 16-8　按字符串查询矿业权

图 16-9　显示矿业权查询结果

16.5　矿业权重叠检查

面域重叠检查的基本原理是将两个多边形进行裁剪,要求两个多边形均是凸多边形,而实际上,矿业权并不都是凸多边形,还有凹多边形,如图 16-10 所示。解决此问题的方法就是把凹多边形变成凸多边形,对凹多边形按照一定原则进行分割,并保持每个多边形都是凸多边形,逐个进行裁剪,并计算出重叠面积。在计算面积时要注意正负号,如果面积不为零,则肯定重叠,否则不重叠。

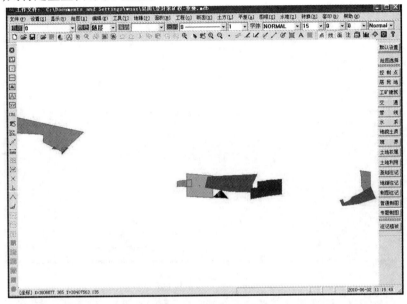

图 16-10　矿业权重叠检查

16.6　矿业权问题检查

矿业权问题检查是针对矿业权核查过程中数据进行检查,在作业过程中,总会出现不同的各种各样的问题,怎么才能使数据符合要求,并能最终入库,是用户首要解决的问题。不同的作业员有不同的作业习惯,很多图件表面上看不出什么问题,一旦用专业软件检查就会出现一大堆问题,比如:矿业权拐点坐标图上的标注和实际数据库中的数据不一致,名称注记不一致等,这都需要解决后才能最终把数据导入 ARCGIS 数据库。针对这一现象,本系统专门开发了检查功能,自动对数据进行符合性检查,使用户一目了然。检查软件开发的思路:首先用 CAD 导出 DXF 格式数据文件,由系统进行提取有效数据,再对数据进行分析,找出不一致的地方,生成文本文件,提供给用户进行修改。矿业权问题检查的选择界面如图 16-11 所示。矿业权问题检查结果如图 16-12 所示。

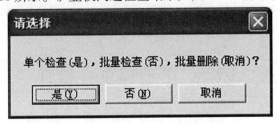

图 16-11　矿业权问题检查的选择界面

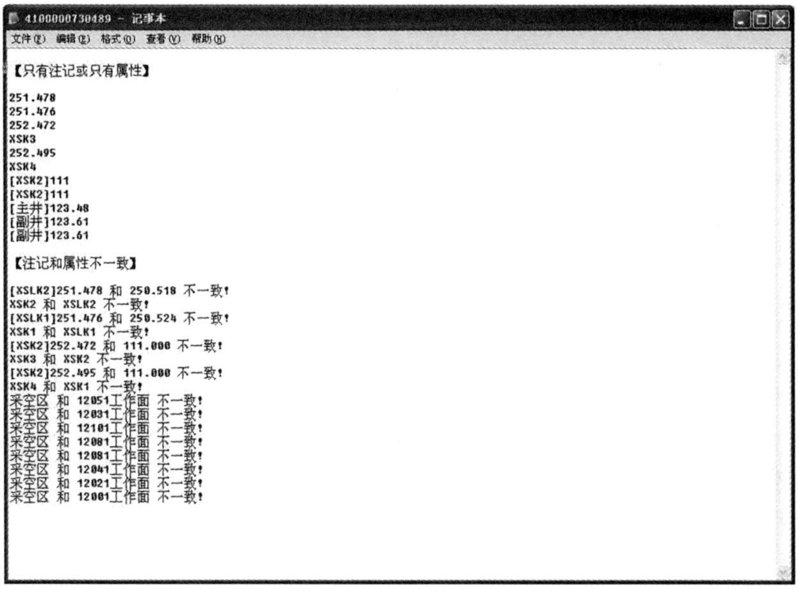

图 16-12　矿业权问题检查结果

第 17 章　安装与部署

17.1　系统安装

系统安装的具体操作步骤如下所述:打开文件夹,找到"安装程序.exe",双击即出现如图 17-1 所示的界面,点击右边的按钮,用户可选择安装目录,如果不选择,系统会按默认路径安装,几秒钟后,系统安装结束。安装程序带有定时器功能,如果用户不选择任何操作,待定时器读数恢复为零时,系统会按默认路径安装。本系统压缩包大小为 50 M 左右,可从网上下载或与作者联系。本系统分为三个版本:免费版、注册版、标准

图 17-1　系统安装界面

版。免费版长期有效,完全免费;注册版只限一台机器使用,与计算机硬件绑定;标准版配备有加密狗,用户可选择使用版本类型。本系统运行平台为 WindowsXP、Windows7、VISTA 版本。

17.2　程序主界面

系统运行界面如图 17-2 所示。

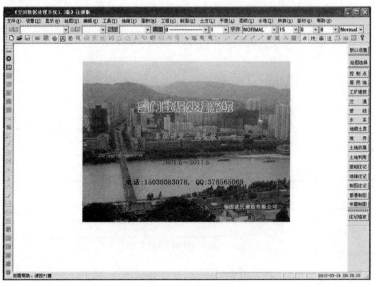

图 17-2　系统运行界面

　　本系统第一个特点是,原则上所有菜单均为灰色状态,本系统特色为各菜单有因果关系,如果不读入已知数据,则后面的菜单不会让用户打开,不像其他软件,用户可以乱点一气。只有在新建文件之后,各种菜单功能才变为有效。

　　本系统第二个特点是,各种对话框打开之前,默认文件名为"使用说明",如图 17-3 所示。如果用户不选择任何文件名称,直接打开,则系统会显示简要使用说明,如图 17-4 所示。

图 17-3　使用说明对话框

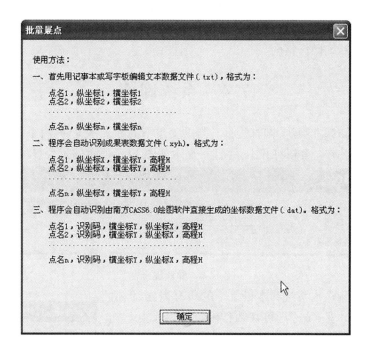

图 17-4　简要使用说明

　　如果用户选择文件名称,打开文件,则自动执行相应的功能。

17.3　帮助文件

帮助文件界面如图 17-5 所示。

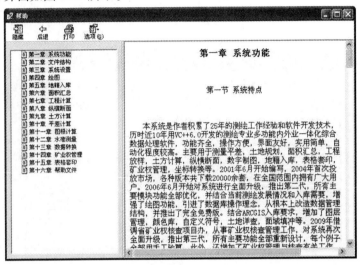

图 17-5　帮助文件界面

如果用户需要帮助,可点击帮助菜单下面的帮助主题,即显示如图 17-5 所示的 CHM 文件,点击左边框内相应内容,即在右边框内显示操作步骤,也可打开压缩包中 PDF 格式的空间数据处理系统操作指南。

17.4　系统卸载

如果您需要卸载本系统,则直接打开帮助菜单下的卸载系统命令,系统自动产生卸载程序,如图 17-6 所示。重新打开本系统时,显示如图 17-7 所示的重要提示。

图 17-6　卸载程序

如果您确认删除本系统和本目录下的所有数据,包括子文件夹,则选择"是(Y)"即可在数秒内自动删除本系统当前文件夹中的所有内容,并清理注册表内相关信息及桌面图标等。如果卸载失败,再次安装一下,再重新卸载即可,也可以点击压缩包中的卸载程序。

图 17-7　卸载程序时警告

17.5　算　例

如图 17-8 所示,本系统配备了各种丰富的算例,均是收集来的用户的真实算例,为了保密需要,稍作改动,如名称及坐标带号等。用户可对照算例进行测试,以便掌握各模块功能使用方法,为您的工作带来方便。

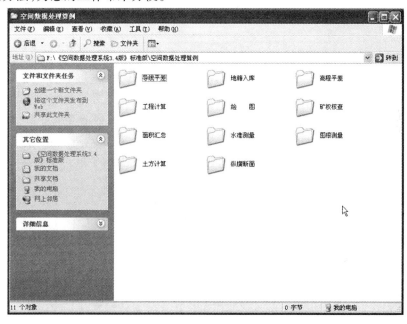

图 17-8　各种算例

第 18 章　其他实用技术

18.1　数据加密与解密

　　数据加密有很多方法,常用的有 MD5 单向加密、DES 对称加密、自定义加密方法等,根据需要可选择不同的加密方法,如果单向加密可采用 MD5,不可逆运算,常用于验证用户名和密码是否合法。可逆运算加密用于数据传送,只要有加密的密钥即可反解出原来内容,可用 DES 等。用于测量数据加密的方法可以简单一些,目的是防止作业人员擅自修改原始数据,比如在设计程序时对原始数据进行变换,采用十八进制处理,然后还原成字符串,生成文本文件,在使用时反向处理,再还原成原始记录,生成打印手簿等。下面简要介绍一下常用的几种加解密方法。

18.1.1　MD5 加密

18.1.1.1　MD5 简介

　　MD5 的全称是 Message – Digest algorithm 5(信息 – 摘要算法),在 20 世纪 90 年代初由 Mit Laboratory For Computer Science 和 Rsa Data Security Inc 的 Ronald L. Rivest 开发出来,经 MD2、MD3 和 MD4 发展而来。它的作用是让大容量信息在用数字签名软件签署私人密钥前被"压缩"成一种保密的格式。由于 MD5 算法的使用不需要支付任何版权费用,所以在一般的情况下,MD5 也不失为一种非常优秀的加密算法,被大量公司和个人广泛使用。MD5 是一个安全的散列算法,输入两个不同的明文不会得到相同的输出值,根据输出值,不能得到原始的明文,即其过程不可逆。所以,要解密 MD5 没有现成的算法,只能用穷举法,把可能出现的明文,用 MD5 算法散列之后,把得到的散列值和原始的数据形成一个一对一的映射表,通过比较表中破解密码的 MD5 算法散列值,通过匹配从映射表中找出破解密码所对应的原始明文。对信息系统或者网站系统来说,MD5 算法主要用于用户注册口令的加密。

18.1.1.2　MD5 加密原理

　　MD5 以 512 位分组来处理输入的信息,且每一分组又被划分为 16 个 32 位子分组,经过一系列的处理后,算法的输出由 4 个 32 位分组组成,将这 4 个 32 位分组级联后将生成一个 128 位散列值。在 MD5 算法中,首先需要对信息进行填充,使其字节长度对 512 求余数的结果等于 448。因此,信息的字节长度(bits length)将被扩展至 $N \times 512 + 448$,即 $N \times 64 + 56$ 个字节(bytes),N 为一个正整数。填充的方法:在信息的后面填充一个 1 和无数个 0,直到满足上面的条件时才停止用 0 对信息的填充。然后在这个结果后面附加一个以 64 位二进制表示的填充前的信息长度。经过这两步的处理,现在的信息字节长度为 $N \times 512 + 448 + 64 = (N + 1) \times 512$,即长度恰好是 512 的整数倍数。这样做的原因是为满足后面处理中对信息长度的要求。MD5 中有 4 个 32 位被称做链接变量(Chaining Variable)的整数参数,它们分别为: $A = 0x01234567$, $B = 0x89abcdef$, $C = 0xfedcba98$, $D = 0x76543210$。当设置好这四个链接变量后,就开始进入算法的四轮循环运算,循环的次数是信息中 512 位信息分组的数目。将上面四个链接变量复制到另外四个变量中: A 到 a, B 到 b, C 到 c, D 到 d。主循环有四轮(MD4 只有三轮),每轮循环都很相似。第一轮进行 16 次操作。每次操作对 a、b、c 和 d 中的其中三个作一次非线性函数运算,然后将所得结果加上第四个变量(文本中的一个子分组和一个常数)。再将所得结果向右环移一个不定的数,并加上 a、b、c 或 d 中之一。最后用该结果取代 a、b、c 或 d 中之一。以下是每次操作中用到的四个非线性函数(每轮一个):

$$F(X,Y,Z) = (X \wedge Y) \vee ((X) \wedge Z)$$
$$G(X,Y,Z) = (X \wedge Z) \vee (Y \wedge (Z))$$
$$H(X,Y,Z) = X \oplus Y \oplus Z$$
$$I(X,Y,Z) = Y \oplus (X \vee (Z))$$

其中,$\oplus$ 表示异或,$\wedge$ 表示与,$\vee$ 表示或。

如果 X、Y 和 Z 的对应位是独立和均匀的,那么结果的每一位也应是独立和均匀的。F 是一个逐位运算的函数。即如果 X,那么 Y,否则 Z。函数 H 是逐位奇偶操作符。所有这些完成之后,将 A、B、C、D 分别加上 a、b、c、d。然后用下一分组数据继续运行算法,最后的输出是 A、B、C 和 D 的级联。最后得到的 A、B、C、D 就是输出结果,A 是低位,D 是高位,D、C、B、A 组成 128 位输出结果。

18.1.1.3 MD5 的安全性

从安全的角度讲,MD5 的输出为 128 位,若采用纯强力攻击寻找一个消息具有给定 Hash 值的计算困难性为 2128,用每秒可试验 1 000 000 000 个消息的计算机需时 $1.07 \times 1\,022$ 年。若采用生日攻击法,寻找有相同 Hash 值的两个消息需要试验 264 个消息,用每秒可试验 1 000 000 000 个消息的计算机需时 585 年。

18.1.1.4 MD5 加密算法的应用

MD5 加密算法由于其具有较好的安全性,而且商业也可以免费使用该算法,因此该加密算法被广泛使用,MD5 算法主要运用在数字签名、文件完整性验证以及口令加密等方面。

18.1.2 DES 加密与解密

18.1.2.1 DES 简介

DES 是 Data Encryption Standard(数据加密标准)的缩写。它是由 IBM 公司研制的一种对称密码算法,美国国家标准局于 1977 年公布把它作为非机要部门使用的数据加密标准,至今,它一直活跃在国际保密通信的舞台上,扮演了十分重要的角色。DES 是一种分组加密算法,典型的 DES 以 64 位为分组对数据加密,加密和解密用的是同一个算法。它的密钥长度是 56 位(因为每个第 8 位都用做奇偶校验),密钥可以是任意的 56 位数,而且可以任意时候改变。其中,有极少数被认为是易破解的弱密钥,但是很容易避开它们不用。所以,保密性依赖于密钥。

18.1.2.2　DES 加密的算法框架

首先要生成一套加密密钥,从用户处取得一个 64 位长的密码口令,然后通过等分、移位、选取和迭代形成一套 16 个加密密钥,分别供每一轮运算中使用。

DES 对 64 位(bit)的明文分组 M 进行操作,M 经过一个初始置换 IP,置换成 m_0。将 m_0 明文分成左半部分和右半部分 $m_0 = (L_0, R_0)$,各 32 位长。然后进行 16 轮完全相同的运算(迭代),这些运算被称为函数 f,在每一轮运算过程中数据与相应的密钥结合。在每一轮中,密钥位移位,然后从密钥的 56 位中选出 48 位。通过一个扩展置换将数据的右半部分扩展成 48 位,并通过一个异或操作替代成新的 48 位数据,再将其压缩置换成 32 位。这四步运算构成了函数 f。然后,通过另一个异或运算,函数 f 的输出与左半部分结合,其结果成为新的右半部分,原来的右半部分成为新的左半部分。将该操作重复 16 次。经过 16 轮迭代后,左、右半部分合在一起经过一个末置换(数据整理),这样就完成了加密过程。DES 加密流程如图 18-1 所示。

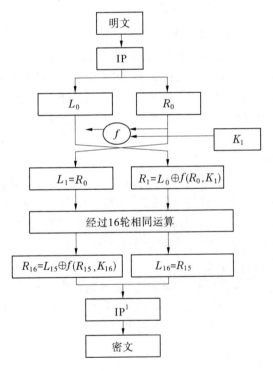

图 18-1　DES 加密流程

18.1.2.3　DES 解密过程

在了解了加密过程中所有的代替、置换、异或和循环迭代之后,读者也许会认为,解密算法应该是加密的逆运算,与加密算法完全不同。恰恰相反,经过密码学家精心设计选择的各种操作,DES 获得了一个非常有用的性质:加密和解密使用相同的算法！DES 加密和解密唯一的不同是密钥的次序相反。如果各轮加密密钥分别是 K_1、K_2、K_3、$\cdots$、K_{16},那么解密密钥就是 K_{16}、K_{15}、K_{14}、$\cdots$、K_1。这也就是 DES 被称为对称算法的理由吧。

18.2　水准仪 i 角检查方法

《国家水准测量规范》附录中提供两种检查 i 角方法。检验结果符合规范要求,方可使用。二、三等限差为 15″,四等、等外限差为 20″。具体检查方法有如下两种。

18.2.1　方法一

18.2.1.1　准备工作

如图 18-2 所示,在平坦的场地上选择一长为 61.8 m 的线 J_1J_2(两端点),并将其三等分各长 $S = 20.6$ m(距离用钢尺量取),在两分点 A、B(或 J_1、J_2)处各打下一木桩并钉一圆帽钉,或作标记以备再用,如果用尺台的话,则不用打钉即可。

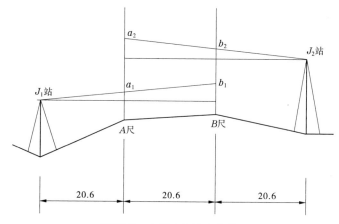

图 18-2　水准 i 角检查方法一

18.2.1.2　观测及计算

在 J_1、J_2(或 A、B)处先后架设仪器,整平仪器后,使符合水准气泡精密符合,如果仪器为自动安平水准仪,只要圆气泡居中即可。在 A、B 标尺上各照准读数四次。在 J_1 处设站时,令 A、B 标尺上四次读数的中数为 a_1、b_1;在 J_2 处设站时为 a_2、b_2;若不顾及观测误差,则在 A、B 标尺上除去 i 角影响后的正确读数应为 a_1',b_1',a_2',b_2',它们分别为

$$a_1' = a_1 - \Delta, \quad b_1' = b_1 - 2\Delta$$
$$a_2' = a_2 - 2\Delta, \quad b_2' = b_2 - \Delta$$

式中,$\Delta = \dfrac{i''}{\rho''}S$。

所以,在 J_1 处测得正确高差应为 h_1,即

$$h_1 = a_1' - b_1' = a_1 - b_1 + \Delta$$

在 J_2 处测得的正确高差为 $h_2 = h_1$,则

$$h_2 = a_2' - b_2' = a_2 - b_2 - \Delta$$
$$2\Delta = (a_2 - b_2) - (a_1 - b_1)$$
$$\Delta = \frac{1}{2}[(a_2 - b_2) - (a_1 - b_1)]$$

因此，$i'' = \dfrac{\Delta}{S}\rho'' \approx \dfrac{\Delta^{mm}206\,000''}{20\,600^{mm}} = 10\Delta$　（Δ 以 mm 为单位）

i 角的校正：校正可在 J_2 点上进行。用倾斜螺旋（无倾斜螺旋的仪器用位于视准面内的一脚螺旋）将望远镜视线对准 A 点标尺上的正确读数 a_2'，则

$$a_2' = a_2 - 2\Delta = b_2 + a_1 - b_1$$

然后，校正水准器改正螺旋，将气泡导到居中。校正后，将仪器望远镜对准标尺 B 读数 b_2'，它应与计算的应有值 $b_{2计}' = b_2 - \Delta$ 完全一致。以此作检核使用。校正需反复进行，使 i 角满足要求。

值得注意的是，如果是自动安平水准仪，请送到仪器厂家或相关仪器检验单位进行校正。

18.2.2　方法二

18.2.2.1　准备工作

如图 18-3 所示，在平坦的场地上丈量一长为 41.2 m 的线 AJ_2，在此线上从一端 A 量取 $AB = 20.6$ m（距离用钢尺量取），在 A、B 两点各打下一木桩，各钉一圆帽钉。如果有尺台就不用再钉，但要在观测过程中保持尺台不动。

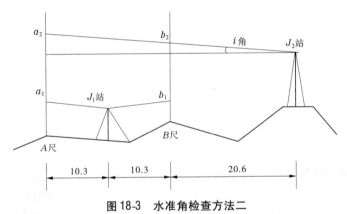

图 18-3　水准角检查方法二

18.2.2.2　观测及计算

先将仪器置于 A、B 的中点 J_1，整平仪器后，使符合水准器气泡精密要求，自动安平仪器只要圆气泡居中即可。在 A、B 标尺上各照准读数四次，设 A、B 标尺上四次读数的中数为 a_1、b_1，则 A、B 间的高差为 $h = a_1 - b_1$。

然后，将仪器搬到 J_2 点设站，观测读数如前，设此时 A、B 标尺上的四次读数的中数为 a_2、b_2，则在 J_2 测得的 A、B 间高差为 $h' = a_2 - b_2$。

若不顾及观测误差，则在 J_2 设站时除去 i 角影响后，A、B 标尺上正确读数应为 a_2'、b_2'：

$$a_2' = a_2 - 2\Delta$$

$$b_2' = b_2 - \Delta$$

式中，$\Delta = \dfrac{i'' S_{AB}}{\rho''}$，$i''$ 为 i 角，$\rho'' = 206\,265$。

因为

$$a_2' - b_2' = a_1 - b_1 = h$$

所以

$$\Delta = h' - h$$

$$i'' = \frac{\Delta \cdot \rho''}{S_{AB}} \approx \frac{\Delta^{mm} \cdot 206\,000''}{20\,600^{mm}} = 10\Delta \quad (\Delta \text{ 以 mm 为单位})$$

i 角的校正:校正可在 J_2 点上进行。用倾斜螺旋(无倾斜螺旋的仪器用位于视准面内的一脚螺旋)将望远镜视线对准 A 点标尺上的正确读数 a_2',则

$$a_2' = a_2 - 2\Delta$$

然后,校正水准器改正螺旋,将气泡导到居中。校正后,将仪器望远镜对准标尺 B 读数 b_2',它应与计算的应有值 $b_{2计}' = b_2 - \Delta$ 完全一致。以此作检核使用。校正需反复进行,使 i 角满足要求为止。

值得注意的是,如果是自动安平水准仪,请送到仪器厂或相关仪器检验单位进行校正。

18.3　水准标尺每米分划间隔真长的测定

18.3.1　准备工作

此项测定暂用一级线纹米尺(也可用同等精度或更精密的检定设备)在温度稳定的室内进行。在测定前两小时,应将检查尺(一级线纹米尺)和被检验的水准标尺取出,放在室内。检验时,水准标尺应放置水平,并使两支点位于距三米标尺两端各 40 cm 处。

18.3.2　观测方法

以线条式因瓦标尺为例,每一标尺的基本分划与辅助分划均须检验。基本分划和辅助分划各须进行往、返测。基本分划面测定时,往测时测定 0.25～1.25 m、0.85～1.85 m、1.45～2.45 m 三个米间隔,返测时测定 2.75～1.75 m、2.15～1.15 m、1.55～0.55 m 三个米间隔。辅助分划面测定时,往测时测定 0.40～1.40 m、1.00～2.00 m、1.60～2.60 m 三个米间隔,返测时测定 2.90～1.90 m、2.30～1.30 m、1.70～0.70 m 三个米间隔。

往测的观测:两个观测员分别注视检查尺的左、右端,同时读定"该部分间隔"的两个分划线下边缘在检查尺上的读数(估读到 0.02 mm),然后接着读取两个分划线上边缘在检查尺上的读数。两次左、右端读数差应不大于 0.06 mm,否则立即重测。如此依次测定三个米间隔。每测定一个米间隔需读记温度。

返测的观测:两观测员应互换位置,其他操作与往测同。

18.3.3　计算方法

所测每部分分划间隔的观测中数应根据检查尺的尺长方程式加入尺长与温度改正数,在计算尺长与温度改正数时,必须采用一级线纹米尺的 0.2 mm 刻线面的尺长方程式计算该部分的间隔真长,然后按基、辅分划面往、返测共 12 个米间隔真长的平均值作为这一根标尺的每米间隔真长。最后计算一标尺的平均米间隔真长。在计算中应取值 0.001

mm,最后一标尺的平均米间隔真长取值 0.01 mm。水准标尺名义真长测定结果如表 18-1 所示。

表 18-1　水准标尺名义真长测定结果　　　　　　　　（单位:m）

分划面	往返测	标尺分划间隔（m）	温度（℃）	检查尺读数				检查尺尺长及温度改正数	分划面名义真长
				左端	右端	右-左	中数		
基本分划	往测	0.25 ~ 1.25	25.0	1.20	1 001.60	1 000.40	1 000.39	+0.022	1 000.412
				1.40	1 001.78	1 000.38			
		0.85 ~ 1.85	25.0	0.40	1 000.70	1 000.30	1 000.27	+0.022	1 000.292
				1.14	1 001.38	1 000.24			
		1.45 ~ 2.45	25.0	2.06	1 003.10	1 001.04	1 001.04	+0.022	1 001.062
				0.76	1 001.80	1 001.04			
	返测	2.75 ~ 1.75	25.0	3.22	1 004.36	1 001.14	1 001.15	+0.022	1 001.172
				1.00	1 002.16	1 001.16			
		2.15 ~ 1.15	25.0	1.01	1 001.42	1 000.41	1 000.40	+0.022	1 000.412
				1.00	1 001.40	1 000.40			
		1.55 ~ 0.55	25.0	1.34	1 001.44	1 000.10	1 000.12	+0.022	1 000.142
				0.08	1 000.22	1 000.14			
辅助分划	往测	0.40 ~ 1.40	25.0	0.42	1 000.70	1 000.28	1 000.29	+0.022	1 000.312
				1.52	1 001.82	1 000.30			
		1.00 ~ 2.00	25.1	0.74	1 000.90	1 000.16	1 000.15	+0.024	1 000.174
				2.94	1 003.08	1 000.14			
		1.60 ~ 2.60	25.1	0.24	1 000.30	1 000.06	1 000.05	+0.024	1 000.074
				0.58	1 000.62	1 000.04			
	返测	2.90 ~ 1.90	25.1	1.82	1 001.84	1 000.02	1 000.03	+0.024	1 000.054
				0.58	1 000.62	1 000.04			
		2.30 ~ 1.30	25.1	0.36	1 000.40	1 000.04	1 000.04	+0.024	1 000.064
				1.74	1 001.78	1 000.04			
		1.70 ~ 0.70	25.1	0.24	1 000.46	1 000.22	1 000.21	+0.024	1 000.234
				1.22	1 001.42	1 000.20			
一根标尺名义真长									1 000.367

注:标尺:区格式木质标尺 025。另一标尺 026 的检测记录从略,其名义真长为 1 000.453 mm,一对标尺平均名义真长为 1 000.41 mm。检查尺:三等标准金属线纹尺 No.1119,$L = (1.000 - 0.07) + 0.018\ 5 \times (t - 20°)$ mm。

18.4　正常水准面不平行改正方法

《国家三、四等水准测量规范》(GB 12898—2009)中规定:凡是国家等级水准,均需加入以下三项改正:①水准标尺一米真长改正;②正常水准面不平行改正;③水准路(环)线闭合差改正。

正常水准面不平行改正数与路线纬度差有关系,改正公式如下:

$$\varepsilon = -AH\Delta\varphi$$

式中　ε——正常水准面不平行改正数,计算示例见表 18-2;

　　　A——常系数,当路线纬差不大时,可由公式 $A = 0.0000015371\sin2\varphi$ 计算;

　　　H——第 i 测段始、末点的近似高程的平均数,m;

　　　Δ——$\varphi_2 - \varphi_1(')$,φ_1、φ_2 为第 i 测段的始、末点(按计算进行的方向而言)的纬度,其值可由水准路线图中查取。

表 18-2　正常水准面不平行改正数计算

水准点编号	纬度 $\varphi(°)(')$	观测高差 $h'(m)$	近似高程 (m)	平均高程 $H(m)$	纬差 $\Delta\varphi(')$	$H\Delta\varphi$	正常水准面不平行改正数 $\varepsilon = -AH\Delta\varphi$ (mm)	附记
Ⅱ杨宝 35	24　28		425					
		+20.345		435	-3	-1 305	+2	
Ⅲ宜柳 1	25		445					
		+77.304		484	-3	-1 452	+2	
Ⅲ宜柳 2	22		523					
		+55.577		550	-3	-1 650	+2	
Ⅲ宜柳 3	19		578					
		+73.451		615	-3	-1 845	+2	已知:
Ⅲ宜柳 4	16		652					Ⅲ柳宝 35 高
		+17.094		660	-2	-1 320	+2	程为 424.876 m
Ⅲ宜柳 5	14		669					Ⅱ汉南 21 高
		+32.772		686	-3	-2 058	+2	程为 781.960 m
Ⅲ宜柳 6	11		702					
		+80.548		742	-2	-1 484	+2	
Ⅲ汉南 21	9		782					

注:三等水准路线:自宜州至柳城。

18.5　手持 GPS 参数设置方法

手持 GPS 所使用的坐标系统基本都是 WGS-84 坐标系,而我们使用的地图资料大部分都属于 1954 年北京坐标系或 1980 西安坐标系。不同的坐标系给我们的使用带来了困难,于是就出现了如何把 WGS-84 坐标系转换到 1954 年北京坐标系或 1980 西安坐标系上来的问题。不同坐标系之间存在着平移和旋转的关系,要使手持 GPS 所测量的数据转换为自己需要的坐标,必须求出两个坐标系(WGS‑84 和 1954 年北京坐标系或 1980 西安坐标系)之间的转换参数。两坐标系之间的转换有七参数法、五参数法和三参数法。七参数法一般用于转换精度要求较高的计算,而手持 GPS 接收机内部设置的是五参数法,因此只要用户计算出五个参数(DX、DY、DZ、DA、DF)并按提示输入即可在仪器上进行坐标转换。

18.5.1　求参数方法

求参数有很多方法,如果定位精度要求不是很高,可以直接在野外三角点上求出。方法是:首先将 GPS 中参数 DX、DY、DZ 均设为 0 后在均匀分布的 3 个已知坐标点进行 GPS 定位,然后将获得的坐标与已知坐标进行比对,取其坐标差值平均值作为参数 DX、DY、DZ 值,再次在 3 个已知坐标点上用 GPS 定位后将获得的定位数据与已知点比对,并取其平均值作为 DX、DY、DZ 的改正值。

18.5.2　GPS 参数设置

第 1 步:打开 GPS 进入单位设置,把位置格式设为 User Grid,在子菜单中央经线(LONGITUDE ORIGIN)参数中输入经度(注:我国为东经,经度前应加"E",不同测区或同一测区 3 度带和 6 度带中央子午线经度不同),投影比例(SCALE)参数输入 1.0,东西偏差(FALSE E)参数中输入 500 000.0,南北偏差(FALSE N)参数中输入 0.0,并将单位设为公制后保存。

第 2 步:打开地图基准菜单选择 User,该菜单下有 5 个参数(DX、DY、DZ、DA、DF),其中后 2 个定参数(DA、DF)针对同一坐标系为定值(1954 年北京坐标系 $DA = -108$、$DF = 0.000\,000\,5$;1980 西安坐标系 $DA = -3$、$DF = -0.000\,000\,003$),根据所应用的测量数据的坐标系统来选择;前 3 个变参数(DX、DY、DZ)在不同的工作区其值不同,需要根据工程区已知坐标点进行调整。

第 3 步:当定位误差不超过 5 m 时,可认为达到精度要求。若经反复校正后,GPS 所获得的数据与已知坐标相差较大时,首先复核已知坐标是否正确,其次检查 GPS 自身质量(用 2 台 GPS 采用相同的参数在同一点进行定位,其定位数据与已知点坐标相差较大的应考虑为 GPS 自身质量问题)。

参 考 文 献

[1] 熊介. 椭球大地测量学[M]. 北京:解放军出版社,1988.

[2] 杨启和. 地图投影变换原理与方法[M]. 北京:解放军出版社,1989.

[3] 朱华统. 大地坐标系的建立[M]. 北京:测绘出版社,1986.

[4] 於宗俦,鲁林成. 测量平差基础[M]. 北京:测绘出版社,1983.

[5] 陶本藻. 自由网平差与变形分析[M]. 北京:测绘出版社,1984.

[6] 李青岳. 工程测量学[M]. 北京:测绘出版社,1982.

[7] 顾孝烈,杨子龙,都彩生,等. 城市导线测量[M]. 北京:测绘出版社,1984.

[8] 南京地质学校测量教研组. 地形测量学[M]. 北京:地质出版社,1978.

[9] 南京地质学校. 大地控制测量[M]. 北京:地质出版社,1980.

[10] 武汉测绘学院测量学教研组. 测量学[M]. 北京:测绘出版社,1985.

[11] 南京地质学校. 地形绘图[M]. 北京:地质出版社,1978.

[12] 孙祖述. 地籍测量[M]. 北京:测绘出版社,1990.

[13] 张祖勋,张剑清. 数字摄影测量学[M]. 武汉:武汉大学出版社,2011.

[14] 李征航,黄劲松. GPS测量与数据处理[M]. 武汉:武汉大学出版社,2005.

[15] 吴信才,等. 地理信息系统原理与方法[M]. 北京:电子工业出版社,2002.

[16] 陆润民. 计算机图形学教程[M]. 北京:清华大学出版社,2002.

[17] 郭齐胜,董志明. 战场环境仿真[M]. 北京:国防工业出版社,2005.

[18] 詹振炎. 铁路选线设计的现代理论和方法[M]. 北京:中国铁道出版社,2001.

[19] 哈尔滨冶金测量学校地形测量教研组. 水准网与导线网平差[M]. 北京:测绘出版社,1979.

[20] 测量计算用表编算组. 控制测量计算基本用表[M]. 北京:测绘出版社,1979.

[21] 陶元洲. 测量精度分析与技术要求设计[M]. 长春:长春地质学院,1983.

[22] 刘小石,郑淮,马林伟,等. 精通Visual C++6.0[M]. 北京:清华大学出版社,2000.

[23] 启明工作室. Visual C++SQL Server数据库应用实例完全解析[M]. 北京:人民邮电出版社,2006.

[24] 陈云志,张应辉,李丹. 基于C#的WindowsCE程序开发实例教程[M]. 北京:清华大学出版社,2008.

[25] 许福,舒志,张威. Viusal C++程序设计技巧与实例[M]. 北京:中国铁道出版社,2003.

[26] 吴信才,等. MAPGIS地理信息系统参考手册[M]. 北京:电子工业出版社,1997.

[27] 吴静,等. ArcGIS 9.3 Desktop地理信息系统应用教程[M]. 北京:清华大学版社,2011.

[28] 华斌. 数字城市建设的理论与策略[M]. 北京:科学出版社,2004.

[29] 罗志琼,刘永,周顺平. 地理信息系统原理及应用[R]. 武汉:中国地质大学. 1996.

[30] 刘苗生,廖建勇. Turbo C程序设计与应用[M]. 北京:国防科技大学出版社,1993.

[31] 宋群生,宋亚琼. 硬盘扇区读写技术:修复硬盘与恢复文件[M]. 北京:机械工业出版社,2005.

[32] 源江科技. VC编程技巧280例[M]. 上海:上海科学普及出版社,2002.

[33] 段钢. 加密与解密[M]. 2版. 北京:电子工业出版社,2004.

[34] 河南省第二次土地调查领导小组. 河南省第二次土地调查培训资料. 2007.

[35] 中国测绘学会. 全国青年测绘工作者优秀学术论文集[C]. 1996.

[36] 武安状. 谈谈野外采集数据大比例尺数字测图的平面精度[J]. 地矿测绘,1999(1).

[37] 武安状,蒙胜华. 导线网自动化组成验算路线技术[J]. 科学技术与工程,2007(1).

[38] 武汉中地数码科技有限公司. MAPGIS 地理信息系统使用手册. 2005.

[39] 南方测绘仪器公司. CASS5.0 成图软件用户手册. 2002.

[40] 韩鹏,王泉,王鹏,等. 地理信息系统开发——ArcEngine 方法[M]. 武汉:武汉大学出版社,2008.

[41] GB/T 12897—2006　国家一、二等水准测量规范.

[42] GB/T 12898—2009　国家三、四等水准测量规范.

[43] GB/T 7929—1995　1∶500 1∶1000 1∶2000 地形图图式.

[44] GB/T 18341—2001　地质矿产勘查测量规范.

[45] GB/T 18314—2009　全球定位系统(GPS)测量规范.

[46] GJJ 8—99　城市测量规范.